Fuzzy Control methodenorientiert

von
Universitätsprofessor Dr. rer. nat. Harro Kiendl

Mit 212 Bildern

R. Oldenbourg Verlag München Wien 1997

Die Deutsche Bibliothek - CIP-Einheitsaufnahme

Kiendl, Harro:
Fuzzy control methodenorientiert / von Harro Kiendl. -
München ; Wien : Oldenbourg, 1997
ISBN 3-486-23554-0

Rosenheimer Straße 145, D-81671 München
Telefon: (089) 45051-0, Internet: http://www.oldenbourg.de

Lektorat: Elmar Krammer
Herstellung: Rainer Hartl
Umschlagkonzeption: Mendell & Oberer, München
Gedruckt auf säure- und chlorfreiem Papier
Druck: Grafik + Druck, München
Bindung: R. Oldenbourg Graphische Betriebe GmbH, München

Inhaltsverzeichnis

Vorwort

Fuzzy Control war vor 1990 in Deutschland weitgehend unbekannt. Der danach einsetzende Fuzzy-Boom löste zwiespältige Reaktionen aus: Skeptiker reagierten mit Zurückhaltung auf Berichte, nach denen bisher unbewältigte Regelungsprobleme nun plötzlich mit einfachen, erfahrungsbasierten Methoden lösbar sein sollten. Enthusiasten sahen in Fuzzy Control eine Universalmethode, die die herkömmliche Regelungstechnik weitgehend überflüssig mache. Inzwischen ist deutlich geworden, daß Fuzzy Control ein ernstzunehmender neuer Zweig der Regelungstechnik ist. Je nach Anwendungsbereich lassen sich Regelungsprobleme besser mit der herkömmlichen Regelungstechnik oder mit Fuzzy Control lösen. Die Methodenentwicklung von Fuzzy Control ist noch keineswegs abgeschlossen. Vielmehr bietet Fuzzy Control als noch junger Wissenschaftszweig besonders gute Chancen für praxisrelevante methodische Neuentwicklungen.

Dieses Buch richtet sich an drei Lesergruppen: Studierende technischer und anderer Disziplinen, die noch keinerlei Vorkenntnisse über die herkömmliche Regelungstechnik haben, möchte ich für die Regelungstechnik und speziell für Fuzzy Control interessieren. Studierende, die bereits mit der herkömmlichen Regelungstechnik vertraut sind, möchte ich in die Grundlagen und ausgewählte fortgeschrittene Methoden von Fuzzy Control einführen. Fuzzy-Experten in Forschungs- und Entwicklungszentren und Anwendern möchte ich Vorteile dieser neuen Methoden für die Praxis aufzeigen. Dementsprechend ist das Buch aufgebaut.

Die Kapitel 2 bis 4 vermitteln ohne Verwendung von viel Mathematik einen Überblick über Begriffe und Methoden der herkömmlichen Regelungstechnik. Sie sollten auch für Nichtfachleute verständlich sein und dienen zur Einordnung und Motivation von Fuzzy Control.

In den Kapiteln 5 bis 9 werden allgemein bekannte Grundlagen von Fuzzy Control mit prinzipiellen Anwendungsmöglichkeiten behandelt. Dabei wird z. B. durch die Verwendung der Begriffe der konstruktiven und destruktiven Inferenz von üblichen Darstellungen abgewichen, um methodische Weiterentwicklungen organisch vorzubereiten.

In den Kapiteln 10 bis 14 werden ausgewählte fortgeschrittene und bereits praktisch erprobte neue Methoden von Fuzzy Control vorgestellt, insbesondere die zweisträngige Fuzzy-Reglerstruktur mit Hyperinferenz und Hyperdefuzzifizierung zur Verarbeitung von positiven und negativen Regeln (Kapitel 10) sowie das Konzept des Inferenzfilters, das herkömmliche Methoden zur Defuzzifizierung verallgemeinert und stufenlose Übergänge dazwischen ermöglicht (Kapitel 11). Im Anschluß werden Methoden zur datenbasierten Regelgenerierung, insbesondere das Fuzzy-ROSA-Verfahren behandelt. Es generiert sowohl positive als auch negative Regeln und ist damit auf die zweisträngige Fuzzy-Reglerstruktur abgestimmt (Kapitel 12). Im Anschluß werden Möglichkeiten zur Reglerrealisierung und Entwurfsstrategien (Kapitel 13) und ausgewählte Methoden zur Stabilitätsanalyse (Kapitel 14) skizziert. Abschließend wird das Anwendungspotential von Fuzzy Control aufgezeigt (Kapitel 15).

Mein Bemühen um eine möglichst systematische Darstellung bereits erprobter Methoden hat auch zu neuen, noch nicht erprobten Ideen geführt. Ich habe diese Ideen in einer kompakten Form skizziert, die dem Leser vergleichsweise deutlich mehr Aufmerksamkeit abverlangt. Dies betrifft die kompensatorischen Operatoren und die Drehmomentmethode (Abschnitte 9.6 und 11.8). Ferner gilt dies für die modellbasierte Stabilitätsanalyse bishin zur Einführung mehrdeutiger Ljapunov-Funktionen (Abschnitt 14.1).

Für die behandelten Anwendungsbeispiele wurden die Fuzzy-Reglerstrukturen mit Hyperinferenz und Hyperdefuzzifizierung sowie mit Inferenzfilter mit Hilfe des Software-Tools DORA entworfen. Der Fuzzy-Initiative NRW danke ich für die Förderung der Entwicklung dieses Tools. Für die praktische Anwendung der datenbasierten Regelgenerierung wurde das Software-Tool WINROSA eingesetzt. Der Deutschen Forschungsgemeinschaft danke ich für die Förderung des zugrundeliegenden Fuzzy-ROSA-Verfahrens. Großen Dank schulde ich Frau Gertrud Kasimir und Frau Karin Puzicha für ihre Geduld und Umsicht, mit der sie das Manuskript geschrieben und in die druckfertige Form gebracht haben. Mein herzlicher Dank gilt auch Frau Gabriele Rebbe für ihre Ideen und Sorgfalt bei der Bildgestaltung. Für kritische Diskussionen, für sorgfältige Manuskriptdurchsicht und Durchführung von Simulationen habe ich zu danken: Christian Frenck, Holger Jessen, Rainer Knicker, Angelika Krone, Andreas Michalske, Frank Niewels, Jörg Praczyk, Johannes-Jörg Rüger und Ulf Schwane.

Harro Kiendl, November 1996

1 Einführung

1.1 Entstehung der Fuzzy-Technologie

Wie kaum ein anderes Thema hat die Fuzzy-Technologie kontroverse Diskussionen ausgelöst. Dies ist verständlich, denn die zugrundeliegende, im Jahre 1965 von *Zadeh* erfundene, *Fuzzy-Logik* (*unscharfe Logik*) ist revolutionär: Sie paßt nicht zur bisherigen Vorstellung von Logik als Garant für Exaktheit beim Denken. Deswegen wurde die Fuzzy-Logik anfänglich vielfach auch belächelt.

In den achtziger Jahren wurde dann in Japan der praktische Nutzen der Fuzzy-Logik erkannt: Fuzzy-geregelte Waschmaschinen und Staubsauger übertrafen herkömmliche Geräte durch bessere Funktionalität und höheren Bedienungskomfort deutlich und erregten als *denkende Konsumgüter* Aufsehen. Als Fuzzy-Regler danach auch in großtechnischen Anwendungen, wie in der U-Bahn von Sendai, erfolgreich eingesetzt wurden, sah man in Fuzzy Control das künftige Universalwerkzeug der Regelungstechnik.

In Europa und besonders in Deutschland stand man Fuzzy Control zunächst skeptisch gegenüber. Es erschien utopisch, daß ein *unscharfer* Regler präzise funktionieren und mit simplem Erfahrungswissen Probleme lösen könnte, die mit der klassischen Regelungstechnik zuvor nicht lösbar waren. Nahrung erhielt diese Skepsis dadurch, daß in einigen Fuzzy-Konsumgütern nicht der Fuzzy-Regler, sondern zusätzliche Sensoren für die Qualitätsverbesserung verantwortlich waren. So bestand das Neue an der Fuzzy-Waschmaschine eigentlich nur darin, daß der Trübungsgrad der Lauge gemessen wurde. Nicht zuletzt sah man auch Parallelen zur Entwicklung im Bereich der Expertensysteme, wo die anfängliche Euphorie stark zurückgenommen werden mußte, als sich viele Versprechungen als nicht einlösbar erwiesen.

Im Jahre 1990, also im Vergleich zu Japan mit 10jähriger Verspätung, wurden die Themen Fuzzy-Logik und Fuzzy Control dann auch in Deutschland von den Hochschulen, Forschungsinstituten und der Industrie ernsthaft aufgegriffen. Als Ergebnis dieser Arbeiten zeichnet sich immer deutlicher ab, daß die Fuzzy-Technologie keine vorübergehende Mode, sondern durchaus eine Revolution ist, die mit Denkgewohnheiten bricht und praktisch vorweisbare Vorteile bringt. Insbesondere ist mit Fuzzy Control ein neuer Zweig der Regelungstechnik entstanden, der bestehende Lösungen verbessern kann und neue technische Anwendungsgebiete erschließt. Weitergehend ist Fuzzy Control als eine Querschnittswissenschaft anzusehen, die auch in nichttechnischen Bereichen Vorteile verspricht.

1.2 Anwendungsbereiche der Regelungstechnik

Die klassische Regelungstechnik hat in den vergangenen 50 Jahren eine überragende praktische Bedeutung erlangt. Augenfällig ist der Einsatz klassischer Regler in Konsumgütern (Tabelle 1.1). Ferner sind klassische Regler in nahezu allen industriellen Einsatzbereichen unentbehrlich geworden (Tabelle 1.2). Sie sorgen dafür, daß Prozeßvariablen, wie die in der Tabelle aufgeführten Größen, mit hoher Genauigkeit auf bestimmten Sollwerten gehalten werden oder gewünschten Sollwertverläufen schnell folgen. Die Regelungstechnik erhöht den Automatisierungsgrad und steigert damit die Produktivität. Sie verbessert die Produktqualität und den Bedienkomfort. Sie spart Kosten ein, vermindert den Energie- und Materialeinsatz, reduziert so schädliche Emissionen und schont damit die Umwelt. Zu den Leistungen der klassischen Regelungstechnik zählt auch, daß sie den Schlüssel für das Verständnis und die Beeinflussung von Regelungsvorgängen auch außerhalb der Technik liefert.

Kühlschränke	Temperatur
Waschmaschinen	Temperatur, Füllstand
Backöfen	Temperatur
Bohrmaschinen	Drehzahl
Fotoapparate	Lichtmenge
Automobile	Geschwindigkeit

Tabelle 1.1 Beispiele für Konsumgüter (links) und darin geregelte Größen (rechts).

So wird die Funktion biologischer Organismen entscheidend durch eine Vielzahl von Regelungsvorgängen bestimmt. Hierzu zählt etwa die Regelung der Körpertemperatur und der Herzfrequenz oder die Gleichgewichtsregelung beim aufrechten Gang. Eine genaue Kenntnis der physiologischen Regelungsvorgänge läßt sich beispielsweise nutzen, um Medikamente gezielter zu dosieren. Ferner ermöglicht es die Regelungstechnik, die Auswirkungen von Eingriffen in Öko-Systeme zu verstehen, vorherzusagen oder unter Umständen sogar gezielt zu steuern. Schließlich wird auch das Wirtschaftsgeschehen durch zahllose Regelungsvorgänge bestimmt: Einzelne Akteure – Individuen und Unternehmen – richten ihr Verhalten nach einer für sie günstigen Strategie aus und treten über den Markt miteinander in Wechselwirkung. Hierdurch entsteht ein stark vermaschtes, rückgekoppeltes Gesamtsystem, dessen Globalverhalten – wie etwa der Wechsel zwischen Rezessionen und Aufschwungphasen – zwar regelungstechnisch verstanden, aber bisher noch nicht befriedigend gezielt beeinflußt werden kann. Die Nutzung regelungstechnischer Methoden in solchen nichttechnischen Anwendungsbereichen ist vielversprechend, steht aber noch ganz am Anfang, da es in diesen Bereichen bei weitem schwieriger als in der Technik ist, das dynamische Verhalten der beteiligten Prozesse durch ein mathematisches Modell zu beschreiben.

Verfahrenstechnik	Druck, Temperatur, pH-Werte
Umwelttechnik	CO- und NO_X-Konzentration
Fertigungstechnik	Drehzahl, Geschwindigkeit
Energietechnik	Frequenz, Leistung
Robotik	Position, Geschwindigkeit
Weltraumtechnik	Position, Geschwindigkeit

Tabelle 1.2 Industrielle Einsatzbereiche der Regelungstechnik (links) und Beispiele für geregelte Prozeßgrößen (rechts).

1.3 Bedeutung von Fuzzy Control

Die klassische Regelungstechnik geht von *qualitativen Konzepten* aus, die dann mit *mathematischen Methoden* oder aufgrund praktischer Erfahrungen ausgestaltet werden. Beispiele hierfür sind die Konzepte der Rückkopplung von Prozeßvariablen oder der Rekonstruktion nichtmeßbarer Prozeßgrößen aus meßbaren Größen. Die mathematischen Methoden sind dann von großem praktischem Wert, wenn man über ein sehr genaues mathematisches Modell des zu regelnden Prozesses verfügt. Beispielsweise kann man das Verhalten eines Satelliten bei Betätigung der Steuerdüsen wegen des Fehlens der Luftreibung sehr genau durch Bewegungsgleichungen der Mechanik beschreiben. Derartige Anwendungen, die auf guten mathematischen

Modellen der Regelstrecke basieren, haben die Entwicklung mathematischer Methoden für die Regelungstechnik sehr stimuliert. Spektakuläre Erfolge, wie die Mondlandung, machen die dabei erzielten enormen Fortschritte deutlich.

Meistens kann man das Verhalten der Regelstrecke aber nur *näherungsweise* beschreiben, insbesondere, wenn die Regelstrecke sehr komplex oder ihr innerer Wirkungsmechanismus nicht ausreichend bekannt ist. Dann stoßen die derzeit bekannten mathematisch orientierten Methoden der Regelungstechnik an Grenzen. Deshalb kann man viele Anwendungsprobleme nur durch eine empirische Vorgehensweise lösen. Beispielsweise können Prozeßexperten aufgrund jahrelanger Erfahrung die Reglerstruktur und die Einstellung der Reglerparameter auch für komplizierte Regelstrecken von Hand optimieren. Dieses empirische Arbeiten mit *Fingerspitzengefühl* und *Erfahrung* ist so erfolgreich, daß man sich häufig auch dann darauf verläßt, wenn mathematisch orientierte Verfahren verfügbar sind. Allerdings hat diese erfahrungsbasierte Vorgehensweise den Nachteil, daß die Problemlösung nicht auf systematischem Wege erfolgt und damit von der Ingenieurskunst des Prozeßexperten abhängig ist. Ferner läßt sich ein empirisch gefundener Lösungsweg nur schlecht dokumentieren, ist von Dritten schwer nachvollziehbar und läßt sich damit schlecht auf neue Probleme übertragen.

Erfahrungsbasiertes Arbeiten wird also in der klassischen Regelungstechnik schon immer und mit größtem Erfolg praktiziert. Dies gilt insbesondere für Anwendungsfälle, in denen man nur über eine qualitative und damit ungenaue Prozeßkenntnis verfügt. Allerdings liegt diese Arbeitsweise insofern in einer *Grauzone*, als sie unsystematisch und intransparent ist.

Fuzzy Control stellt Methoden für einen systematischeren Umgang mit qualitativem Wissen bereit und bringt insofern Licht in diese Grauzone. Hierzu wird von der Fuzzy-Logik Gebrauch gemacht, die neben den klassischen Wahrheitswerten 1 (wahr) und 0 (falsch) auch Zwischenwerte kennt. Sie kann daher auch Aussagen verarbeiten, die *etwas* oder *ziemlich* wahr sind. Damit entspricht die Fuzzy-Logik dem menschlichen Denken und Vorgehen beim erfahrungsbasierten Arbeiten und führt deshalb häufig zu besseren Lösungen. Ferner kann man damit den Lösungsweg übersichtlich und nachvollziehbar dokumentieren und einmal gefundene Lösungen leichter auf verwandte Probleme übertragen.

2 Grundbegriffe der Regelungstechnik

Fuzzy Control stellt einen neuen Zweig der Regelungstechnik dar, der in bestimmten Anwendungsfeldern gegenüber der klassischen Regelungstechnik Vorteile verspricht. Als besonders günstig erweist es sich vielfach, die besonderen Vorzüge von Fuzzy Control mit denen der herkömmlichen Regelungstechnik zu kombinieren. Um die Methoden von Fuzzy Control verständlich und ihren praktischen Wert erkennbar zu machen, ist es daher zweckmäßig, von den Grundlagen der herkömmlichen Regelungstechnik auszugehen. Diese werden im folgenden unter dem Blickwinkel der späteren Einordnung und Abgrenzung von Fuzzy Control dargestellt [1-8], [16].

2.1 Regelkreise mit Menschen als Regler

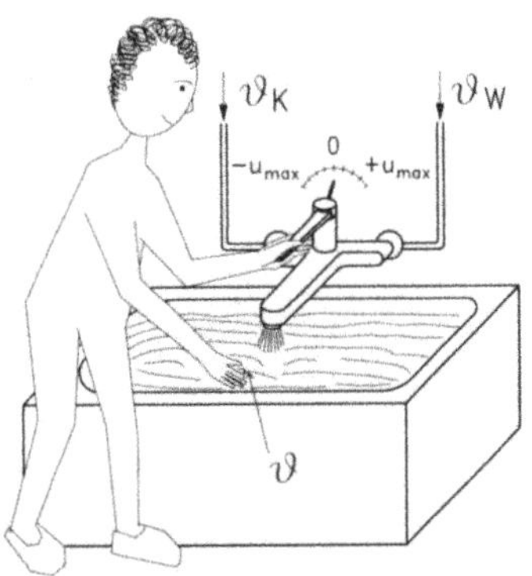

Bild 2.1 Ein Regelungssystem, in dem ein Mensch als Regler agiert.

Menschen besitzen von alters her die Fähigkeit, als Regler zu agieren: Kinder erlernen schon sehr früh das Fahrradfahren, Millionen von Autofahrern bewähren sich tagtäglich in schwierigen Verkehrssituationen, und aus der

Verfahrenstechnik ist bekannt, daß komplizierte Prozesse nicht selten besser von Hand als automatisch gefahren werden können.

Bild 2.1 zeigt ein Beispiel aus dem Alltagsleben: Eine Badewanne wird mit Wasser gefüllt, das durch Vermischung von kaltem und warmem Vorlaufwasser in einer Mischarmatur bereitet wird. Die Stellung u des Hebels der Mischarmatur bestimmt das Mischungsverhältnis und damit die Temperatur des Auslaufwassers. In den beiden mit $-u_{\max}$ und $+u_{\max}$ markierten Endstellungen hat das Auslaufwasser die Temperatur ϑ_K des kalten bzw. ϑ_W des warmen Vorlaufwassers. Bei einer festen Stellung u des Mischhebels ist die Auslauftemperatur und damit die Badtemperatur ϑ meist nicht ganz konstant. Die Ursache hierfür kann z. B. in Schwankungen der Vorlauftemperaturen oder der Versorgungsdrücke liegen. Solche Einflußgrößen werden *äußere Störungen* genannt. Ebenso können mechanischer Verschleiß, Verkalkung der Ventile oder thermische Beanspruchung der Dichtung die Auslauftemperatur in unerwünschter Weise beeinflussen. Solche Änderungen eines technischen Systems werden unter dem Begriff *Parametervariationen* (in bestimmten Fällen auch Strukturänderungen) zusammengefaßt. Daß man die Badtemperatur ϑ trotz des Einflusses äußerer Störungen oder von Parametervariationen durch geeignete Betätigung des Mischhebels von Hand in guter Näherung konstanthalten kann, ist jedem aus eigener Erfahrung bekannt: Hierzu stellt man den Istwert ϑ_{ist} der Badtemperatur fest und vergleicht diesen mit dem Sollwert ϑ_{soll}, d. h. mit der gewünschten Badtemperatur. In Abhängigkeit von der festgestellten Differenz $e = \vartheta_{soll} - \vartheta_{ist}$ verstellt man dann den Mischhebel. Dabei wendet man eine Verstellstrategie (*Regelstrategie*) an, die aufgetretenen Differenzen e nach Möglichkeit entgegenwirkt.

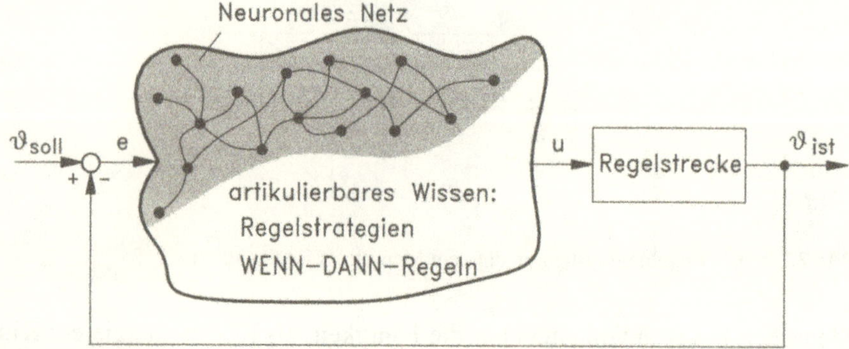

Bild 2.2 Strukturbild eines Regelkreises, in dem ein Mensch als Regler agiert.

Das Wesentliche an dieser Vorgehensweise zur Konstanthaltung der Badtemperatur ist die *Rückkopplung*. Durch sie entsteht ein geschlossener Wirkungskreis, den man *Regelkreis* nennt (Bild 2.2). Der zu regelnde Prozeß (Badewanne mit Mischarmatur) wird *Regelstrecke* genannt. Die Badtemperatur, die Ausgangsgröße der Regelstrecke, heißt *Regelgröße*. Der *Istwert* ϑ_{ist} der Regelgröße wird im Bewußtsein des Menschen mit dem eigentlich gewünschten *Sollwert* ϑ_{soll} verglichen. In Abhängigkeit von der festgestellten Differenz $e = \vartheta_{soll} - \vartheta_{ist}$ verstellt der Mensch dann den Mischhebel, um festgestellten Differenzen e nach Möglichkeit entgegenzuwirken.

Bei einem solchen Regeln von Hand agiert der Mensch teilweise *unbewußt* mit *Fingerspitzengefühl*. Dieses wird vom neuronalen Netz, das aus miteinander verbundenen Nervenzellen besteht, gesteuert. Es befindet sich überwiegend im Gehirn, aber auch im Rückenmark. Teilweise setzt der Mensch aber auch *bewußte Regelstrategien* ein, die auf Erfahrungen oder Einsicht basieren.

Im obigen Beispiel besteht eine naheliegende Regelstrategie beispielsweise darin, für eine hohe Auslauftemperatur zu sorgen, wenn die Regelabweichung positiv ist, d. h., wenn die Badtemperatur zu niedrig ist, und umgekehrt.

2.2 Technische Regelkreise

In der Technik ist man daran interessiert, automatisch arbeitende Regelkreise zu schaffen, die ganz oder weitgehend ohne menschliche Eingriffe arbeiten (Bild 2.3). An die Stelle eines Menschen tritt dann eine technische Regeleinrichtung (*Regler*). Ihre Aufgabe ist es, in Abhängigkeit von der festgestellten *Regelabweichung e* eine *Stellgröße u* zu erzeugen, die der Regelabweichung nach Möglichkeit entgegenwirkt. Wie gut dies gelingt, hängt entscheidend von dem funktionalen Zusammenhang (*Reglerfunktional*)

$$u = \mathcal{F}\{e(t)\} \tag{2.1}$$

ab, den der Regler zwischen der Regelabweichung und der Stellgröße herstellt. Der Regler kann beispielsweise als elektronische Schaltung ausgeführt sein (analoge Reglerrealisierung), oder es kann ein Mikroprozessor die Aufgabe übernehmen, das gewählte Reglerfunktional zu realisieren (digitale Reglerrealisierung). Aufgabe des nachgeschalteten *Stellgliedes* ist es, das vom Regler gelieferte Signal in eine dazu proportionale Größe umzuwandeln, die direkt auf die Regelstrecke einwirkt. Im Beispiel der Mischwasserbereitung kann das Stellglied ein Motor sein, der den Mischhebel in die vom Regler gewünschte Position u bringt. Zur Vervollständigung ist in Bild 2.3 eingezeichnet, daß ein Meßglied zur Erfassung des Istwertes der Regelgröße erforderlich ist und daß die Regelstrecke stets mehr oder minder großen äußeren Störungen $d(t)$ und Parametervariationen $p(t)$ unterworfen ist.

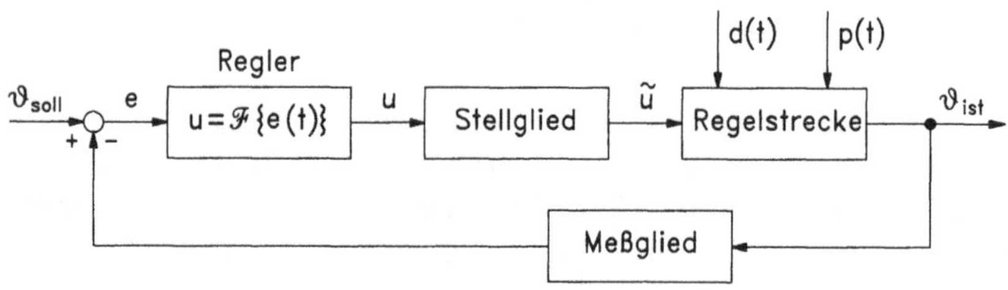

Bild 2.3 Strukturbild eines technischen Regelkreises.

Regelstrecken, Stellglieder, Regler und Meßglieder werden zusammenfassend auch als *technische dynamische Systeme* oder als *technische Übertragungssysteme* angesprochen, die *Eingangs-* und *Ausgangsgrößen* aufweisen. Die Eingangsgrößen einer Regelstrecke sind die Stellgrößen, die zur gezielten Systembeeinflussung dienen sowie die auf das System einwirkenden äußeren Störungen. Jedes technische dynamische System unterliegt aufgrund unerwünschter Wechselwirkungen mit seiner Umgebung mehr oder minder großen äußeren Störungen. Oft lassen sich größere Hauptstörungen, deren Ursache man kennt, von kleineren *sonstigen Störungen*, deren Ursache man nicht oder nicht genau kennt, unterscheiden. Die Regelgröße ist die Ausgangsgröße der Regelstrecke. Jede andere Größe, die das Verhalten der Regelstrecke charakterisiert, kann aber ebenfalls als Ausgangsgröße erscheinen. Im obigen Beispiel ist die Mischtemperatur die Ausgangsgröße. Statt dessen oder daneben kann aber auch der Geräuschpegel oder der Füllstand der Wanne Ausgangsgröße derselben Regelstrecke sein.

Die obige Regelkreisstruktur (Bild 2.3) läßt sich so interpretieren, daß die *Intelligenz* zur Ermittlung einer günstigen Reaktion in dem eigentlichen Regler steckt, während das Stellglied die *Kraft* für die Umsetzung dieser vom Regler vorgeschlagenen Reaktion liefert. Es gibt aber auch Regler, in denen diese beiden Funktionen nicht voneinander zu trennen sind. Ein Beispiel hierfür ist der *Bimetall-Temperaturregler*, der sich beispielsweise in Heizlüftern findet (Bild 2.4). Bei einer Temperaturerhöhung krümmt sich das Bimetall aufgrund der unterschiedlichen Wärmeausdehnungskoeffizienten der beiden Metalle, aus denen der Bimetallstreifen besteht. Daher wird die Wärmezufuhr unterbrochen, wenn die Temperatur einen bestimmten, über die Stellschraube eingestellten Wert erreicht. Der Permanentmagnet sorgt dafür, daß die Temperatur, bei der sich der Kontakt öffnet, etwas höher ist als die Temperatur, bei der er sich wieder schließt. Hierdurch wird ein unerwünschtes schnelles Hin- und Herschalten (*Rattern*) verhindert.

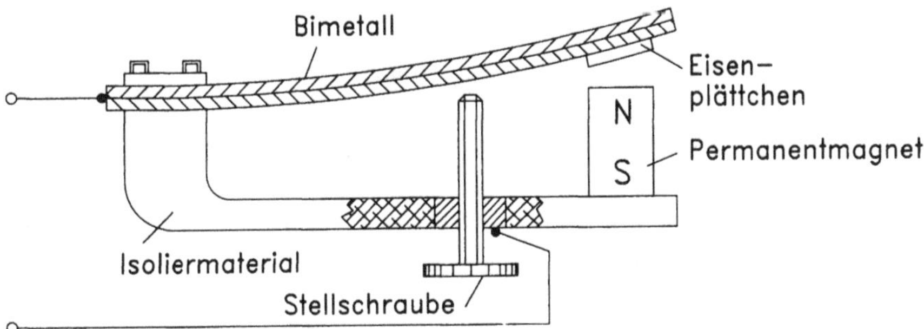

Bild 2.4 Bimetall-Temperaturregler.

Aufgrund der *Rückkopplung* ist ein Regelkreis in der Lage, den Einfluß von äußeren Störungen oder Parametervariationen zu reduzieren. Daraus ergibt sich, daß der Einsatz einer Regelung insbesondere dann günstig ist, wenn große äußere Störungen oder Parametervariationen vorliegen. Statt einen Regelkreis aufzubauen, kann man aber auch versuchen, äußere Störungen und Parametervariationen von der Regelstrecke fernzuhalten. Beispielsweise können Roboter so solide aufgebaut werden, daß das Gewicht der Traglast die Position des Greifers nicht störend beeinflußt. Dann kann man auf eine Rückkopplung verzichten. Man spricht dann im Unterschied zu einer Regelung auch von einer *Steuerung* oder von einer *offenen Wirkungskette* (Bild 2.5).

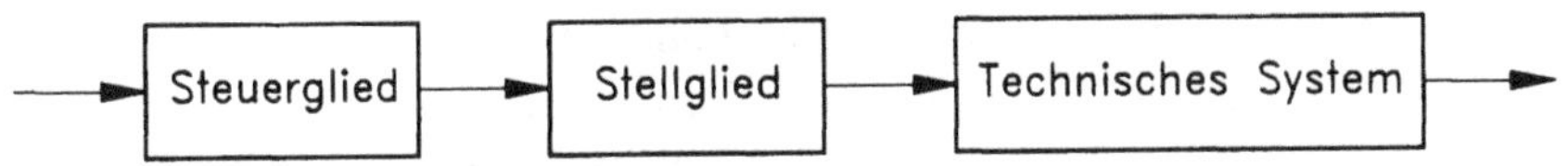

Bild 2.5 Offene Wirkungskette (Steuerung). Im Unterschied zu einem Regelkreis wird die Ausgangsgröße des technischen Systems nicht zurückgekoppelt.

2.3 Regelungsziele

In der Praxis werden sehr unterschiedliche Forderungen an Regelungssysteme gestellt. So ist man im Beispiel der Mischwasserbereitung (Bild 2.1) daran interessiert, die Ausgangsgröße der Regelstrecke trotz äußerer Störungen oder Änderungen von Systemparametern auf einem konstanten Wert zu halten (*Konstanthaltungsproblem*). In anderen Fällen ist der Sollwert nicht konstant, sondern hat einen bestimmten Zeitverlauf. Der Sollwert wird dann auch Führungsgröße genannt. Die Ausgangsgröße der Regelstrecke soll dann ein möglichst gutes *Führungsverhalten* zeigen: Sie soll dem Verlauf der Führungsgröße möglichst schnell, möglichst genau oder ohne großes Überschwingen folgen (*Folgeregelungsproblem*). Beispielsweise besteht ein Prozeßschritt bei der Keramikherstellung darin, das Glühgut nach einem bestimmten zeitlichen Temperaturprofil zunächst zu erwärmen, dann bei konstanter Temperatur zu halten und schließlich wieder abzukühlen (Bild 2.6).

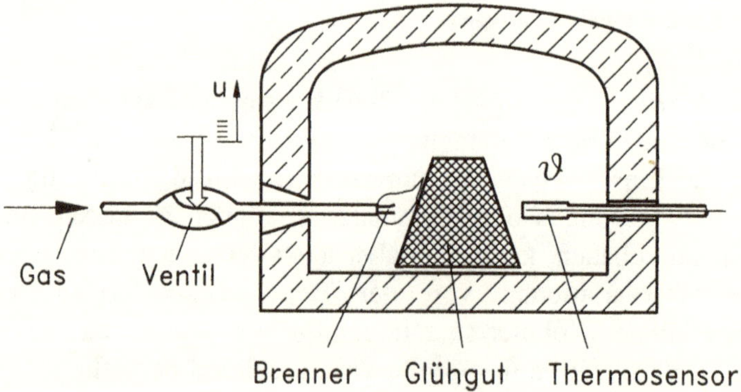

Bild 2.6 Glühofen als Beispiel für eine Regelstrecke zur Veranschaulichung der Herkunft von äußeren Störungen und Parametervariationen.

Als Grundlage für die Beurteilung des Führungsverhaltens dient meist die *Sprungantwort* des Regelungssystems. Das ist der Verlauf der Ausgangsgröße bei einer sprungförmigen Veränderung der Führungsgröße (Bild 2.7). Die daraus ablesbare *bleibende Regelabweichung* e_∞, die *Ausregelzeit* T_a sowie die *Überschwingweite* M_p sind wichtige Kenngrößen für die Regelgüte. Die bleibende Regelabweichung ist die Differenz zwischen Führungs- und Regelgröße, die auf Dauer bestehen bleibt. Die Ausregelzeit ist diejenige Zeit, die nach der sprungförmigen Änderung der Führungsgröße verstreicht, bis der Verlauf der Ausgangsgröße auf Dauer eine bestimmte *Ein-*

schwingtoleranz nicht verletzt. Diese kennzeichnet die Abweichungen vom Sollwert, die auf Dauer akzeptabel sind. Die Überschwingweite gibt an, um wieviel Prozent die Ausgangsgröße bei sprungförmiger Änderung des Sollwertes anfänglich über den gewünschten Sollwert hinausschießt.

Daneben werden meist auch Anforderungen an das *Störverhalten* gestellt. Äußere Störungen sollen sich auf den Verlauf der Regelgröße nicht stark auswirken. Im Beispiel des Glühofens können äußere Störungen beispielsweise in Schwankungen des Gasdrucks, des Heizwertes, der Außentemperatur oder der Temperatur des Glühgutes bei Einbringung in den Ofen bestehen. Ferner soll das Regelungssystem meist in dem Sinne *robust* sein, daß sich Änderungen von Parametern der Regelstrecke nicht stark auf das Führungs- oder Störverhalten auswirken. Im Beispiel des Glühofens können Parametervariationen darin bestehen, daß die Masse des Glühgutes und seine Anfangstemperatur bei jeder Charge unterschiedlich sind. Ferner können Ablagerungen an der Innenwand der Brennkammer den Wärmeübergang beeinträchtigen oder Abnutzungen des Ventilkegels dazu führen, daß sich der Öffnungsquerschnitt ändert. Dieses Beispiel zeigt übrigens, daß die Trennlinie zwischen äußeren Störungen und Parametervariationen davon abhängt, welche Faktoren man als zum System gehörig und welche man als von außen kommend ansehen will.

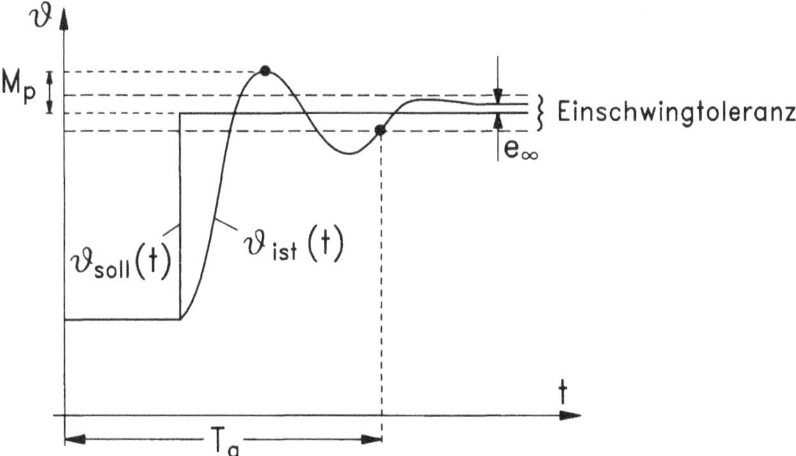

Bild 2.7 Definition der Kenngrößen Überschwingweite M_p, Ausregelzeit T_a und bleibende Regelabweichung e_∞ zur Bewertung des Führungsverhaltens eines Regelkreises.

Schließlich werden häufig *Nebenbedingungen* gestellt. Beispielsweise sollen die Verläufe der dynamischen Variablen des Regelungssystems vorgegebene Arbeitsbereiche nicht verlassen. Insbesondere soll der Verlauf der Stellgröße u meist einer *Stellgrößenbeschränkung* $u_{min} \leq u \leq u_{max}$ genügen.

Die genannten Forderungen an das Führungs- und Störverhalten werden meist für die häufig vorkommenden Betriebsfälle gestellt. Für diese Fälle möchte man gewährleisten, daß bestimmte Spezifikationen strikt und andere möglichst gut erfüllt werden (*harte und weiche Forderungen*). Daneben möchte man sicherstellen, daß sich das System in jedem anderen möglichen Betriebsfall zumindest noch akzeptabel verhält. Beispielsweise soll das System in dem Sinne stabil sein, daß die Regelgröße unter keinen Umständen dauerhaft oszilliert (schwingt) oder sogar über alle Grenzen wächst.

Derartige Forderungen, die sich auf unendlich viele mögliche Betriebsfälle beziehen (*globale Forderungen*), führen auf ein prinzipielles Problem (*Kontinuumsproblem*), da man stets nur endlich viele Betriebsfälle experimentell untersuchen kann. Beispielsweise läßt sich das Sprungantwortverhalten eines Regelungssystems auf experimentellem Wege nur für endlich viele unterschiedliche Sprunghöhen untersuchen. Tatsächlich ist man jedoch an allen Sprunghöhen (bis hin zu einer bestimmten Maximalhöhe), also an einem Kontinuum von möglichen Fällen interessiert. Diese Diskrepanz stört bei vielen praktisch vorkommenden Regelungssystemen nicht. Oft weiß man nämlich aus heuristischen oder physikalisch motivierten Überlegungen heraus, daß sich das Regelungssystem "gutartig" verhält, d. h. bei kleinen Änderungen der Sprunghöhe sein Verhalten nicht grundlegend ändert. Dann überträgt man das Ergebnis punktueller Untersuchungen ohne große Bedenken auf das Verhalten in nicht untersuchten "benachbarten Betriebssituationen".

Auch die unterschiedlichen gebräuchlichen Stabilitäts- oder Robustheitsforderungen laufen meist darauf hinaus, daß das Regelungsverhalten für ein Kontinuum von möglichen Betriebsfällen gewisse Mindestspezifikationen erfüllen soll. So kann im Beispiel des Glühofens eine Robustheitsforderung darin bestehen, daß das Regelungsverhalten für alle Anfangstemperaturen δ und alle Massen m des Glühgutes aus kontinuierlichen Wertebereichen $\delta_{min} \leq \delta \leq \delta_{max}$ und $m_{min} \leq m \leq m_{max}$ akzeptabel sein soll.

2.4 Einfache klassische Reglerfunktionale

Die einfachsten klassischen Reglerfunktionale gehen aus unmittelbar einsichtigen *qualitativen Regelstrategien* hervor, die der Mensch bewußt einsetzt, wenn er selbst als Regler agiert. Beispielsweise ist für die Regelung der Badtemperatur die Strategie

WENN Regelabweichung negativ
DANN niedrige Auslauftemperatur einstellen (2.2)

naheliegend (Abschnitt 2.1). Diese qualitative Strategie wird durch die Regeln

$$\begin{aligned} &\text{WENN } e > 0 \quad \text{DANN } u = +u_{max}, \\ &\text{WENN } e \leq 0 \quad \text{DANN } u = -u_{max} \end{aligned} \tag{2.3}$$

oder damit gleichwertig durch das nichtlineare Reglerfunktional

$$u(e) = \begin{cases} +u_{max}, & \text{falls } e > 0, \\ -u_{max} & \text{sonst} \end{cases} \tag{2.4}$$

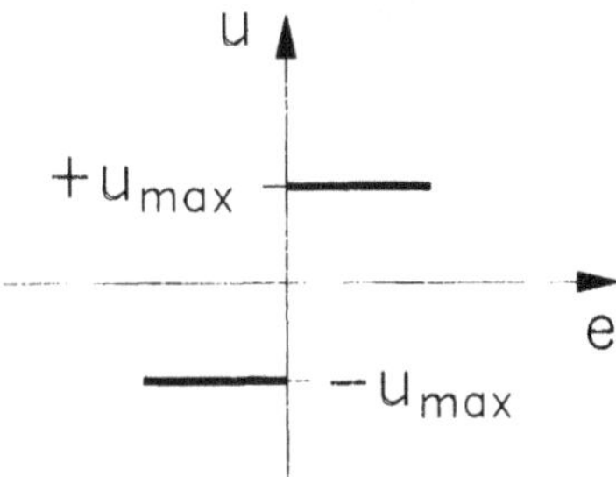

Bild 2.8 Kennlinie eines Zweipunktreglers.

quantitativ präzisiert. Der zugehörige Funktionsgraph wird *Reglerkennlinie* genannt (Bild 2.8). Regler, die nach diesem Funktional (2.4) arbeiten, heißen *Zweipunktregler*. Sie sind einfach zu realisieren, können allerdings zu einem unerwünschten Rattern, d. h. schnellem Hin- und Herschalten zwischen den Maximalwerten $+u_{max}$ und $-u_{max}$ führen. Dieser Nachteil läßt sich mildern bzw. abstellen, indem man die Strategie (2.2) durch die auch aus dem täglichen Leben bekannte Verhaltensregel "nicht gleich in Panik geraten" ergänzt. Sie führt auf das Reglerfunktional

$$u(e) = \begin{cases} +u_{\max}, & \text{falls} \quad e>c, \\ 0, & \text{falls} \quad -c \le e \le c, \\ -u_{\max} & \text{sonst} \end{cases} \tag{2.5}$$

des *Dreipunktreglers* (Bild 2.9 links). Kennzeichnend ist die sogenannte *tote Zone* $-c \le e \le c$, in der der Regler nicht reagiert. Eine andere Möglichkeit zur Verringerung des Ratterns ergibt sich aus der qualitativen Strategie "nicht sofort das Ruder herumreißen". Sie führt auf das Reglerfunktional

$$u(e) = \begin{cases} +u_{\max}, \text{falls } e > c \text{ oder falls } e \text{ im Intervall } [-c, +c] \\ \quad \text{liegt und der Verlauf von } e(t) \text{ von rechts} \\ \quad \text{kommend in dieses Intervall eingetreten ist,} \\ \\ -u_{\max} \text{ sonst} \end{cases} \tag{2.6}$$

des *Zweipunktreglers mit Hysterese* (Bild 2.9 rechts). Die zugehörige Kennlinie ist nicht eindeutig (Hystereseeffekt). Der Wert der Ausgangsgröße hängt vielmehr von der *Vorgeschichte* des Verlaufs der Regelabweichung ab. Die Größen $u_{\max}$ und c sind einstellbare Parameter (*Reglerparameter*) zur Beeinflussung des Regelungsverhaltens. Der in Bild 2.4 gezeigte Temperaturregler ist ein solcher Zweipunktregler mit Hysterese.

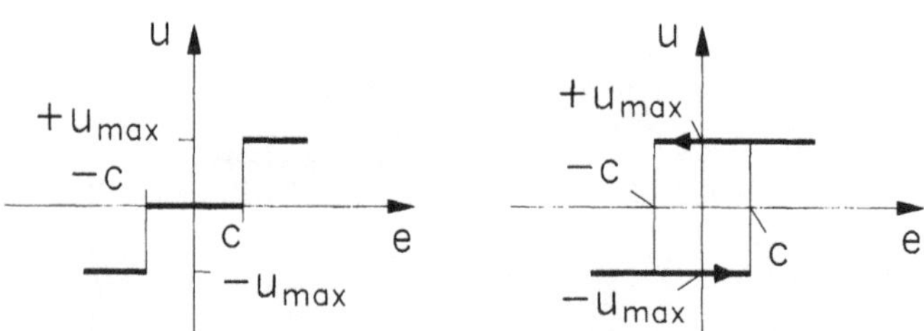

Bild 2.9 Kennlinien eines Dreipunktreglers (links) und eines Zweipunktreglers mit Hysterese (rechts).

Weitere, aus dem täglichen Leben bekannte qualitative Regelstrategien entsprechen den Verhaltensmustern "Auge um Auge", "nachtragend sein" und "Präventivschlag". Sie lassen sich als qualitative Regeln

"Je größer die Regelabweichung,
desto größer die Gegenreaktion" (2.7)

und

"Je länger eine Regelabweichung bereits angedauert hat, desto größer die Gegenreaktion" (2.8)

sowie

"Je größer die Änderungstendenz der Regelabweichung, desto größer die Gegenreaktion" (2.9)

formulieren. Naheliegende mathematische Präzisierungen dieser Regeln führen auf das Funktional

$$u = c_1 e \tag{2.10}$$

des *Proportionalreglers* (*P-Regler*), auf das Funktional

$$u = c_2 \int_0^t e(t')dt' \tag{2.11}$$

des *Integralreglers* (*I-Regler*) sowie auf das Funktional

$$u = c_3 \frac{d}{dt} e \tag{2.12}$$

des *Differentialreglers* (*D-Regler*). Dabei sind die Faktoren c_1, c_2 und c_3 einstellbare Reglerparameter. Ihre Größe bestimmt die Stärke der Gegenreaktion. Bei richtiger Einstellung der Reglerparameter können diese Regler die gewünschte Verringerung der Regelabweichung bewirken. Bei falscher Wahl kann der gegenteilige Effekt auftreten und die Regelabweichung im schlimmsten Fall sogar über alle Grenzen anwachsen (*instabiles Systemverhalten*). Durch eine Kombination dieser drei Funktionale gelangt man zum Funktional

$$u = c_1 e + c_2 \int_0^t e(t')dt' + c_3 \frac{d}{dt} e \tag{2.13}$$

des *PID-Reglers*. Seine Funktion wird durch das Strukturbild (2.10) veranschaulicht.

Für $c_3 = 0$ bzw. $c_2 = 0$ erhält man die Sonderfälle des PI- bzw. PD-Reglers. Durch geeignete Einstellung der Reglerparameter c_1, c_2 und c_3 läßt sich der PID-Regler an unterschiedliche Regelstrecken und Regelungsziele anpassen. Dabei sind diese Parameter *transparent*, d. h., es ist qualitativ einsichtig, wie sich eine Verstellung der Parameter auf das Regelungsverhalten auswirkt. Beispielsweise führen selbst kleine, aber lang andauernde Regelabweichungen zu einer ständigen Vergrößerung des Integralwertes und damit zu einer ständigen Vergrößerung des Stellgrößenwertes. Damit wird der Regelabweichung zunehmend stärker entgegengewirkt. Wegen des integralen Terms (2.11) kann daher ein PID-Regler aufgetretene Regelabweichungen schließlich *vollständig beseitigen*. Diese Tendenz wird vergrößert, wenn man den Wert des Parameters c_2 vergrößert. Andererseits entsteht dadurch die Gefahr einer *Überkompensation* und damit die Neigung zur *Instabilität*. Der differentielle Term (2.12) des PID-Reglers reagiert demgegenüber auf kurzzeitige Änderungen der Regelabweichung. Hierdurch kann er Regelabweichungen bereits im Zeitpunkt ihres Entstehens kräftig entgegenwirken. Eine Vergrößerung des Wertes von c_3 verstärkt diese an sich erwünschte Gegenreaktion, kann aber auch zur Instabilität führen.

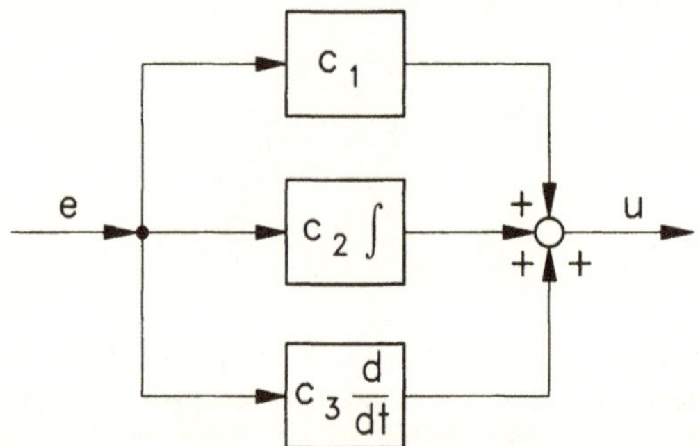

Bild 2.10 Strukturbild des PID-Reglers mit den Parametern c_1, c_2 und c_3.

Für praktisch eingesetzte PID-Regler hat sich durchgesetzt, nicht von der Beziehung (2.13), sondern von dem Funktional

$$u = K_R \left(e + \frac{1}{T_n} \int e(t')dt + T_v \frac{de}{dt} \right) \tag{2.14}$$

auszugehen (Bild 2.11). Beide Funktionale sind insofern gleichwertig, als man ihre Parameter ineinander umrechnen kann. Die Parameter K_R (*Reglerverstärkung*), T_v (*Vorhaltzeit*) und T_n (*Nachstellzeit*) sind aber im Vergleich zu den Parametern c_1, c_2 und c_3 noch transparenter.

Beispielsweise kann man die Auswirkungen von Veränderungen des Verstärkungsfaktors V der Regelstrecke allein durch Anpassung des Parameters K_R kompensieren (Bild 2.12). Hierzu ist K_R um den Faktor $1/k$ zu verstellen, wenn sich V um den Faktor k verändert. Bild 2.13 veranschaulicht die Transparenz der Parameter T_v und T_n. Dargestellt sind ein Verlauf $e(t)$ der

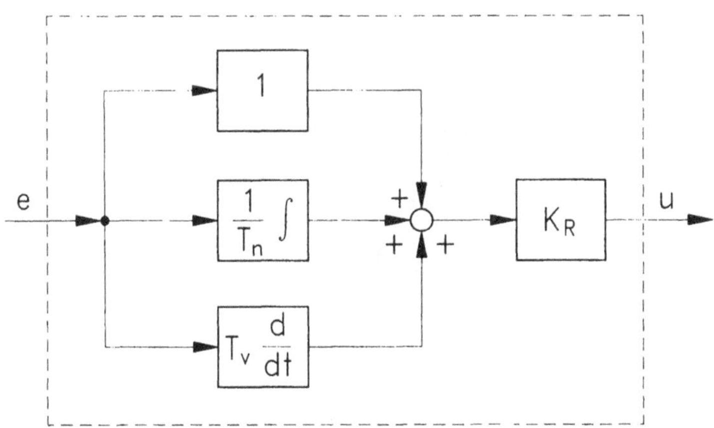

Bild 2.11 Strukturbild eines PID-Reglers mit den besonders transparenten Parametern K_R, T_n und T_v.

Regelabweichung und die dazugehörige Reaktion eines PID-Reglers. Multipliziert man die Werte der Reglerparameter T_n und T_v mit dem Faktor zwei, so reagiert der Regler auf den im Vergleich zu $e(t)$ um den Faktor zwei langsameren Verlauf e(t/2) mit dem im Vergleich zu $u(t)$ ebenfalls um

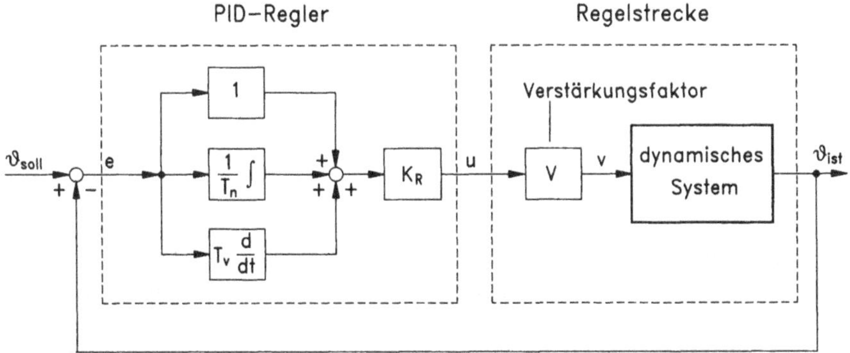

Bild 2.12 Zur Transparenz des Parameters K_R eines PID-Reglers. Änderungen des Verstärkungsfaktors V der Regelstrecke lassen sich vollständig durch Änderungen der Reglerverstärkung K_R kompensieren.

den Faktor zwei langsameren Verlauf u(t/2). Wenn daher in einem Regelungssystem mit PID-Regler (Bild 2.12) das Zeitverhalten der Regelstrecke um den Faktor k langsamer wird, so kann man den Regler hieran anpassen, indem man die Werte der Reglerparameter T_n und T_v um den Faktor k vergrößert.

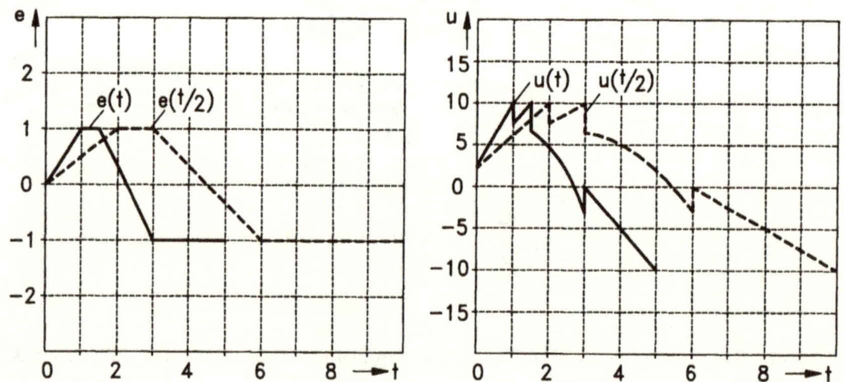

Bild 2.13 Zur Transparenz der Parameter T_n und T_v eines PID-Reglers. Die ausgezogen gezeichneten Kurven zeigen einen Verlauf $e(t)$ der Regelabweichung und die Reaktion $u(t)$ eines PID-Reglers mit den Einstellwerten $K_R = 5$, $T_n = 2$ und $T_v = 1$. Die gestrichelt gezeichneten Kurven zeigen die im Vergleich zu $e(t)$ und $u(t)$ um den Faktor zwei langsameren Verläufe $e(t/2)$ der Regelabweichung und $u(t/2)$ der Reaktion eines PID-Reglers mit den Einstellwerten $K_R = 5$, $T_n = 4$ und $T_v = 2$.

2.5 Regler und Regelstrecken mit und ohne Erinnerung

Die Reglerfunktionale (2.4), (2.5) und (2.10) des Zweipunkt-, Dreipunkt- und P-Reglers haben insofern *keine Erinnerung*, als der Momentanwert der Stellgröße allein vom Momentanwert der Regelabweichung abhängt. Diese Reglerfunktionale haben also kein Zeitverhalten: Es sind gewöhnliche Funktionen, die zu jedem Momentanwert der Regelabweichung einen Momentanwert der Stellgröße liefern. Im Unterschied hierzu haben die Reglerfunktionale (2.6), (2.11) und (2.12) *Erinnerung*, denn der Momentanwert der von ihnen gebildeten Stellgröße hängt nicht nur vom Momentanwert, sondern vom bisherigen Verlauf $e(t)$ und damit von der Vorgeschichte der

Regelabweichung ab. Dabei berücksichtigt das Integral in den Vorschriften (2.11) und (2.13) die *gesamte* Vorgeschichte, der differentielle Term in den Funktionalen (2.12) und (2.13) dagegen nur eine *infinitesimal kurze* Vorgeschichte. Es ist qualitativ plausibel, daß es zur Verbesserung des Regelungsverhaltens nützlich sein kann, sowohl die lang- als auch die kurzfristige Vorgeschichte zu berücksichtigen. Beispielsweise stellt ein Arzt seine Therapie auch darauf ab, ob Beschwerden erst seit kurzem oder schon länger bestehen.

Der Integrator in den Strukturbildern 2.10 bis 2.12 läßt sich als *Langzeitgedächtnis* des PID-Reglers interpretieren. Der jeweilige Gedächtnisinhalt – er heißt auch der aktuelle *Zustand* des PID-Reglers – ist der Wert, der sich aus der Integration des bisherigen Verlaufs von $e(t)$ ergibt. Für die technische Realisierung eines Integrators muß man den jeweils aktuellen Wert des Integrals speichern. Bei einer Realisierung durch eine analoge elektronische Schaltung wird hierzu ein Kondensator verwendet, dessen jeweilige Spannung dem Wert des Integrals entspricht. Der Ausgangsgrößenverlauf $u(t)$ eines PID-Reglers hängt außer vom Eingangsgrößenverlauf $e(t)$ auch noch von dem Wert ab, den das Integral im Einschaltzeitpunkt t_0 aufweist. Für den häufigen Fall, daß dieser Wert Null ist, spricht man vom Verhalten des PID-Reglers bei *Erregung aus der Ruhelage*.

Kompliziertere Regler können mehr als einen Integrator enthalten (Abschnitt 4.2). Dann wird der aktuelle Zustand des Reglers durch die Momentanwerte aller Integrale bestimmt. Sie heißen daher die *Zustandsgrößen* des Reglers. Ihre Anzahl wird auch als *Ordnung* oder *Dimension* des Reglers bezeichnet.

Auch Regelstrecken kann man danach unterscheiden, ob sie Erinnerung haben oder nicht. Die meisten Regelstrecken haben Erinnerung, so daß sie folgendes *Zeitverhalten* aufweisen: Der aktuelle Ausgangsgrößenwert hängt dann nicht allein vom Momentanwert, sondern auch von der Vorgeschichte des Eingangsgrößenverlaufs ab. Solche Regelstrecken werden *dynamische Systeme* genannt. Ihr Verhalten ist um so komplizierter, je mehr Zustandsgrößen das Sytem aufweist.

Der aktuelle Zustand eines dynamischen Systems läßt sich geometrisch veranschaulichen. Hierzu ordnet man jeder Zustandsgröße eine Koordinatenachse zu. Diese Achsen spannen den *Zustandsraum* auf. Beispielsweise erhält man für ein gedämpftes Feder-Masse-System (Bild 2.14 links) einen zweidimensionalen Zustandsraum mit Koordinatenachsen, die dem Ort x und der Geschwindigkeit $v = \dot{x}$ der Masse zugeordnet sind (Bild 2.14 rechts). In diesem Raum erscheint jeder aktuelle Zustand als ein Punkt (*Zu-*

standspunkt). Zeitliche Zustandsänderungen erscheinen als Bahnkurven (*Zustandstrajektorien*). Beispielsweise veranschaulicht die Trajektorie in Bild 2.14 (rechts) das Verhalten des Feder-Masse-Systems für den Fall, daß es im Zeitpunkt t_0 in eine Anfangsauslenkung $x(t_0)$ versetzt und danach sich selbst überlassen wird. Die Masse schwingt nicht gleichförmig, sondern wegen der Reibung mit kleiner werdender Amplitude hin und her. Zur vollständigen Beschreibung des Systemverhaltens benötigt man außer der Zustandstrajektorie auch noch Zeitmarken darauf, die angeben, zu welchem Zeitpunkt der Zustand die einzelnen Trajektorienpunkte durchläuft.

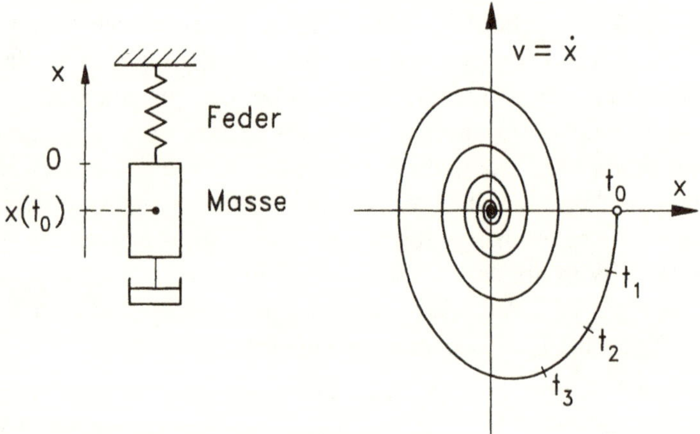

Bild 2.14 Gedämpftes Feder-Masse-System (links) und zugehöriger Zustandsraum (rechts). Die spiralförmige Zustandstrajektorie beschreibt das Verhalten des Feder-Masse-Systems für den Fall, daß die Masse zum Zeitpunkt t_0 in eine Anfangsauslenkung $x(t_0)$ versetzt und danach sich selbst überlassen wird.

2.6 Lineare und nichtlineare Regler und Regelstrecken

Der PID-Regler sowie der P-, D-, I-, PD- und PI-Regler werden *linear* genannt, weil für sie folgendes *Superpositionsprinzip* gilt: Es seien $u_1(t)$ und $u_2(t)$ die Ausgangsgrößenverläufe eines solchen Reglers (bei verschwindendem Anfangswert des Integrierers), die zu den Eingangsgrößenverläufen $e_1(t)$ bzw. $e_2(t)$ gehören. Dann ist die Reglerreaktion (bei Erregung aus der Ruhelage) für jede Linearkombination

$$e(t) = k_1 e_1(t) + k_2 e_2(t) \tag{2.15}$$

dieser Eingangsgrößenverläufe mit beliebig gewählten Koeffizienten k_1 und k_2 durch die entsprechende Linearkombination

$$u(t) = k_1 u_1(t) + k_2 u_2(t) \tag{2.16}$$

der Ausgangsgrößenverläufe $u_1(t)$ und $u_2(t)$ bestimmt. Bei linearen Reglern kann man also aus dem Verhalten für wenige Spezialfälle auf das Verhalten in vielen anderen Fällen schließen. Deshalb verhalten sich lineare Regler im Vergleich zu nichtlinearen Reglern überschaubarer. Multipliziert man beispielsweise die Eingangsfunktion $e(t)$ mit dem Faktor zwei, so multipliziert sich die Ausgangsfunktion um denselben Faktor (Bild 2.15). Für einen Zweipunkt- oder Dreipunktregler gilt dies nicht.

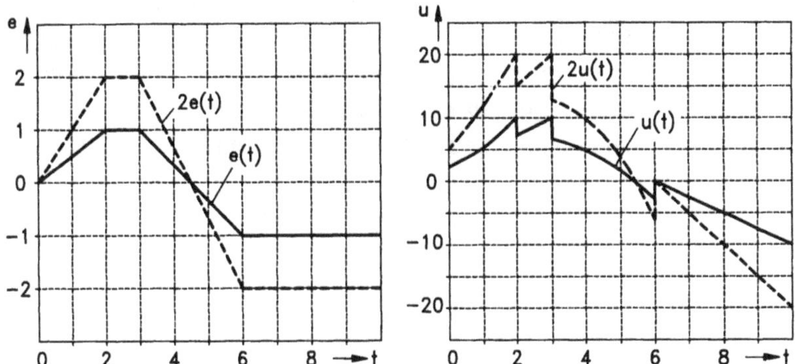

Bild 2.15 Veranschaulichung der Linearität eines Reglers. Wenn $u(t)$ die Reaktion des Reglers auf den Verlauf $e(t)$ der Regelabweichung ist, so ist $2u(t)$ die Reaktion auf den Verlauf $2e(t)$.

Alle für die Anwendungen wichtigen Funktionen $e(t)$ kann man bekanntlich in beliebig guter Näherung als endliche bzw. unendliche Linearkombination harmonischer (sinusförmiger) Funktionen darstellen (Fourierreihe, Fourierintegral). Wegen des Superpositionsprinzips kann man deshalb das Verhalten eines linearen Reglers für *beliebige* Eingangsfunktionen $e(t)$ bestimmen, wenn man es für alle *harmonischen* Eingangsfunktionen

$$e(t) = \cos \omega t \tag{2.17}$$

kennt. Der Ausgangsgrößenverlauf eines linearen Reglers ist für harmonische Eingangsfunktionen (2.17) nach Abklingen von Einschwingvorgängen selbst wieder eine harmonische Funktion

$$u(t) = a \cos(\omega t + \varphi) \tag{2.18}$$

mit gleicher Frequenz ω, aber mit einer im Vergleich zur Eingangsfunktion im allgemeinen anderen Amplitude a und einer um den Winkel φ verschobenen Phase. Dabei hängen die Größen a und φ im allgemeinen von der Frequenz ω ab. Die resultierenden Funktionen $a(\omega)$ und $\varphi(\omega)$ werden *Amplitudengang* bzw. *Phasengang* genannt. Beide Funktionen werden zusammen als *Frequenzgang* des linearen Systems angesprochen. Bild 2.16 zeigt den Frequenzgang eines PI-Reglers in der Darstellung des *Bode-Diagramms* mit der *Betragskennlinie* $a(\omega)$ und der *Phasenkennlinie* $\varphi(\omega)$. Darin sind die Frequenz- und die Amplitudenachse logarithmisch geteilt, wobei die Amplituden in *Dezibel* (dB) ausgedrückt werden, um handliche Zahlen zu erhalten (a in Dezibel = 20 log a, also entsprechen die Werte 0 dB, 20 dB und 40 dB den Werten $a = 1$, $a = 10$ und $a = 100$). Dieses Bode-Diagramm veranschaulicht das Verhalten des zugrundeliegenden PI-Reglers: Im Frequenzbereich $\omega >> 1$ stimmt der harmonische Ausgangsgrößenverlauf mit dem harmonischen Eingangsgrößenverlauf nach Betrag und Phasenwinkel überein. Für $\omega << 1$ vergrößert sich $a(\omega)$ zunehmend, während der Phasenwinkel negative Werte annimmt (*Phasenrückdrehung*).

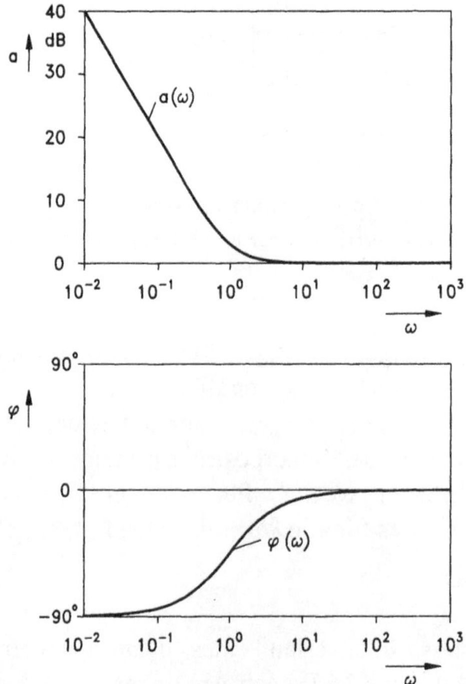

Bild 2.16 Bode-Diagramm des PI-Reglers für die Einstellwerte $K_R = 1$ und $T_n = 1$ s: Betragskennlinie (oben) und Phasenkennlinie (unten).

Mit der im Bode-Diagramm verwendeten logarithmischen Darstellung kann man große Frequenz- und Amplitudenbereiche in einem Diagramm erfassen. Noch wichtiger ist die mit dieser Darstellung geschaffene Transparenz: Vergrößert man nämlich den Parameter K_R eines PI-Reglers um den Faktor 10, so ändert sich die Phasenkennlinie nicht, und die Betragskennlinie wird ohne Änderung ihrer Form um den Betrag 20 dB nach oben verschoben. Vergrößert man den Parameter T_n um den Faktor 10, so werden beide Kennlinien ohne Änderung ihrer Form um eine Dekade nach links verschoben. Es reicht also das eine in Bild 2.16 dargestellte Bode-Diagramm aus, um das Verhalten aller PI-Regler zu charakterisieren.

Analog zu Reglern werden auch Regelstrecken als linear bezeichnet, wenn für sie das Superpositionsprinzip gilt. Sind Regler und Regelstrecke linear, so ist auch das gesamte Regelungssystem linear. Wegen des Superpositionsprinzips kann man dann aus dem Verhalten für einzelne Betriebsfälle auf das generelle Verhalten des Regelungssystems schließen. Dies ist für die Sicherstellung globaler Eigenschaften (vgl. Abschnitt 2.4) interessant. Beispielsweise gehen alle Sprungantworten eines linearen Regelungssystems, die zu unterschiedlichen Sprunghöhen $a_i \neq 1$ gehören, aus der Sprungantwort zur Sprunghöhe 1 durch Multiplikation mit dem Faktor a_i hervor. Man braucht also nur eine einzige Sprungantwort zu bestimmen, um auch alle anderen zu kennen. Lineare Regelungssysteme zeichnen sich also wegen der Gültigkeit des Superpositionsprinzips durch eine besonders bequeme mathematische Handhabbarkeit aus. Dies erleichtert die Analyse und die Synthese (den Entwurf) linearer Regelungssysteme. Der praktische Wert dieser Feststellung wird allerdings dadurch relativiert, daß sich reale Regelstrecken stets nur näherungsweise linear verhalten und daß man den Grad der Näherung nie genau kennt.

Der Betrag der Ausgangsgröße realer Stellglieder unterliegt meist Beschränkungen. Beispielsweise kann man mit einem Stellmotor immer nur bestimmte Maximalwerte der Drehzahl und des Drehmomentes erreichen. Stellglieder setzen die vom Regler erzeugten Stellgrößenverläufe $u(t)$ daher nur dann unverfälscht um, wenn sie einer Nebenbedingung der Form

$$|u(t)| \leq u_{\max} \tag{2.19}$$

genügen.

Bei Vorliegen einer linearen Regelstrecke sind zwei Möglichkeiten zur Berücksichtigung einer solchen Nebenbedingung mit einem linearen Regler voneinander zu unterscheiden. Die erste Möglichkeit besteht darin, den Regler so auszulegen, daß seine Reaktion $u(t)$ bei den größten auftretenden

Störungen $d(t)$ noch der Nebenbedingung (2.19) genügt. Dies hat den Vorteil, daß sich das gesamte Regelungssystem dann linear verhält, so daß man die leistungsfähigen Entwurfs- und Analysemethoden der linearen Systemtheorie nutzen kann. Eine solche Reglerauslegung ist allerdings prinzipiell konservativ: Gerade wegen der Gültigkeit des Superpositionsprinzips wird damit der zulässige Maximalbetrag der Stellgröße bei kleineren als den größtmöglichen Störungen nicht mehr voll ausgenutzt. Dies ist ein prinzipieller Mangel aller linearen Regler.

Die zweite Möglichkeit besteht darin, den linearen Regler so auszulegen, daß seine Ausgangsgröße den zulässigen Maximalbetrag u. U. gelegentlich überschreitet und daß man die unerwünscht großen Stellgrößenwerte durch ein nachgeschaltetes Begrenzungsglied abschneidet (Bild 2.17). Eine solche Reglerauslenkung kann wegen der besseren Stellgrößenausnutzung im Vergleich zur konservativen Auslegung zu einer deutlich besseren Regelgüte, aber auch zu Instabilität führen. Nachteilig an dieser Möglichkeit ist, daß die leistungsfähigen Entwurfs- und Analysemethoden der linearen Systemtheorie nicht mehr anwendbar sind, da sich das System jetzt nicht mehr linear verhält.

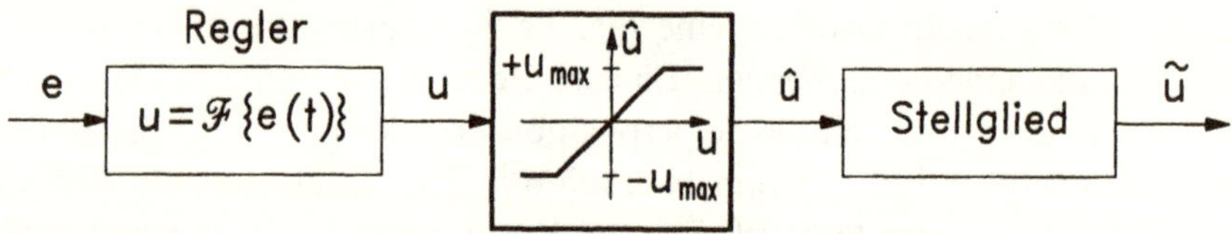

Bild 2.17 Berücksichtigung einer Stellgrößenbeschränkung durch ein Begrenzungsglied.

Der Ausgangsgrößenverlauf realer Stellglieder wird meist zusätzlich dadurch beschränkt, daß auch ihre Änderungsgeschwindigkeit einen bestimmten Maximalbetrag nicht überschreiten kann. Dann ist der Regler entweder konservativ auszulegen, so daß seine Ausgangsgrößenverläufe u(t) stets der Beschränkung

$$\left|\frac{du(t)}{dt}\right| \leq v_{\max} \tag{2.20}$$

genügen, oder man schaltet dem Regler ein Begrenzungsglied nach, das unerwünscht schnelle Stellgrößenänderungen vom Stellglied fernhält (Bild 2.18). Hiermit kann man u. U. eine höhere Regelgüte als mit einer konservativen Systemauslegung erzielen. Dies wird jedoch wieder damit bezahlt, daß dann Verfahren der linearen Systemtheorie nicht mehr anwendbar sind.

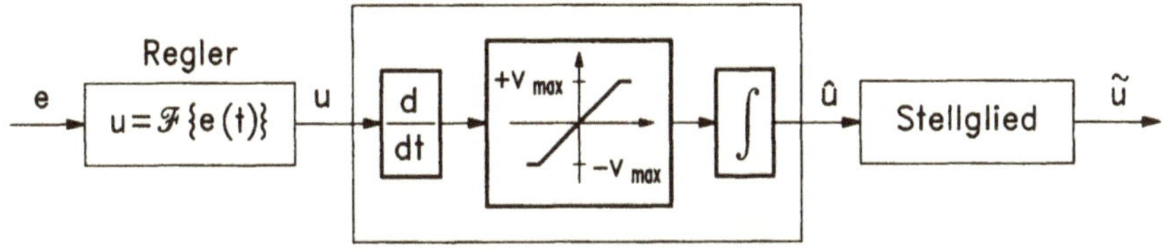

Bild 2.18 Beschränkung der Stellgeschwindigkeit durch Begrenzungsglied.

2.7 Entwurfskonzept für klassische Regler

Klassische Regler werden meist in zwei Schritten entworfen. Zunächst wird eine *Reglerstruktur* (Reglerfunktional) mit darin noch einstellbaren Parametern ausgewählt. Anschließend werden die Werte der *Reglerparameter optimiert.* Die wichtigsten Gesichtspunkte für die Strukturwahl sind

(i) *Flexibilität*: Das Reglerfunktional soll an unterschiedliche Regelungsstrecken und -ziele anpaßbar sein.

(ii) Der *Aufwand* für die technische Realisierung des Reglerfunktionals soll nicht zu groß sein.

(iii) *Transparenz*: Veränderungen der Werte der Reglerparameter sollen sich überschaubar auf das Regelungsverhalten auswirken. Dies ist eine Voraussetzung für die Optimierbarkeit der Reglerparameter von Hand.

(iv) Es sollen mathematische oder rechnergestützte Verfahren zur modellgestützten Optimierung der Reglerparameter verfügbar sein.

Die in Abschnitt 2.4 beschriebenen einfachen Reglerfunktionale sind erstaunlich leistungsfähig. Ihre Flexibilität ist allerdings begrenzt, da sie nur maximal drei einstellbare Reglerparameter aufweisen. Ihre technische Realisierung bereitet keinerlei Schwierigkeiten. So lassen sich die nichtlinearen Regler durch Schalter realisieren, die bei Überschreiten von Schwellwerten ausgelöst werden. Für die Realisierung von PID-Reglern gibt es Standardschaltungen, die aus einem mit Widerständen und Kondensatoren beschalteten Operationsverstärker aufgebaut sind. Besonders einfach ist eine digitale Realisierung. Hierzu wird der in einem Zeittakt abgetastete Verlauf der Regelabweichung einem Prozessor zugeführt. Dieser berechnet daraus den jeweils im nächsten Abtastzeitpunkt aufzuschaltenden Stellgrößenwert. Durch die Fortschritte in der Mikroelektronik tritt die Frage nach dem Realisierungsaufwand zunehmend in den Hintergrund. Auf die Gesichtspunkte (iii) und (iv) wird im folgenden Kapitel eingegangen.

3 Regleroptimierung von Hand und modellgestützte Regleroptimierung

Das Verhalten eines Regelungssystems wird durch das Zusammenwirken von Regelstrecke und Regler bestimmt. Man kann nur dann ein gutes Regelungsverhalten erwarten, wenn die Einstellung der Reglerparameter auf die Regelstrecke abgestimmt ist. Die Optimierung des Reglers erfolgt durch Anpassung der Reglerparameter an die Regelstrecke und die Regelungsziele. Sie kann direkt am laufenden Prozeß von Hand erfolgen. Alternativ hierzu kann die Optimierung modellgestützt auf mathematischem oder simulatorischem Wege vorgenommen werden. Hierzu benötigt man allerdings ein Modell der Regelstrecke, das ihr dynamisches Verhalten beschreibt. Im folgenden wird die prinzipielle Arbeitsweise wichtiger Verfahren der klassischen Regelungstechnik zur Einstellung bzw. Optimierung der Werte der Reglerparameter beschrieben, und es werden ihre Anwendungsgrenzen aufgezeigt.

3.1 Regleroptimierung von Hand

Die in Abschnitt 2.1 erwähnte Fähigkeit des Menschen, mit Hilfe unbewußt und bewußt ausgeführter Aktionen direkt als Regler zu agieren, ermöglicht ihm in vielen Fällen auch, die Parameter eines Reglerfunktionals vor Ort von Hand zu optimieren (Bild 3.1). Insbesondere befähigt ihn dabei sein unbewußtes Fingerspitzengefühl, sinnvolle Kompromisse zwischen gegenläufigen Regelungszielen zu schließen. Ferner stützt er sich dabei auf eigene oder von Vorgängern überlieferte bewußte Erfahrungen.

Voraussetzung für die Regleroptimierung von Hand ist eine ausreichende Transparenz der Reglerparameter. Nach Abschnitt 2.4 zeichnen sich die Parameter K_R, T_n und T_v eines PID-Reglers durch eine besonders große Transparenz aus.

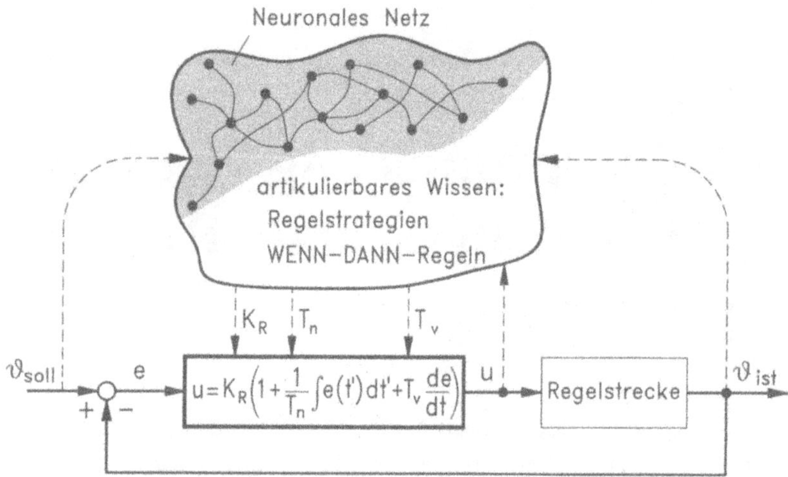

Bild 3.1 Einstellung der Reglerparameter eines PID-Reglers von Hand.

Regler	K_R	T_n	T_v
P	0,5 $K_{R,k}$	-	-
PI	0,45 $K_{R,k}$	0,85 T_k	-
PID	0,6 $K_{R,k}$	0,5 T_k	0,12 T_k

Tabelle 3.1 Einstellregeln von *Ziegler* und *Nichols*

Überlieferte Erfahrungen zur Regleroptimierung sind beispielsweise die berühmten Einstellregeln von *Ziegler* und *Nichols* für die Auslegung von P-, PI- und PID-Reglern. Sie basieren auf einer experimentellen Analyse des Regelungssystems mit einem P-Regler (Bild 2.12 mit für $T_v = 0$ und $T_n \rightarrow \infty$). Für diesen Regelkreis wird ermittelt, für welche "kritische Reglerverstärkung" $K_{R,k}$ des P-Reglers die Regelgröße gerade zu schwingen beginnt und wie groß die zugehörige "kritische Schwingungsdauer" T_k ist. Die Erfahrung zeigt, daß die Einstellregeln nach Tabelle 3.1 akzeptable Einstellwerte für die Auslegung eines P-, PI- oder PID-Reglers in Abhängigkeit von den Werten $K_{R,k}$ und T_k liefern. Auch die Tabelle 3.1 illustriert die Transparenz der Reglerparameter K_R, T_n und T_v. Vergrößert sich der Verstärkungsfaktor V in der Regelstrecke nach Bild 2.12, so verkleinert sich die kritische Reglerverstärkung $K_{R,k}$ und damit auch der Einstellwert K_R. Ferner werden die Einstellwerte T_n und T_v um so größer, je größer die kritische Schwingungsdauer T_k ist.

Eine Regleroptimierung von Hand setzt voraus, daß die Regelstrecke unkritisch ist, d. h., daß Fehleinstellungen des Reglers tolerabel sind. Eine weitere Voraussetzung ist, daß die Regelungsvorgänge nicht zu schnell oder zu langsam ablaufen. Sind sie zu schnell, kann man sie nicht mehr bewußt verfolgen, sind sie zu langsam, kann man für sie kein Fingerspitzengefühl entwickeln.

3.2 Modellgestützte Regleroptimierung

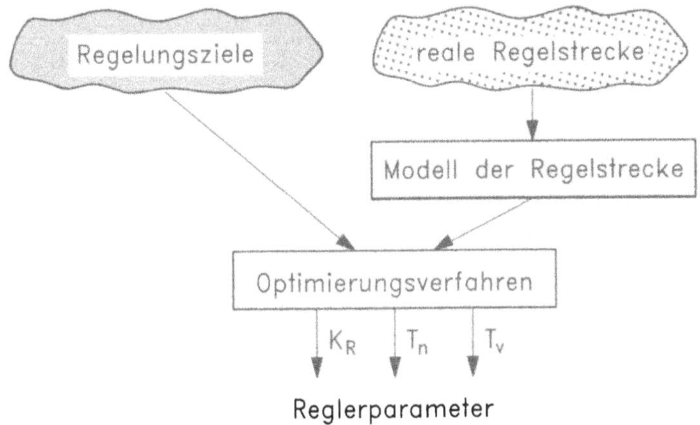

Bild 3.2 Modellgestützte Optimierung eines PID-Reglers.

Scheidet eine Regleroptimierung von Hand aus, so kommt eine modellgestützte Optimierung in Betracht (Bild 3.2). Hierzu *modelliert* man zunächst die Regelstrecke: Man verschafft sich ein Modell, das ihr dynamisches Verhalten beschreibt. Dann werden die Werte der Reglerparameter anhand dieses Streckenmodells optimiert. Zur Modellierung einer Regelstrecke gibt es eine breite Palette von Verfahren. Sie unterscheiden sich hinsichtlich des Aufwandes und der resultierenden Modellgenauigkeit. Dementsprechend hängen der Aufwand und die Leistungsfähigkeit modellgestützter Verfahren zur Optimierung der Reglerparameter stark davon ab, von welchem Streckenmodell ausgegangen wird.

3.2.1 Faustformelverfahren

Eine einfache Möglichkeit zur Modellierung einer Regelstrecke besteht darin, ihre Sprungantwort experimentell zu bestimmen. Diese sieht häufig so wie in Bild 3.3 dargestellt aus: Sie zeigt anfänglich keine oder nur eine geringe Reaktion (*Totzeitverhalten*), dann steigt sie schneller an und läuft schließlich ohne Überschwingen auf den neuen Endwert ein. Erfahrungsgemäß ist es für einen einfachen Reglerentwurf häufig ausreichend, eine lineare Regelstrecke nur durch drei Kenngrößen zu charakterisieren, die aus der Sprungantwort (zur Sprunghöhe 1) ablesbar sind. Dies sind der Übertragungsbeiwert (ungenauer, aber anschaulicher: Verstärkungsfaktor) K_R, die Verzugszeit T_u und die Ausgleichszeit T_g (Bild 3.3). Beispielsweise liefert die Faustformel

$$\begin{aligned} K_R &\approx 0{,}59 \frac{1}{K_s} \frac{T_g}{T_n} \\ T_n &\approx T_g \\ T_v &\approx 0{,}5 T_u \end{aligned} \tag{3.1}$$

häufig akzeptable Einstellwerte für einen PID-Regler. Wegen der in Abschnitt 2.4 erläuterten Transparenz der Parameter K_R, T_n und T_v ist es plausibel, daß nach diesen Faustformeln K_R umgekehrt proportional zu K_S und die Werte von T_n und T_v um so größer zu wählen sind, je langsamer die Regelstrecke ist. Dieses sehr einfach anwendbare Faustformelverfahren nach *Samal* setzt nur geringe Kenntnisse über das Verhalten der Regelstrecke voraus, liefert aber dennoch meist sehr gute Richtwerte für die Reglereinstellung [6].

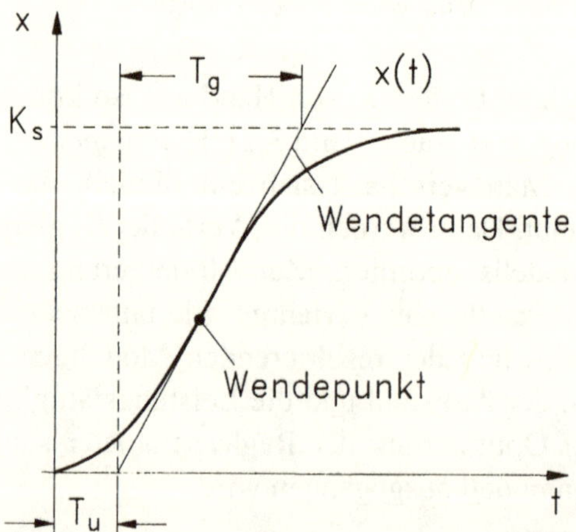

Bild 3.3 Charakterisierung der Sprungantwort einer Regelstrecke durch die Kenngrößen K_s, T_u und T_g. Dargestellt ist die Sprungantwort $x(t)$ einer Regelstrecke für eine sprungförmige Änderung der Eingangsgröße mit der Sprunghöhe 1.

3.2.2 Frequenzkennlinienverfahren

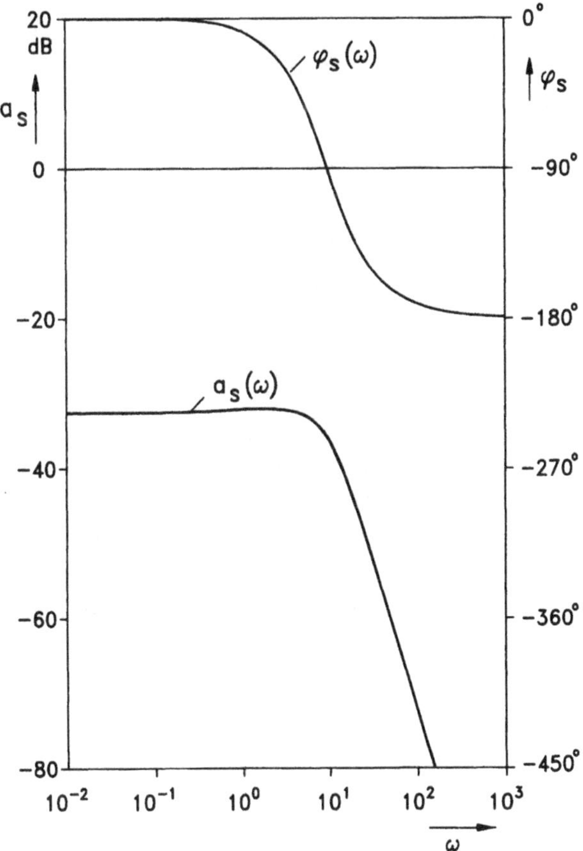

Bild 3.4 Typisches Bode-Diagramm einer Regelstrecke mit der Betragskennlinie $a_s(\omega)$ und der Phasenkennlinie $\varphi_s(\omega)$.

Höhere Ansprüche an die Regelgüte lassen sich für lineare Regelstrecken erfüllen, wenn man ihren Frequenzgang kennt (Abschnitt 2.6). Er läßt sich beispielsweise experimentell bestimmen. Hierzu beaufschlagt man die Regelstrecke für eine Reihe von Frequenzen $\omega_1, \omega_2, \omega_3, \ldots$ mit einer harmonischen Eingangsgröße $u(t) = \cos \omega t$ und registriert nach Abklingen des Einschwingvorgangs den resultierenden harmonischen Ausgangsgrößenverlauf $x(t) = a_S(\omega)\cos(\omega t + \varphi_S(\omega))$. So kann man den Amplitudengang $a_S(\omega)$ und Phasengang $\varphi_S(\omega)$ punktweise bestimmen und als Bode-Diagramm darstellen. Dies veranschaulicht, wie sich die Regelstrecke für harmonische Eingangsfunktionen unterschiedlicher Frequenz ω verhält. Bild

3.4 zeigt das Bode-Diagramm einer Regelstrecke mit dem typischen Abfall der Betragskennlinie für hohe Frequenzen. Dieses sogenannte *Tiefpaßverhalten* hängt damit zusammen, daß sich in jedem physikalischen System Wirkungen nur mit einer endlichen Geschwindigkeit ausbreiten. Deshalb reagiert die Ausgangsgröße des Systems nicht mehr auf hinreichend hochfrequente Eingangssignale.

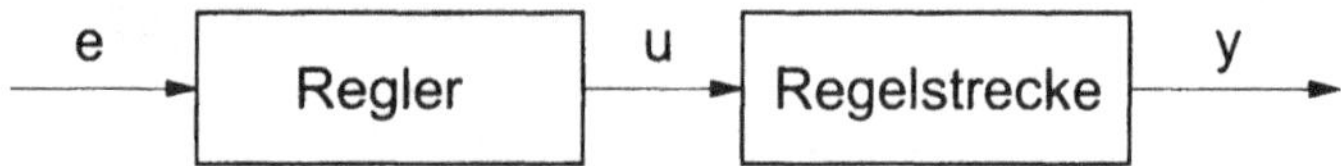

Bild 3.5 Der offene Regelkreis. Er besteht aus der Reihenschaltung von Regler und Regelstrecke.

Bode-Diagramme dienen nicht nur zur Veranschaulichung, sondern auch zur *gezielten Veränderung* des Systemverhaltens. Grundlegend hierfür ist, daß man das Bode-Diagramm einer rückwirkungsfreien Reihenschaltung aus Regelstrecke und Regler durch graphische Addition der Phasen- bzw. Betragskennlinien der Teilsysteme konstruieren kann (Bild 3.5): Wegen der Rückwirkungsfreiheit rufen nämlich Regler und Regelstrecke voneinander unabhängige Phasengänge $\varphi_R(\omega)$ und $\varphi_S(\omega)$ und voneinander unabhängige Amplitudengänge $a_R(\omega)$ und $a_S(\omega)$ hervor. Daher ist der Phasengang der Reihenschaltung durch

$$\varphi(\omega) = \varphi_R(\omega) + \varphi_S(\omega) \tag{3.2}$$

und der dazugehörige Amplitudengang durch

$$a(\omega) = a_R(\omega) a_S(\omega) \tag{3.3}$$

bestimmt. Es addieren sich also die Phasen, während sich die Amplituden multiplizieren. Mit der logarithmischen Darstellung der Beträge im Bode-Diagramm gilt aber

$$\log a(\omega) = \log a_R(\omega) + \log a_S(\omega) \; . \tag{3.4}$$

Es addieren sich also auch die Betragskennlinien des Bode-Diagramms.

Wegen dieser Additivität kann man das Bode-Diagramm der Reihenschaltung eines offenen Regelkreises durch Wahl geeigneter Reglerstrukturen und Einstellwerte gezielt beeinflussen. Dies liefert den Schlüssel zu einem zielgerichteten Reglerentwurf nach dem Frequenzkennlinienverfahren, da das Zeitverhalten des geschlossenen Kreises aus dem Bode-Diagramm des offenen Kreises ablesbar ist: Falls die Betragskennlinie $a(\omega)$ des offenen Kreises die 0-dB-Linie nur bei genau einer Frequenz ω_c schneidet (*Durchtrittsfrequenz*) und die Phasenkennlinie $\varphi(\omega)$ an dieser Stelle ω_c einen positiven Abstand ϕ_r (*Phasenreserve*) von der Grenzlinie -180° aufweist (Bild 3.6), lassen sich die Überschwingweite M_p und die Ausregelzeit T_a des geschlossenen Kreises näherungsweise allein aus den Kenngrößen ω_c und ϕ_r des offenen Kreises bestimmen (Bild 3.7). Ferner kann man zeigen, daß der geschlossene Kreis um so unempfindlicher gegenüber Störungen und Parametervariationen ist, je weiter die Betragskennlinie im Frequenzbereich $\omega < \omega_c$ oberhalb der 0-dB-Linie liegt.

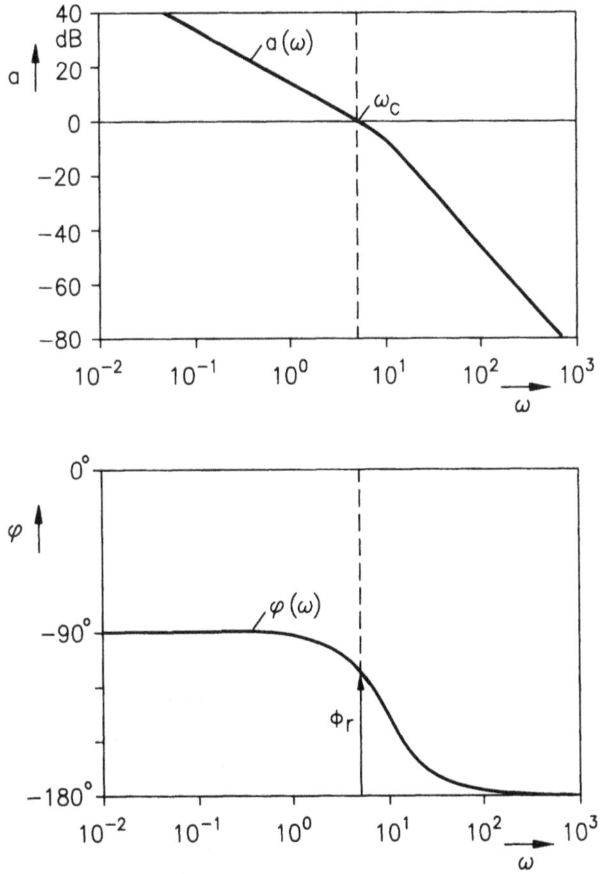

Bild 3.6 Typisches Bode-Diagramm eines offenen Regelkreises. Die Überschwingweite M_p und die Ausregelzeit T_a des geschlossenen Regelkreises werden durch die Phasenreserve ϕ_r und die Durchtrittsfrequenz ω_c des offenen Kreises bestimmt.

Aus Bild 3.6 liest man beispielsweise die Phasenreserve $\phi_r = 70°$ und die Durchtrittsfrequenz $\omega_c = 5\ \mathrm{s}^{-1}$ ab. Nach Bild 3.7 ergibt sich für diese Phasenreserve eine Überschwingweite des geschlossenen Kreises von etwa 5 %. Ferner liest man für das Produkt $\omega_c T_a$ bei einer tolerablen Abweichung vom Sollwert von ca. $\pm 10\ \%$ den Wert $\omega_c T_a \approx 3$ ab. Mit $\omega_c = 5\ \mathrm{s}^{-1}$ folgt daraus, daß für den geschlossenen Kreis eine Ausregelzeit von der Größe $T_a \approx 0{,}6$ s zu erwarten ist.

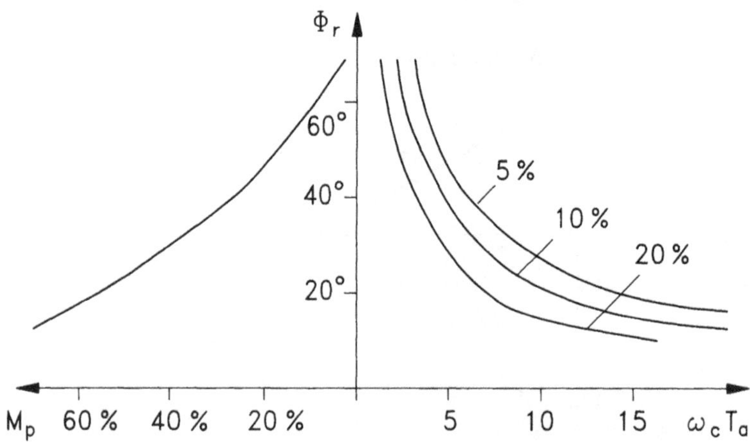

Bild 3.7 Empirisch gewonnene Näherungsbeziehungen zur Ermittlung der Überschwingweite M_p und der Ausregelzeit T_a des geschlossenen Kreises bei gegebenen Werten ϕ_r und ω_c des offenen Kreises. Dargestellt sind die drei Fälle, daß sich die Ausregelzeit auf eine tolerable Abweichung von $\pm 5\ \%$, $\pm 10\ \%$ und $\pm 20\ \%$ der Regelgröße vom Sollwert bezieht.

Der Reglerentwurf nach dem Frequenzkennlinienverfahren läuft so ab, daß man die Einstellwerte eines angesetzten Reglertyps durch grafisches Manipulieren des Bode-Diagramms des offenen Kreises bestimmt. Hierzu variiert man seine Einstellwerte so lange, bis das Bode-Diagramm des offenen Kreises die Phasenreserve ϕ_r und die Durchtrittsfrequenz ω_c aufweist, die aufgrund der Vorgaben für M_p und T_a nach Bild 3.6 erforderlich sind. Gelingt dies nicht, so geht man zu einem Reglertyp mit mehr freien Parametern über, also beispielsweise vom P-Regler zum PI-Regler. Zur Reduzierung der Parameter- und Störempfindlichkeit des geschlossenen Kreises sorgt man neben einer Einstellung der erforderlichen Werte für ω_c und ϕ_r meist zusätzlich dafür, daß die Betragskennlinie für niedrigere Frequenzen einen ausreichenden Abstand von der 0-dB-Linie aufweist. Neben P-, PI- und PID-Reglern lassen sich mit dem Frequenzkennlinienverfahren vor allem auch die in Abschnitt 4.2 beschriebenen komplizierteren linearen Regler höherer Ordnung entwerfen.

Das Frequenzkennlinienverfahren ist nicht geradlinig, sondern enthält viele Freiheitsgrade, die nur mit Fingerspitzengefühl und Erfahrung sinnvoll genutzt werden können. Das Verfahren ist deshalb so erfolgreich, weil durch die Parameter ω_c und ϕ_r ein transparenter Zusammenhang zwischen der gewünschten Spezifikation T_a und M_p und den Reglerparametern hergestellt wird.

3.2.3 Regleroptimierung durch modellgestützte Optimierung eines Gütemaßes

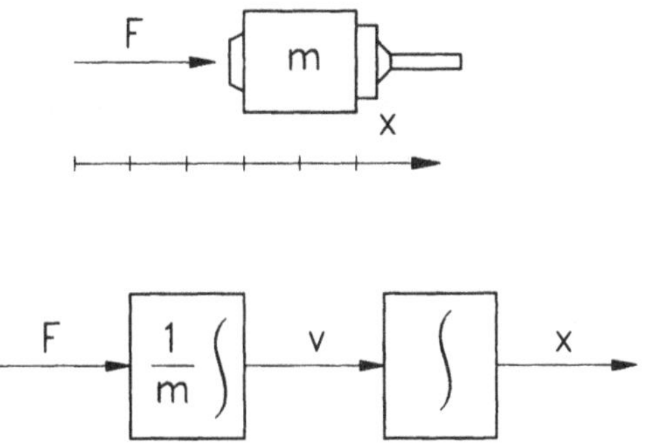

Bild 3.8 Satellit (oben) als Beispiel für eine Regelstrecke, für die ein hochgenaues mathematisches Modell (unten) aufgestellt werden kann.

Das Faustformel- und das Frequenzkennlinienverfahren sind auf den Entwurf linearer Regler beschränkt. Ein wesentlich allgemeineres Verfahren zur Optimierung der Reglerparameter basiert auf der modellgestützten Optimierung eines Gütemaßes. Hierzu benötigt man ein *mathematisches* oder *simulatorisches* Modell, das das dynamische Verhalten der Regelstrecke ausreichend genau beschreibt. Hochgenaue mathematische Streckenmodelle lassen sich erstellen, wenn die Regelstrecke nicht zu komplex ist und ihr Verhalten im wesentlichen durch gut bekannte physikalische Effekte bestimmt wird. Ein Satellit der Masse m, dessen Position x (Regelgröße) im schwerelosen Raum durch eine Schubkraft F (Stellgröße) beeinflußt werden kann, läßt sich in hervorragender Näherung durch das mathematische Modell

$$\begin{aligned} \frac{dx}{dt} &= v \\ \frac{dv}{dt} &= \frac{1}{m} F \end{aligned} \tag{3.5}$$

beschreiben (Bild 3.8). Darin ist die Geschwindigkeit v eine innere dynamische Größe. In den meisten Fällen, wie beispielsweise bei einem Glühofen (Bild 2.6), kann man keine hochgenauen, sondern nur mehr oder minder gute Näherungsmodelle aufstellen. Auch das Modell (3.5) ist nicht beliebig genau, denn darin sind extrem kleine, aber vorhandene Effekte, wie der Strahlungsdruck oder der Einfluß des Erdmagnetismus, vernachlässigt.

Zentral für die modellgestützte Regleroptimierung ist die Formulierung eines *quantitativen Gütemaßes*, das die angestrebten Regelungsziele erfaßt. Dabei ist es üblich, diese Gütemaße so zu wählen, daß sie Abweichungen vom gewünschten Regelungsverhalten durch große Werte Q des Gütemaßes *bestrafen*. Werden beispielsweise möglichst kleine Werte für die Überschwingweite M_p, die Ausregelzeit T_a und für die bleibende Regelabweichung e_∞ angestrebt und das Gütemaß

$$Q = M_p + q_1 T_a + q_2 e_\infty \tag{3.6}$$

mit positiven Gewichtungsfaktoren q_1 und q_2 gewählt, so ist die Regelgüte um so besser, je kleiner der Wert von Q ist. Damit wird das Problem der Regleroptimierung auf die *Minimierung eines Gütemaßes* zurückgeführt (Bild 3.9).

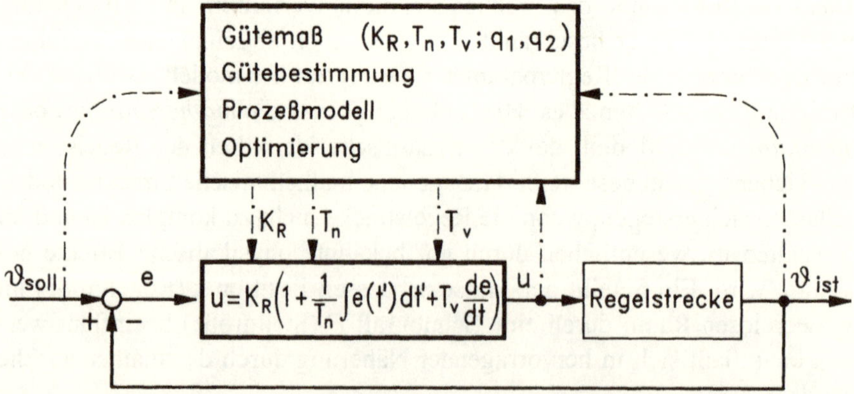

Bild 3.9 Modellgestützte Regleroptimierung durch Minimierung eines Gütemaßes.

Im Idealfall kann man ein *analytisches Streckenmodell* aufstellen und außerdem den Wert des Gütemaßes in Abhängigkeit von den Parametern der Regelstrecke und des Reglers in analytischer Form angeben. Dann läuft die Regleroptimierung auf die Minimierung einer Funktion mehrerer Variablen hinaus. In Sonderfällen kann man dieses Minimierungsproblem auf analytischem Wege lösen. Man erhält dann die optimalen Werte der Reglerparameter als Funktion der Parameter der Regelstrecke und gewinnt hierdurch *globale Einsichten* über das Regelungsverhalten in Abhängigkeit von den Parametern der Regelstrecke und des Reglers. Dies kann man beispielsweise zum Aufbau eines *adaptiven* Reglers nutzen, dessen Parameter automatisch an Veränderungen der Streckenparameter angepaßt werden. Mit analytischen Streckenmodellen kann man ferner in vielen Fällen globale Eigenschaften, wie Stabilität und Robustheit, nachweisen. Der praktische Wert solcher sehr erwünschten Aussagen wird allerdings dadurch relativiert, daß sie sich immer nur auf das Regelungssystem beziehen, das aus dem Regler und dem Streckenmodell besteht. Ob der Regler auch in Verbindung mit der realen Regelstrecke die gewünschten Spezifikationen erfüllt, ist damit nicht garantiert, sondern kann nur für exemplarische Betriebsfälle experimentell sichergestellt werden.

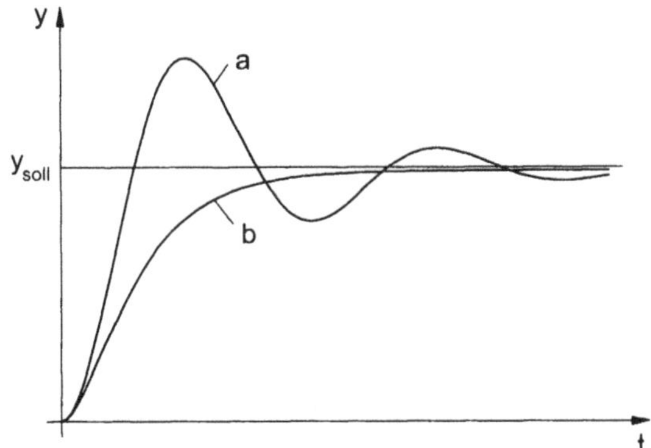

Bild 3.10 Zwei unterschiedliche Sprungantworten a und b mit gleich großen Werten der quadratischen Regelfläche.

Wegen dieser Vorzüge versucht man häufig auch bei komplizierteren Regelungsaufgaben, durch geeignete Vereinfachungen analytische Lösungen zu erhalten. Hierzu geht man etwa von einem bewußt vergröberten Modell der Regelstrecke aus, oder man vereinfacht ein bereits vorliegendes Modell der Regelstrecke derart, daß es möglichst ohne großen Verlust an Modelltreue mathematisch besser handhabbar wird (*Modellreduktion*). Eine andere Vereinfachung besteht in der Verwendung von Gütemaßen, die weniger aussagekräftig, aber sehr einfach sind, wie beispielsweise die *quadratische Regelfläche*

$$Q = \int_0^\infty \left(y_{soll}(t) - y_{ist}(t)\right)^2 dt \quad . \tag{3.7}$$

Sie nimmt um so kleinere Werte an, je besser der Verlauf $y_{ist}(t)$ der Regelgröße mit dem Sollwertverlauf $y_{soll}(t)$ übereinstimmt. Allerdings läßt sich mit diesem Maß nicht entscheiden, ob ein großer Wert von Q auf ein großes Überschwingen oder auf einen langsamen, schwingungsfreien Abbau der Regelabweichung zurückzuführen ist (Bild 3.10).

Vereinfacht man die Streckenmodelle oder Gütemaße, um einen analytischen Reglerentwurf zu ermöglichen, so gewinnt man qualitative globale Einsichten über das Regelungsverhalten. Die resultierenden Reglereinstellungen haben aber meist nur einen Näherungscharakter und sind daher nachzuoptimieren.

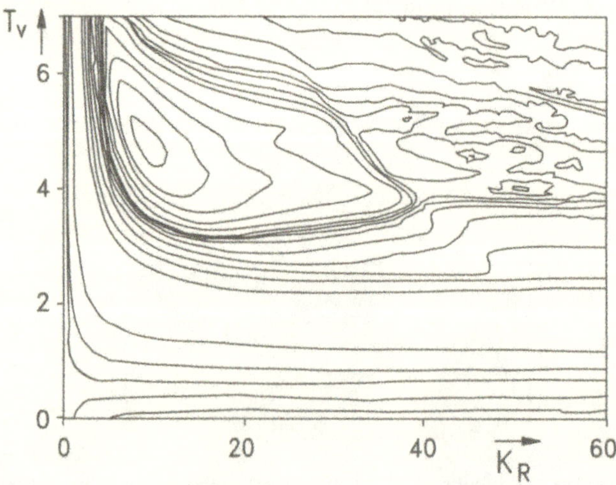

Bild 3.11 Linien gleicher Regelgüte im Raum der Parameter K_R und T_v eines Reglers, der aus einem PD-Regler mit nachgeschaltetem Begrenzungsglied besteht.

Bei Verwendung realistischerer Streckenmodelle und Gütemaße kann der resultierende Wert des Gütemaßes in komplizierter Weise von den Parameterwerten des Reglers und der Regelstrecke abhängen (Bild 3.11). Er läßt sich dann nur simulatorisch oder durch einen komplizierten analytischen Ausdruck ermitteln. Die Regleroptimierung kann dann nur noch numerisch durchgeführt werden. Hierzu gibt es eine breite Palette von Methoden. Einfache Gradientenverfahren reichen hierfür häufig nicht aus, da sie, ausgehend von einem Startwert, nur das nächstgelegene lokale Optimum finden. Man benötigt mehr global arbeitende Verfahren, wie etwa evolutionäre Algorithmen.

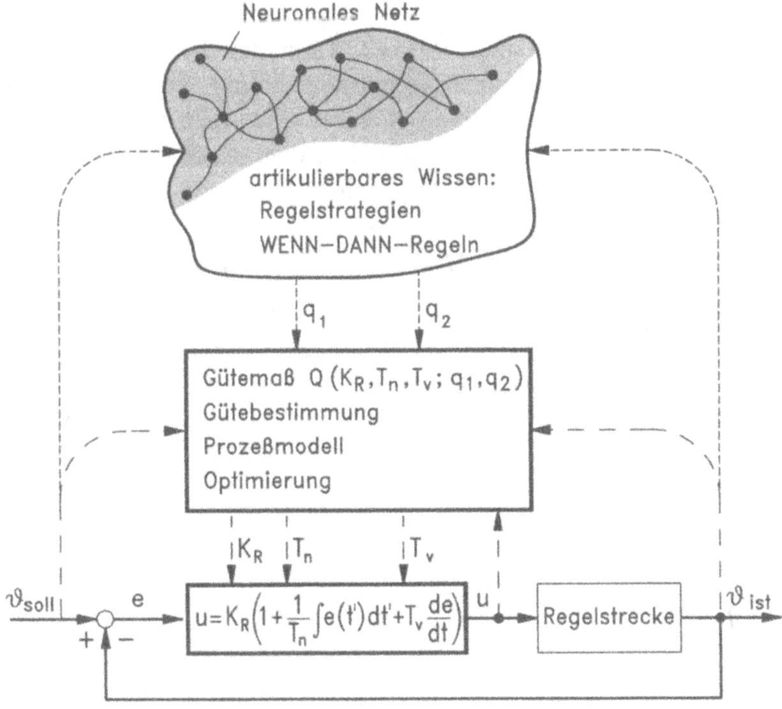

Bild 3.12 Modellgestützte Regleroptimierung durch Minimierung eines Gütemaßes mit überlagerter Optimierung der Parameter des Gütemaßes von Hand.

Die Regleroptimierung durch Minimierung eines Gütemaßes ist generell anwendbar und geradlinig. Eine grundsätzliche Schwierigkeit liegt allerdings darin, ein Gütemaß zu formulieren, das alle interessierenden Gütegesichtspunkte angemessen berücksichtigt. So führt im obigen Beispiel, wo eine geringe Überschwingweite, eine kurze Ausregelzeit und eine kleine bleibende Regelabweichung angestrebt werden, eine Verkleinerung der Ausregelzeit meist zu einer Vergrößerung der Überschwingweite. Zwischen solchen gegenläufigen Regelungszielen ist deshalb ein *sinnvoller Kompromiß* zu schließen. Meist weiß man vorab nicht, wie sehr man dem einen Ziel näherkommen kann, wenn man Konzessionen hinsichtlich des anderen macht. Deshalb kann man bei der Festlegung des Gütemaßes (3.6) nicht vorab entscheiden, welche Wahl der Gewichtungsfaktoren q_1, q_2 zu einem sinnvollen Kompromiß führt. Man muß die Parameter des Gütemaßes daher *iterativ von Hand modifizieren*. Letztlich läuft das Verfahren also darauf hinaus, daß der Mensch überlagert als Regler agiert. Auch die Regleroptimierung durch Minimierung eines Gütemaßes kommt also im allgemeinen nicht ohne menschlichen Eingriff aus (Bild 3.12). Der eigentliche Vorteil der Methode liegt vielmehr darin, daß die Parameter des Gütemaßes transparenter als die Reglerparameter sind. Beispielsweise führt eine Vergrößerung des Gewichtungsfaktors q_1 in dem Gütemaß (3.8) zu einer stärkeren Bestrafung der Ausregelzeit und damit zu ihrer Verringerung auf Kosten der anderen Regelungsziele. *Diese Vergrößerung der Transparenz wird allerdings damit erkauft, daß ein mathematisches oder zumindest ein simulatorisches Modell der Regelstrecke erforderlich ist.*

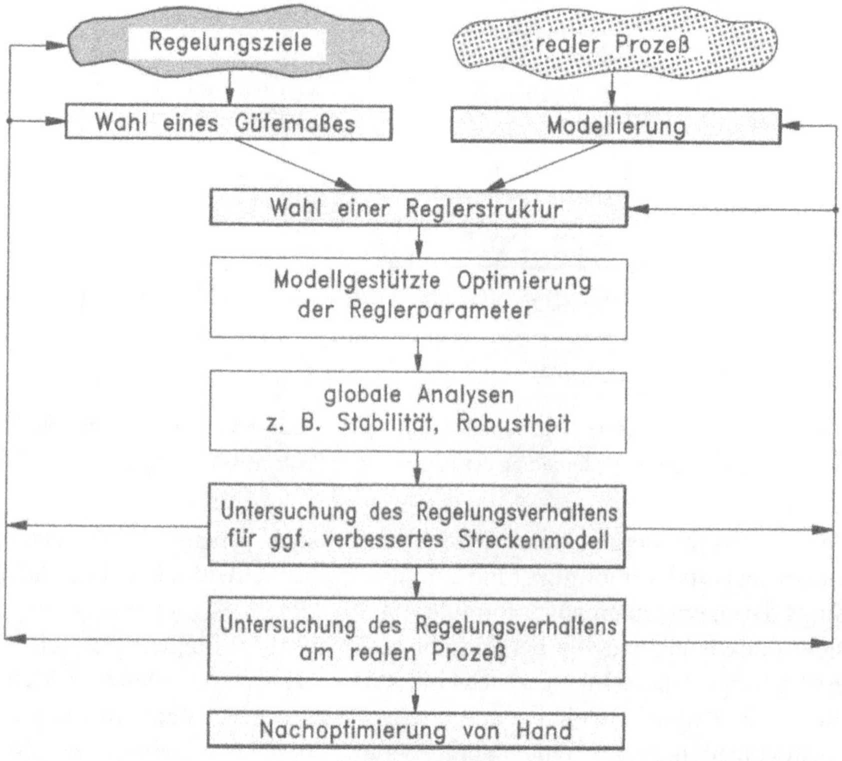

Bild 3.13 Verfahrensschritte bei der modellgestützten Regleroptimierung.

Der modellgestützte Reglerentwurf durch Minimierung eines Gütemaßes wird durch Bild 3.13 zusammenfassend veranschaulicht. Zunächst ist ein mathematisches oder simulatorisches Modell der Regelstrecke zu erstellen. Dies kann in komplizierten Fällen einen erheblichen Aufwand erfordern. Deshalb verzichtet man häufig darauf, das Modell zu sehr zu detaillieren. Hierdurch vereinfacht sich auch der nachgeschaltete Reglerentwurf. Ferner ist ein Gütemaß zu wählen, das einen guten Kompromiß zwischen mathematischer Handhabbarkeit und Aussagekraft schließt. Danach werden die Werte der Reglerparameter modellgestützt durch Minimierung des Gütemaßes optimiert. Im Anschluß werden für das aus dem Streckenmodell und dem entworfenen Regler bestehende Regelungssystem globale Analysen, insbesondere hinsichtlich des Stabilitäts- und Robustheitsverhaltens, durchgeführt.

Danach ist experimentell zu untersuchen, ob der entworfene Regler auch in Verbindung mit dem realen Prozeß die gewünschten Spezifikationen erfüllt. Ggf. wird hierzu anhand eines verbesserten Streckenmodells ein simulatorischer Zwischenschritt durchgeführt. Ist das Regelungsverhalten unbefriedigend, werden die Werte der Gewichtungsfaktoren des Gütemaßes variiert, die Reglerstruktur modifiziert oder auch das Modell der Regelstrecke verändert. Bei befriedigendem Regelungsverhalten wird versucht, die Reglerparameter von Hand nachzuoptimieren. Insgesamt zeigt sich, daß der modellgestützte Entwurf klassischer Regler durch Minimierung eines Gütemaßes eine sehr komplexe Aufgabe ist. Darin lassen sich nur die modellgestützte Optimierung der Reglerparameter und die globalen Analysen allein mit mathematischen oder algorithmischen Methoden durchführen. Alle übrigen Verfahrensschritte stellen *Grauzonen* dar, in denen man wesentlich auf Fingerspitzengefühl und Erfahrung angewiesen ist.

4 Flexiblere klassische Reglerfunktionale

Die einfachen klassischen Reglerfunktionale genügen den in Abschnitt 2.7 aufgestellten Forderungen (ii), (iii) und (iv) nach einfacher technischer Realisierbarkeit, Transparenz ihrer Parameter und Verfügbarkeit mathematischer oder rechnergestützter Verfahren zur Regleroptimierung. Es fehlt ihnen allerdings an Flexibilität, so daß sie für die Regelung komplizierter Regelstrecken oder die Erfüllung anspruchsvoller Regelungsziele nicht ausreichend sind.

4.1 Industrielle PID-Regler

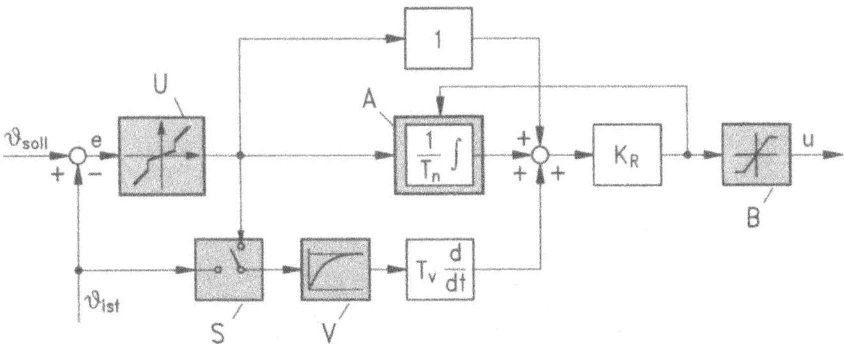

Bild 4.1 Beispiel für einen industriellen PID-Regler. Durch die grau unterlegt dargestellten Zusatzeinrichtungen wird die Flexibilität gegenüber dem einfachen PID-Regler stark vergrößert.

Ein heuristisch motivierter Weg zur Schaffung von mehr Flexibilität besteht darin, den PID-Regler durch qualitativ einsichtige Zusatzeinrichtungen zu ergänzen (Bild 4.1). So wird die Stellgröße durch ein Begrenzungsglied (B) auf einen Bereich $u_{\min} \leq u \leq u_{\max}$ begrenzt. Eine Unempfindlichkeitszone (U) sorgt dafür, daß die Reglerverstärkung für geringe Regelabweichungen herabgesetzt wird. Ein Vorfilter (V) verhindert, daß das Differenzierglied allzu empfindlich auf schnelle Änderungen der Eingangsgröße reagiert. Ferner läßt sich durch einen Schalter (S) einstellen, ob das Differenzierglied auf die Regelabweichung oder auf die Regelgröße reagieren soll. Schließlich verhindert eine Anti-Windup-Schaltung (A) ein unerwünschtes Hochlaufen des Integrierers, wenn das Begrenzungsglied (B) anspricht. In diesem Fall wird die Integration entweder einfach nur angehalten (Anti-Windup-Hold) oder zusätzlich der Wert der Ausgangsgröße des Integriergliedes jeweils soweit zurückgesetzt, daß die Eingangsgröße des Begrenzungsgliedes den Wert annimmt, bei dem das Begrenzungsglied gerade anspricht (Anti-Windup-Reset).

Industriell eingesetzte PID-Regler mit derartigen Zusatzeinrichtungen können bis zu ca. 20 Reglerparameter aufweisen. Diese sind nur noch bedingt transparent und können daher nur von geübten Experten von Hand optimiert werden. Die überwiegende Zahl von praktischen Regelungsproblemen wird noch heute so gelöst.

Steht ein mathematisches oder simulatorisches Modell der Regelstrecke zur Verfügung, so können solche PID-Regler auch rechnergestützt durch Minimierung eines Gütemaßes optimiert werden. Die Nichtlinearitäten im Reglerfunktional können aber dazu führen, daß der Wert des Gütemaßes Q in undurchsichtiger Weise von den Reglerparametern abhängt. Insbesondere können mehrere lokale Minima auftreten, was die rechnergestützte Optimierung erschwert (Bild 3.11).

4.2 Lineare Regler höherer Ordnung

Ein mathematischer Weg zur Vergrößerung der Flexibilität besteht in der Verallgemeinerung des PID-Reglerfunktionals. Durch Differentiation der Beziehung (2.13) nach der Zeit entsteht die *lineare Differentialgleichung* 2. Ordnung

$$\dot{u} = c_1 \dot{e} + c_2 e + c_3 \ddot{e} \quad . \tag{4.1}$$

Sie legt es nahe, zusätzliche Flexibilität durch Übergang zu einer linearen Differentialgleichung höherer Ordnung

$$u^{(n)} + a_{n-1}u^{(n-1)} + \ldots + a_1\dot{u} + a_0 u =$$
$$= b_m e^{(m)} + b_{m-1}e^{(m-1)} + \ldots + b_1\dot{e} + b_0 e \qquad (4.2)$$

zu schaffen, wobei e die Eingangsgröße und u die Ausgangsgröße des Reglers ist. So gelangt man zum *linearen Regler höherer Ordnung*. Er enthält sehr viele Parameter a_i und b_j, deren Wirkung jedoch kaum noch durchschaubar ist. Der komplizierte Wirkungsmechanismus dieser Differentialgleichung wird durch das Strukturbild 4.2 für die Fälle $m \leq n$ veranschaulicht. Es zeigt eine mehrfach rückgekoppelte Struktur, wobei alle Parameter a_i in Rückführzweigen liegen. Da das Strukturbild n Integrierer aufweist, ist das Verhalten der Ausgangsgröße $u(t)$ nach Aufschalten einer Eingangsfunktion $e(t)$ nicht nur vom Verlauf von $e(t)$, sondern auch noch von den Anfangswerten der Größen $x_i(t)$ abhängig. Der Zustand des Reglers nach Gl. (4.2) wird also durch die n Zustandsgrößen $x_i(t)$ charakterisiert.

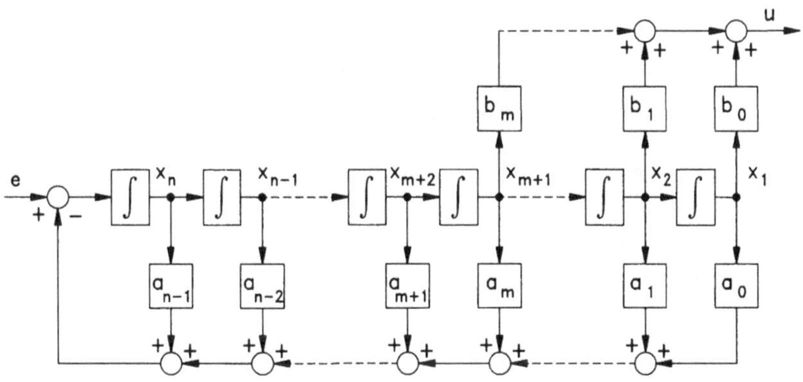

Bild 4.2 Strukturbild eines linearen Reglers höherer Ordnung.

Auch beim Übergang zu linearen Reglern höherer Ordnung wird also die Schaffung größerer Flexibilität mit dem Verlust von Transparenz bezahlt: Die Parameter dieser Regler lassen sich meist nicht mehr von Hand, sondern nur noch modellgestützt optimieren. Vorteilhaft ist aber, daß diese flexibleren Regler, wie der PID-Regler, linear sind. Ist auch die Regelstrecke linear und liegt ein mathematisches Streckenmodell vor, so kann man daher die leistungsfähigen Entwurfs- und Analyseverfahren der linearen Systemtheorie nutzen.

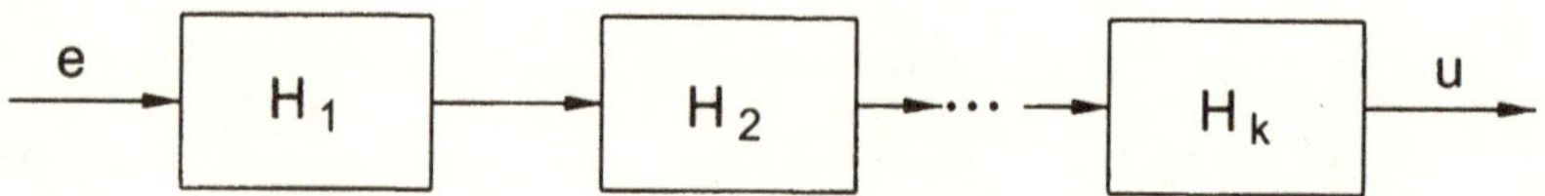

Bild 4.3 Aufbau eines flexiblen linearen Reglers durch rückwirkungsfreie Reihenschaltung einfacher Teilsysteme.

Lineare Regler höherer Ordnung mit einer etwas größeren Transparenz der Reglerparameter erhält man dadurch, daß man sie als Reihenschaltung von linearen Teilsystemen niedrigerer Ordnung aufbaut (Bild 4.3). Das Verhalten jedes Teilsystems wird dann jeweils nur durch wenige Parameter bestimmt, und das Verhalten der gesamten Reihenschaltung läßt sich überblicken, indem man die Bode-Diagramme der Teilsysteme additiv überlagert.

Der Umgang mit linearen Reglern höherer Ordnung wird durch die *Übertragungsfunktion*

$$H(s) = \frac{b_m s^m + b_{m-1} s^{m-1} + \ldots + b_1 s + b_0}{s^n + a_{n-1} s^{n-1} + \ldots + a_1 s + a_0} = \frac{Z_H(s)}{N_H(s)} \tag{4.3}$$

sehr erleichtert, die man einer Differentialgleichung der Form (4.2) zuordnet. Darin werden $Z_H(s)$ und $N_H(s)$ Zähler- bzw. Nennerpolynom der Übertragungsfunktion genannt. Im folgenden werden einige Beispiele für die Nützlichkeit der Übertragungsfunktion ohne Beweis aufgeführt.

- Man kann die Übertragungsfunktion zur Vereinfachung der Schreibarbeit als einen formalen Ausdruck anstelle der Differentialgleichung verwenden.
- Setzt man in der Übertragungsfunktion (4.3) für das Symbol s die komplexe Zahl $j\omega$ ein, so entsteht eine komplexwertige Funktion $H(j\omega)$, aus der sich der Frequenzgang des Reglers ergibt. Der Amplitudengang ist durch $|H(j\omega)|$ und der Phasengang durch $\mathrm{Arc}\{H(j\omega)\}$ bestimmt.
- Die Übertragungsfunktion $H(s)$ eines Übertragungssystems, das aus der rückwirkungsfreien Reihenschaltung zweier Teilsysteme mit den Übertragungsfunktionen $H_1(s)$ und $H_2(s)$ besteht, ist durch

$$H(s) = H_1(s) H_2(s) \tag{4.4}$$

gegeben. Statt die Bode-Diagramme der Teilsysteme graphisch zu addieren und daraus das Bode-Diagramm der gesamten Reihenschaltung zu ermitteln, kann man die Überlagerung also auch auf mathematischem Wege durch Multiplikation der Übertragungsfunktionen vornehmen.

- Die Übertragungsfunktion $T(s)$ des linearen Standardregelkreises (Bild 4.4) ist durch

$$T(s) = \frac{H(s)G(s)}{1 + H(s)G(s)} \tag{4.5}$$

gegeben. Bezeichnet man die Zählerpolynome von $H(s)$ und $G(s)$ mit $Z_H(s)$ bzw. $Z_G(s)$ und die entsprechenden Nennerpolynome mit $N_H(s)$ und $N_G(s)$, kann man statt Gl. (4.5)

$$T(s) = \frac{Z_H(s)Z_G(s)}{N_H(s)N_G(s) + Z_H(s)Z_G(s)} \tag{4.6}$$

schreiben.

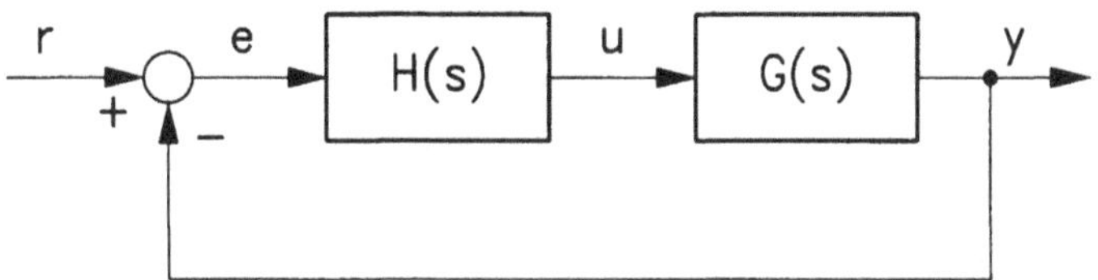

Bild 4.4 Linearer Standardregelkreis, der aus einer linearen Regelstrecke mit der Übertragungsfunktion $G(s)$ und aus einem linearen Regler mit der Übertragungsfunktion $H(s)$ besteht.

- Das Nennerpolynom

$$N_T(s) = N_H(s)N_G(s) + Z_H(s)Z_G(s) \tag{4.7}$$

der ungekürzten Übertragungsfunktion des Regelungssystems nach Bild 4.4 ist für das *Stabilitätsverhalten* des linearen Standardregelkreises ausschlaggebend.

Stabilitätsdefinition:

Das obige Regelungssystem wird *stabil im Sinne des asymptotischen Abklingens aller Eigenbewegungen* genannt, wenn bei verschwindender Führungsgröße $r(t)$ jede Wahl der Anfangswerte des Zustandes der Regelstrecke und des Reglers zu einem Ausgangsgrößenverlauf $y(t)$ führt, der gemäß

$$\lim_{t\to\infty} y(t) = 0 \tag{4.8}$$

asymptotisch abklingt.

Stabilitätssatz:

Das obige Regelungssystem ist genau dann stabil im Sinne des asymptotischen Abklingens aller Eigenbewegungen, wenn alle Nullstellen des Polynoms $N_T(s)$ negativ sind oder einen negativen Realteil haben.

Dieser Stabilitätssatz ist analytisch beweisbar. Die Tragweite eines solchen analytischen Beweises wird durch die folgende Feststellung unterstrichen: Ein solcher Satz wird durch endlich viele Denkschritte mathematisch bewiesen. Andererseits erstreckt er sich auf unendlich viele, genauer gesagt auf ein Kontinuum von möglichen Fällen. Bereits bei einer festen Regelstrecke erfüllt die Menge der möglichen Anfangswerte ein Kontinuum, nämlich den Zustandsraum. Darüber hinaus erstreckt sich der Satz aber nicht nur auf ein bestimmtes, sondern auf die Menge aller linearen Systeme der hier betrachteten Form. Auch diese Menge erfüllt ein Kontinuum. Hieraus ergibt sich, daß eine analytisch hergeleitete Beziehung unvergleichlich aussagekräftiger als ein simulatorisch gewonnenes *punktuelles* Ergebnis ist, das sich nur auf ein einziges System und auf einen einzigen Satz von Anfangswerten bezieht.

4.3 Komplexere Reglerstrukturen

Im folgenden wird ein Überblick über komplexere Reglerstrukturen gegeben, die in der klassischen Regelungstechnik entwickelt worden sind, aber auch unverändert auf Fuzzy-Regelungssysteme übertragen werden können. Insbesondere soll gezeigt werden, daß man bereits aufgrund qualitativer Überlegungen zu wirkungsvollen Strukturansätzen gelangen kann.

4.3.1 Vorfilter und Vorsteuerung

Ausgangspunkt ist der Regelkreis nach Bild 2.3, der in Bild 4.5 in vereinfachter Form dargestellt ist. Daran ist charakteristisch, daß der Regler nicht unterscheiden kann, ob das Auftreten einer Regelabweichung e auf eine Änderung der Führungsgröße r oder die Einwirkung einer Störung d zurückzuführen ist. Es kann erwünscht sein, daß der Regler in beiden Fällen unterschiedlich reagiert. Beispielsweise ist man bei einer Flugzeuglageregelung daran interessiert, daß angreifende äußere Störungen d einen möglichst geringen Einfluß auf die Lage des Flugzeuges haben. In diesem Fall soll der Regler auf eine kleine auftretende Regelabweichung stark reagieren. Wenn dagegen der Pilot mit dem Steuerknüppel einen neuen Sollwert r für die Lage vorgibt, soll das Flugzeug darauf nicht spontan reagieren.

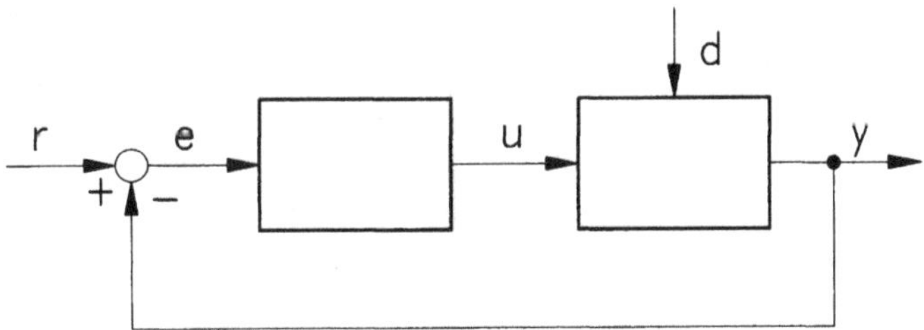

Bild 4.5 Einfachster Regelkreis mit Regler (grau) und Regelstrecke.

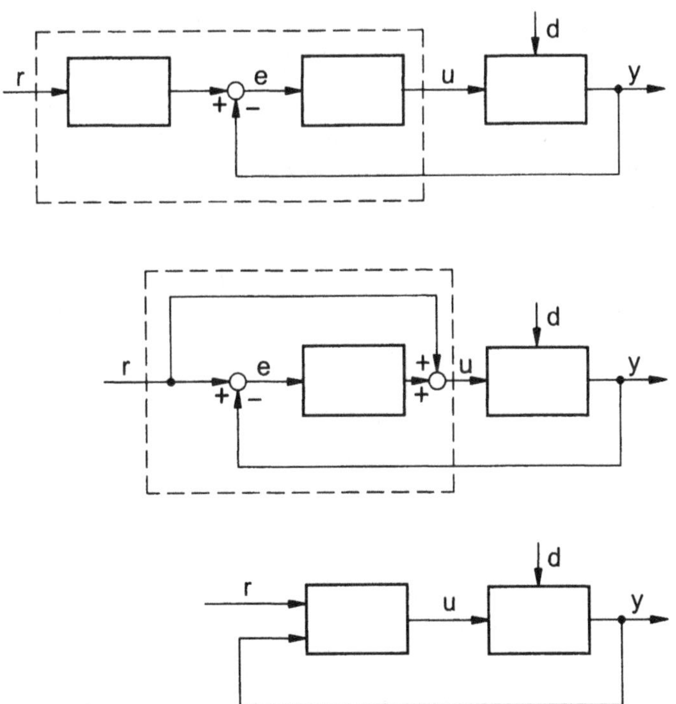

Bild 4.6 Getrennte Beeinflussung des Führungs- und Störverhaltens durch ein Vorfilter (oben, schraffiert), eine Vorsteuerung (Mitte) oder einen Regler mit getrennter Zuführung der Führungs- und der Regelgröße (unten).

Zur getrennten Beeinflussung des Führungs- und Störverhaltens gibt es unterschiedliche Möglichkeiten (Bild 4.6). Im oberen Teilbild ist der Fall dargestellt, daß dem eigentlichen Regelkreis ein *Vorfilter* vorgeschaltet wird. Damit läßt sich erreichen, daß ein sprungförmiger Führungsgrößenverlauf in geglätteter Form, beispielsweise als eine Rampenfunktion mit endlicher Steigung, auf den eigentlichen Regelkreis geschaltet wird. In anderen Fällen kann es erwünscht sein, daß die Regelstrecke auf Änderungen der Führungsgröße in direkterer Form reagiert als auf Störungen. Dies läßt sich durch eine *Vorsteuerung* erreichen (Bild 4.6 Mitte). Beide Varianten lassen sich als Spezialfälle einer Reglerstruktur ansehen, in der dem Regler die Führungsgröße r und die Regelgröße y *voneinander getrennt* als Eingangsgrößen zugeführt werden (Bild 4.6 unten).

4.3.2 Mehrschleifige Regelkreise und Zustandsregler

Alle bisher betrachteten Regelkreise sind einschleifig: Es wird nur die Regelgröße rückgeführt. Am Beispiel des Regelkreises nach Bild 4.7 (oben) zur Regelung des Glühofens (Bild 2.6) wird gezeigt, daß eine solche einschleifige Regelkreisstruktur unzureichend sein kann. Auf diesen Regelkreis wirken Änderungen des Gasdrucks p als äußere Störungen ein. Der Regler kann erst dann darauf reagieren, wenn sich die Gasdruckschwankungen auf die Ofentemperatur ausgewirkt haben. Wegen der großen Wärmekapazität des Glühofens lassen sich unerwünschte Änderungen der Ofentemperatur nur vergleichsweise langsam durch die Reglerreaktion beseitigen. Günstiger ist es deshalb, wenn man nicht nur die Ofentemperatur zurückführt, sondern zusätzlich innere dynamische Größen des Glühofens, die frühzeitiger von Änderungen des Gasdrucks beeinflußt werden. Beispielsweise wirken sich Gasdruckschwankungen schnell auf den Gasvolumenstrom aus. Erfaßt man daher den Gasvolumenstrom, so läßt sich ein *mehrschleifiger* Regelkreis (*Kaskadenregelkreis*) aufbauen (Bild 4.7 unten). Darin reagiert der *überlagerte* Regler auf Abweichungen zwischen Soll- und Istwert der Ofentemperatur. Seine Ausgangsgröße v liefert den Sollwert für den Gasvolumenstrom. Ein unterlagerter Regler sorgt dafür, daß der Gasvolumenstrom diesem Sollwert möglichst genau entspricht. In dem Kaskadenregelkreis reagiert der innere Regelkreis schnell auf Gasdruckschwankungen und hält ihre Auswirkung vom äußeren Regelkreis fern.

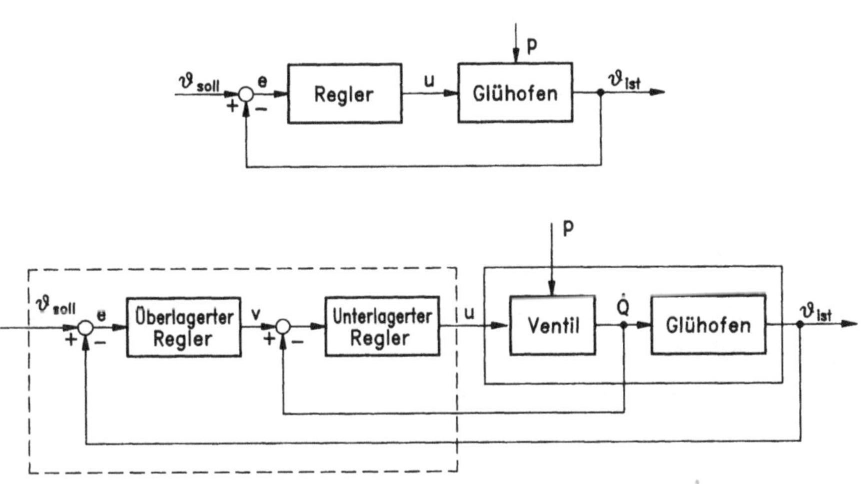

Bild 4.7 Einschleifiger Regelkreis (oben) und mehrschleifiger Regelkreis (unten).

Die Zusammenfassung von überlagerten und unterlagerten Reglern (Bild 4.7 unten, gestrichelt) läßt sich als Regeleinrichtung interpretieren, der neben der Führungs- und der Regelgröße *zusätzlich eine innere dynamische Größe* der Regelstrecke zugeführt wird. Dies macht plausibel, daß man im allgemeinen zu einer höheren Regelgüte gelangen kann, wenn man statt einer einschleifigen Regelkreisstruktur (Bild 4.8 oben) durch Rückführung mehrerer innerer dynamischer Größen zu einer *mehrschleifigen Struktur* übergeht (Bild 4.8 Mitte). Insbesondere kann man so noch frühzeitiger auf die Einwirkung äußerer Störungen d reagieren. Eine noch schnellere Reaktion wird ermöglicht, wenn man die Störung direkt erfaßt und diese Information dem Regler zuführt (Bild 4.8 unten). Beim Glühofen kann man beispielsweise dem Regler den Gasdruck zuführen und damit Gasdruckschwankungen durch geeignete Ventilverstellungen ausgleichen. Eine solche *Störgrößenaufschaltung* ist äußerst wirkungsvoll, erfordert allerdings eine Messung der Störgröße.

Durch den Übergang vom einschleifigen zum mehrschleifigen Regelkreis kann man die Regelgüte um so mehr verbessern, je mehr innere dynamische Größen der Regelstrecke zurückgeführt werden. Bei einer Regelstrecke, deren Verhalten durch n Zustandsgrößen $x_1, x_2, \ldots, x_n$ charakterisiert wird, ist es daher sinnvoll, *sämtliche* Zustandsgrößen zurückzuführen. Ein solcher Regler wird Zustandsregler genannt. Das Reglerfunktional

$$u = -k_1 x_1 - k_2 x_2 - \ldots - k_n x_n + cr \ , \tag{4.8}$$

das sich als mehrdimensionale Verallgemeinerung eines Proportionalreglers interpretieren läßt, liefert einen sehr einfachen, aber leistungsfähigen *linearen Zustandsregler*. Darin ist r die Führungsgröße, und die Größen k_i und c sind die Reglerparameter. Faßt man die Zustandsgrößen x_i sowie die Reglerparameter k_i zu Vektoren $\boldsymbol{x}$ bzw. $\boldsymbol{k}$ zusammen, so läßt sich das Reglerfunktional auch in der Form

$$u = -\mathbf{k}^T \mathbf{x} + cr \tag{4.9}$$

schreiben. Die Rückführung aller Zustandsgrößen schafft eine große Flexibilität, allerdings sind bereits die Parameter des einfachen Zustandsreglers nach Gl. (4.8) so intransparent, daß sie meist nur modellgestützt optimiert werden können.

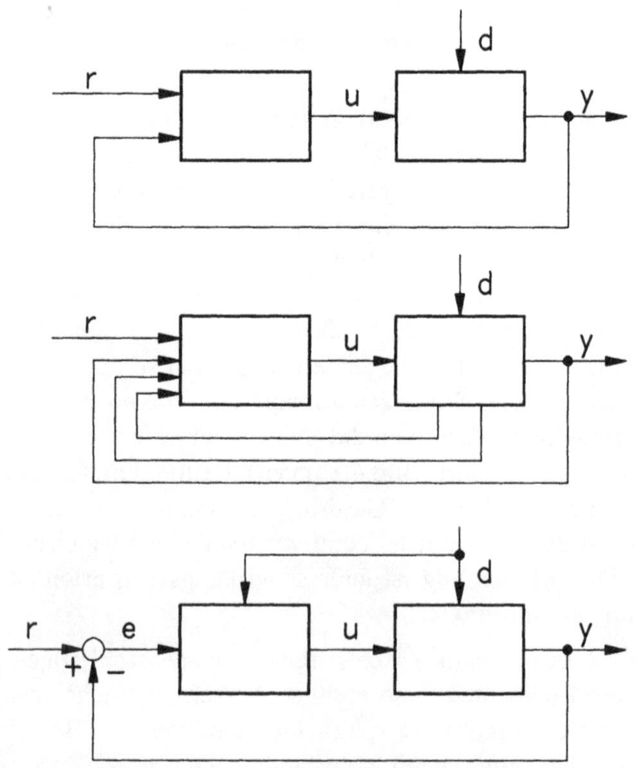

Bild 4.8 Unterschiedliche Möglichkeiten zur Reduktion des Einflusses von äußeren Störungen: Einschleifiger Regelkreis (oben), mehrschleifiger Regelkreis (Mitte) und Störgrößenaufschaltung (unten).

4.3.3 Zustandsbeobachter

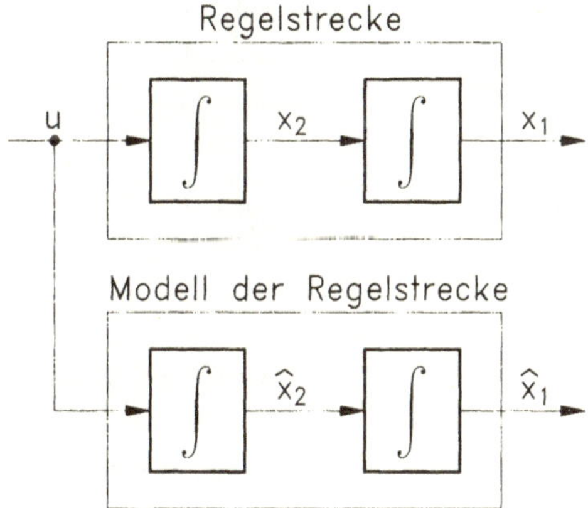

Bild 4.9 Modellgestützte Rekonstruktion der dynamischen Größen x_1 und x_2 einer Regelstrecke.

Der wesentliche Preis für den Einsatz von Zustandsreglern besteht darin, daß die Zustandsgrößen x_i meßtechnisch erfaßt werden müssen. Dies kann einen unvertretbar großen Aufwand erfordern oder unmöglich sein, wenn die Zustandsgrößen meßtechnisch unzugänglich sind. Deshalb ist man an Verfahren interessiert, die unzugängliche oder schwer erfaßbare Meßgrößen aus leichter zugänglichen Meßgrößen rekonstruieren. Wie solche Verfahren arbeiten, wird am Beispiel einer Regelstrecke illustriert, die aus zwei hintereinandergeschalteten Integriergliedern besteht (Bild 4.9). Eine solche Regelstrecke liegt beispielsweise vor, wenn Massen (Flugkörper, Roboterarme, Ventilstößel) durch Kräfte in Bewegung gesetzt werden und wenn die Beschleunigung u meßbar ist (vgl. Bild 3.8). Dann wird das Verhalten der Regelstrecke durch die Zustandsgrößen x_2 (Geschwindigkeit) und x_1 (Weg) bestimmt. Diese Zustandsgrößen lassen sich allein aus dem Meßsignal u rekonstruieren. Hierzu wird ein Modell der Regelstrecke in Gestalt zweier hintereinandergeschalteter Integrierer aufgebaut. Zum Anfangszeitpunkt t_0 kennt man die Werte der Position x_1 und der Geschwindigkeit x_2 der Regelstrecke. Sie werden als Anfangswerte im Modell der Regelstrecke eingesetzt. Dann stimmen die aus dem Modell der Regelstrecke abgreifbaren Werte $\hat{x}_1$ und $\hat{x}_2$ für alle Zeiten $t > t_0$ mit den tatsächlichen Werten x_1 und x_2 der Regelstrecke überein.

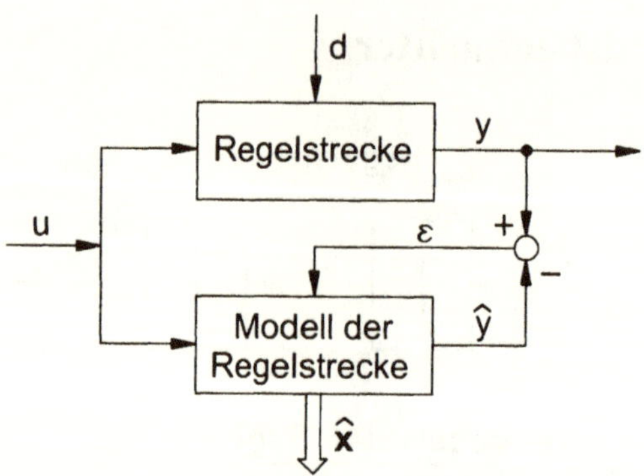

Bild 4.10 Rekonstruktion der Zustandsgrößen einer Regelstrecke durch einen Beobachter.

Diese Methode zur Rekonstruktion der Zustandsgrößen scheidet allerdings in den meisten Fällen aus, weil unbekannte Störungen auf die Regelstrecke einwirken und zu Fehlern zwischen den tatsächlichen und den rekonstruierten Zustandsgrößen führen. Für den meist gegebenen Fall, daß neben der Eingangsgröße der Regelstrecke auch ihre Ausgangsgröße meßbar ist, läßt sich durch das *Konzept des Beobachters* Abhilfe schaffen (Bild 4.10). Es basiert ebenfalls auf einem Modell der Regelstrecke, aber es werden die Ausgangsgrößen der Regelstrecke und des Modells verglichen. Weichen diese Größen voneinander ab, so ist das ein Indiz dafür, daß die Zustandsgrößen x_i der Regelstrecke mit den Zustandsgrößen $\hat{x}_i$ des Modells der Regelstrecke nicht übereinstimmen. Wirkt man deshalb durch eine geeignete Zurückführung des Differenzsignals ε so auf die Zustandsgrößen $\hat{x}_i$ des Modells ein, daß sich die Differenz ε möglichst verkleinert, so läßt sich auch der Fehler zwischen den rekonstruierten und den tatsächlichen Werten $\hat{x}_i$ und x_i verkleinern.

4.3.4 Modellgestützte Regelkreisstrukturen

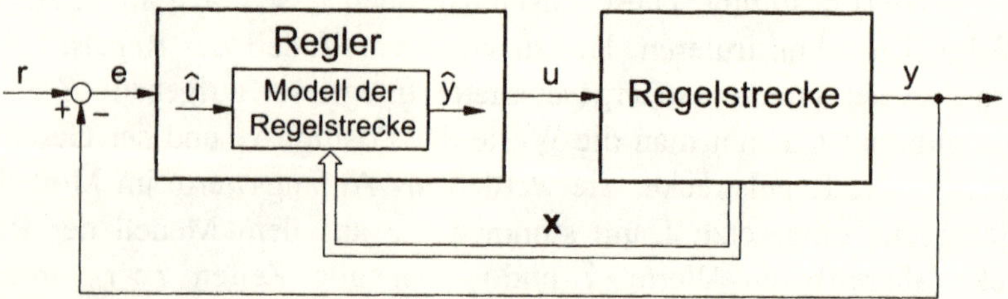

Bild 4.11 Reglerstruktur mit internem Modell der Regelstrecke.

Eine im Vergleich zum Beobachter andersartige direkte Nutzung eines Streckenmodells zeigt Bild 4.11. Hier ist ein Streckenmodell vorgesehen, das das Verhalten der Regelstrecke in einem stark gerafften Zeitmaßstab beschreibt. Damit läßt sich ausprobieren, welcher Eingangsgrößenverlauf der Regelstrecke zu dem gewünschten Ausgangsgrößenverlauf führt.

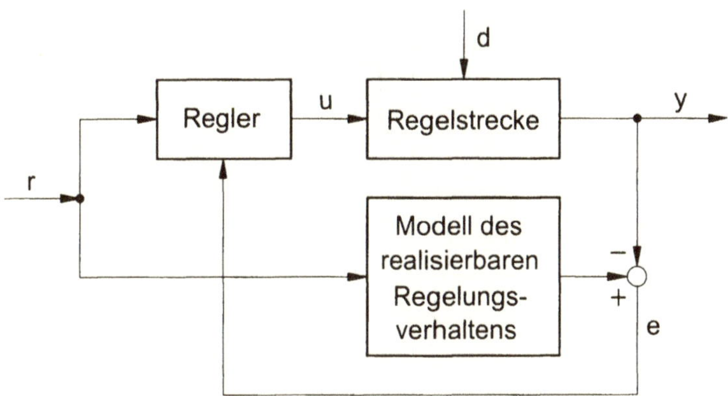

Bild 4.12 Reglerstruktur mit Modell des gewünschten und realisierbaren Regelungsverhaltens.

Kenntnisse über das Streckenverhalten können auch in anderer Weise für die Regelung genutzt werden. Beispielsweise kann man für den Glühofen den maximal möglichen Temperaturanstieg experimentell ermitteln. Das bedeutet, daß bei einer gegebenen Regelstrecke – unabhängig von der verwendeten Reglerstruktur – nicht jedes beliebige Führungsverhalten erreichbar ist. Dies legt es nahe, die Reaktion des Reglers nicht auf die Differenz zwischen Soll- und Istwert, sondern zwischen *realisierbarem* Sollwert und tatsächlichem Istwert abzustellen (Bild 4.12). Auf diese Weise wird eine unerwünschte Überreaktion des Reglers vermieden.

4.3.5 Robuste und adaptive Regler

Nach Abschnitt 2.3 bestehen wesentliche Regelungsziele in der Kompensation der unerwünschten Einflüsse von äußeren Störungen und Parametervariationen der Regelstrecke. Aus Aufwandsgründen ist man meist daran interessiert, dies mit einem *festeingestellten* Regler zu erreichen. Ist dieser in der Lage, trotz großer Veränderungen der Streckenparameter oder Störungen stets ein akzeptables Regelungsverhalten zu gewährleisten, so bezeichnet man ihn als *robust*. Ein Beispiel hierfür ist die Regelung eines führerlosen Busses entlang eines im Boden verlegten Leitkabels: Hier ändern sich die Parameter Masse (abhängig von der Fahrgastzahl), die Geschwindigkeit und die Fahrbahnbeschaffenheit in weiten Bereichen. Alternativ zu robusten Reglern kommen *adaptive* Regler in Betracht. Das zugrundeliegende Konzept besteht darin, die Einstellwerte für die Parameter eines Reglers situationsabhängig zu verändern (Bild 4.13).

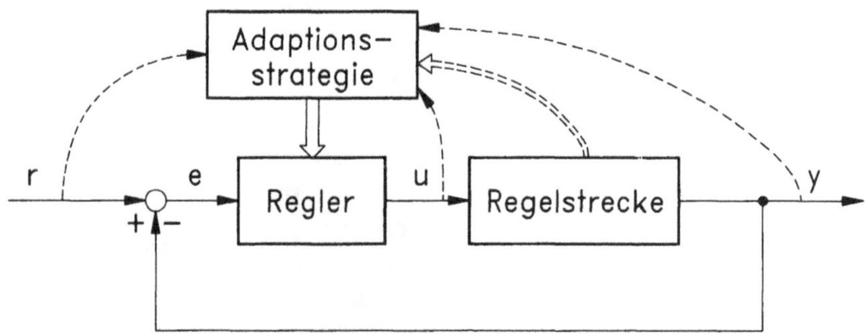

Bild 4.13 Prinzip einer adaptiven Regelung.

4.3.6 Abtastregler

Die einfachen klassischen Regler können mit analog arbeitenden elektronischen Schaltungen oder auf digitalem Wege, beispielsweise mit einem Mikroprozessor, realisiert werden. Je komplizierter das gewählte Reglerfunktional ist, desto mehr bietet sich eine digitale Realisierung an. Dabei wird die Stellgröße nicht kontinuierlich, sondern jeweils nur für bestimmte *Abtastzeitpunkte* berechnet. In den dazwischenliegenden Zeitintervallen wird die Stellgröße jeweils konstantgehalten (Bild 4.14). Entsprechend kann ein Mikroprozessor den Meßwertverlauf nicht kontinuierlich, sondern nur zu bestimmten Abtastzeitpunkten aufnehmen. Meist wird für die Aufnahme der Meßwerte und die Abgabe der Stellgröße mit einer festen Abtastzeit T gearbeitet. Ist diese im Verhältnis zu den dynamischen Vorgängen im Regelungssystem sehr klein, so lassen sich die durch die Abtastung hervorgerufenen Effekte ignorieren (*quasikontinuierlicher Fall*). Da aber kurze Abtastzeiten aufwendige Analog-Digital- und Digital-Analog-Wandler und schnelle Prozessoren erfordern, ist es oft nicht akzeptabel, die Abtastzeit so klein zu machen, daß der quasikontinuierliche Fall vorliegt. Dann muß man beim Reglerentwurf von vornherein berücksichtigen, mit welcher Abtastzeit die Reglerrealisierung erfolgen soll.

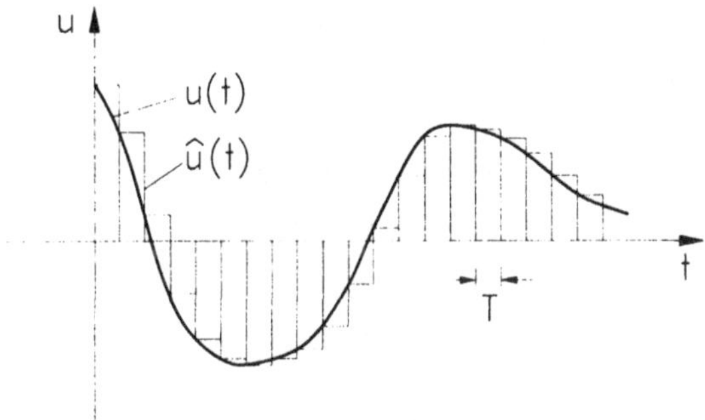

Bild 4.14 Quasikontinuierliche digitale Realisierung eines Stellgrößenverlaufs. Bei hinreichend kleiner Abtastzeit stimmt der treppenförmige Verlauf $\hat{u}(t)$ mit dem kontinuierlichen Verlauf $u(t)$ überein.

4.3.7 Kennfeldregler

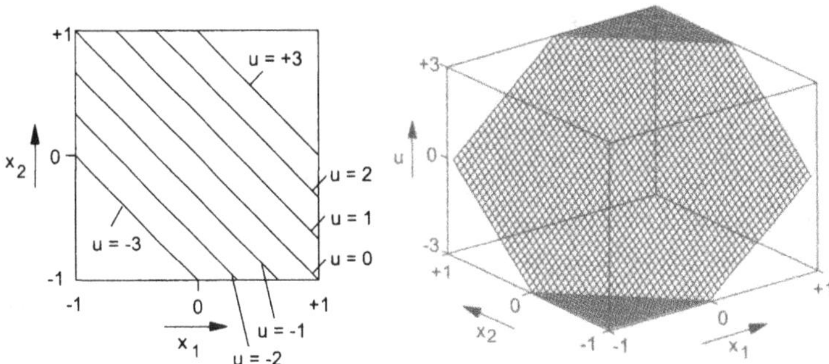

Bild 4.15 Veranschaulichung eines Steuergesetzes $u = f(x_1, x_2)$ durch Höhenlinien (links) und durch eine dreidimensionale Darstellung (rechts).

In den obengenannten Reglerstrukturen tauchen verschiedentlich Teilsysteme mit mehreren Eingangsgrößen und einer Ausgangsgröße auf. Dies gilt beispielsweise für die Regler in den Bildern 4.6, 4.8 und 4.12 sowie für die Adaptionsstrategie in Bild 4.13. Wählt man Übertragungsglieder ohne Erinnerung, wird ihre Funktionsweise durch

$$u = f(x_1, x_2, \ldots, x_n) \tag{4.10}$$

beschrieben. Bei zwei Eingangsgrößen lassen sich derartige Funktionen durch *Höhenlinien* (Linien gleichen Wertes u) oder durch eine dreidimensionale Darstellung veranschaulichen. Bild 4.15 zeigt dies für einen linearen Zustandsregler der Form $u = 3{,}75x_1 + 3{,}75x_2$ mit einem nachgeschalteten Sättigungsglied, das die Stellgröße auf den Maximalbetrag $|u| = 3$ begrenzt. Übertragungsglieder nach Gl. (4.10) werden *Kennfeldregler*, *Kennfeldglieder* oder auch *Kennflächenregler* genannt.

4.3.8 Mehrgrößenregelungssysteme

Bisher wurden Regelungssysteme betrachtet, die nur eine einzige Regelgröße aufweisen. Vielfach haben Regelstrecken aber mehrere Ausgangsgrößen, bei einem chemischen Reaktor beispielsweise die Größen Druck und Temperatur, für die bestimmte Spezifikationen einzuhalten sind. Gibt es für jede Ausgangsgröße eine Eingangsgröße, die nur diese Ausgangsgröße beeinflußt, so kann man für die Regelung der Ausgangsgrößen voneinander getrennte Regelkreise aufbauen. Häufig beeinflußt aber eine Eingangsgröße der Regelstrecke mehrere Regelgrößen. Verändert ein Pilot beispielsweise die Stellung des Höhenruders, so beeinflußt dies die Flughöhe und die Geschwindigkeit. Zur Regelung solcher *Mehrgrößensysteme* kann man durch ein vorgeschaltetes *Entkopplungsglied* neue Eingriffsmöglichkeiten schaffen, die jeweils nur auf eine einzige Regelgröße wirken. So haben die Eingangsgrößen u_1 und u_2 der Regelstrecke nach Bild 4.16 jeweils Einfluß auf beide Ausgangsgrößen y_1 und y_2. Das Entkopplungsglied ist so zu konzipieren, daß seine Eingangsgröße v_1 durch eine geeignete gleichzeitige Beeinflussung der Größen u_1 und u_2 nur die Regelgröße y_1 beeinflußt. Entsprechend soll die Größe v_2 nur die Größe y_2 beeinflussen. Ist eine solche Entkopplung möglich, lassen sich für die Regelung der Größen y_1 und y_2 voneinander getrennte Eingrößenregelkreise aufbauen.

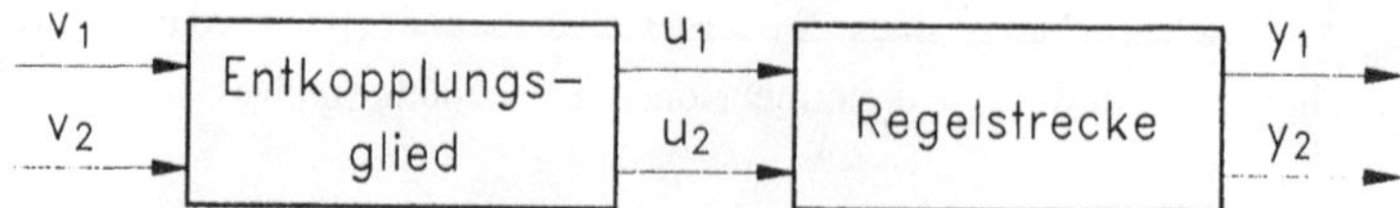

Bild 4.16 Zurückführung des Reglerentwurfs für ein Mehrgrößensystem auf den Entwurf zweier voneinander unabhängiger Eingrößenregelungssysteme durch ein Entkopplungsglied.

4.4 Lineare, nichtlineare und optimale Regler

Insgesamt zeigt sich, daß sehr viele potentiell sinnvolle Reglerstrukturen bekannt sind. Im Einzelfall ist, meist anhand qualitativer Gesichtspunkte, abzuschätzen, welche Reglerstruktur im Hinblick auf den notwendigen Entwurfs- und Realisierungsaufwand und auf die geforderte Regelgüte am günstigsten erscheint. Bild 4.17 soll veranschaulichen, daß die derzeit bekannten Reglerfunktionale die Menge aller nur denkbaren Funktionale bei weitem nicht ausschöpfen. Es gibt noch einen immensen Spielraum für die Suche nach noch leistungsfähigeren Reglerfunktionalen.

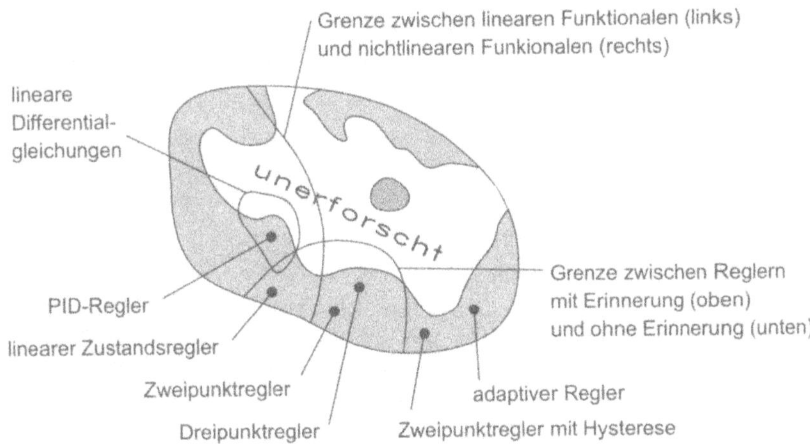

Bild 4.17 Systematische Einordnung der klassischen Reglerfunktionale in den Raum aller denkbaren Funktionale.

Bei linearen Regelstrecken ist der Einsatz linearer Regler vorteilhaft, weil dann das gesamte Regelungssystem linear ist und damit die leistungsfähigen Methoden der linearen Systemtheorie nutzbar sind. Um diese Vorzüge auch für nichtlineare Regelstrecken nutzen zu können, ist man an Methoden zur *Linearisierung* von Regelstrecken interessiert. Wenn die Regelstrecke beispielsweise aus einem linearen Teilsystem und einer vorgeschalteten nichtlinearen Kennlinie besteht, kann man die Linearisierung durch ein Vorfilter erreichen, das aus der *inversen Kennlinie* besteht (Bild 4.18 oben). Ferner kann man ein nichtlineares Kennlinienglied – sofern seine Ausgangsgröße zugänglich ist – auch durch Aufbau eines unterlagerten Regelkreises näherungsweise linearisieren (Bild 4.18 unten). Bei geeignet ausgelegtem unterlagerten Regler gilt nämlich $v(t) \approx r(t)$. Der unterlagerte Regelkreis verhält sich dann näherungsweise wie ein Proportionalglied mit dem Proportionalitätsfaktor 1.

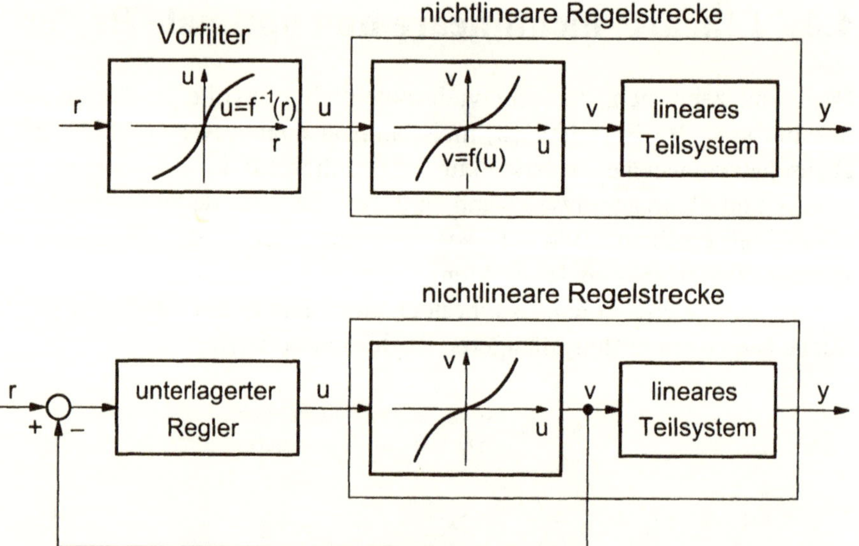

Bild 4.18 Methoden zur Linearisierung: Vorschaltung einer inversen Kennlinie (oben) und Aufbau eines unterlagerten Regelkreises (unten).

Andererseits haben lineare Regler den in Abschnitt 2.6 beschriebenen prinzipiellen Nachteil, daß sie den Maximalbetrag der verfügbaren Stellgröße nur für die größten auftretenden Störungen ausnutzen. Dieser Nachteil läßt sich durch den Übergang zu nichtlinearen Reglern überwinden. Allerdings kommt es für die Erzielung einer hohen Regelgüte nicht allein darauf an, daß der nichtlineare Regler – wie beispielsweise ein Zweipunktregler – stets den verfügbaren Maximalbetrag der Stellgröße voll ausnutzt. Die Reglerreaktion muß nicht nur *kräftig*, sondern auch *intelligent* sein: Es ist entscheidend, in welchen Situationen der Stellgrößenwert $u_{\max}$ bzw. $-u_{\max}$ aufgeschaltet wird.

Für die Wahl nichtlinearer Reglerfunktionale gibt es eine enorme Wahlfreiheit. Mit Blick hierauf ist es interessant, daß die *Optimaltheorie* eine Strukturwahl im Prinzip überflüssig macht, denn damit läßt sich der Wert eines Gütemaßes modellgestützt im Raum aller nur denkbaren Funktionale optimieren. Beispielsweise kann man für ein ungedämpft schwingungsfähiges Feder-Masse-System das zeitoptimale Steuergesetz $u = f(x, \dot{x})$ bestimmen, das eine Auslenkung der Masse aus der Position $x = 0$ des Ruhezustandes unter Einhaltung einer Beschränkung $|u| \leq u_{\max}$ für die Kraft u in kürzestmöglicher Zeit ausregelt (Bild 4.19). Es gibt an, wann der Stellgrößenwert $u_{\max}$ bzw. $-u_{\max}$ in Abhängigkeit von der aktuellen Auslenkung $x(t)$ und Geschwindigkeit $\dot{x}(t)$ aufzuschalten ist. Ersichtlich ist dieses Steuergesetz ein Kennflächenregler, dessen *kompliziert Struktur nicht vorgegeben, sondern das Ergebnis der Optimierung ist.*

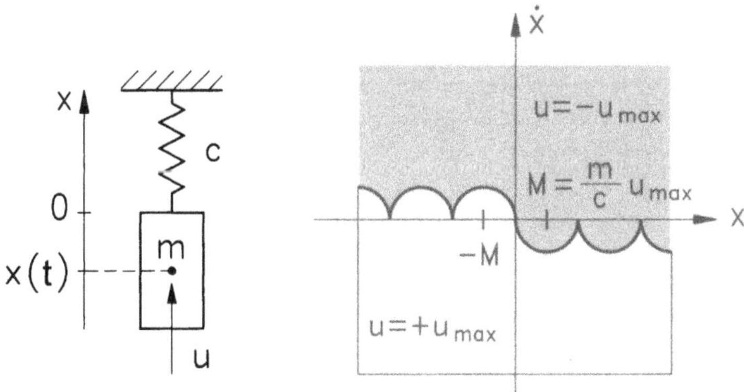

Bild 4.19 Zeitoptimales Steuergesetz $u = u = f(x, \dot{x})$ für das im linken Teilbild dargestellte, ungedämpft schwingungsfähige System.

Diese Methode ist vom Ansatz her bestechend, hat allerdings auch Nachteile. So kann man das optimale Steuergesetz nur für sehr einfache Streckenmodelle und einfache Gütemaße in geschlossener analytischer Form herleiten. In komplizierteren Fällen verbleibt nur die Möglichkeit, die optimalen Stellgrößenwerte punktweise numerisch zu bestimmen. Schwerwiegender ist, daß man meist nicht alle angestrebten Regelungsziele in dem Gütemaß berücksichtigen kann. Durch die Optimierung erhält man deshalb einen Regler, der bezüglich der Regelungsziele, die in dem Gütemaß berücksichtigt sind, optimal, hinsichtlich der übrigen Regelungsziele aber meist unzureichend ist. Beispielsweise führt das obige zeitoptimale Steuergesetz zu einem unzulässigen, ständigen Hin- und Herschalten (Rattern), wenn die Masse m oder die Federkonstante c etwas andere Werte haben, als es für die Bestimmung des Steuergesetzes zugrundegelegt wurde, oder wenn die Rückführgrößen Meßfehler aufweisen. Solche optimalen Regler eignen sich daher selten für den direkten Einsatz, sind jedoch zur Bewertung anderer Regler wertvoll. Insbesondere liefern sie Hinweise dafür, ob ein Reglerentwurf, der auf einer Strukturwahl und Parameteroptimierung basiert, akzeptabel ist oder ob es noch ungenutzte Optimierungsspielräume gibt.

5 Regelbasierte Regler als Vorläufer von Fuzzy-Reglern

Die vorangegangenen Ausführungen zeigen, daß die klassische Regelungstechnik auf Anwendungsgrenzen stößt, wenn kein mathematisches Modell der Regelstrecke verfügbar ist. Fuzzy Control zielt darauf ab, diese Grenzen zu überwinden. Hierzu wird qualitatives Erfahrungswissen von Prozeßexperten in linguistische Regeln übersetzt und in dieser Form in das Reglerfunktional eingebracht. Hierdurch werden transparente Eingriffsmöglichkeiten geschaffen, die zur Optimierung des Reglers vor Ort, d. h. von Hand und ohne Prozeßmodell, genutzt werden können [9-15], [16-25].

5.1 Regelbasierte Beeinflussung und Modellierung dynamischer Systeme

Mit etwas Übung kann man Jojo spielen oder einen Stab auf einem Finger balancieren (Bild 5.1). Hierzu muß man die zugrunde liegenden komplizierten Differentialgleichungen der Mechanik nicht kennen. Beim Jojospielen oder Balancieren erwirbt man vielmehr Erfahrungen, die danach teils bewußt, teils unbewußt verfügbar sind. Die bewußten Erfahrungen kann man in Form von Regeln niederlegen und damit weitergeben. Geübte Prozeßbediener verfügen über entsprechende Erfahrungen zur Steuerung oder Regelung von Prozessen.

Ein weiteres Beispiel aus der Alltagserfahrung ist das Wettergeschehen. Es wird durch komplizierte thermodynamische, strömungsdynamische und chemische, aber auch durch biologische Teilprozesse bestimmt. Dennoch kann man aus dem beobachteten Globalverhalten Erfahrungsregeln ableiten, die für eine akzeptable Wettervorhersage oft ausreichen. So lernt man aus der täglichen Verfolgung der Satellitenfotos im Wetterbericht, wie sich die Wolkenwirbel drehen, wohin sie ziehen und wie lange sie gewöhnlich leben (Bild 5.2). Auf diese Weise gewinnt man aus Erfahrung ein Modell des Wettergeschehens, das qualitative Prognosen ermöglicht. Entsprechend erwerben Prozeßbediener im Laufe der Zeit Erfahrungen über das Verhalten komplizierter technischer Prozesse.

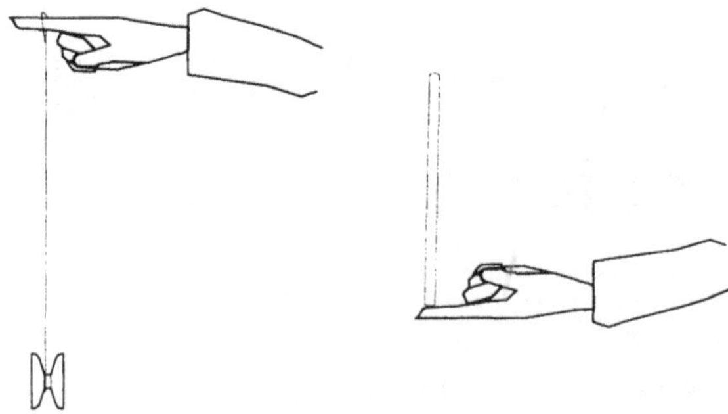

Bild 5.1 Beispiele für dynamische Systeme, deren Verhalten man aufgrund von Erfahrungen gezielt beeinflussen kann: Jojo (links) und zu balancierender Stab (rechts).

Bild 5.2 Komplexes dynamisches System, dessen Globalverhalten aufgrund von Erfahrungsregeln beschrieben werden kann.

Diese Beispiele zeigen, daß man *aus Erfahrung* mit komplexen dynamischen Systemen, deren innere Wirkungsmechanismen man nicht kennt, umgehen kann: Man kann sie in einem gewünschten Sinne beeinflussen (steuern oder regeln) bzw. ihr Verhalten beschreiben und vorhersagen. Eine solche Vorhersage ermöglicht es, sich rechtzeitig auf eine neue Situation einzustellen, ohne das Prozeßverhalten selbst zu verändern. (Wird Regen vorhergesagt, so schließt man die Fenster.) Eine Vorhersage kann aber auch Grundlage für eine aktive Prozeßbeeinflussung sein und damit ebenfalls zum Steuern oder Regeln dienen.

Fuzzy Control zielt darauf ab, das oben skizzierte Erfahrungspotential systematisch zu nutzen.

5.2 Linguistische Regeln

Die in technischen Prozessen auftretenden zeitveränderlichen Größen (*Prozeßvariablen*) sind meist reellwertig. In einem Temperaturregelkreis ist beispielsweise die Regelabweichung e eine Temperaturdifferenz aus dem reellen Wertebereich $-10\ °C \leq e \leq 10\ °C$, und die Stellgröße ist eine elektrische Spannung aus dem reellen Wertebereich $-5V \leq u \leq +5V$. Erfahrungswissen über technische Prozesse wird demgegenüber meist nicht durch Zahlen, sondern durch qualitative Begriffe ausgedrückt. So spricht man davon, daß eine Temperatur *normal*, *hoch* oder *sehr hoch* oder daß der Wert einer Stellgröße auf einen mittleren negativen Wert einzustellen sei. Um solche sprachlich ausgedrückten Erfahrungen systematisch nutzen zu können, muß man sie so *formalisieren*, daß man sie sinnvoll miteinander *verrechnen* kann.

Hierzu werden die Prozeßvariablen, wie die Temperatur, als *linguistische Variable* interpretiert. Es werden *linguistische Werte*, wie

negativ groß	*NG*,	
negativ klein	*NK*,	
verschwindend	*V*,	
positiv klein	*PK*,	
positiv groß	*PG*	(5.1)

erklärt, die diese Variablen annehmen können sollen. Hiermit kann man beispielsweise die qualitative Regelstrategie (2.7) durch die fünf *linguistischen Regeln*

R_1:	WENN	$e = NG$	DANN	$u = NG$,	
R_2:	WENN	$e = NK$	DANN	$u = NK$,	
R_3:	WENN	$e = V$	DANN	$u = V$,	
R_4:	WENN	$e = PK$	DANN	$u = PK$,	
R_5:	WENN	$e = PG$	DANN	$u = PG$	(5.2)

der allgemeinen Form WENN <*Prämisse*> DANN <*Konklusion*> beschreiben. Ein solcher Satz von Regeln wird eine *Regelbasis* genannt. Die Regelbasis (5.2) ist ein regelbasiertes Pendant zum P-Regler. Im Einzelfall kann es aber sinnvoller sein, die Strategie (2.7) durch eine andere Regelbasis auszugestalten. Ersetzt man beispielsweise in der Regelbasis (5.2) die Regel R_5 durch die Regel

$$R_6: \qquad \text{WENN } e = PG \qquad \text{DANN } u = PK \ , \tag{5.3}$$

so wird festgelegt, daß der Regler bei großen positiven Regelabweichungen schwächer als bei großen negativen Regelabweichungen reagieren soll.

Die obigen Regeln sind sehr einfach aufgebaut. Ihre Prämissen und Konklusionen bestehen jeweils nur aus einer einzigen *Elementaraussage*, wie $e = PG$ oder $u = PK$. Bei Verwendung solcher Regeln hat man daher nur beschränkte Ausdrucksmöglichkeiten. Komplexeres Erfahrungswissen läßt sich beschreiben, indem man die Elementaraussagen durch die aus der klassischen Logik bekannten logischen Operatoren verknüpft. Beispielsweise besagt die Regel

$$\begin{aligned} &\text{WENN } (e = PG) \wedge (\dot{e} = NG) \\ &\text{DANN } u = V \ , \end{aligned} \tag{5.4}$$

daß die Stellgröße den linguistischen Wert *verschwindend* haben soll, wenn die Regelabweichung den linguistischen Wert *positiv groß* und gleichzeitig die zeitliche Ableitung der Regelabweichung den linguistischen Wert *negativ groß* hat.

5.3 Abgrenzung regelbasierter Regler von Fuzzy-Reglern

Linguistische Regeln allein reichen zum Aufbau eines Reglerfunktionals $u = f(e)$ noch nicht aus. Man muß noch die in den Regeln auftretenden linguistischen Werte den im technischen Prozeß auftretenden reellen Werten *zuordnen*. Ferner muß man festlegen, wie die einzelnen Regeln auszuwerten und daraus hervorgehende Teilergebnisse zu einem Endergebnis zu verrechnen sind (Bild 5.3).

Die Zuordnung zwischen den reellen und den linguistischen Werten kann mit Hilfe klassischer Teilmengen vorgenommen werden. Man spricht dann von einer *harten* oder auch von einer *scharfen* Zuordnung. In diesem Fall kann man die Regeln mit der klassischen Logik, die nur die beiden Wahrheitswerte 1 (wahr) und 0 (falsch) kennt, auswerten. Dies führt zu den *regelbasierten Reglern.* So werden sie vor allem eingesetzt, wenn die Regelstrecke nur mit diskreten Stellgrößenwerten (wie $u = \pm u_{\max}$ oder wie bei einer Ampelsteuerung) beaufschlagt werden kann. Methodisch ist interessant, daß man eine bestimmte Klasse dieser Regler als *Vorläufer von Fuzzy-Reglern* ansehen kann. Sie weisen nämlich wesentliche Eigenschaften auf, die man auch bei Fuzzy-Reglern antrifft, die aber nichts mit der Fuzzy-Logik zu tun haben. Dies wird im folgenden dargelegt. In Kapitel 6 wird gezeigt, wie auf organische Weise durch eine *Aufweichung der Zuordnung* zwischen reellen und linguistischen Werten sowie durch den Übergang zur *unscharfen Logik* (*Fuzzy-Logik*) aus regelbasierten Reglern Fuzzy-Regler entstehen (vgl. Anhänge A, B und C).

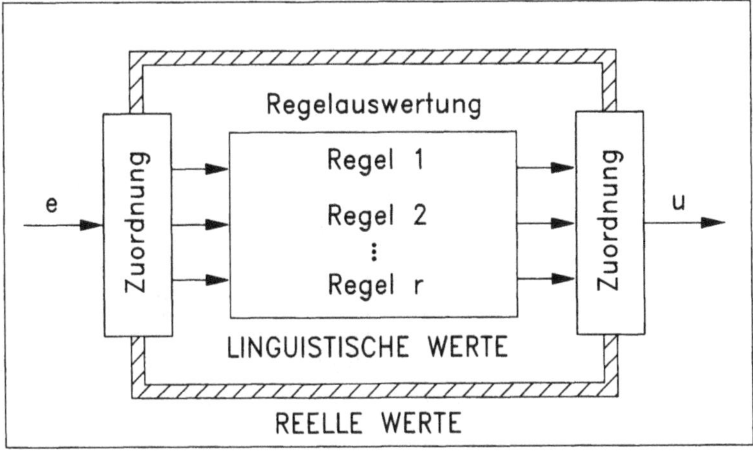

Bild 5.3 Grundprinzip zur Nutzung linguistischer Regeln für den Aufbau eines Reglers.

5.4 Regelbasierte Regler vom einfachen Typ

Eine besonders einfache scharfe Zuordnung zwischen reellen und linguistischen Werten zeigt Bild 5.4: Den eingangsseitigen linguistischen Werten werden *überlappungsfreie, lückenlos aneinanderschließende Teilmengen* (Intervalle) des reellen Wertebereiches der Eingangsgröße e zugeordnet. Damit entspricht jedem möglichen reellen Eingangsgrößenwert genau ein linguistischer Wert. Jedem ausgangsseitigen linguistischen Wert wird genau ein reeller Ausgangsgrößenwert u_j zugeordnet.

Mit diesen Zuordnungen ist für jeden reellen Wert von e immer die Prämisse genau einer der Regeln (5.2) erfüllt. Dies legt es intuitiv nahe, diesen Regelsatz wie folgt auszuwerten (Bild 5.5): Die Regel, deren Prämisse erfüllt ist, wird als *aktiv* erklärt. Die aktivierte Regel weist der Ausgangsgröße u den linguistischen Wert zu, der in ihrer Konklusion auftritt. Dieser Wert wird schließlich durch die ausgangsseitige Zuordnung in einen eindeutigen reellen Ausgangsgrößenwert übersetzt.

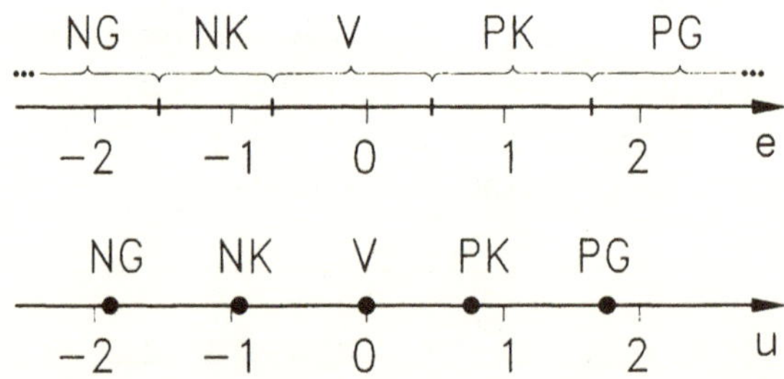

Bild 5.4 Scharfe Zuordnung zwischen linguistischen und reellen Werten.

Das Eingangs-Ausgangsverhalten des resultierenden Reglers läßt sich durch eine nichtlineare Kennlinie beschreiben (Bild 5.6). Ihr Aussehen wird von den Regeln und Zuordnungen bestimmt: Die hier gewählten Regeln bewirken, daß die Treppenstufen der Kennlinie mit wachsendem Eingangsgrößenwert e stets ansteigen. Die Zuordnungen legen fest, wo die Stufen liegen und wie hoch sie sind. Die linguistischen Regeln bestimmen also die *qualitative Wirkungsrichtung*, während man durch Variation der Zuordnungen transparente Eingriffsmöglichkeiten zur *Feineinstellung* hat. Beispielsweise kann man damit die Reglerreaktionen für kleine und große Werte von e (das Klein- und das Großsignalverhalten) voneinander getrennt beeinflussen.

Entsprechend durchsichtig arbeitende allgemeinere regelbasierte Regler erhält man immer dann, wenn mit den gewählten Regeln und Zuordnungen für jeden reellen Eingangsgrößenwert stets die Prämisse genau einer Regel erfüllt ist, wenn alle Regelkonklusionen Elementaraussagen sind und schließlich jedem ausgangsseitigen linguistischen Wert genau ein reeller Ausgangsgrößenwert zugeordnet ist. Solche Regler werden hier *regelbasierte Regler vom einfachen Typ* genannt. Ihre Wirkungsweise läßt sich durch die folgenden vier Schritte charakterisieren:

Schritt 1: Zu dem gegebenen Wert der Eingangsgröße e werden die Wahrheitswerte der Regelprämissen bestimmt.

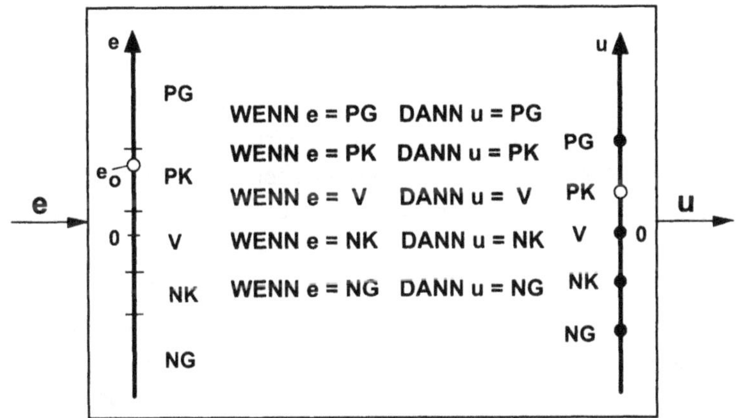

Bild 5.5 Regelbasierter Regler vom einfachen Typ. Dem reellen Eingangsgrößenwert e_0 wird genau ein linguistischer Wert *PK* zugeordnet. Hierdurch wird genau eine Regel aktiviert (grau unterlegt). Ihre Konklusion weist der Ausgangsgröße genau einen linguistischen Wert *PK* zu. Dieser wird in einen eindeutigen reellen Wert übersetzt.

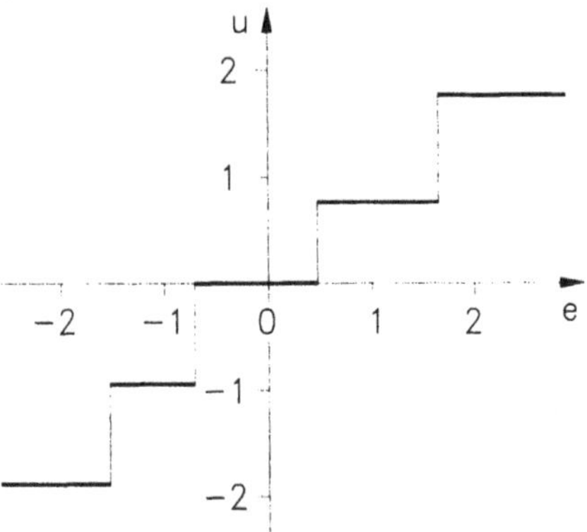

Bild 5.6 Nichtlineare Kennlinie, die das Eingangs-Ausgangsverhalten des regelbasierten Reglers nach Bild 5.5 beschreibt.

Schritt 2: Die eindeutig bestimmte Regel, deren Prämisse den Wahrheitswert 1 hat, wird als aktiviert erklärt.

Schritt 3: Der in der Konklusion der aktiven Regel auftretende linguistische Wert wird als linguistischer Ausgangsgrößenwert festgelegt.

Schritt 4: Der linguistische Ausgangsgrößenwert wird in den eindeutig zugeordneten reellen Wert übersetzt.

Im folgenden wird diese Arbeitsweise unter Verwendung der in den Anhängen A, B und C zusammengestellten Grundbegriffe der klassischen Logik und der Mengenlehre formal beschrieben. Dies verschafft einen einfachen Zugang zum Verständnis komplexerer regelbasierter Regler sowie auch von Fuzzy-Reglern.

Die in den Regelprämissen auftretenden linguistischen Werte wie *NG*, *NK*, *V*, *PK* und *PG* lassen sich als *Eigenschaften* $a_1, a_2, ..., a_5$ der möglichen reellen Eingangsgrößenwerte interpretieren, die man nach Anhang A durch Teilmengen $A_1, A_2, ..., A_5$ des reellen Wertebereichs festlegen kann. Im obigen Beispiel sind diese Teilmengen lückenlos aneinanderschließende Intervalle (Bilder 5.4 und 5.5). Die zu der Teilmenge A_i gehörige *charakteristische Funktion* $\mu_i(e)$ liefert die Wahrheitswerte w der Elementaraussagen $e = a_i$ (Bild 5.7). Somit gilt

$$w(e = a_i) = \mu_i(e)\,. \tag{5.5}$$

Im obigen Beispiel, wo die im folgenden mit $p_k(e)$ bezeichnete Prämisse einer Regel R_k nur aus einer Elementaraussage besteht, liefert die Beziehung (5.5) direkt die Wahrheitswerte $w(p_k(e))$ der Regelprämissen. Die nach Schritt 2 vorzunehmende Regelaktivierung wird durch die Vorschrift

$$\mathrm{R}_k = \begin{cases} \text{aktiv}, & \text{falls } w(p_k(e)) = 1, \\ \text{passiv}, & \text{falls } w(p_k(e)) = 0 \end{cases} \tag{5.6}$$

oder kürzer durch

$$\text{Aktivierungsgrad der Regel} = \text{Wahrheitswert der Prämisse} \tag{5.7}$$

beschrieben. Beim regelbasierten Regler vom einfachen Typ wird stets genau eine Regel R_{k^*} aktiviert. Welche dies ist, hängt vom Wert der Eingangsgröße e ab.

Nach Schritt 3 wird die mit $c_{k^*}(u)$ bezeichnete Konklusion der aktivierten Regel R_{k^*} als eine *linguistische Wertzuweisung* aufgefaßt. In Schritt 4 wird der zugewiesene linguistische Wert in den reellen Ausgangsgrößenwert u_{j^*} übersetzt. Diese beiden Schritte kann man zusammenfassen, indem man die Konklusionen $c_k(u)$ der Regeln R_k nicht als Wertzuweisung, sondern als *Aussagen* interpretiert, die wahr oder falsch sein können. Damit ist der Ausgangsgrößenwert u_{j^*} als derjenige reelle Wert charakterisiert, der die Konklusion $c_{k^*}(u)$ der aktivierten Regel R_{k^*} erfüllt. Der Ausgangsgrößenwert u_{j^*} ist also implizit als Lösung der Gleichung

$$w(c_k(u)) = 1 \tag{5.8}$$

bestimmt.

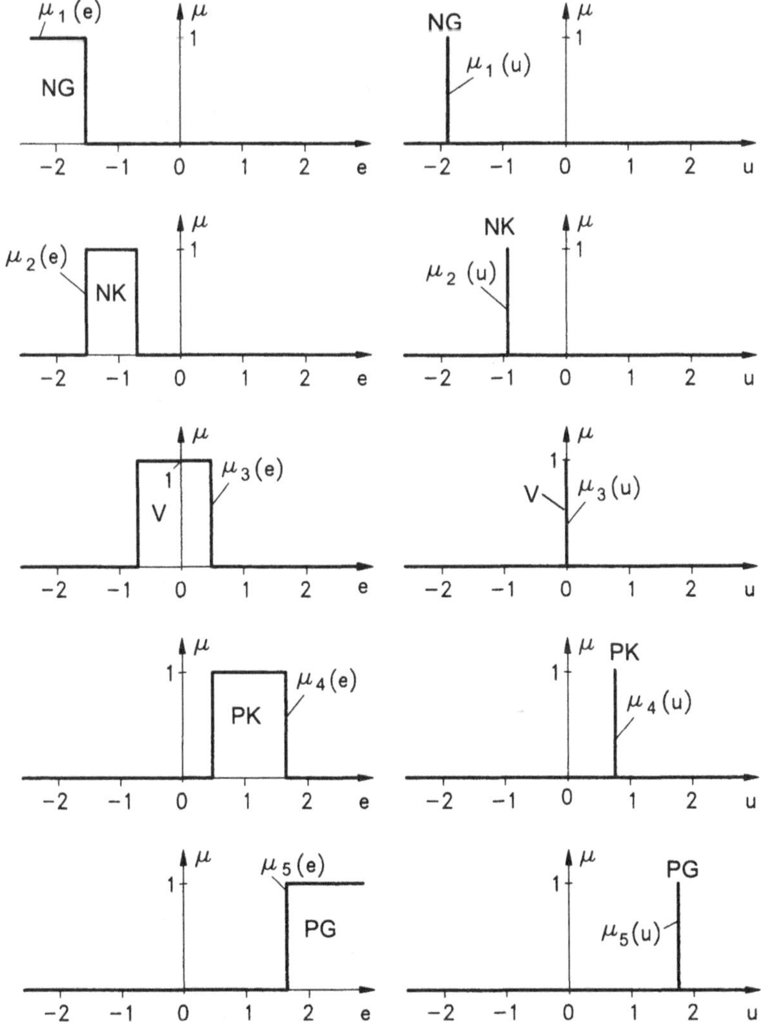

Bild 5.7 Beschreibung der eingangsseitigen und ausgangsseitigen Zuordnung zwischen den linguistischen und den reellen Werten für den regelbasierten Regler vom einfachen Typ nach Bild 5.5 durch charakteristische Funktionen $\mu_i(e)$ bzw. $\mu_j(u)$.

Die Beziehung (5.8) wird jetzt erweitert, um auch die Regelaktivierung (Schritt 2) einzubeziehen. Hierzu wird ausgenutzt, daß die Konklusion $c_{k^*}(u)$ der jeweils aktiven Regel offensichtlich mit der Aussage äquivalent ist, die aus

$$[p_1(e) \wedge c_1(u)] \vee [p_2(e) \wedge c_2(u)] \vee \ldots \vee [p_r(e) \wedge c_r(u)] \tag{5.9}$$

durch Einsetzen des jeweils aktuellen Wertes e hervorgeht. Die in eckige Klammern eingeschlossenen Terme $[p_k(e) \wedge c_k(u)]$ haben nämlich wegen Gl. (5.6) für $k \neq k^*$ unabhängig vom Wert von u sämtlich den Wahrheitswert 0, und die verbleibende Aussage $1 \wedge c_{k^*}(u)$ ist äquivalent mit $c_{k^*}(u)$. Der Ausgangsgrößenwert $u(e)$ des regelbasierten Reglers vom einfachen Typ ist daher implizit als Lösung der Gleichung

$$w\left(\bigvee_{k=1}^{r} [p_k(e) \wedge c_k(u)] \right) = 1 \tag{5.10}$$

bestimmt. Diese Beziehung stellt allerdings nicht die einzige Möglichkeit zur Beschreibung der Arbeitsweise des regelbasierten Reglers vom einfachen Typ dar. Statt von dem Ausdruck (5.9) kann man nämlich auch von der Aussageform

$$[p_1(e) \Rightarrow c_1(u)] \wedge [p_2(e) \Rightarrow c_2(u)] \wedge \ldots \wedge [p_r(e) \Rightarrow c_r(u)] \tag{5.11}$$

ausgehen. Wegen Gl. (B.5) haben darin die Terme $[p_k(e) \Rightarrow c_k(u)]$ für $k \neq k^*$ unabhängig vom Wert von u stets den Wahrheitswert 1. Der zu $k = k^*$ gehörige Term ist mit $1 \Rightarrow c_{k^*}(u)$ und daher mit $c_{k^*}(u)$ äquivalent. Der Ausgangsgrößenwert $u(e)$ ist daher implizit auch als Lösung der Gleichung

$$w\left(\bigwedge_{k=1}^{r} [p_k(e) \Rightarrow c_k(u)] \right) = 1 \tag{5.12}$$

bestimmt. Die Beziehungen (5.10) und (5.12) werden hier aus später erläuterten Gründen im folgenden als *konstruktive* bzw. *destruktive* Inferenz bezeichnet (vgl. [31]).

Zur Auswertung von Gl. (5.11) bzw. Gl. (5.12) benötigt man die Wahrheitswerte der Elementaraussagen, die in die Prämissen und Konklusionen eingehen. Diese Wahrheitswerte erhält man als Funktionswerte der eingangs- und ausgangsseitigen charakteristischen Funktionen, die die Zuordnungen zwischen den linguistischen und den reellen Werten festlegen (Bild

5.7). Den ausgangsseitigen linguistischen Werten sind nach Bild 5.4 Mengen B_j zugeordnet, die jeweils nur aus einem einzigen Wert u_j bestehen (*Einermengen*). Deshalb entarten die ausgangsseitigen charakteristischen Funktionen zu sogenannten *Singletons* $\mu_j(u)$: Sie nehmen an der Stelle u_j den Funktionswert 1 und überall sonst den Funktionswert 0 an.

Damit liegen zwei formal unterschiedliche Beschreibungen der Arbeitsweise eines regelbasierten Reglers vom einfachen Typ vor. Nach der konstruktiven Inferenz (5.10) wird das Schlußfolgern mit einer Regel

$$\mathrm{R}_k: \qquad \text{WENN } p_k(e) \quad \text{DANN } c_k(u) \tag{5.13}$$

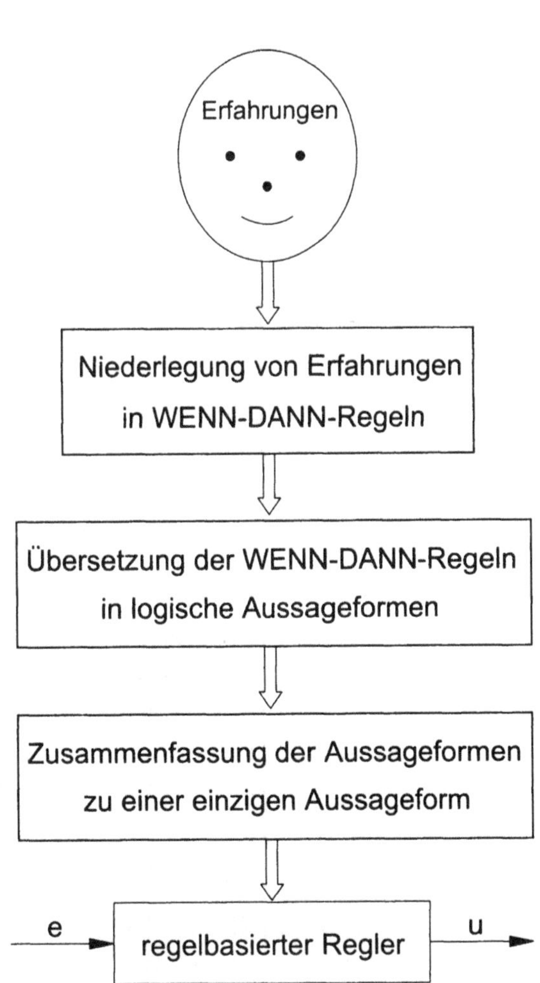

Bild 5.8 Überführung von Erfahrungswissen in einen regelbasierten Regler.

durch eine Konjunktion

$$p_k(e) \wedge c_k(u) \tag{5.14}$$

und das Zusammenwirken aller Regeln (*Akkumulation*) durch eine Disjunktion beschrieben. Nach der destruktiven Inferenz (5.12) wird das Schlußfolgern mit einer Regel (5.13) durch eine Implikation

$$p_k(e) \quad \Rightarrow \quad c_k(u) \tag{5.15}$$

und die Akkumulation durch eine Konjunktion beschrieben.

Zusammengefaßt wird das Erfahrungswissen auf dem in Bild 5.8 gezeigten Weg in einen regelbasierten Regler vom einfachen Typ überführt und dort nutzbar gemacht.

5.5 Komplexere regelbasierte Regler

Mit regelbasierten Reglern vom einfachen Typ kann man nur einfach strukturiertes Erfahrungswissen verarbeiten. Um komplexeres Expertenwissen nutzen zu können, werden jetzt folgende Verallgemeinerungen vorgenommen:

(i) Es werden Regelsätze der Art zugelassen, daß die Prämissen mehrerer Regeln gleichzeitig erfüllt sein können.

(ii) Es werden allgemeinere WENN-DANN-Regeln zugelassen: Die Prämissen $p_k(e)$ und Konklusionen $c_k(u)$ dürfen beliebige Aussagen sein, die aus eingangs- bzw. ausgangsseitigen Elementaraussagen $e = a_i$ bzw. $u = b_j$ und logischen Operatoren aufgebaut sind.

(iii) Für die eingangs- und ausgangsseitigen Zuordnungen zwischen reellen und linguistischen Werten werden beliebige Teilmengen A_i bzw. B_j zugelassen. Damit wird die bisherige Forderung aufgegeben, daß die eingangsseitigen Teilmengen A_i überlappungsfrei sind und die ausgangsseitigen Teilmengen B_j nur aus einem einzigen Element u_j bestehen.

Mit der Verallgemeinerung (ii) sind beispielsweise jetzt auch die Regeln

$$\begin{aligned} &\text{WENN } (e = PK) \vee (e = PG) \text{ DANN } (u = PK), \\ &\text{WENN } \neg\,((e = NG) \wedge (e = NK)) \text{ DANN } (u = PK), \\ &\text{WENN } (e = PK) \text{ DANN } (u = PK) \vee (u = PG) \end{aligned} \tag{5.16}$$

zugelassen. Die Verallgemeinerung (iii) ermöglicht es beispielsweise, für die Eingangsgröße neben den linguistischen Werten *NG*, *NK*, *V*, *PK* und *PG* weitere linguistische Werte wie *positiv* (abgekürzt *P*) und *negativ* (abgekürzt *N*) einzuführen (Bild 5.9).

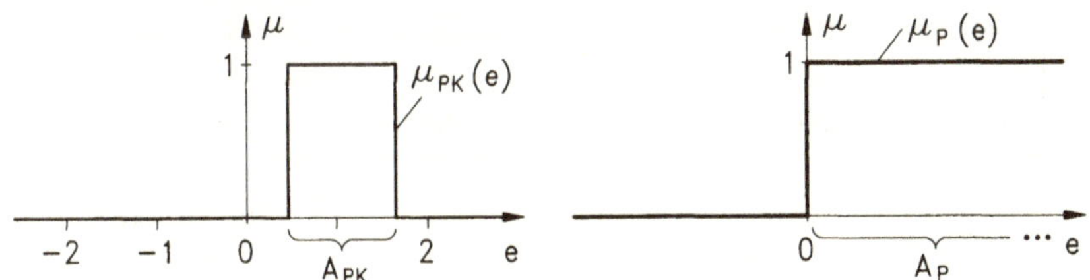

Bild 5.9 Festlegung der linguistischen Werte *positiv klein* (*PK*) und *positiv* (*P*) durch die charakteristischen Funktionen $\mu_{PK}(e)$ und $\mu_P(e)$ bzw. durch die zugeordneten Teilmengen A_{PK} und A_P. Da mit $e = PK$ auch $e = P$ gelten muß, lassen sich die linguistischen Werte *PK* und *P* nur durch überlappende Teilmengen A_{PK} und A_P sinnvoll definieren.

Im Unterschied zum regelbasierten Regler vom einfachen Typ kann jetzt die Prämisse *keiner* Regel oder es können die Prämissen *mehrerer* Regeln für einen gegebenen Wert von *e* gleichzeitig erfüllt sein. Ebenso kann es jetzt keinen oder mehrere Werte von *u* geben, die die Konklusion einer Regel erfüllen. Deshalb ist es naheliegend, die für den einfachen regelbasierten Regler hergeleitete konstruktive bzw. destruktive Inferenz wie folgt auf den jetzt vorliegenden allgemeineren Fall zu übertragen: Zu einem gegebenen reellen Wert der Eingangsgröße *e* werden alle Werte von *u*, die die Beziehung (5.10) bzw. (5.12) erfüllen, als *gleichberechtigte Ausgangsgrößenwerte* erklärt. Hierdurch wird zu jedem Eingangsgrößenwert *e* die *Ausgangsmenge*

$$U(e) = \left\{ u \in \mathbb{R} \,\middle|\, w\left(\bigvee_{k=1}^{r} [p_k(e) \wedge c_k(u)] \right) = 1 \right\} \tag{5.17}$$

bzw.

$$U'(e) = \left\{ u \in \mathbb{R} \,\middle|\, w\left(\bigwedge_{k=1}^{r} [p_k(e) \Rightarrow c_k(u)] \right) = 1 \right\} \tag{5.18}$$

implizit festgelegt (Bild 5.10).

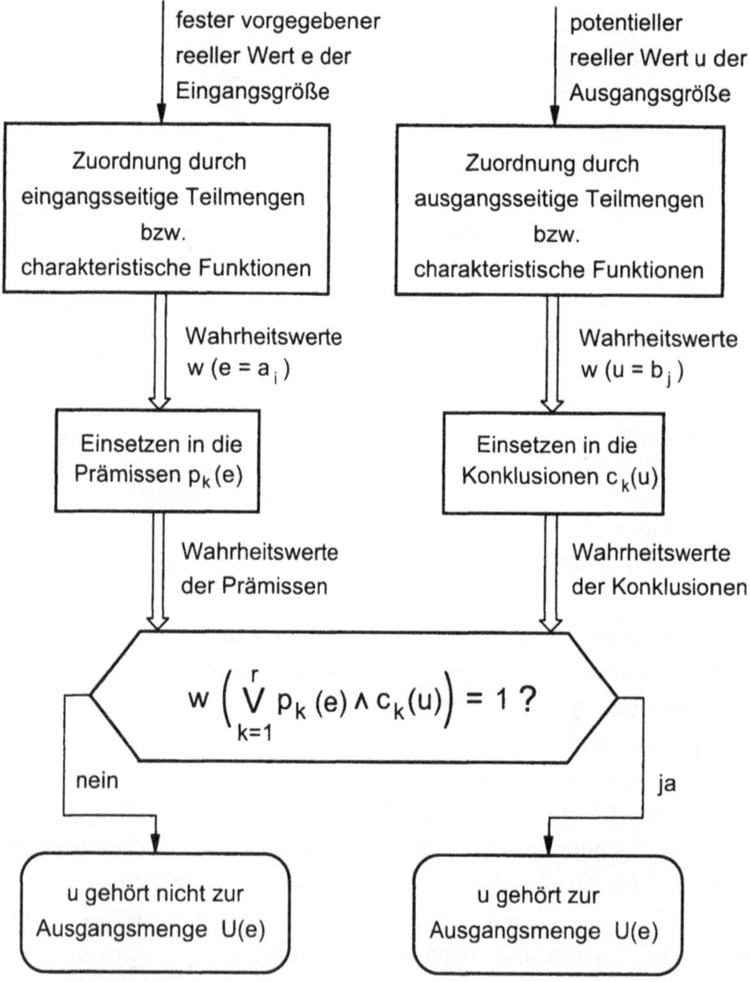

Bild 5.10 Implizite Definition der Ausgangsmenge $U(e)$ eines regelbasierten Reglers, der auf der konstruktiven Inferenz basiert. Die Ausgangsmenge $U'(e)$ eines Reglers, der auf der destruktiven Inferenz basiert, wird entsprechend definiert.

Die Ausgangsmenge $U(e)$ bzw. $U'(e)$ kann leer sein, aus genau einem oder aus mehreren Elementen bestehen. Diese Fälle sind generell als mögliche Lösungsmengen von Gleichungen des Typs $F(x, y) = 0$ bekannt (Bild 5.11).

Zur Umformulierung der Beziehungen (5.17) und (5.18) werden die Mengen

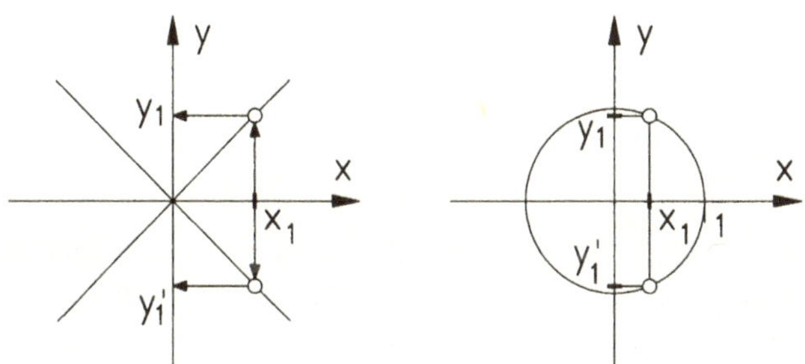

Bild 5.11 Reellwertige Lösungsmengen von Gleichungen des Typs $F(x, y) = 0$. Die Gleichung x^2-$y^2 = 0$ hat für $x_1 = 0$ genau eine und für $x_1 \neq 0$ stets zwei Lösungen (links). Die Gleichung $x^2 + y^2 = 1$ hat für $|x_1| > 1$ keine, für $x_1 = 1$ und $x_1 = -1$ jeweils genau eine und für $|x_1| < 1$ jeweils zwei Lösungen.

$$U_k(e) = \{u \in \mathbb{R} | w(p_k(e) \wedge c_k(u)) = 1\} \tag{5.19}$$

bzw.

$$U'_k(e) = \{u \in \mathbb{R} | w(p_k(e) \Rightarrow c_k(u)) = 1\} \tag{5.20}$$

aller Werte u eingeführt, die bei einem gegebenen Wert von e die Konjunktion $p_k(e) \wedge c_k(u)$ bzw. die Implikation $p_k(e) \Rightarrow c_k(u)$ erfüllen. Sie lassen sich als *Ausgangsmengen der einzelnen Regeln* R_k interpretieren. Führt man die Bezeichnung $\overline{U}_k$ für die Menge

$$\overline{U}_k = \{u \in \mathbb{R} | \, w(c_k(u)) = 1\} \tag{5.21}$$

aller Ausgangsgrößenwerte ein, die die Konklusion einer Regel R_k erfüllen, so kann man die Ausgangsmengen der Regeln auch in der Form

$$U_k(e) = \begin{cases} \overline{U}_k, & \text{falls } w(p_k(e)) = 1, \\ \varnothing & \text{sonst} \end{cases} \tag{5.22}$$

bzw.

$$U'_k(e) = \begin{cases} \overline{U}_k, & \text{falls } w(p_k(e)) = 1, \\ \mathbb{R} & \text{sonst} \end{cases} \tag{5.23}$$

schreiben. Mit den Korrespondenzen, die zwischen logischen Operatoren und Mengenoperationen bestehen (Anhang C), läßt sich die Ausgangsmenge (5.17), zu der die *konstruktive* Inferenz führt, als *Vereinigung*

$$U(e) = U_1(e) \cup U_2(e) \cup \ldots \cup U_r(e) \;=\; \bigcup_{k=1}^{r} U_k(e) \tag{5.24}$$

darstellen. Neu hinzukommende Regeln können diese Ausgangsmenge also allenfalls *vergrößern*. Im Gegensatz hierzu läßt sich die Ausgangsmenge (5.18), zu der die *destruktive* Inferenz führt, als *Durchschnitt*

$$U'(e) = U_1'(e) \cap U_2'(e) \cap \ldots \cap U_r'(e) \;=\; \bigcap_{k=1}^{r} U_k'(e) \tag{5.25}$$

darstellen. Neu hinzukommende Regeln können diese Ausgangsmenge also allenfalls *verkleinern* (daher die Bezeichnungen konstruktive bzw. destruktive Inferenz).

Aus den Beziehungen (5.22) bis (5.25) geht hervor, daß die Ausgangsmengen $U(e)$ und $U'(e)$ jetzt durchaus voneinander verschieden sein können. Sind beispielsweise für einen Eingangsgrößenwert die Prämissen *aller* Regeln R_k erfüllt, so stimmen für jede Regel zwar die Ausgangsmengen $U_k(e)$ und $U_k'(e)$ miteinander überein. Dagegen gilt dies im allgemeinen nicht für die daraus aufgebauten Ausgangsmengen $U(e)$ und $U'(e)$, da sie sich im ersten Fall als *Vereinigung* und im zweiten Fall als *Durchschnitt* dieser Teilmengen ergeben.

Eine nicht aktivierte Regel liefert nach der Beziehung (5.22) die leere Menge und nach der Beziehung (5.23) die Menge $\mathbb{R}$ sämtlicher reeller Werte als Ausgangsmenge. Nach den Beziehungen (5.24) und (5.25) wirkt sich dieser Unterschied aber auf die Ausgangsmenge des Reglers nicht aus: Entfernt man eine nichtaktivierte Regel aus dem Regelsatz, so ändert sich die Ausgangsmenge des Reglers nicht.

Im folgenden wird stets vorausgesetzt, daß für jede Regel R_k

$$\overline{U}_k \neq \varnothing \tag{5.26}$$

gilt: Es soll für jede Konklusion $c_k(u)$ zumindest einen Ausgangsgrößenwert u geben, der sie erfüllt. Damit werden Konklusionen wie $(u = NG) \wedge (u = PG)$ ausgeschlossen, die bei sinnvoller (überlappungsfreier) Wahl der Mengen B_j zur Modellierung der linguistischen Werte NG und PG für keinen Ausgangsgrößenwert u erfüllt sind. Die Voraussetzung (5.26) schließt Regeln aus, die unter keinen Umständen zur Ausgangsmenge $U(e)$ bzw. $U'(e)$ beitragen.

5.6 Interpretation der konstruktiven und der destruktiven Inferenz

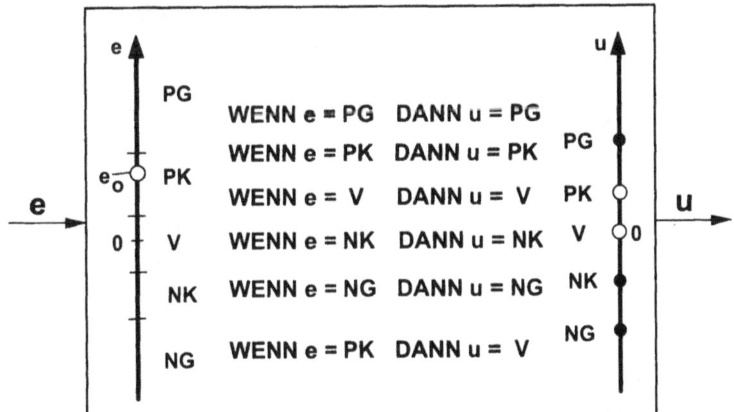

Bild 5.12 Regelbasierter Regler mit einem Regelsatz, für den die Prämissen mehrerer Regeln gleichzeitig erfüllt sein können. Der Eingangsgrößenwert e_0 führt entweder zu mehreren alternativen oder zu mehreren einander widersprechenden Handlungsvorschlägen des Reglers, je nachdem, wie man die Regeln interpretiert.

Die Ausgangsmengen $U_k(e)$ und $U'_k(e)$ lassen sich als Mengen von *Handlungsvorschlägen* der Regel R_k auffassen. Bei erfüllter Prämisse gilt nach beiden Vorschriften (5.22) und (5.23) jeder Wert von u, der die Konklusion erfüllt, als Handlungsvorschlag. Bei nicht erfüllter Prämisse wird dagegen nach Gl. (5.22) *kein* Wert von u und nach Gl. (5.23) *jeder* Wert von u vorgeschlagen. Die Vorschläge der Einzelregeln werden nach Gl. (5.24) durch Bildung der Vereinigungsmenge und nach Gl. (5.25) durch Durchschnittsbildung zur Menge $U(e)$ bzw. $U'(e)$ zusammengefaßt. Jeder Wert der Ausgangsmenge $U(e)$ bzw. $U'(e)$ wird daher von *mindestens einer* bzw. von *allen* Regeln vorgeschlagen. Die Beziehungen (5.24) und (5.25) unterscheiden sich also nicht nur formal, sondern auch inhaltlich (Bild 5.12). Im folgenden wird gezeigt, wie sich dieser Unterschied in der Praxis auswirkt.

5.6.1 Interpretation der konstruktiven Inferenz

Wird die Arbeitsweise des Reglers durch die Vorschrift (5.24) festgelegt und dies dem Prozeßexperten mitgeteilt, so kann er *positives* Erfahrungswissen in den Regler transferieren: Er kann durch eine Regel zum Ausdruck bringen, daß sich bei Erfüllung der Regelprämisse gewisse Stellgrößenwerte als günstig erwiesen haben, es aber offen ist, ob in der gleichen Situation auch noch andere Stellgrößenwerte günstig sind.

Diese Interpretation der Regeln läßt sich wie folgt auf die Schlußweise des *modus ponens* (Anhang B) zurückführen: Man verwendet jede Regel WENN $p_k(e)$ DANN $c_k(u)$ wie eine Implikation und schließt mit dem modus ponens aus der Erfülltheit (Wahrheit) der Prämisse auf die Wahrheit der Konklusion. Bei nicht erfüllter Prämisse kann nichts über die Wahrheit oder Falschheit der Konklusion gefolgert werden. Legt man fest, daß jeder Wert von u, für den die Konklusion wahr ist, als *empfohlener Handlungsvorschlag* gelten soll, dann wird die Menge der von sämtlichen Regeln gemachten Handlungsvorschläge gerade durch die Beziehung (5.24) beschrieben.

Mit der Vorschrift (5.24) kann man positives Teilwissen, das u. U. von verschiedenen Experten stammt, durch Nebeneinanderstellen der einzelnen Regeln sinnvoll zusammentragen. Ferner behandelt diese Vorschrift die komplizierte Regel

$$\text{WENN } u = PG \quad \text{DANN } (u = PK) \vee (u = PG) \tag{5.27}$$

genauso wie die beiden einfacheren Regeln

$$\begin{aligned} &\text{WENN } e = PG \quad \text{DANN } u = PK, \\ &\text{WENN } e = PG \quad \text{DANN } u = PG, \end{aligned} \tag{5.28}$$

deren Konklusion jeweils nur aus einer Elementaraussage besteht.

Am Beispiel der Besetzung einer Arbeitsstelle wird die Vorschrift (5.24) besonders deutlich: Jedes Mitglied der Besetzungskommission empfiehlt einen oder mehrere Kandidaten. Die Vereinigungsmenge aller Empfehlungen bildet die engere Wahl der Kommission. Diese Vorgehensweise stellt sicher, daß die endgültige Auswahl auf einen Kandidaten trifft, der von mindestens einem Kommissionsmitglied empfohlen wird.

5.6.2 Interpretation der destruktiven Inferenz

Nach der Vorschrift (5.25) wird jeder Stellgrößenwert als verboten behandelt, der von einer einzigen Regel nicht vorgeschlagen wird. Jeder von allen Regeln vorgeschlagene Stellgrößenwert wird daher als *nicht verboten* interpretiert. Dabei bleibt offen, ob der Wert *günstig* oder nur *tolerabel* ist. Wird daher für die Arbeitsweise des Reglers die destruktive Inferenz (5.25) zugrunde gelegt und dies dem Prozeßexperten mitgeteilt, so kann er *negatives* Erfahrungswissen in den Regler transferieren: Hierzu bringt er durch eine Regel zum Ausdruck, daß in einer bestimmten Situation, die durch die Erfülltheit der Regelprämisse charakterisiert wird, alle Stellgrößenwerte zu verbieten sind, für die die Konklusion der Regel nicht erfüllt ist.

Mit der Vorschrift (5.25) verbieten die beiden Regeln (5.28) zusammengenommen *alle* Stellgrößenwerte, während die Regel (5.27) alle Stellgrößenwerte, die *positiv klein* oder *positiv groß* sind, als *nicht verboten* erklärt. Im Beispiel der Besetzungskommission läuft die Vorschrift (5.25) darauf hinaus, daß die engere Wahl aus allen Kandidaten besteht, die von allen Mitgliedern der Besetzungskommission als nicht verboten erklärt werden, also gegen die niemand ein Veto einlegt. Diese Kandidaten werden aber unter Umständen von niemandem empfohlen und sind damit nur tolerabel.

Die in Kapitel 6 beschriebenen Standard-Fuzzy-Regler basieren auf der konstruktiven Inferenz (5.17) und können daher nur positives Erfahrungswissen verarbeiten. In Kapitel 10 wird ein zweisträngiger Fuzzy-Regler vorgestellt, der auf *beiden* Inferenzen basiert und daher nicht nur positives, sondern auch negatives Erfahrungswissen nutzen kann.

5.7 Konstruktion der Ausgangsmengen

Für die praktische Konstruktion der Ausgangsmenge $U(e)$ bzw. $U'(e)$ sind die Beziehungen (5.17) bzw. (5.18) ungünstig, da man diese Mengen damit nur elementweise aufbauen kann (vgl. Bild 5.10). Demgegenüber ermöglichen die Beziehungen (5.22) und (5.23) bzw. (5.24) und (5.25) eine – im Sinne von Anhang C – stückweise Konstruktion dieser Ausgangsmengen (Bild 5.13). Hierzu geht man von den Teilmengen B_j aus, die die ausgangsseitigen linguistischen Werte definieren. Für jede Regel R_k erhält man die Menge U_k, indem man die Elementaraussagen und logischen Operatoren der Konklusion $c_k(u)$ in die korrespondierenden Teilmengen und Mengenoperatoren übersetzt. Werden die ausgangsseitigen linguistischen Werte *PK* und *PG* beispielsweise durch die Teilmengen B_{PK} und B_{PG} definiert, so gilt für die Ausgangsmenge der Regel (5.27) nach Gl. (5.17)

$$U_k(e) = \begin{cases} B_{PK} \cup B_{PG}, & \text{falls } w(p_k(e)) = 1, \\ \varnothing & \text{sonst} \end{cases} \tag{5.29}$$

und nach Gl. (5.18)

$$U'_k(e) = \begin{cases} B_{PK} \cup B_{PG}, & \text{falls } w(p_k(e)) = 1, \\ \mathbb{R} & \text{sonst.} \end{cases} \tag{5.30}$$

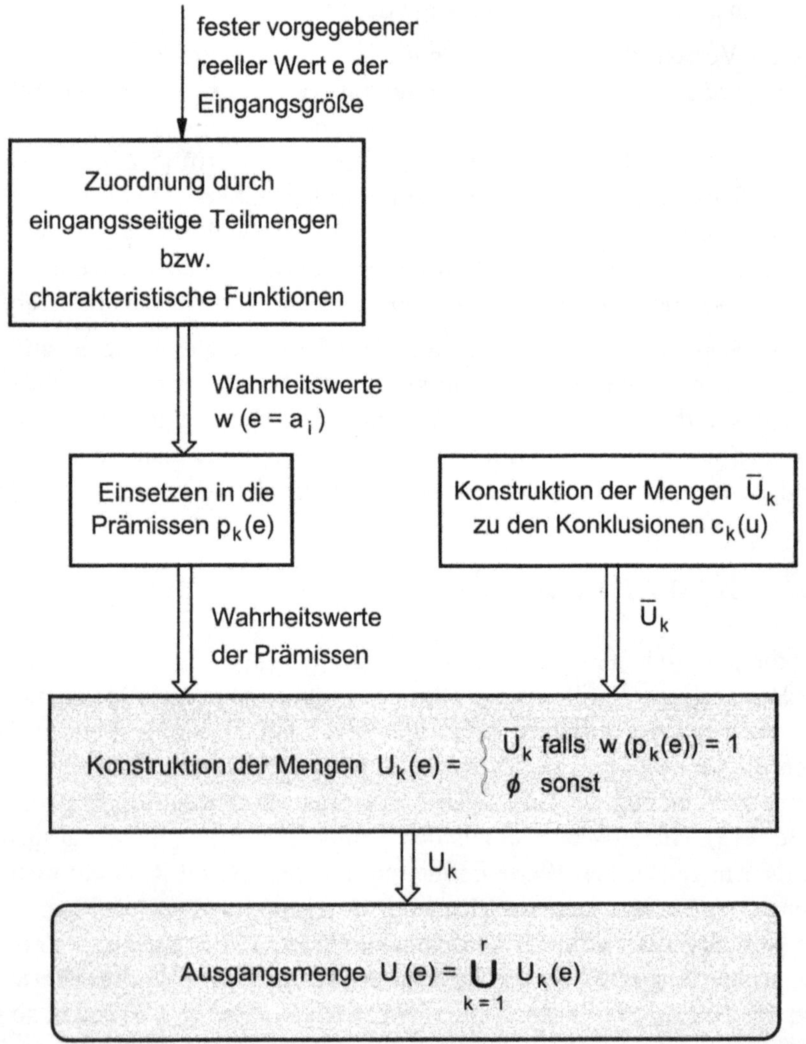

Bild 5.13 Stückweise Konstruktion der Ausgangsmenge $U(e)$ eines regelbasierten Reglers, der auf der konstruktiven Inferenz basiert.

Besonders einfach sehen die Mengen $U_k(e)$ bzw. $U'_k(e)$ aus, wenn die Konklusion einer Regel R_k nur aus einer einzigen Elementaraussage $u = b_j$ besteht. Dann sind die Mengen $U_k(e)$ bzw. $U'_k(e)$ bei erfüllter Regelprämisse gerade durch die Teilmenge B_j gegeben, die dem linguistischen Wert b_j zugeordnet ist. Deshalb beschränkt man sich oft auf Regeln mit solchen einfachen Konklusionen. Hierdurch wird die Allgemeinheit nicht eingeschränkt: Beispielsweise kann man das, was die kompliziertere Konklusion $(u = NM) \vee (u = PM)$ besagt, auch einfacher ausdrücken, indem man den linguistischen Wert *negativ mittel oder positiv mittel* ($NM \vee PM$) einführt und die Konklusion $u = NM \vee PM$ verwendet (Bild 5.14).

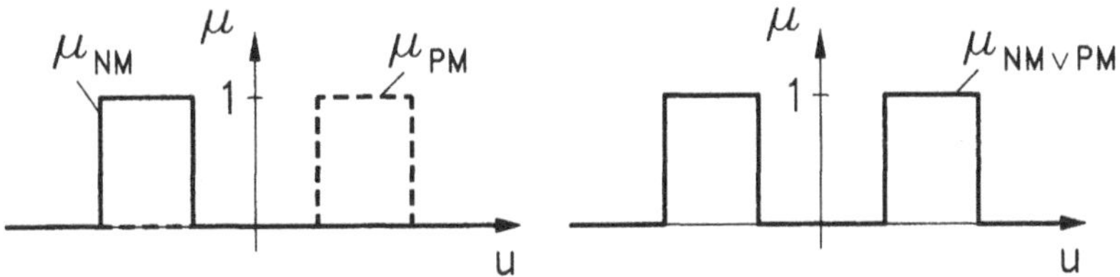

Bild 5.14 Zur Vereinfachung von Konklusionen. Wenn man neben den linguistischen Werten *negativ mittel* (*NM*) und *positiv mittel* (*PM*) (links) den linguistischen Wert *negativ mittel oder positiv mittel* ($NM \vee PM$) einführt (rechts), kann man die kompliziertere Konklusion $(u = NM) \vee (u = PM)$ durch die einfachere Konklusion $u = NM \vee PM$ ersetzen.

Mit den Beziehungen (5.22) und (5.24) bzw. (5.23) und (5.25) erhält man die Menge $U(e)$ bzw. $U'(e)$. Diese Mengen können leer sein. In diesem Fall spricht man von einem *unvollständigen* Regler, da sein Ausgangsgrößenwert in gewissen Situationen undefiniert ist. Die Menge $U(e)$ bzw. $U'(e)$ kann aber auch aus mehreren Elementen bestehen, d. h., es kann *Mehrdeutigkeit* vorliegen.

Das Auftreten von Unvollständigkeit oder Mehrdeutigkeiten wird durch Bild 5.15 veranschaulicht. Darin wird ein regelbasierter Regler mit vier Regeln und konstruktiver Inferenz zugrunde gelegt. Für die Eingangsgröße e und die Ausgangsgröße u sind neben den fünf linguistischen Werten (5.1) die weiteren linguistischen Werte *positiv mittel* (*PM*) und *negativ mittel* (*NM*) sowie *positiv sehr groß* (*PSG*) und *negativ sehr groß* (*NSG*) vorgesehen. Der Zusammenhang zwischen den eingangs- bzw. ausgangsseitigen reellen und linguistischen Werten wird jeweils durch lückenlos aneinanderschließende Intervalle hergestellt. Zu jeder Regel R_k gehört die Menge T_k aller durch

$$T_k = \left\{(e,u) \in \mathbb{R}^2 \mid w\big(p_k(e) \wedge c_k(u)\big) = 1\right\} \tag{5.31}$$

definierten Wertepaare (e, u). Bild 5.15 zeigt, wie diese Mengen T_k aussehen können. Hieraus erhält man die zu einem Wert e gehörige Menge $U(e)$, indem man eine zur u-Achse parallele Gerade g, deren Fußpunkt e ist, mit den Mengen T_k zum Schnitt bringt. Die Schnittgebilde können (wie beispielsweise für $e = PK$) aus einem oder (wie beispielsweise für $e = NK$ durch die eingezeichnete Gerade g markiert) aus mehreren Intervallen bestehen. Die Schnittgebilde können aber auch (wie beispielsweise für $e = V$) leer sein.

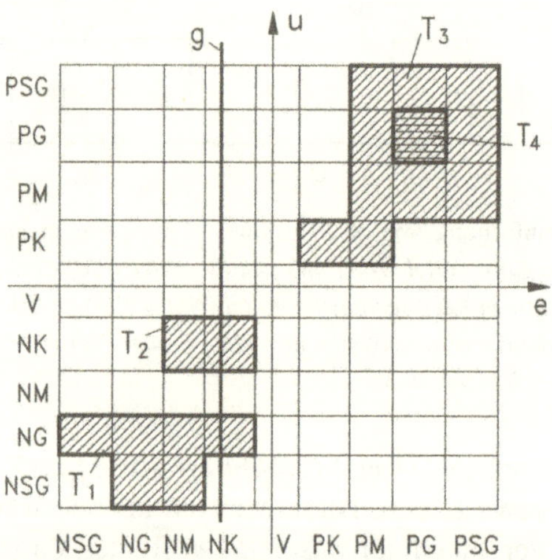

Bild 5.15 Eingangs-Ausgangsverhalten eines regelbasierten Reglers mit Eingangsgröße e und Ausgangsgröße u, der auf der konstruktiven Inferenz basiert. Die Regelbasis besteht hier aus vier Regeln R_1, R_2, R_3 und R_4. Ihre zugeordneten Teilmengen T_1, T_2, T_3 und T_4 liefern für jeden Wert von e die Ausgangsmenge $U(e)$ des Reglers. Hierzu wird eine Gerade g, die parallel zur u-Achse verläuft und den Fußpunkt e hat, mit den Mengen T_k zum Schnitt gebracht. Für $e = NK$ ergeben sich beispielsweise die beiden linguistischen Ausgangsgrößenwerte $u = NK$ und $u = NG$.

5.8 Entdeckung und Beseitigung von Unvollständigkeit

Ein regelbasierter Regler wird *vollständig* genannt, wenn seine Ausgangsmenge für keinen Eingangsgrößenwert e leer ist, d. h., wenn

$$U(e) \neq \varnothing \text{ bzw. } U'(e) \neq \varnothing \text{ für alle } e \tag{5.32}$$

gilt. Mit der Voraussetzung (5.26) ist eine notwendige Bedingung für Vollständigkeit, daß für jeden potentiellen Eingangsgrößenwert e zumindest eine Regel aktiviert wird. Für Regler, die nach der konstruktiven Inferenz arbeiten, ist diese Bedingung auch hinreichend.

Ob ein Regler vollständig ist oder nicht, hängt nicht allein von der Wahl der Regelbasis, sondern auch von der Wahl der Mengen A_i ab, die für die eingangsseitige Verbindung zwischen reellen und linguistischen Werten verwendet werden.

Nicht selten weist die Regelbasis *strukturelle Lücken* auf, die auf eine möglicherweise vorhandene Unvollständigkeit des Reglers hinweisen. Die Regelbasis wird im folgenden dann *strukturell unvollständig* genannt. Beispielsweise seien die eingangsseitigen linguistischen Werte (5.1) vorgesehen und die Prämissen der Regeln durch

$$e = NG, e = NK, e = V, e = PG \tag{5.33}$$

gegeben. Es fehle also eine Regel mit der Prämisse $e = PK$. Ferner seien die Teilmengen A_i zur Modellierung der eingangsseitigen linguistischen Werte *sinnvoll* gewählt: Es soll Eingangsgrößenwerte e geben, die nur dem linguistischen Wert PK und nicht zugleich auch einem anderen linguistischen Wert zugeordnet sind. Diese Eingangsgrößenwerte erfüllen dann keine der Prämissen (5.33). Der Regler ist dann also unvollständig. Man kann allerdings Vollständigkeit erzwingen, indem man zur Modellierung der linguistischen Werte – abweichend von ihrer inhaltlichen Bedeutung – stark *überlappende* Teilmengen A_i wählt. Ferner führt eine strukturelle Unvollständigkeit auch dann nicht zur tatsächlichen Unvollständigkeit, wenn eine andere Regel für eine strukturell fehlende Regel einspringt: Hierzu fügt man beispielsweise bei einem nach der konstruktiven Inferenz arbeitenden Regler zu den Regeln mit den Prämissen (5.33) eine weitere Regel mit der Prämisse

$$e = P \tag{5.34}$$

hinzu. Bei sinnvoller Modellierung der linguistischen Werte P (*positiv*) und PK (*positiv klein*) gilt für jeden Eingangsgrößenwert

$$(e = PK) \Rightarrow (e = P) \; . \tag{5.35}$$

Somit wird die Regel mit der Prämisse $e = P$ in allen Fällen aktiviert, in denen die fehlende Regel mit der Prämisse $e = PK$ aktiviert worden wäre. Aus einer formalen Analyse des Regelsatzes ergeben sich also Hinweise darauf, ob der regelbasierte Regler – bei sinnvoller Wahl der Teilmengen A_i – unvollständig ist oder nicht. Unabhängig von der Wahl der Regeln ist der Regler aber in jedem Fall unvollständig, wenn die Teilmengen A_i nicht den gesamten Bereich der möglichen Eingangsgrößenwerte vollständig überdecken.

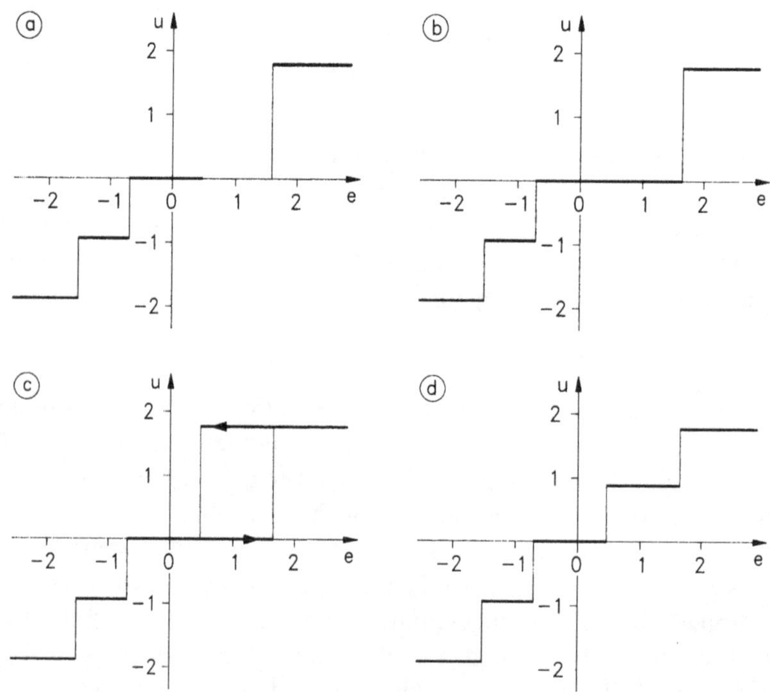

Bild 5.16 Unterschiedliche Möglichkeiten zur Beseitigung von Unvollständigkeit (a), Setzen eines Defaultwertes (b), Beibehaltung des letzten aufgeschalteten Wertes (c) und Interpolation (d).

Steht nicht genügend Expertenwissen bereit, um Vollständigkeit zu erreichen, so ist der Ausgangsgrößenwert des Reglers für bestimmte Eingangsgrößenwerte e_0 undefiniert. Dieses Problem wird häufig durch eine der folgenden, heuristisch motivierten Strategien umgangen:

(i) Als Ausgangsgrößenwert wird ein als unkritisch erachteter *Defaultwert*, wie $u = 0$, festgelegt.

(ii) Als aktueller Ausgangsgrößenwert wird der *jüngste in der Vergangenheit vom Regler gelieferte wohldefinierte Ausgangsgrößenwert* festgelegt.

(iii) Als aktueller Ausgangsgrößenwert wird ein Wert festgelegt, der sich durch *Interpolation* zwischen wohldefinierten Ausgangsgrößenwerten $u(e)$ für Werte e aus der Nachbarschaft von e_0 ergibt.

Entfernt man beispielsweise aus dem Regelsatz (5.2) die Regel R_4, so ist der Ausgangsgrößenwert des Reglers nach Bild 5.5 für $e = PK$ undefiniert. Man erhält daher eine Kennlinie mit einer Definitionslücke (Bild 5.16 (a)). Mit der Vorschrift (i) wird diese Lücke durch den Wert $u = 0$ geschlossen (Bild 5.16 (b)). Nach der Vorschrift (ii) wird die Lücke durch die Werte $u = 0$ oder $u = 1{,}75$ geschlossen, abhängig davon, ob der jüngste in der Vergangenheit liegende wohldefinierte Wert von $e(t)$ links oder rechts von der Lücke liegt (Bild 5.16 (c)). Mit der Vorschrift (ii) ergibt sich also eine nichteindeutige Hysteresekennlinie (vgl. Bild 2.9). Nach der Vorschrift (iii) wird die Definitionslücke beispielsweise durch den Mittelwert der Funktionswerte links und rechts neben der Lücke geschlossen (Bild 5.16 (d)). Wenn Regelstrecken bei geringen Änderungen der Eingangsgröße keine überraschenden Reaktionen zeigen, ist die Strategie (iii) häufig erfolgreich. Bei weniger gutmütigen Regelstrecken kann die Interpolation jedoch versagen.

Die Strategie (i) ist beispielsweise dann angezeigt, wenn der regelbasierte Regler parallel zu einem herkömmlichen Regler arbeitet, dessen Ausgangsgrößenwert in jeder Situation wohldefiniert ist (Bild 5.17). Der regelbasierte Regler hat die Aufgabe, den Ausgangsgrößenwert des herkömmlichen Reglers beispielsweise in besonders kritischen Situationen zu modifizieren. Für eine solche Anwendung kann auch ein sehr unvollständiger Regler sinnvoll sein.

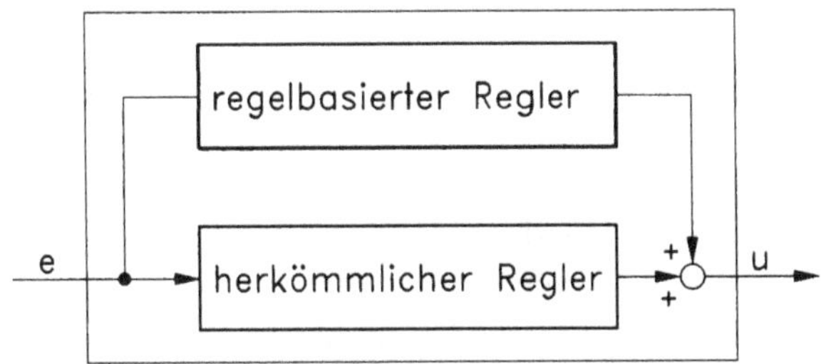

Bild 5.17 Reglerstruktur, die aus der Parallelschaltung eines herkömmlichen und eines regelbasierten Reglers besteht. Der regelbasierte Regler hat die Aufgabe, in bestimmten Situationen korrigierend einzugreifen. Deshalb muß er nicht notwendig vollständig sein.

5.9 Entdeckung und Beseitigung von Mehrdeutigkeit

Ein regelbasierter Regler wird *mehrdeutig* genannt, wenn die Ausgangsmenge $U(e)$ bzw. $U'(e)$ für irgendeinen Eingangsgrößenwert e aus mehreren Elementen besteht. In diesem Fall sind die Elemente der Ausgangsmenge als konkurrierende Handlungsvorschläge anzusehen.

Mehrdeutigkeiten können auftreten, wenn man für die Modellierung der ausgangsseitigen linguistischen Werte Teilmengen B_j verwendet, die nicht nur aus einem einzigen Element bestehen. Weiterhin können sich aber bei einem nach der konstruktiven Inferenz arbeitetenden Regler auch bereits aus dem Regelsatz Hinweise auf mögliche Mehrdeutigkeiten ergeben. Wenn beispielsweise zwei Regeln mit unterschiedlichen Konklusionen, wie $u = PK$ und $u = PG$, gleichzeitig aktiviert sein können, ist bei sinnvoller Modellierung der ausgangsseitigen linguistischen Werte mit Mehrdeutigkeiten zu rechnen. Eine solche Regelbasis soll daher *strukturell mehrdeutig* genannt werden. (Bei einem Regler, der nach der destruktiven Inferenz arbeitet, kann eine solche Regelbasis zur Unvollständigkeit führen. Deshalb ist es in diesem Fall treffender, die Regelbasis *strukturell widersprüchlich* zu nennen.)

Bei einem nach der konstruktiven Inferenz arbeitenden Regler kann man der Mehrdeutigkeit begegnen, indem man jede Regel R_k mit einem *Glaubensgrad* ρ_k bewertet und abweichend von der Beziehung (5.24) die Ausgangsmenge $U_m(e)$ der glaubwürdigsten Regel R_m als *modifizierte Ausgangsmenge*

$$U_{MOD}(e) = U_m(e) \tag{5.36}$$

des gesamten Reglers festlegt. Diese Vorgehensweise ist damit zu vergleichen, daß man bei unterschiedlichen Vorschlägen aus einer Expertenrunde auf den kompetentesten Experten hört. Für die Festlegung von Glaubensgraden sind heuristisch motivierte Alternativen gebräuchlich:

(i) Die Experten, die die Regeln formulieren, können selbst über Erfahrungswissen verfügen, aus dem sich die Glaubwürdigkeit der Regeln ergibt.

(ii) Man kann die Glaubwürdigkeit einer Regel experimentell ermitteln. Hierzu untersucht man, wie signifikant die Anzahl der Fälle ist, in denen sich ein von der Regel als günstig erklärter Stellgrößenwert auch tatsächlich als günstig erweist (vgl. Abschnitt 12.4.2).

(iii) Man kann u. U. auch ohne Expertenbefragung oder Experimente anhand formaler Kriterien zu einer Bewertung der Regeln gelangen. So kann man einer Regel deswegen besonders trauen, weil sie sehr *einfach aufgebaut* ist oder *einsichtige Symmetrien* aufweist. Oft wird auch unterstellt, daß von zwei Regeln die speziellere die glaubwürdigere ist.

Eine Bevorzugung der spezielleren Regel ist beispielsweise aus der Grammatik bekannt. So erfolgt die Mehrzahlbildung in der englischen Sprache nach einer allgemeineren Regel durch Anhängen des Buchstabens *s* und nach einer spezielleren Regel bei Wörtern, die auf den Buchstaben *y* enden, durch Umwandlung dieses Buchstabens in die Buchstabenfolge *ie* und Anhängen des Buchstabens *s*. Von den Bild 5.15 zugrundeliegenden Regeln ist beispielsweise die Regel R_2 spezieller als die Regel R_1: Da nämlich die Projektion der Menge T_2 auf die e-Achse eine Teilmenge der entsprechenden Projektion von T_1 ist, gilt für ihre Prämissen die Implikation

$$p_2(e) \Rightarrow p_1(e). \tag{5.37}$$

Die Regel R_1 wird also immer dann aktiviert, wenn auch die Regel R_2 aktiv ist. Umgekehrt kann aber R_1 aktiv sein, ohne daß R_2 aktiv ist.

Weiterhin kann man bei einem nach der konstruktiven Inferenz arbeitenden Regler der Mehrdeutigkeit begegnen, indem man berücksichtigt, von wie vielen Regeln ein Ausgangsgrößenwert u vorgeschlagen wird. Fordert man, daß ein Ausgangsgrößenwert u von *allen* Regeln vorgeschlagen wird, dann erhält man als modifizierte Ausgangsmenge $U_{MOD}(e)$ dieselbe Menge

$$U_{MOD}(e) = U'(e)\,, \tag{5.38}$$

die sich nach Gl. (5.25) für die destruktive Inferenz ergibt. Diese Menge ist im allgemeinen eine echte Teilmenge der Menge $U(e)$. Sollte $U'(e)$ für irgendeinen Wert von e leer sein, kann man festlegen, daß die Ausgangsmenge $U_{MOD}(e)$ aus allen Elementen u bestehen soll, die von den *meisten* Regeln vorgeschlagen werden:

$$U_{MOD}(e) = \{u \mid u \in U_k(e) \quad \text{für die größtmögliche Anzahl von Indizes}\}. \tag{5.39}$$

Die so bestimmten Ausgangsmengen $U_{MOD}(e)$ können noch immer aus mehreren Elementen bestehen. Um Eindeutigkeit zu erzwingen, legt man häufig

$$u = \text{Mittelwert aller Werte } u \in U(e) \text{ bzw. } u \in U_{MOD}(e) \tag{5.40}$$

fest oder verfeinert diese Vorschrift noch durch eine Berücksichtigung der Glaubensgrade bei der Mittelwertbildung. Es gibt aber auch Anwendungsfälle, in denen eine Mittelwertbildung unzulässig ist. Bei der Spurregelung eines Fahrzeuges können beispielsweise die Stellgrößenwerte $u = +u_{max}$ und $u = -u_{max}$ zum Umfahren eines Hindernisses rechts bzw. links herum sinnvoll sein, während eine Interpolation zwischen diesen Werten zur Kollision führt (Bild 5.18).

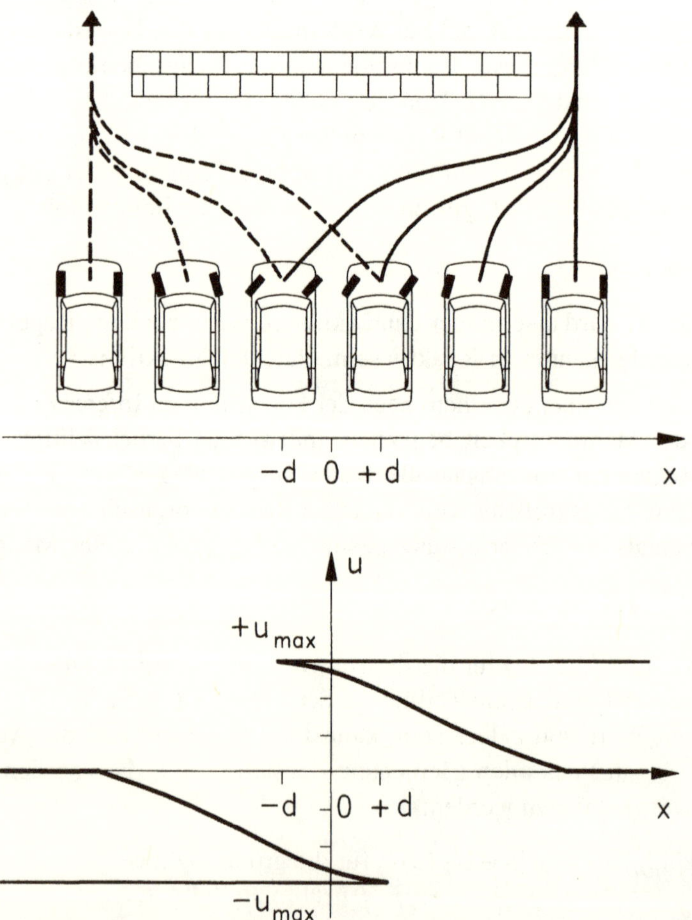

Bild 5.18 Zur Beseitigung von Mehrdeutigkeit. Für Wagenpositionen x im Bereich von $-d \leq x \leq +d$ sind sowohl positive als auch negative Radeinschlagwinkel u zulässig (grau unterlegte Bereiche): Mit Winkeln aus diesem Bereich ist ein Umfahren des Hindernisses möglich. Eine Mittelwertbildung aus zulässigen Werten von u kann aber zur Kollision führen.

5.10 Redundante Regeln

Ein Regelsatz kann *überflüssige* Regeln enthalten: Dies sind Regeln, die man aus dem Regelsatz entfernen kann, ohne daß sich die Ausgangsmenge $U(e)$ für irgendeinen Wert e ändert. Bei einem auf der konstruktiven Inferenz basierenden Regler ist von den Regeln R_{k1} und R_{k2} die Regel R_{k1} genau dann überflüssig, wenn für die Ausgangsmengen T_{k1} und T_{k2} dieser Regeln für alle möglichen Werte von e die Inklusion $T_{k1} \subseteq T_{k2}$ gilt oder damit gleichbedeutend für alle möglichen Werte von e und u die Implikation

$$\left[p_{k1}(e) \wedge c_{k1}(u)\right] \Rightarrow \left[p_{k2}(e) \wedge c_{k2}(u)\right] \tag{5.41}$$

den Wahrheitswert 1 hat. In diesem Fall wird die Regel R_{k1} hier *redundant neben der Regel* R_{k2} genannt. Eine solche Redundanz liegt beispielsweise vor, wenn die Prämissen beider Regeln übereinstimmen und

$$c_{k1}(u) \quad \Rightarrow \quad c_{k2}(u) \tag{5.42}$$

gilt oder wenn ihre Konklusionen übereinstimmen und

$$p_{k1}(e) \quad \Rightarrow \quad p_{k2}(e) \tag{5.43}$$

gilt. Beispielsweise ist die Regel

$$\text{WENN } e = PK \qquad \text{DANN } u = PK \tag{5.44}$$

redundant neben der Regel

$$\text{WENN } e = PK \qquad \text{DANN } (u = PK) \vee (u = PG) \ , \tag{5.45}$$

aber auch redundant neben der Regel

$$\text{WENN } (e = PK) \vee (e = PG) \qquad \text{DANN } u = PK \ . \tag{5.46}$$

Von den Bild 5.15 zugrundeliegenden Regeln ist R_4 redundant neben R_3.

In Erweiterung der Beziehung (5.43) wird eine Regel R_{r+1} hier als *redundant neben den Regeln* R_1, R_2, ..., R_r bezeichnet, wenn für alle möglichen Werte von e und u

$$\left[p_{r+1}(e) \wedge c_{r+1}(u)\right] \quad \Rightarrow \quad \bigvee_{k=1}^{r}\left[p_k(e) \wedge c_k(u)\right] \tag{5.47}$$

gilt.

Durch sukzessives Entfernen redundanter Regeln kann man einen Regelsatz schrittweise verkleinern, ohne daß sich die Ausgangsmenge $U(e)$ für irgendeinen Eingangsgrößenwert ändert. Dabei kann es von der Reihenfolge, in der man redundante Regeln entfernt, abhängen, welchen nicht mehr verkleinerbaren Regelsatz man schließlich erhält.

Werden die Regeln R_k mit Glaubensgraden ρ_k bewertet, ist eine Regel R_{k1} dann als redundant neben der Regel R_{k2} zu betrachten, wenn neben der Implikation (5.42) auch noch

$$\rho_{k1} \leq \rho_{k2} \tag{5.48}$$

gilt. Im umgekehrten Fall $\rho_{k1} > \rho_{k2}$ ist die Regel R_{k1} nicht redundant neben R_{k2}, da R_{k1} dann besagt, daß die kleinere Ausgangsmenge $U_{k1}(e)$ im Vergleich zur umfassenderen Ausgangsmenge $U_{k2}(e)$ glaubwürdiger ist.

5.11 Regelbasierte Regler mit mehreren Eingangsgrößen

Das obige Konzept zum Aufbau regelbasierter Regler wird direkt auf Regler mit mehr als einer Eingangsgröße übertragen, wenn man Prämissen wie in dem Regelsatz

$$\begin{array}{ll} \text{WENN } x_1 = PG & \text{DANN } u = PG, \\ \text{WENN } x_2 = PG & \text{DANN } u = PG, \\ \text{WENN } (x_1 = PG) \wedge (x_2 = NG) & \text{DANN } u = PM \end{array} \tag{5.49}$$

zuläßt, die sich auf unterschiedliche Eingangsgrößen beziehen. Bestehen solche Regelprämissen nur aus Konjunktionen von Elementaraussagen und die Konklusionen nur aus Elementaraussagen, kann man die Regelbasis durch eine Tabelle der Form

x_1	x_2	u
PG	PG	NG
PG	-	NM
PG	V	NK
⋮	⋮	⋮

(5.50)

beschreiben. Dabei entspricht die erste Zeile der Regel WENN $(x_1 = PG) \wedge (x_2 = PG)$ DANN $u = NG$ und die zweite Zeile der Regel WENN $x_1 = PG$ DANN $u = NM$, usw. Eine solche Tabelle läßt sich auch für mehr als zwei Eingangsgrößen erstellen. Ersichtlich ist die Regelbasis (5.50) strukturell mehrdeutig, da die ersten beiden Regeln, die unterschiedliche Konklusionen haben, gleichzeitig aktiviert werden können.

Bei zwei Eingangsgrößen kann man Regelsätze besonders übersichtlich in Form einer Matrix schreiben, wobei jedes Matrixelement einer Einzelregel entspricht. Eine solche Matrix, wie

$x_1 \backslash x_2$	*PG*	*PK*	*V*	*NK*	*NG*
PG	*NG*	*NG*	*NK*	*NK*	*V*
PK	*NG*	*NK*	*NK*	*V*	*PK*
V	*NK*	*NK*	*V*	*PK*	*PK*
NK	*NK*	*V*	*NK*	*PK*	*PG*
NG	*V*	*PK*	*PK*	*PG*	*PG*

(5.51)

erleichtert es, die Wirkung des Regelsatzes schnell zu überblicken. Insbesondere kann man erkennen, ob die Matrix unbesetzte Plätze aufweist und damit die Regelbasis strukturell unvollständig ist oder ob Symmetrien oder unplausible Unsymmetrien vorliegen. Regeln, deren Prämissen, wie $(x_1 = PG) \wedge (x_2 = PK)$, aus einer Konjunktion von Elementaraussagen aufgebaut sind, wobei jede Eingangsgröße mit genau einer Elementaraussage eingeht, werden *vollständige Regeln* genannt. Jede Eintragung in der Matrix (5.51) repräsentiert eine vollständige Regel.

Speziell können solche Regelsätze in Tabellen- oder Matrixform dazu dienen, vorhandene klassische Steuergesetze, wie beispielsweise

$$u = -4x_1 - 2x_2 \,, \tag{5.52}$$

in eine regelbasierte Darstellung zu überführen. Hierzu legt man für die eingangsseitigen linguistischen Werte lückenlos aneinanderschließende Intervalle fest. Damit wird der Raum der reellen Eingangsgrößenwerte in Quader zerlegt (Bild 5.19). Durch Auswertung der Beziehung (5.52) für jeden Quadermittelpunkt erhält man insgesamt 25 unterschiedliche Ausgangsgrößenwerte. Indem man für jeden dieser reellen Werte einen linguistischen Wert einführt, ergibt sich aus Bild 5.19 ein Regelsatz in Matrixform. Hiermit ergibt sich ein regelbasierter Regler, dessen (unstetiges) Kennfeld näherungsweise dem Steuergesetz (5.52) entspricht (Bild 5.20).

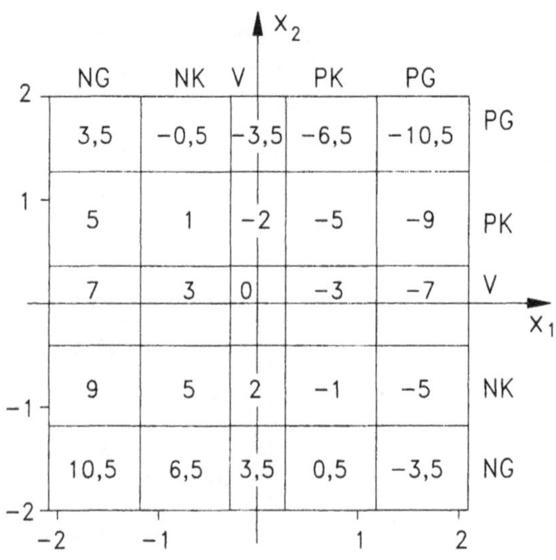

Bild 5.19 Zur Bestimmung eines regelbasierten Reglers, der sich näherungsweise wie ein vorgegebenes Steuergesetz $u = f(x_1, x_2)$ verhält.

$x_1 \backslash x_2$	*PG*	*PK*	*V*	*NK*	*NG*
PG	*NG*	-	*NK*	*NK*	*V*
PK	*NG*	-	*NK*	*V*	*PK*
V	*NK*	*NK*	*V*	*PK*	*PK*
NK	*NK*	*V*	*NK*	*PK*	*PG*
NG	*V*	*PK*	*PK*	*PG*	*PG*

(5.53)

Die Regelbasis (5.53) ist im Gegensatz zur Regelbasis (5.51) *strukturell unvollständig*, da darin Regeln mit den Prämissen $(x_1 = PG) \wedge (x_2 = PK)$ und $(x_1 = PK) \wedge (x_2 = PK)$ fehlen. Werden die eingangsseitigen linguistischen Werte durch lückenlos aneinanderschließende Intervalle festgelegt, so macht der Regler für bestimmte Wertekombinationen von x_1 und x_2 keinen Handlungsvorschlag. Er ist also unvollständig. Wird die Regelbasis jedoch durch die nicht in der Tabelle (5.53) darstellbare Regel

$$\text{WENN } x_1 = \textit{positiv} \quad \text{DANN } u = NK \tag{5.54}$$

ergänzt und der linguistische Wert *positiv* sinnvoll modelliert, entsteht ein vollständiger Regler.

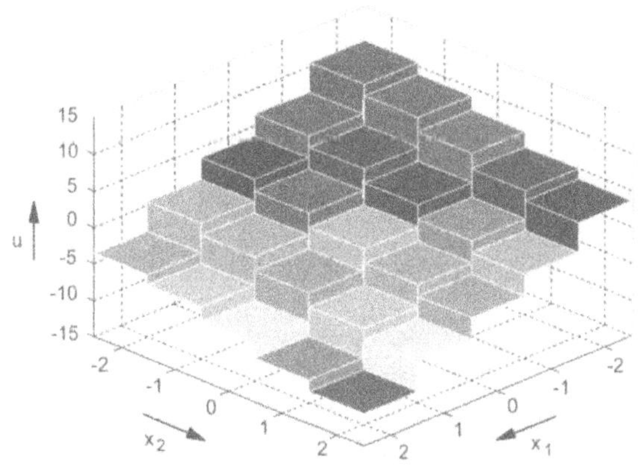

Bild 5.20 Nichtlineares Kennfeld eines regelbasierten Reglers, der durch Nachbildung eines linearen Steuergesetzes gewonnen wurde.

5.12 Regelbasierte Regler mit mehreren Ausgangsgrößen

Kompliziertere Regelstrecken weisen häufig mehr als eine Eingangsgröße auf. Zum Erreichen einer hohen Regelgüte ist der Einsatz eines Reglers sinnvoll, der alle Eingriffsmöglichkeiten nutzt (Bild 5.21).

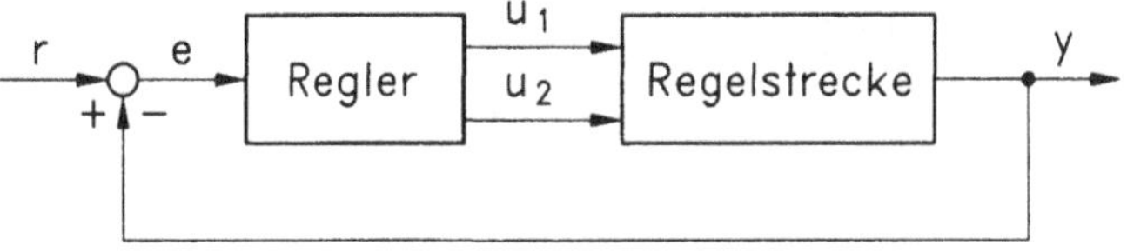

Bild 5.21 Regelkreis mit einem Regler, der mit zwei Stellgrößen auf die Regelstrecke einwirkt.

Eine besonders übersichtliche Struktur für einen Regler mit mehreren Ausgangsgrößen entsteht, wenn man für jede Ausgangsgröße einen separaten Teilregler, der jeweils nur eine Eingangsgröße der Regelstrecke beeinflußt, vorsieht (Bild 5.22). Diese Parallelstruktur schränkt die Flexibilität nicht ein, denn man kann jeden Regler mit mehreren Ausgangsgrößen so darstellen (Bild 5.23). Beispielsweise kann man einen Regler ohne Erinnerung, der n zu einem Vektor $\boldsymbol{x}$ zusammengefaßte Eingangsgrößen $x_1, x_2, ..., x_n$ und m zu einem Vektor $\boldsymbol{u}$ zusammengefaßte Ausgangsgrößen $u_1, u_2, ..., u_m$ aufweist, stets durch eine eindeutige Funktion

$$\boldsymbol{u} = \boldsymbol{f}(\boldsymbol{x}) \tag{5.55}$$

beschreiben, die jedem Vektor $\boldsymbol{x}$ einen Vektor $\boldsymbol{u}$ zuweist. Jede solche Funktion besteht aus m Teilfunktionen

$$u_1 = f_1(\mathbf{x}),\ u_2 = f_2(\mathbf{x}), \ldots,\ u_m = f_m(\mathbf{x}) \ , \tag{5.56}$$

die jeweils eine der Ausgangsgrößen erzeugen. Auch für regelbasierte Regler bedeutet die Parallelstruktur nach Bild 5.22 keine Einschränkung, wenn man Teilregler mit *reellen* Eingangs- und Ausgangsgrößen vorsieht und somit die Zerlegung in Teilregler auf der Ebene der reellen Größen vorgenommen wird.

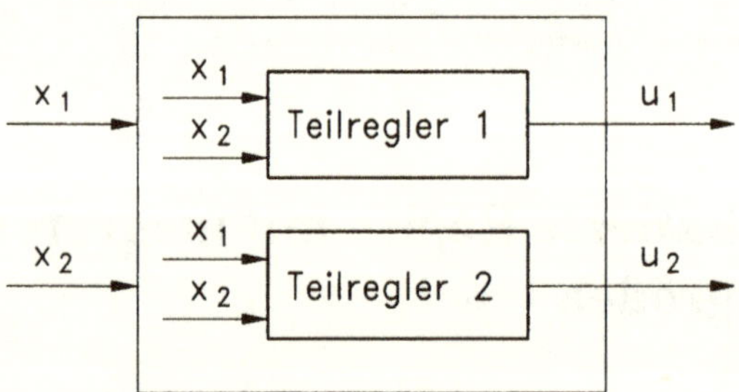

Bild 5.22 Regler mit zwei Eingangsgrößen x_1 und x_2, der aus zwei Teilreglern zur Erzeugung der Ausgangsgrößen u_1 und u_2 aufgebaut ist.

Verwendet man in einem regelbasierten Regler Regeln wie

$$\begin{aligned} &\text{WENN } (x_1 = PK) \wedge (x_2 = PG) \ \text{ DANN } u_1 = NG, \\ &\text{WENN } (x_1 = PK) \wedge (x_2 = PG) \ \text{ DANN } u_2 = PG, \end{aligned} \tag{5.57}$$

deren Konklusionen sich immer nur auf jeweils *eine* Ausgangsgröße beziehen, entsteht auf direktem Weg die Parallelstruktur nach Bild 5.22 durch Zusammenfassung jeweils aller Regeln, die sich auf dieselbe Ausgangsgröße beziehen.

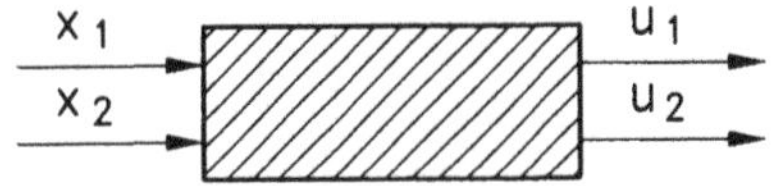

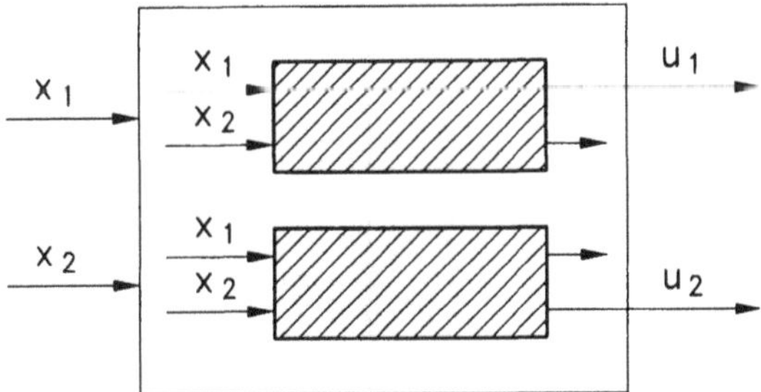

Bild 5.23 Darstellung eines Reglers mit zwei Ausgangsgrößen (oben) als ein Regler, der aus zwei Teilreglern mit jeweils nur einer Ausgangsgröße aufgebaut ist (unten). Beide Teilregler entsprechen dem oben dargestellten Regler, jedoch wird jeweils nur eine der Ausgangsgrößen herausgeführt.

Für Regeln wie

$$\begin{aligned}&\text{WENN } (x_1 = PK) \wedge (x_2 = PG)\\&\text{DANN } (u_1 = NG) \wedge (u_2 = PG) \vee ((u_1 = PG) \wedge (u_2 = NG)),\end{aligned} \tag{5.58}$$

deren Konklusionen sich auf *mehrere* Ausgangsgrößen beziehen, muß man zunächst vereinbaren, wie sie zu verarbeiten sind: Hierzu kann man analog zu Reglern mit nur einer Ausgangsgröße festlegen, daß eine solche Regel bei erfüllter Prämisse diejenigen Ausgangsgrößenwertepaare (u_1, u_2), die ihre Konklusion erfüllen, empfiehlt (Bild 5.24). Ferner kann man Mehrdeutigkeiten analog zu Abschnitt 5.9 beispielsweise durch Mittelwertbildung oder durch Entscheidung für eines der empfohlenen Wertepaare (u_1, u_2) beseitigen. Damit liefert der regelbasierte Regler eindeutige Ausgangsgrößenwerte und läßt sich dann gemäß Bild 5.23 ebenfalls in zwei Teilregler zerlegen, von denen jeder eine Ausgangsgröße liefert.

Eine andere Frage ist allerdings, ob man diese Zerlegung bereits auf der linguistischen Ebene durchführen kann. Beispielsweise ist die Regel (5.58) nicht mit den beiden Regeln

$$\begin{aligned}&\text{WENN } (x_1 = PK) \wedge (x_2 = PG)\\&\text{DANN } (u_1 = NG) \vee (u_1 = PG)\end{aligned} \tag{5.59}$$

und

$$\begin{aligned}&\text{WENN } (x_1 = PK) \wedge (x_2 = PG)\\&\text{DANN } (u_2 = NG) \vee (u_2 = PG)\end{aligned} \tag{5.60}$$

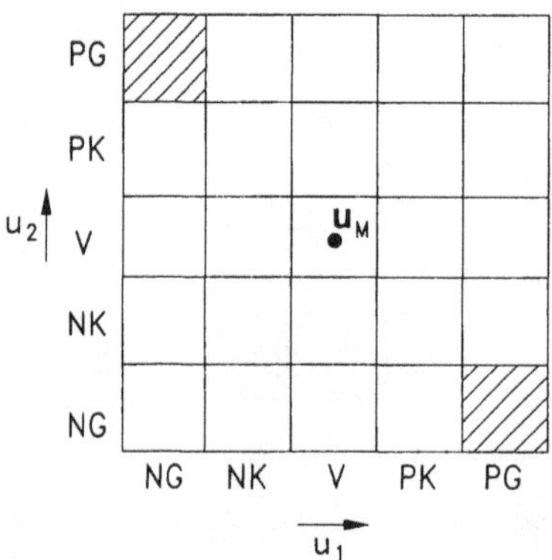

Bild 5.24 Linguistische Wertepaare (*NG*, *PG*) und (*PG*, *NG*), die durch die Regel (5.58) bei erfüllter Prämisse für die beiden Ausgangsgrößen u_1 und u_2 empfohlen werden (schraffiert). Wird die resultierende Mehrdeutigkeit durch Mittelwertbildung beseitigt, so ergibt sich das reelle Wertepaar $u_M = (u_{1,M}, u_{2,M})$.

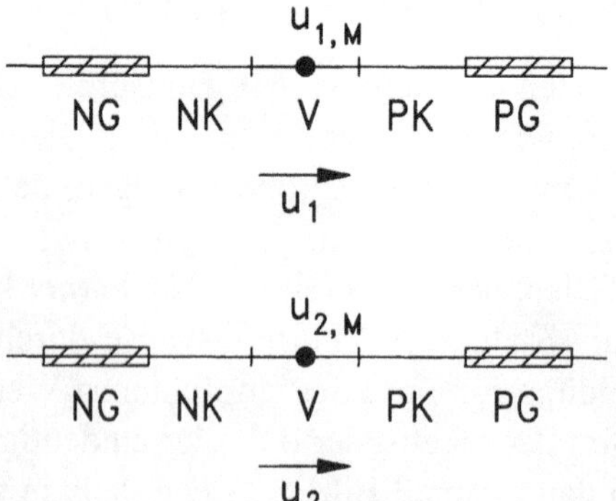

Bild 5.25 Linguistische Werte *NG* und *PG*, die durch die Regeln (5.59) und (5.60) für die Ausgangsgröße u_1 (oben, schraffiert) bzw. u_2 (unten, schraffiert) bei erfüllter Prämisse empfohlen werden. Werden die Mehrdeutigkeiten durch Mittelwertbildung beseitigt, so ergibt sich der reelle Ausgangsgrößenwert $u_{1,M}$ bzw. $u_{2,M}$.

gleichwertig, denn damit geht die aus Bild 5.24 ersichtliche Kopplung zwischen den für u_1 und u_2 empfohlenen Ausgangsgrößenwerten verloren (Bild 5.25). Dies hat keine Auswirkung, wenn man die aus den Bildern

5.24 und 5.25 ersichtliche Mehrdeutigkeit jeweils durch Mittelwertbildung beseitigt. (Die Punkte $u_{1,M}$ und $u_{2,M}$ im Bild 5.25 entsprechen dem Punkt $\boldsymbol{u}_M$ in Bild 5.24). Wenn die Mehrdeutigkeit jedoch durch Entscheidung für eines der empfohlenen Wertepaare (u_1, u_2) bzw. Werte u_1 und u_2 beseitigt wird, sind die Regeln (5.59) und (5.60) nicht mehr mit der Regel (5.58) gleichwertig.

Verwendet man also – wie üblich – nur Regeln, deren Konklusionen sich jeweils nur auf eine Ausgangsgröße beziehen, so erhält man eine sehr durchsichtige, aber in ihren Ausdrucksmöglichkeiten eingeschränkte Reglerstruktur. Um diesem Nachteil zu begegnen, kann man mehrere solcher Regler kaskadieren. So läßt sich durch Kaskadierung von zwei Teilreglern, deren Regeln sich jeweils nur auf die Ausgangsgröße u_1 bzw. u_2 beziehen, eine Kopplung der Größen u_1 und u_2 realisieren, die qualitativ der Wirkung der Regel (5.58) entspricht (Bild 5.26).

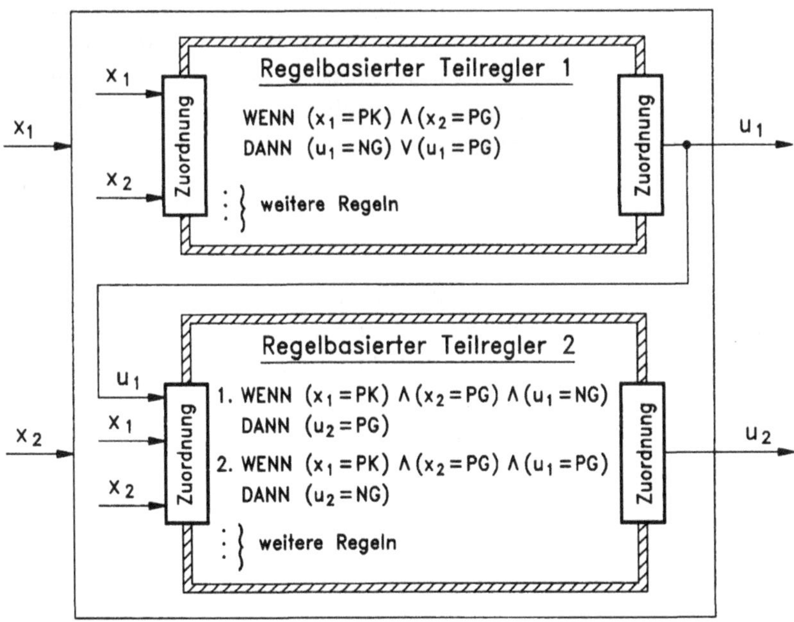

Bild 5.26 Regelbasierter Regler mit zwei Ausgangsgrößen u_1 und u_2. Durch die Kaskadierung zweier Teilregler, die jeweils nur eine Ausgangsgröße u_1 bzw. u_2 aufweisen, entsteht eine Reglerstruktur, mit der erwünschte Kopplungen für Werte der Ausgangsgrößen berücksichtigt werden können.

5.13 Allgemeinere regelbasierte Strukturen

Die derzeit gebräuchlichen Fuzzy-Regler gehen direkt aus den bisher beschriebenen regelbasierten Reglern mit einer oder mehreren Eingangsgrößen, aber nur einer Ausgangsgröße hervor (Kapitel 6). Allgemeinere regelbasierte Strukturen werden im folgenden zur Einordnung skizziert.

In den bisher beschriebenen regelbasierten Reglern treten linguistische Variablen nur als Eingangs- und Ausgangsgrößen auf. Als naheliegende Erweiterung kann man auch *innere linguistische Variablen* zulassen. Beispielsweise kann man für einen Regler mit den drei Eingangsgrößen e, d_1 und d_2 und der Ausgangsgröße u die Regeln

$$\text{WENN } (d_1 = PG) \wedge (d_2 = PG) \quad \text{DANN } z = kritisch, \tag{5.61}$$

$$\text{WENN } (e = PG) \wedge (z = kritisch) \quad \text{DANN } u = V \tag{5.62}$$

vorsehen. Darin ist z eine innere linguistische Variable, die den Wert *kritisch* annehmen kann. Aufgrund der ersten Regel und der Schlußweise des modus ponens (Anhang B) gilt die Aussage $z = kritisch$ als wahr, wenn die Prämisse dieser Regel erfüllt ist. Die Wirkung dieser beiden Regeln läßt sich also auch durch die eine Regel

$$\begin{aligned} &\text{WENN } (d_1 = PG) \wedge (d_2 = PG) \wedge (e = PG) \\ &\text{DANN } u = V \end{aligned} \tag{5.63}$$

beschreiben, in der die Größe z nicht auftritt. Durch die Einführung solcher inneren linguistischen Variablen gewinnt man also keine zusätzliche Funktionalität, aber eine oft transparentere Darstellung des Erfahrungswissens. Man kann die innere linguistische Variable z als eine Hilfsvariable ansehen, deren prinzipieller Nutzen bereits aus der Algebra bekannt ist. Beispielsweise ist die Funktion

$$\begin{aligned} u = e + d_1 + d_1^2 + d_2 + d_2^2 + d_1 d_2 + \\ + \left(d_1 + d_1^2 + d_2 + d_2^2 + d_1 d_2\right)^2 + \\ + \left(d_1 + d_1^2 + d_2 + d_2^2 + d_1 d_2\right)^3 \end{aligned} \tag{5.64}$$

mit den einfacheren und durchsichtigeren Beziehungen

$$\begin{aligned} z &= d_1 + d_1^2 + d_2 + d_2^2 + d_1 d_2, \\ u &= e + z + z^2 + z^3 \end{aligned} \tag{5.65}$$

äquivalent.

Insbesondere können innere linguistische Variablen zur Strukturierung des Erfahrungswissens dienen, wie es übrigens auch bereits aus dem täglichen Leben bekannt ist: Es gibt Erfahrungsregeln, die angeben, wann ein Mensch in Abhängigkeit von äußeren Einwirkungen als *gestreßt* zu erklären ist, und weitere Regeln, die empfehlen, wie mit gestreßten Menschen umzugehen ist. Verzichtet man auf die Einführung innerer linguistischer Variablen – wie meist bei Fuzzy-Reglern –, so kann man dem damit verbundenen Transparenzverlust entgegenwirken, indem man mehrere regelbasierte Regler ohne innere Variablen kaskadiert. Hierzu werden statt linguistischer *reellwertige* innere Variable eingeführt, die Ausgangsgrößen regelbasierter Teilregler sind (Bild 5.27).

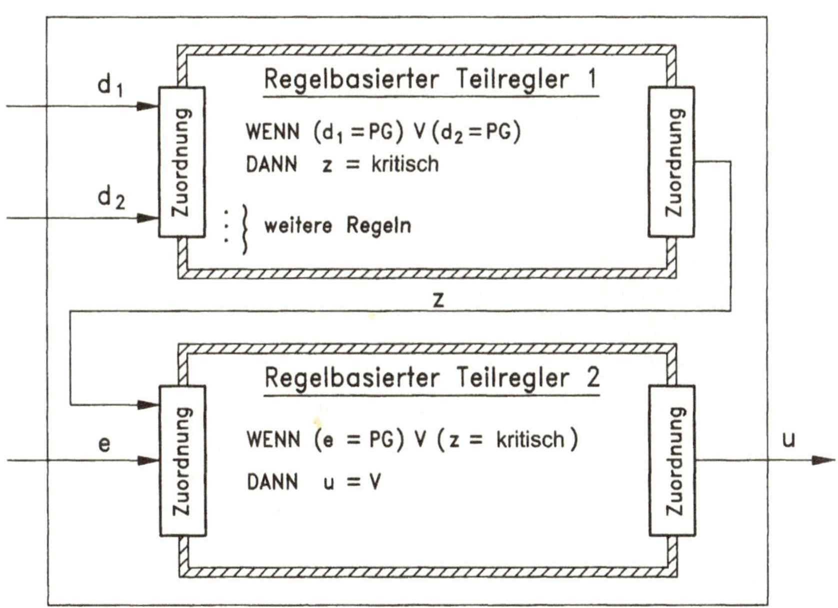

Bild 5.27 Regelbasierter Regler mit reellwertiger innerer Variabler z. Der regelbasierte Regler ist aus zwei Teilsystemen ohne linguistische innere Variable aufgebaut.

Fast alle bisher beschriebenen regelbasierten Regler sind Regler *ohne Erinnerung* (Abschnitt 2.5). Eine Ausnahme bilden Regler, deren Unvollständigkeit durch Aufschaltung des jüngsten wohldefinierten Wertes beseitigt wird (Abschnitt 5.8). In diesem Fall hängt der aktuelle Ausgangsgrößenwert in bestimmten Situationen wie bei einem klassischen Regler mit Hysterese (Abschnitt 2.4) von der Vorgeschichte ab. Als naheliegende Verallgemeinerung kann man *dynamische innere linguistische Variablen* vorsehen, deren linguistische Werte nicht allein von den aktuellen Eingangsgrößenwerten, sondern auch noch von den Anfangswerten der linguistischen Werte abhängig sind. Beispielsweise kann man eine linguistische Variable z mit den möglichen linguistischen Werten *unkritisch*, *kritisch* und *sehr kritisch* einführen und als Anfangswert beim Einschalten des Reglers $z = unkritisch$ festlegen. Für einen als Abtastregler (Abschnitt 4.3.6) betriebenen Regler wird dann durch Regeln festgelegt, wie der Wert $z(i)$ der Variablen z zum Abtastzeitpunkt i vom Wert $e(i)$ der Eingangsgröße zum gleichen Zeitpunkt und vom Wert $z(i\text{-}1)$ der Variablen z zum vorangegangenen Abtastzeitpunkt abhängen soll. Ein Beispiel für eine solche Regel ist

$$\begin{aligned}&\text{WENN } (e(i) = PG) \wedge (z(i\text{-}1) = unkritisch)\\&\text{DANN } z(i) = kritisch \quad .\end{aligned} \tag{5.66}$$

Entsprechend legt die Regel

$$\begin{aligned}&\text{WENN } (e(i) = PK) \wedge (z(i) = kritisch)\\&\text{DANN } u(i) = PG\end{aligned} \tag{5.67}$$

fest, wie der Wert der Ausgangsgröße von den aktuellen Werten der Eingangsgröße und der inneren Variablen z abhängen soll. Ein solcher Regler hat einen inneren Zustand, der durch den aktuellen linguistischen Wert der inneren Variablen z repräsentiert wird. Somit hat der Regler ein Gedächtnis, vergleichbar mit einem I-Regler.

Die beschriebenen regelbasierten Regler bestehen aus einem inneren Mechanismus zum logischen Schlußfolgern und aus Zuordnungen, die die darin verwendeten linguistischen Werte mit den reellwertigen Eingangs- und Ausgangsgrößen des Reglers verbinden. Demgegenüber weisen *Expertensysteme* nur den inneren Mechanismus zum logischen Schlußfolgern auf: Damit wird aus den Wahrheitswerten eingangsseitiger Elementaraussagen auf die Wahrheitswerte von ausgangsseitigen Elementaraussagen geschlossen, und zwar wie bei den Regeln (5.61) und (5.62) meist in Stufen über eine oder mehrere innere Größen. Expertensysteme werden in zwei Richtungen genutzt. Erstens kann man danach fragen, welche Wahrheitswerte sich ausgangsseitig bei gegebenen eingangsseitigen Wahrheitswerten ergeben. Zweitens kann man umgekehrt danach fragen, welche eingangsseitigen Wahrheitswerte auf vorgegebene ausgangsseitige Wahrheitswerte führen. So kann man bei einem technischen Gerät danach fragen, welche Funktionsstörungen sich als Konsequenz bekannter Bauelementeausfälle ergeben oder umgekehrt, welche Bauelementeausfälle für beobachtete Funktionsstörungen verantwortlich sein könnten.

6 Einsträngige Fuzzy-Regler

Nach den Kapiteln 3 und 4 stößt die klassische Regelungstechnik auf Anwendungsgrenzen, wenn kein mathematisches Modell der Regelstrecke verfügbar ist: Der Übergang von den einfachen klassischen Reglern zu komplizierteren Reglerfunktionalen bringt zwar den gewünschten Gewinn an Flexibilität, führt aber zu einem Verlust an Transparenz. Anders als bei den einfachen klassischen Reglerfunktionalen können daher die vielen Reglerparameter der komplizierteren Reglerfunktionale nicht mehr von Hand, ohne Prozeßmodell, sondern nur noch modellgestützt optimiert werden.

Fuzzy Control zielt darauf ab, hochflexible Reglerfunktionale zu schaffen, die wie die einfachen klassischen Reglerfunktionale transparente Eingriffsmöglichkeiten aufweisen und daher ohne Prozeßmodell von Hand optimiert werden können.

Vorläufer der gebräuchlichen Fuzzy-Regler sind die in Kapitel 5 behandelten regelbasierten Regler mit einer oder mehreren Eingangsgrößen, aber nur einer Ausgangsgröße. Damit kann man qualitatives Anwenderwissen in Gestalt einsichtiger Regeln direkt in das Reglerfunktional einbringen und das Reglerverhalten durch Veränderung der Regeln oder der Zuordnung zwischen den reellen und linguistischen Werten gezielt beeinflussen. Diese regelbasierten Regler haben allerdings auch Mängel: Sie können zu Reglerkennfeldern mit unmotivierten Unstetigkeiten führen. Ferner gibt es nur ad-hoc-Verfahren zur Beseitigung von Mehrdeutigkeit und Unvollständigkeit. Tieferliegend ist folgender Mangel: Das den Regeln zugrundeliegende Erfahrungswissen ist meist das Kondensat vieler unterschiedlicher Erfahrungen und deshalb von Natur aus unscharf. Deshalb wird solches Wissen in der Umgangssprache meist durch Wörter wie *viel*, *wenig* oder *etwas*, die mit einer *linguistischen Unschärfe* behaftet sind, ausgedrückt. Die bei den regelbasierten Reglern verwendete scharfe Zuordnung zwischen reellen und linguistischen Werten wird dieser Unschärfe nicht gerecht.

Diese Mängel werden durch das Konzept der Zugehörigkeitsfunktionen, mit dem eine *weiche* Zuordnung zwischen den reellen und den linguistischen Werten hergestellt wird, beseitigt. Damit gelangt man zu Elementaraussagen, die nicht nur wahr oder falsch sein, sondern Wahrheitswerte μ

aus dem gesamten Intervall $0 \leq \mu \leq 1$ annehmen können. Zum Schlußfolgern mit solchen Wahrheitswerten muß man deshalb als Erweiterung der klassischen Logik die *Fuzzy-Logik* einführen. Im folgenden wird gezeigt, daß hierdurch aus den beschriebenen regelbasierten Reglern die von *Mamdani* eingeführten herkömmlichen (einsträngigen) Fuzzy-Regler entstehen.

6.1 Weiche Zuordnung durch Zugehörigkeitsfunktionen

Zur *weichen Zuordnung* zwischen reellen und linguistischen Werten dienen *Zugehörigkeitsfunktionen*. Bild 6.1 zeigt eine Zugehörigkeitsfunktion zur Beschreibung (Modellierung) des linguistischen Wertes *positiv mittel*. Sie genügt den meist geforderten Normierungsbedingungen

$$\mu_{PM}(e) \geq 0 \tag{6.1}$$

und

$$\mu_{PM}(e) \leq 1 \quad . \tag{6.2}$$

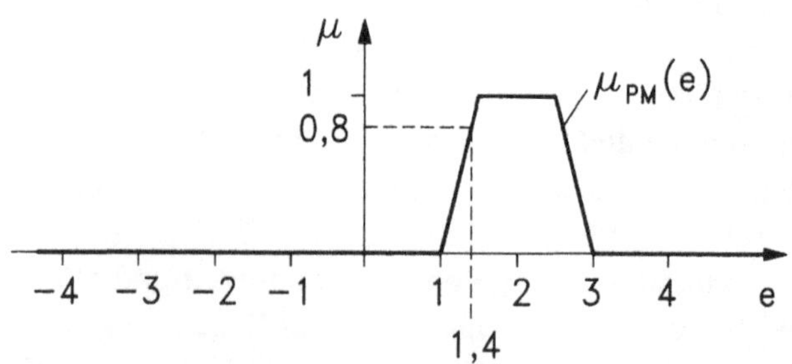

Bild 6.1 Trapezförmige Zugehörigkeitsfunktion $\mu_{PM}(e)$ zur Modellierung des linguistischen Wertes *positiv mittel* (*PM*). Danach gilt der Wert $e_0 = 1{,}4$ im Grade 0,8 als *positiv mittel*.

Gelegentlich wird die zweite Bedingung auch fallengelassen. Die weiche Zuordnung wird dadurch festgelegt, daß der Funktionswert $\mu_{PM}(e)$ den Grad angibt, in dem der betreffende reelle Wert als *positiv mittel* gelten soll: Nach Bild 6.1 gilt der Wert $e_0 = 1{,}4$ im Grade 0,8 als *positiv mittel*. Ferner gelten Werte von e außerhalb des Intervalls $1 \leq e \leq 3$ im Grade 0 und im Intervall $1{,}5 \leq e \leq 2{,}5$ im Grade 1 als *positiv mittel*. Mit solchen

Zugehörigkeitsfunktionen kann man den linguistischen Wert *positiv mittel* differenzierter modellieren als mit charakteristischen Funktionen, die nur die Werte 1 oder 0 annehmen können: Insbesondere kann man damit zwischen einem *Kernbereich*, in dem ein reeller Wert im vollen Grade als *positiv mittel* gelten soll, und einem *Übergangsbereich* unterscheiden. Mit Zugehörigkeitsfunktionen kann man daher linguistische Unschärfe artikulieren.

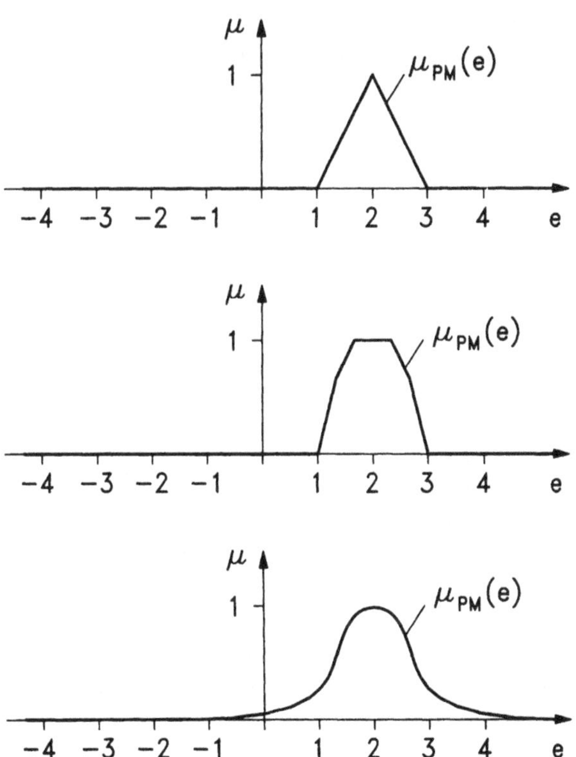

Bild 6.2 Weitere Typen von Zugehörigkeitsfunktionen. Dreieckförmige Zugehörigkeitsfunktionen (oben) sind neben trapezförmigen (Bild 6.1) am gebräuchlichsten.

Das Konzept der Zugehörigkeitsfunktionen führt dazu, daß eine Aussage wie $e = PM$ nicht mehr entweder wahr oder falsch ist, sondern einen *Fuzzy-Wahrheitswert* $\mu(e = PM)$ annehmen kann, der zwischen den Booleschen Wahrheitswerten 1 und 0 liegt. Dieser Fuzzy-Wahrheitswert wird durch

$$\mu(e = PM) = \mu_{PM}(e) \tag{6.3}$$

oder allgemeiner durch

$$\mu(e = a_i) = \mu_{a_i}(e) \tag{6.4}$$

eingeführt. Darin ist a_i ein für $\mu_{a_i}(e)$ vorgesehener linguistischer Wert und $\mu_{a_i}(e)$ die Zugehörigkeitsfunktion, die diesen Wert modelliert.

Das Konzept der Zugehörigkeitsfunktionen ist bereits aus dem täglichen Leben bekannt: Wenn jemand den Preis eines Blumenstraußes als *mittel* bezeichnet, verbindet er damit eine Vorstellung, die durch eine Zugehörigkeitsfunktion mit Übergangsbereichen beschrieben werden kann. Auch Zahlen werden im täglichen Leben meistens nicht streng, sondern im Sinne von mehr oder weniger weichen Richtwerten interpretiert. Beispielsweise gilt dies für den Hinweis "15 Minuten bei 200 °C aufbacken" auf einer Tiefkühlpizzapackung.

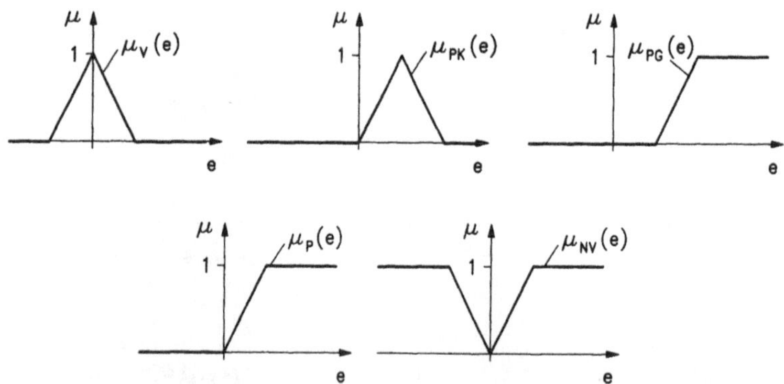

Bild 6.3 Beispiele für Zugehörigkeitsfunktionen zur Modellierung der linguistischen Werte *verschwindend* (*V*), *positiv klein* (*PK*), *positiv groß* (*PG*), *positiv* (*P*) und *nicht verschwindend* (*NV*).

Meistens werden *trapez-* und *dreieckförmige* Zugehörigkeitsfunktionen (Bild 6.1 und Bild 6.2 oben), gelegentlich auch Zugehörigkeitsfunktionen in Form von Polygonzügen oder Gaußschen Glockenkurven (Bild 6.2 Mitte und unten), verwendet. Dreieck- und trapezförmige Zugehörigkeitsfunktionen lassen sich durch die Angabe weniger Knickpunkte beschreiben und reichen zur Modellierung der interessierenden linguistischen Werte meist völlig aus. Bild 6.3 zeigt Beispiele solcher Zugehörigkeitsfunktionen, die eingangs- und ausgangsseitig für die Modellierung der linguistischen Werte *verschwindend* (*V*), *positiv klein* (*PK*), *positiv groß* (*PG*), *positiv* (*P*), *nicht verschwindend* (*NV*) verwendet werden. Da der Verlauf der Stellgröße $u(t)$ meist einer Beschränkung $|u(t)| \leq u_{\max}$ genügen muß, wird allerdings der ausgangsseitige linguistische Wert *PG* abweichend von Bild 6.3 meist gemäß Bild 6.4 modelliert. Dann stimmt der maximal mögliche Stellgrößenwert u_{max} mit der Position des Flächenschwerpunktes der Fläche unterhalb des Funktionsgraphen überein. Dies gewährleistet, daß mit der in Abschnitt 6.4.6 beschriebenen *Defuzzifizierung nach der Schwerpunktmethode* die Beschränkungsbedingung $|u(t)| \leq u_{max}$ eingehalten wird, aber der zulässige Maximalwert u_{max} auch angenommen werden kann.

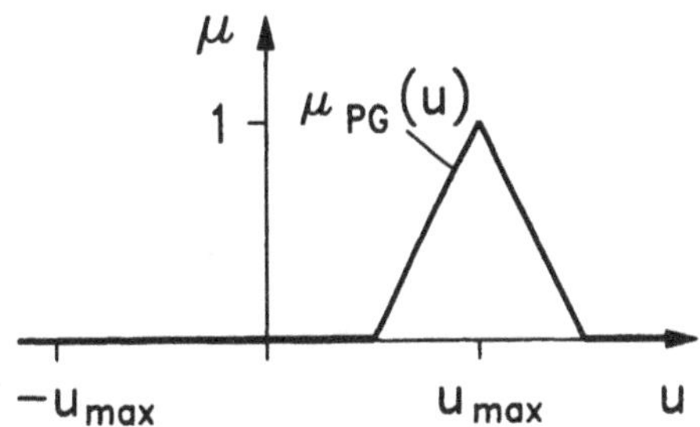

Bild 6.4 Zugehörigkeitsfunktion, die zur Modellierung des ausgangsseitigen linguistischen Wertes *positiv groß* meist verwendet wird.

Die für reelle Werte e_1 und e_2 erklärte Beziehung

$$e_1 < e_2 \tag{6.5}$$

läßt sich auf linguistische Werte wie *NG*, *NK*, *V*, *PK* und *PG* übertragen, indem man diese Werte auf einer ordinalen Skala

$$NG < NK < V < PK < PG \tag{6.6}$$

anordnet. Für die Modellierung solcher linguistischen Werte werden häufig einander *überlappende* Zugehörigkeitsfunktionen, deren Werte sich an jeder Stelle zum Wert 1 ergänzen, verwendet (Bild 6.5). Ein solches System von Zugehörigkeitsfunktionen wird *Fuzzy-Informationssystem* genannt. Es sichert folgende *Monotonieeigenschaft*: Für die Zugehörigkeitsfunktionen nach Bild 6.5 gilt

$$\begin{aligned} e = 1{,}2 \;&\Rightarrow\; \mu_{PK} = 0{,}8 \quad \mu_{PG} = 0{,}2\,, \\ e = 1{,}3 \;&\Rightarrow\; \mu_{PK} = 0{,}7 \quad \mu_{PG} = 0{,}3\,. \end{aligned} \tag{6.7}$$

Wird also der reelle Wert von $e = 1{,}2$ auf $e = 1{,}3$ vergrößert, so vermindert sich seine Zugehörigkeit zum linguistischen Wert *PK* um den Betrag 0,1. Um den gleichen Betrag vergrößert sich seine Zugehörigkeit zum linguistischen Wert *PG*. Da dieser im Vergleich zu *PK* als größer gilt, wird die Beziehung 1,2 < 1,3 qualitativ richtig in die linguistische Ebene übertragen.

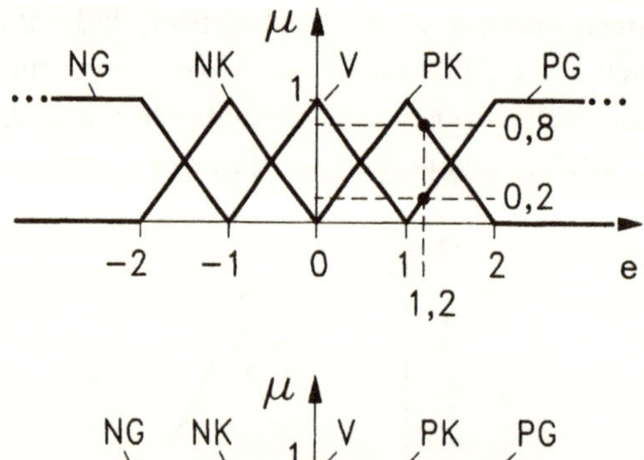

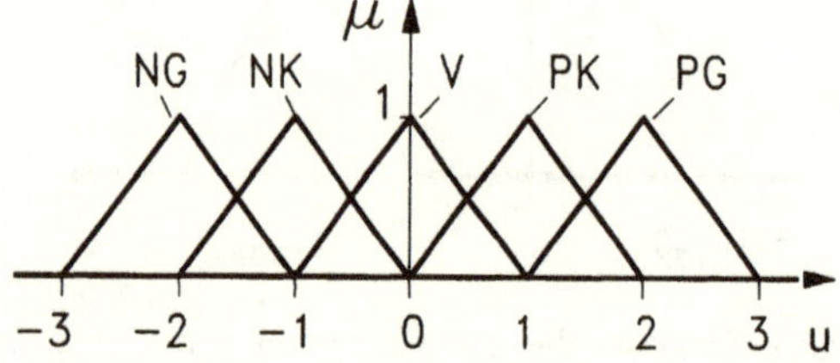

Bild 6.5 Fuzzy-Informationssysteme für die eingangs- und ausgangsseitigen linguistischen Werte NG, NK, V, PK und PG (oben bzw. unten). Zur Vereinfachung sind die Zugehörigkeitsfunktionen direkt mit den zugehörigen linguistischen Werten bezeichnet.

Als Zugehörigkeitsfunktionen können auch charakteristische Funktionen gewählt werden. Insbesondere sind ausgangsseitig Zugehörigkeitsfunktionen gebräuchlich, die nur an einer einzigen Stelle u_0 einen Funktionswert $\mu(u) > 0$ und sonst überall den Funktionswert 0 annehmen (Bild 6.6, links). Solche Funktionen heißen *Singletons*. Jedem Singleton ist eine Menge zugeordnet, die nur aus einem einzigen Element u_0 besteht (*Einermenge*).

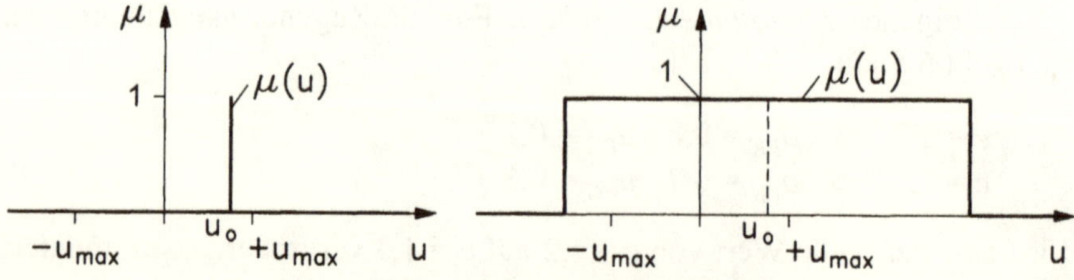

Bild 6.6 Singleton (links) und Rechteckfunktion (rechts).

In bestimmten Fällen sind ausgangsseitige Zugehörigkeitsfunktionen vorteilhaft (Abschnitt 10.7.1), die in einem ausreichend großen, symmetrisch zum Punkt u_0 liegenden, Intervall überall den Funktionswert 1 und sonst den Funktionswert 0 annehmen (Bild 6.6 rechts). Solche Funktionen werden hier *Rechteckfunktionen* genannt.

6.2 Fuzzy-Mengen

Jeder charakteristischen Funktion entspricht eine Teilmenge, die genau aus denjenigen Elementen besteht, für die die charakteristische Funktion den Funktionswert 1 annimmt (Anhang A). Diese Korrespondenz wird wie folgt auf eine Zugehörigkeitsfunktion $\mu_A(x)$ ausgedehnt, die in einer Grundmenge G von Elementen x erklärt ist. Man sagt, daß $\mu_A(x)$ eine *unscharfe Teilmenge A* der Grundmenge definiert, wobei die Funktionswerte von $\mu_A(x)$ für jedes Element x der Grundmenge angeben, in welchem Grade das Element x zur Menge A gehört:

$$A := \left\{ (x, \mu_A(x)) \middle| x \in G \right\} . \tag{6.8}$$

Unscharfe Mengen A werden auch *Fuzzy-Mengen* genannt.

Damit ist jedem linguistischen Wert, der durch eine Zugehörigkeitsfunktion definiert worden ist, eine Fuzzy-Menge zugeordnet. So gehört zum linguistischen Wert *PK*, der durch die Zugehörigkeitsfunktion $\mu_{PK}(e)$ modelliert wird, die (zur Vereinfachung ebenfalls mit *PK* bezeichnete) Fuzzy-Menge

$$PK := \left\{ (e, \mu_{PK}(e)) \middle| e \in \mathbb{R} \right\} . \tag{6.9}$$

Dabei ist $\mathbb{R}$ die Grundmenge der Eingangsgrößenwerte e.

Die Menge aller Werte x der Grundmenge, für die die Zugehörigkeitsfunktion positive Werte annimmt, heißt *Träger* (*Support*, *Einflußbreite*) der Fuzzy-Menge :

$$Supp(A) = \left\{ x \in G \middle| \mu_A(x) > 0 \right\} . \tag{6.10}$$

Die Menge aller Elemente x, für die die Zugehörigkeitsfunktion den Funktionswert 1 annimmt, wird *Kern* (*Toleranz*) der Fuzzy-Menge genannt:

$$T(A) = \left\{ x \in G \middle| \mu_A(x) = 1 \right\} . \tag{6.11}$$

Der Träger und der Kern sind klassische Mengen, die zur Kennzeichnung einer Fuzzy-Menge A dienen. Stimmen Träger und Kern überein, so ist A eine klassische Menge. Weitere Begriffe, die zur Kennzeichnung einer Fuzzy-Menge A verwendet werden, sind der α-Schnitt A_α

$$A_\alpha = \left\{ x \in G \middle| \mu_A(x) \geq \alpha \right\} \tag{6.12}$$

sowie die Höhe

$$H(A) = \max_{x \in G} \left\{ \mu_A(x) \right\} . \tag{6.13}$$

Die Bilder 6.7 und 6.8 veranschaulichen eine Fuzzy-Teilmenge einer eindimensionalen bzw. zweidimensionalen Grundmenge. Eine Fuzzy-Menge A mit der Höhe $H(A)$ = 1 heißt *normal*. Zur Modellierung linguistischer Werte werden meist normale Fuzzy-Mengen verwendet: Dann nimmt mindestens ein Element x der Grundmenge den linguistischen Wert im maximal möglichen Grade $\mu = 1$ an.

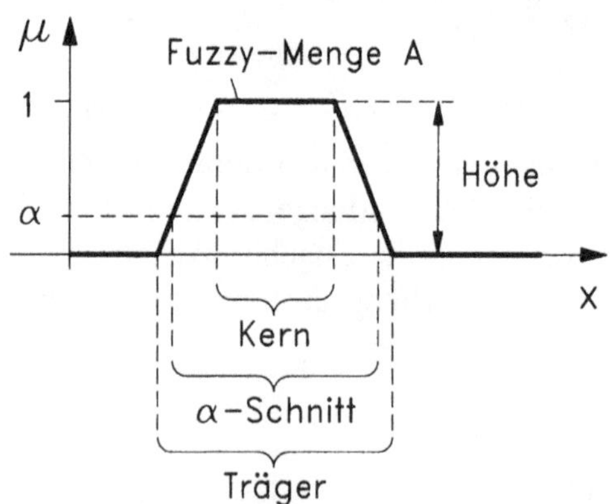

Bild 6.7 Kenngrößen einer Fuzzy-Menge.

Bei klassischen Mengen assoziiert man mit dem Begriff der Teilmenge die Liste aller Elemente, die zu dieser Teilmenge gehören. Bei Fuzzy-Teilmengen ist die Vorstellung hilfreicher, daß *jedes* Element der Grundmenge zu einer gegebenen Fuzzy-Teilmenge gehört und unterschiedliche Fuzzy-Teilmengen sich hinsichtlich der Zugehörigkeitsgrade ihrer Elemente voneinander unterscheiden.

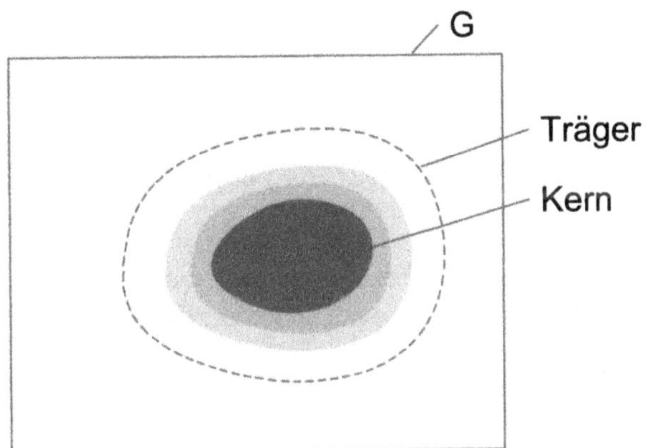

Bild 6.8 Fuzzy-Teilmenge einer zweidimensionalen Grundmenge G mit Kern und Träger. Die Graustufen veranschaulichen die unterschiedlichen Zugehörigkeitsgrade zur Fuzzy-Menge.

Häufig werden Zugehörigkeitsfunktionen auch als Fuzzy-Mengen angesprochen und umgekehrt: Wegen ihrer eineindeutigen Entsprechung ist es eine Geschmacksfrage, welchen dieser beiden Begriffe man bevorzugt.

6.3 Einfache Fuzzy-Operatoren

In der klassischen Logik legen die Operatoren $\neg$ (NICHT), $\wedge$ (UND) sowie $\vee$ (ODER) fest, wie sich der Wahrheitswert einer komplizierteren Aussage aus den Wahrheitswerten darin vorkommender einfacherer Aussagen ergibt. Da die klassischen (Booleschen) Wahrheitswerte nur die Werte 0 und 1 annehmen können, lassen sich diese Operatoren durch Tabellen (*Wahrheitstafeln*) definieren (Anhang B).

Statt dessen kann man diese Operatoren auch durch arithmetische Beziehungen festlegen. Für eine Boolesche Aussage W mit den möglichen Wahrheitswerten $w(W) = 1$ und $w(W) = 0$ stimmt die Vorschrift

$$w(\neg W) = 1 - w(W) \tag{6.14}$$

für die beiden möglichen Wahrheitswerte $w(W) = 1$ und $w(W) = 0$ mit der Wahrheitstafel überein, die den Booleschen NICHT-Operator definiert. Entsprechend liefert die Vorschrift

$$w(W_1 \wedge W_2) = w(W_1) \cdot w(W_2) \tag{6.15}$$

für alle vier möglichen Wertekombinationen

$$w(W_1)=0 \quad w(W_2)=0,$$
$$w(W_1)=0 \quad w(W_2)=1,$$
$$w(W_1)=1 \quad w(W_2)=0,$$
$$w(W_1)=1 \quad w(W_2)=1$$

der Wahrheitswerte dieselben Ergebnisse wie die Wahrheitstafel, die den Booleschen UND-Operator definiert. Dasselbe gilt für die Vorschrift

$$w(W_1 \wedge W_2) = \min\big(w(W_1), w(W_2)\big). \tag{6.16}$$

Entsprechend stimmen die Vorschriften

$$w(W_1 \vee W_2) = w(W_1) + w(W_2) - w(W_1) \cdot w(W_2) \tag{6.17}$$

und

$$w(W_1 \vee W_2) = \max\big(w(W_1), w(W_2)\big) \tag{6.18}$$

mit der Wahrheitstafel des Booleschen ODER-Operators überein.

Im Gegensatz zu den Wahrheitstafeln sind diese arithmetischen Vorschriften auch für Fuzzy-Wahrheitswerte anwendbar. Allerdings stimmen die Vorschriften (6.15) und (6.16) bzw. (6.17) und (6.18) für die Fuzzy-Wahrheitswerte $0<\mu<1$ im allgemeinen nicht mehr überein. Beispielsweise gilt nach der Vorschrift (6.15)

$$0{,}3 \wedge 0{,}7 = 0{,}21, \tag{6.19}$$

aber nach der Vorschrift (6.16)

$$0{,}3 \wedge 0{,}7 = 0{,}3. \tag{6.20}$$

Die obigen arithmetischen Vorschriften stellen unterschiedliche Verallgemeinerungen der Booleschen Operatoren zu *Fuzzy-Operatoren* dar:

Fuzzy-NICHT-Operator

$$\neg\mu = 1-\mu \tag{6.21}$$

Fuzzy-UND-Operatoren

- Algebraisches Produkt

$$\mu_1 \wedge \mu_2 = \mu_1 \cdot \mu_2 \tag{6.22}$$

- Minimum

$$\mu_1 \wedge \mu_2 = \min(\mu_1, \mu_2) \tag{6.23}$$

Fuzzy-ODER-Operatoren

- Algebraische Summe

$$\mu_1 \vee \mu_2 = \mu_1 + \mu_2 - \mu_1 \cdot \mu_2 \tag{6.24}$$

- Maximum

$$\mu_1 \vee \mu_2 = \max(\mu_1, \mu_2) \ . \tag{6.25}$$

In Abschnitt 9 werden weitere Fuzzy-Operatoren angegeben. Meistens wird jedoch das Fuzzy-UND durch das algebraische Produkt oder das Minimum und das Fuzzy-ODER durch die algebraische Summe oder das Maximum realisiert.

Bei klassischen Mengen korrespondiert die Bildung des Durchschnitts bzw. der Vereinigung mit der Anwendung der UND- bzw. ODER-Verknüpfung (Anhang C). Analog hierzu wird der Durchschnitt zweier Fuzzy-Mengen A und B durch die Vorschrift

$$A \cap B = \left\{ (x,\ \mu_{A \cap B}(x)) \middle| x \in G \right\}$$

$$\text{mit } \mu_{A \cap B}(x) = \mu_A(x) \wedge \mu_B(x) \tag{6.26}$$

und die Vereinigung durch

$$A \cup B = \left\{ (x,\ \mu_{A \cup B}(x)) \middle| x \in G \right\}$$

$$\text{mit } \mu_{A \cup B}(x) = \mu_A(x) \vee \mu_B(x) \tag{6.27}$$

definiert (Bilder 6.9 und 6.10). Schließlich wird auch das Komplement einer Fuzzy-Menge analog zu klassischen Mengen durch die Vorschrift

$$C_G(A) = \left\{ (x, \mu_{C_G(A)}(x)) \middle| x \in G \right\}$$

$$\text{mit } \mu_{C_G(A)}(x) = 1 - \mu_A(x) \tag{6.28}$$

erklärt (Bild 6.11).

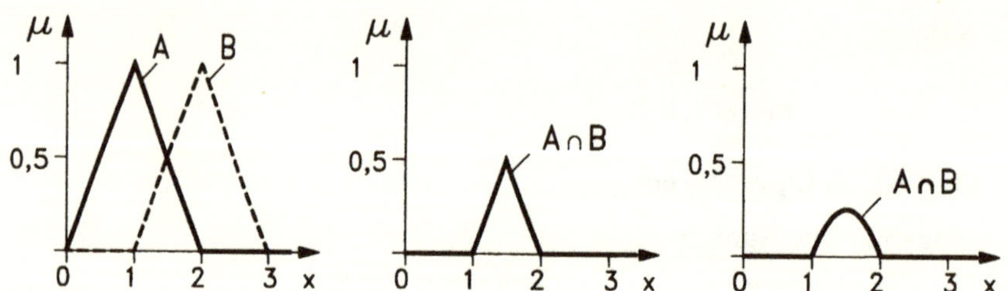

Bild 6.9 Fuzzy-Menge $A \cap B$ zu den beiden links dargestellten Fuzzy-Mengen A und B für die Realisierung der Fuzzy-UND-Verknüpfung mit dem Minimum bzw. dem algebraischen Produkt (Mitte bzw. rechts).

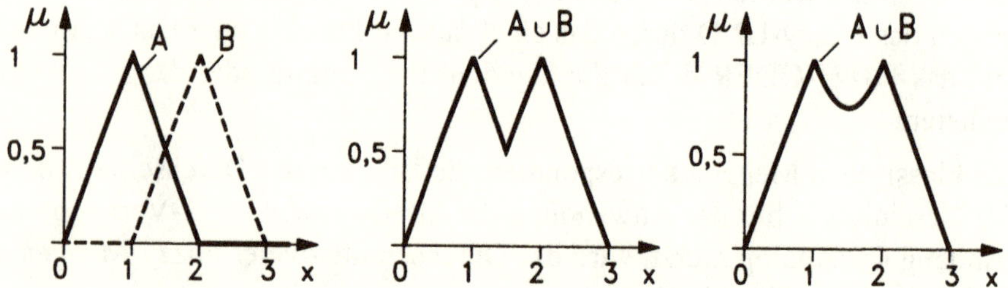

Bild 6.10 Fuzzy-Menge $A \cup B$ zu den beiden links dargestellten Fuzzy-Mengen A und B für die Realisierung der Fuzzy-ODER-Verknüpfung mit dem Maximum bzw. der algebraischen Summe (Mitte bzw. rechts).

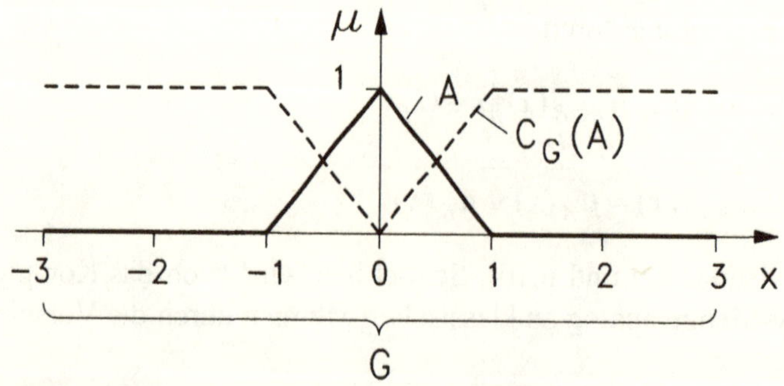

Bild 6.11 Fuzzy-Menge A und Komplement $C_G(A)$ dieser Fuzzy-Menge bezüglich der Grundmenge G.

6.4 Fuzzy-Regler nach Mamdani

Da Elementaraussagen wie $e = PK$ bei Verwendung von Zugehörigkeitsfunktionen für die Zuordnung zwischen reellen und linguistischen Werten alle Wahrheitswerte μ aus dem Intervall [0, 1] annehmen können, sind die in Kapitel 5 beschriebenen regelbasierten Regler aus Bild 5.5 für solche Fuzzy-Wahrheitswerte sinnvoll zu modifizieren. Hierbei wird im folgenden die konstruktive Inferenz zugrunde gelegt, nach der jede Regel bei erfüllter Prämisse positive Handlungsvorschläge macht (Abschnitt 5.6). Die erforderliche Modifikation besteht lediglich darin, daß für die Zuordnung zwischen reellen und linguistischen Werten jetzt Zugehörigkeitsfunktionen verwendet werden und ausgangsseitig eine Vorrichtung zur *Defuzzifizierung* angeschlossen ist (Bild 6.12).

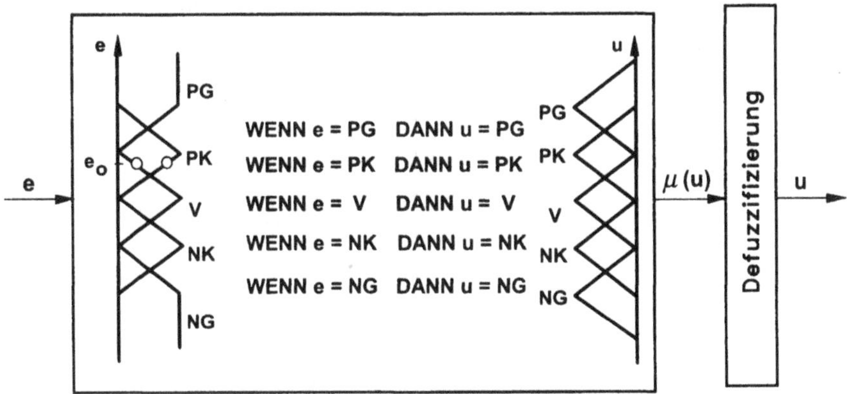

Bild 6.12 Einsträngiger Fuzzy-Regler nach Mamdani, der aus dem regelbasierten Regler nach Bild 5.5 durch Verwendung von Zugehörigkeitsfunktionen statt von Teilmengen für die eingangs- und ausgangsseitigen Zuordnungen zwischen reellen und linguistischen Werten hervorgeht. Da der eingezeichnete Wert e_0 im Grade 0,3 als *verschwindend* und im Grade 0,7 als *positiv klein* gilt, wird die zweite Regel im Grade 0,7 und die dritte im Grade 0,3 aktiviert (grau unterlegt). Dementsprechend ist der Handlungsvorschlag $u = PK$ der zweiten Regel ernster als der Handlungsvorschlag $u = V$ der dritten Regel zu nehmen. Diese differenzierte Berücksichtigung der Handlungsvorschläge der Regeln kann durch Abschneiden der Zugehörigkeitsfunktionen auf die Maximalwerte 0,7 bzw. 0,3 erfolgen (grau unterlegt). Der Handlungsvorschlag des gesamten Reglers wird durch das ausgangsseitige Gebirge beschrieben, das durch Überlagerung der grau unterlegten Flächen entsteht. Hieraus wird durch *Defuzzifizierung* ein eindeutiger Ausgangsgrößenwert u ermittelt.

6.4.1 Fuzzifizierung

Mit den eingangsseitigen Zugehörigkeitsfunktionen nach Bild 6.12 (vergrößert dargestellt in Bild 6.13) gilt der Wert e_0 im Grade 0,7 als *PK* und im Grade 0,3 als *V*. Der Zugehörigkeitsgrad dieses Wertes e_0 zu allen anderen linguistischen Werten ist Null. Für die im folgenden mit μ bezeichneten Fuzzy-Wahrheitswerte der eingangsseitigen Elementaraussagen gilt also

$$\begin{aligned} \mu(e_0 = PG) &= 0, \\ \mu(e_0 = PK) &= 0{,}7, \\ \mu(e_0 = V) &= 0{,}3, \\ \mu(e_0 = NK) &= 0, \\ \mu(e_0 = NG) &= 0. \end{aligned} \tag{6.29}$$

Die Übersetzung des reellen Eingangsgrößenwertes e_0 in die Zugehörigkeitsgrade zu den linguistischen Werten wird *Fuzzifizierung* genannt.

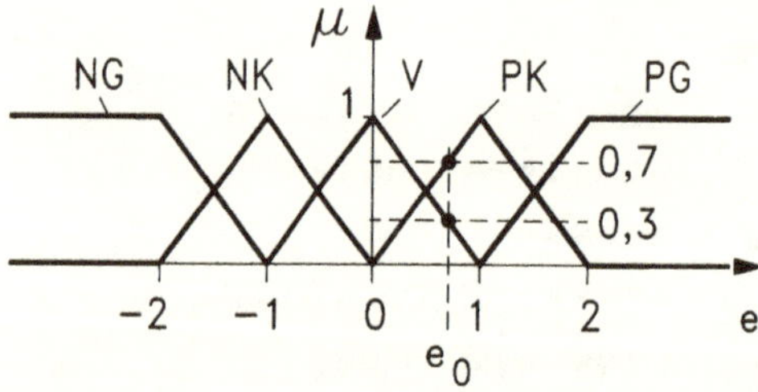

Bild 6.13 Fuzzifizierung des reellen Eingangsgrößenwertes e_0. Mit den dargestellten Zugehörigkeitsfunktionen zur Modellierung der linguistischen Werte gilt e_0 im Grade 0,3 als *verschwindend* (*V*) und im Grade 0,7 als *positiv klein* (*PK*).

6.4.2 Aggregation

Im vorliegenden Beispiel bestehen die Prämissen aller Regeln aus Elementaraussagen. Deshalb liefert die Fuzzifizierung unmittelbar die Wahrheitswerte der Prämissen. Die Wahrheitswerte komplizierterer Prämissen, wie

$$(x_1 = PK) \wedge (x_2 = PM) \tag{6.30}$$

oder

$$(x_1 = PK) \vee (x_2 = PM) , \tag{6.31}$$

werden durch Verknüpfung der Wahrheitswerte der Elementaraussagen mit Hilfe der gewählten Fuzzy-Operatoren ermittelt. Diese Bestimmung der Wahrheitswerte (*Erfülltheitsgrade*) der Prämissen wird *Aggregation* genannt. Für

$$\mu(x_1 = PK) = 0{,}3 \tag{6.32}$$

$$\mu(x_2 = PM) = 0{,}6 \tag{6.33}$$

und Realisierung der Fuzzy-UND- und der Fuzzy-ODER-Verknüpfung durch das Minimum bzw. Maximum ergibt sich für die Wahrheitswerte der Prämissen (6.30) und (6.31)

$$\mu\big((x_1 = PK) \wedge (x_2 = PM)\big) = 0{,}3 \tag{6.34}$$

und

$$\mu\big((x_1 = PK) \vee (x_2 = PM)\big) = 0{,}6\ . \tag{6.35}$$

6.4.3 Aktivierung

Beim nach der konstruktiven Inferenz arbeitenden regelbasierten Regler führt die Erfüllung einer Regelprämisse zur Aktivierung der Regel, und eine aktivierte Regel R_k empfiehlt die Menge $U_k(e)$ aller Ausgangsgrößenwerte, die die Konklusion der Regel erfüllen, als Handlungsvorschläge. Nichtaktivierte Regeln liefern keinen Beitrag. Dieser Aktivierungsmechanismus wird durch die Gln. (5.19) und (5.22) beschrieben. In Gl. (5.19) sorgt der UND-Operator dafür, daß nur die aktivierten Regeln einen Beitrag liefern (Ausblendeigenschaft). Nach Gl. (5.22) entscheidet die Aktivierung oder Nichtaktivierung der Regel darüber, ob die Menge U_k aller Ausgangsgrößenwerte, die die Konklusion der Regel R_k erfüllen, oder aber kein Wert vorgeschlagen wird.

Es liegt nahe, diesen Mechanismus wie folgt auf Fuzzy-Regler zu übertragen: Eine Regel wird – je nach Erfülltheitsgrad ihrer Prämisse – mehr oder weniger aktiviert, und die Empfehlung der Konklusion wird nur bei voller Regelaktivierung ganz "ernst genommen", andernfalls aber nach Maßgabe der Regelaktivierung mehr oder weniger "abgeschwächt". Im folgenden wird gezeigt, daß man dieses Konzept realisieren kann, indem man in der Beziehung (5.19) Fuzzy-Operatoren vorsieht.

Bei einem regelbasierten Regler beschreibt die Menge $\overline{U}_k$ (Gl. 5.21) aller Ausgangsgrößenwerte u, die die Konklusion $c_k(u)$ einer Regel R_k erfüllen, bzw. die dazugehörige charakteristische Funktion $\overline{\mu}_k(u)$ (Bild 6.14 links) den Handlungsvorschlag einer aktivierten Regel R_k: Alle Werte u, für die $\overline{\mu}_k(u) = 1$ gilt, werden von der Regel empfohlen, alle anderen nicht. Dieser Mechanismus wird so auf Fuzzy-Regler übertragen: An die Stelle der obigen charakteristischen Funktion tritt die ebenso bezeichnete Zugehörigkeitsfunktion $\overline{\mu}_k(u)$, die für alle Ausgangsgrößenwerte u angibt, in welchem Grade sie die Konklusion der Regel erfüllen (Bild 6.14 rechts).

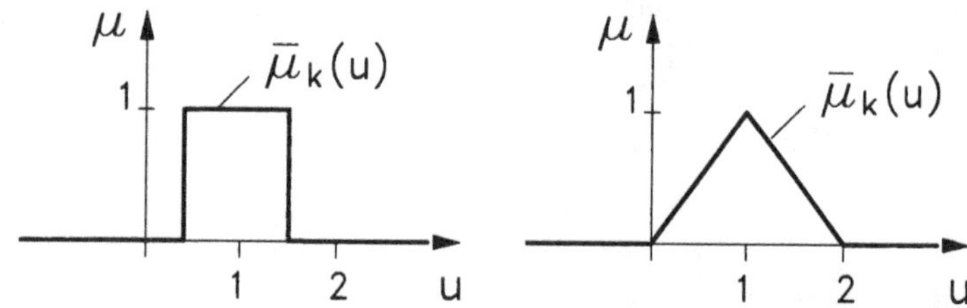

Bild 6.14 Charakteristische Funktion $\overline{\mu}_k(u)$, die bei einem regelbasierten Regler beschreibt, welche Ausgangsgrößenwerte u die Konklusion einer Regel R_k erfüllen (links), Zugehörigkeitsfunktion $\overline{\mu}_k(u)$, die bei einem Fuzzy-Regler beschreibt, in welchem Grade die einzelnen Ausgangsgrößenwerte u die Konklusion einer Regel R_k erfüllen (rechts).

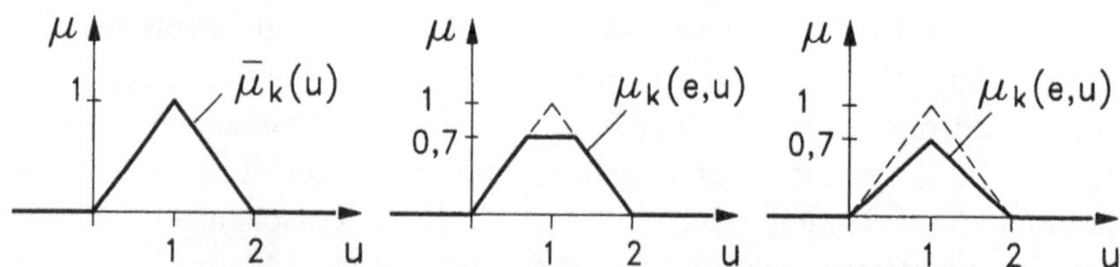

Bild 6.15 Zugehörigkeitsfunktion $\overline{\mu}_k(u)$, die für jeden potentiellen Ausgangsgrößenwert u beschreibt, in welchem Grade er die Konklusion einer Regel R_k erfüllt (links). Bei voll aktivierter Regel beschreibt $\overline{\mu}_k(u)$ den Handlungsvorschlag der Regel. Ist die Regel jedoch nicht voll – beispielsweise nur im Grade 0,7 – aktiviert, wird $\overline{\mu}_k(u)$ entsprechend abgeschwächt. Hierzu wird (meistens) $\overline{\mu}_k(u)$ entweder auf den Erfülltheitsgrad der Prämisse begrenzt oder mit dem Erfülltheitsgrad der Prämisse multipliziert (Mitte bzw. rechts, ausgezogene Kurven).

Bei *voll aktivierter* Regel R_k beschreibt diese Funktion $\overline{\mu}_k(u)$ den Handlungsvorschlag dieser Regel: Die Funktionswerte von $\overline{\mu}_k(u)$ geben für jeden potentiellen Ausgangsgrößenwert u an, *in welchem Grade* er von der Regel empfohlen wird. Ist die Regel *nicht voll aktiviert*, wird der Handlungsvorschlag der Regel R_k durch eine durch Abschwächung aus $\bar{\mu}_k(u)$ hervorgehende Zugehörigkeitsfunktion $\mu_k(e,u)$ beschrieben. Hierzu wird $\bar{\mu}_k(u)$ beispielsweise *auf den Erfülltheitsgrad der Prämisse begrenzt* oder *mit dem Erfülltheitsgrad der Prämisse multipliziert* (Bild 6.15 Mitte bzw. rechts).

Diese Abschwächungsmechanismen sind heuristisch plausibel, ergeben sich aber auch organisch durch Übertragung der Beziehung (5.19) auf Fuzzy-Regler: Danach wird der Handlungsvorschlag einer Regel R_k für einen gegebenen Eingangsgrößenwert e durch die Wahrheitswerte von $p_k(e) \wedge c_k(u)$, also durch die Zugehörigkeitsfunktion

$$\mu_k(e,u) = \mu\big(p_k(e) \wedge c_k(u)\big) \tag{6.36}$$

oder damit gleichwertig durch

$$\mu_k(e,u) = \mu\big(p_k(e)\big) \wedge \bar{\mu}_k(u) \tag{6.37}$$

beschrieben. Mit dem Minimum bzw. dem algebraischen Produkt für das Fuzzy-UND beschreibt diese Beziehung gerade die obengenannten Abschwächungsmechanismen. Da jeder Zugehörigkeitsfunktion $\mu_k(e,u)$ die Fuzzy-Menge

$$U_k(e) = \big\{(u, \mu_k(e,u)) \big| u \in \mathbb{R}\big\} \tag{6.38}$$

zugeordnet ist, kann man auch diese Fuzzy-Menge als Handlungsvorschlag der Regel R_k ansehen.

Meist werden in Fuzzy-Reglern nur Regeln verwendet, deren Konklusionen $c_k(u)$ Elementaraussagen $u = b_j$ sind. Wegen

$$\mu\big(c_k(u)\big) = \mu(u = b_j) = \bar{\mu}_k(u) \tag{6.39}$$

sind die in Gl. (6.37) auftretenden Zugehörigkeitsfunktionen $\bar{\mu}_k(u)$ unmittelbar durch die Zugehörigkeitsfunktionen gegeben, die zur Modellierung der linguistischen Werte b_j verwendet worden sind.

6.4.4 Akkumulation

Beim nach der konstruktiven Inferenz arbeitenden regelbasierten Regler werden die Empfehlungen aller Regeln durch ODER-Verknüpfung bzw.

durch Bildung der Vereinigung der Ausgangsmengen der einzelnen Regeln zusammengefaßt (Gl. (5.17) bzw. (5.24)). Durch direkte Übertragung dieser Beziehungen auf Fuzzy-Regler erhält man als Ergebnis der Zusammenfassung (*Akkumulation*) der Empfehlungen aller Regeln die ausgangsseitige Zugehörigkeitsfunktion

$$\mu(e,u) = \mu\left(\bigvee_{k=1}^{r} \left[p_k(e) \wedge c_k(u) \right] \right) \tag{6.40}$$

bzw. die Fuzzy-Ausgangsmenge

$$U(e) = U_1(e) \cup U_2(e) \cup \ldots \cup U_r(e) \,. \tag{6.41}$$

Die Beziehung (6.40) wird im folgenden auch durch

$$\mu(e,u) = \bigvee_{k=1}^{r} \left[p_k(e) \wedge c_k(u) \right] \tag{6.42}$$

abgekürzt. In diesem Fall sind die Operatoren $\vee$ und $\wedge$ so zu interpretieren, daß sie die Wahrheitswerte verknüpfen, die durch Einsetzen der Werte e und u in die Prämissen bzw. Konklusionen entstehen.

Die Akkumulation wird anhand des Fuzzy-Reglers nach Bild 6.12 veranschaulicht. Er hat die Regelbasis

$$\begin{array}{lll} R_1: & \text{WENN } e = PG & \text{DANN } u = PG\,, \\ R_2: & \text{WENN } e = PK & \text{DANN } u = PK\,, \\ R_3: & \text{WENN } e = V & \text{DANN } u = V\,, \\ R_4: & \text{WENN } e = NK & \text{DANN } u = NK\,, \\ R_5: & \text{WENN } e = NG & \text{DANN } u = NG \end{array} \tag{6.43}$$

und die eingangsseitigen Zugehörigkeitsfunktionen nach Bild 6.13. Die ausgangsseitigen Zugehörigkeitsfunktionen (Bild 6.16 oben) stimmen mit den Zugehörigkeitsfunktionen $\overline{\mu}_k(u)$, die für jeden potentiellen Ausgangsgrößenwert u den Erfülltheitsgrad der Konklusion der Regel R_k beschreiben, überein (Bild 6.16 unten). Für den reellen Eingangsgrößenwert $e_0 = 0{,}7$ ergeben sich durch Fuzzifizierung die Wahrheitswerte (6.43): Die Regeln R_2 und R_3 werden also im Grade 0,7 bzw. 0,3 und die übrigen Regeln nicht aktiviert. Deshalb wird der Handlungsvorschlag der Regel R_2 bzw. R_3 nach Gl. (6.37) durch die Zugehörigkeitsfunktionen

$$\mu_2(u) = 0{,}7 \wedge \overline{\mu}_2(u) \tag{6.44}$$

bzw.

$$\mu_3(u) = 0{,}3 \wedge \bar{\mu}_3(u) \tag{6.45}$$

beschrieben. (Hier und im folgenden wird $\mu_k(e,u)$ durch $\mu_k(u)$ abgekürzt, wenn für e ein fester Wert e_0 eingesetzt wird.) Bild 6.17 zeigt diese Funktionen für den Fall, daß man für das Fuzzy-UND das Minimum bzw. das algebraische Produkt wählt. Da die übrigen Regeln nicht aktiviert werden, gilt

$$\mu_1(u) \equiv \mu_4(u) \equiv \mu_5(u) \equiv 0 \quad . \tag{6.46}$$

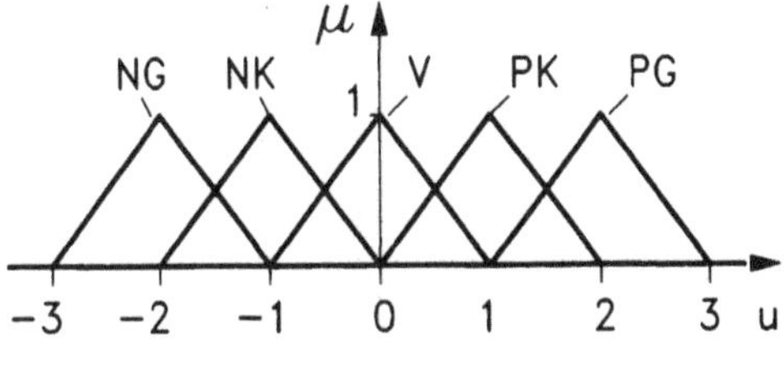

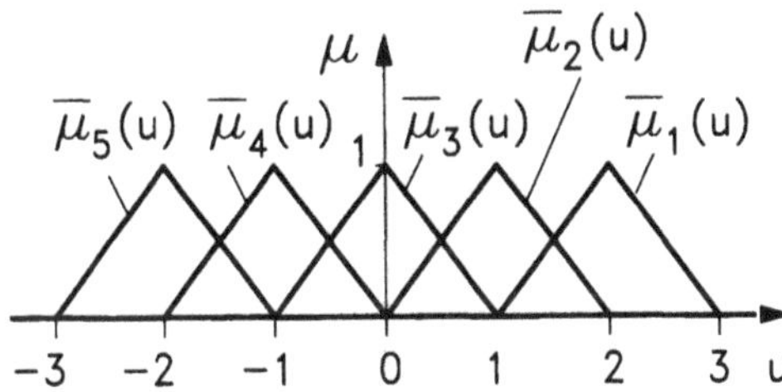

Bild 6.16 Zugehörigkeitsfunktionen zur Modellierung der ausgangsseitigen linguistischen Werte (oben) und Zugehörigkeitsfunktionen $\bar{\mu}_k(u)$, die für jede Regel R_k des Fuzzy-Reglers nach Bild 6.12 angeben, in welchem Grade ihre Konklusion von den potentiellen Ausgangsgrößenwerten u erfüllt wird.

Die Akkumulation aller Zugehörigkeitsfunktionen $\mu_k(u)$ nach Gl. (6.40) liefert die Zugehörigkeitsfunktion

$$\mu(u) = \mu_1(u) \vee \mu_2(u) \vee \mu_3(u) \vee \mu_4(u) \vee \mu_5(u) \tag{6.47}$$

als resultierenden Handlungsvorschlag aller Regeln. Mit dem Maximum als Fuzzy-ODER-Operator ergibt sich die in Bild (6.17) grau unterlegt dargestellte Zugehörigkeitsfunktion

$$\mu(u) = \max(\mu_2(u), \mu_3(u)) \ . \tag{6.48}$$

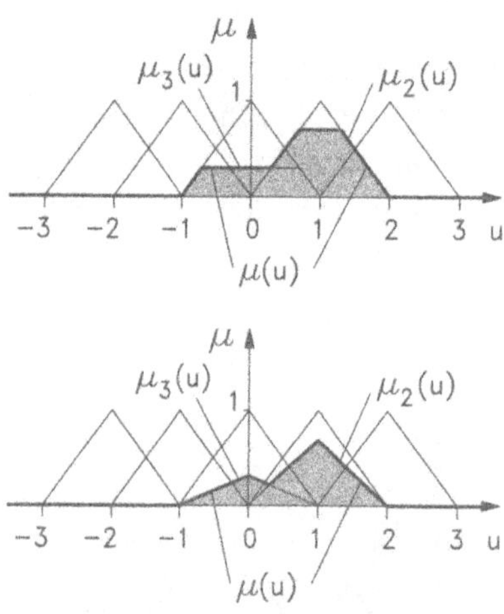

Bild 6.17 Zugehörigkeitsfunktionen $\overline{\mu}_k(u)$ nach Bild 6.16 und durch Abschwächung daraus hervorgehende Zugehörigkeitsfunktionen $\overline{\mu}_k(u)$ für den Fall, daß die Regeln R_2 und R_3 des Regelsatzes im Grade 0,7 bzw. 0,3 aktiviert und alle anderen Regeln nicht aktiviert werden. (Die resultierenden Zugehörigkeitsfunktionen $\mu_1(u) \equiv \mu_4(u) \equiv \mu_5(u) \equiv 0$ sind nicht eingezeichnet.) Oben bzw. unten ist der Fall dargestellt, daß für die Abschwächung das Minimum bzw. das algebraische Produkt verwendet wird. Durch Überlagerung (Akkumulation) der Zugehörigkeitsfunktionen $\mu_k(u)$ mit dem Maximum-Operator entsteht die Zugehörigkeitsfunktion $\mu(u)$ (darunterliegende Fläche grau unterlegt).

6.4.5 Inferenz

Die beiden Schritte *Aktivierung* und *Akkumulation* werden zusammengenommen als *Inferenz* bezeichnet. Diese wird vollständig durch Gl. (6.40) beschrieben. Darin ist der ODER-Operator für die Akkumulation und der UND-Operator für die Aktivierung zuständig. Werden hierfür das Maximum und das Minimum gewählt, spricht man von der *Max-Min-Inferenz*. Entsprechend wird die Inferenz *Max-Prod-Inferenz* genannt, wenn für die Aktivierung das algebraische Produkt und für die Akkumulation der Maximum-Operator gewählt wird.

Vielfach wird für die Akkumulation auch die übliche, für reelle Zahlen erklärte Summe verwendet, obwohl sie *kein* Fuzzy-ODER-Operator ist. Damit kann die resultierende Zugehörigkeitsfunktion Funktionswerte $\mu(e,u) > 1$ annehmen, die nicht mehr als Fuzzy-Wahrheitswerte interpretierbar sind. Dies stört aber nicht, wenn die nachgeschalteten Verarbeitungsschritte – wie die unten beschriebene Defuzzifizierung – keine logischen Operatoren verwenden. Diese Akkumulation ist sehr gebräuchlich in Verbindung mit der Aktivierung durch das algebraische Produkt (*Sum-Prod-Inferenz*).

Im obigen Beispiel bestehen die Prämissen aus Elementaraussagen, im allgemeinen jedoch aus komplizierteren Aussagen, die mit Hilfe von logischen Operatoren aus mehreren Elementaraussagen aufgebaut sind. Um die Wahrheitswerte solcher Prämissen zu ermitteln, muß man zuvor die entsprechenden Fuzzy-Operatoren wählen. Dies können andere als die für die Inferenz verwendeten sein.

6.4.6 Defuzzifizierung

Meistens liefert die ausgangsseitige Zugehörigkeitsfunktion $\mu(u)$ keinen eindeutigen Handlungsvorschlag (Bilder 6.17 und 6.18). Vielmehr gibt der Funktionswert von $\mu(u)$ für jeden potentiellen Ausgangsgrößenwert u an, in welchem Grade er aufgrund der Schlußfolgerungen aller Regeln zusammengenommen als empfohlen gilt. (anders formuliert: wie *attraktiv* er als Handlungsvorschlag ist.) Die Funktion $\mu(u)$ wird deshalb auch *Attraktivitätsfunktion* genannt. Sie beschreibt ein *Empfehlungsgebirge* (Bild 6.18 (a) bis (d)) oder ein *diskretes Spektrum* von Empfehlungen (Bild 6.18 (e) und (f)). Daher verbleibt die Aufgabe, daraus einen sinnvollen, eindeutigen reellen Ausgangsgrößenwert u_D auszuwählen. Dieser Vorgang wird *Defuzzifizierung* genannt.

Nach der Interpretation von $\mu(u)$ als Attraktivitätsfunktion ist es naheliegend, den *attraktivsten* (den am meisten empfohlenen) Wert u als Ausgangsgrößenwert u_D festzulegen. Diese Defuzzifizierungsmethode wird *Maximum-Methode* genannt. Sie ist anwendbar, wenn $\mu(u)$ den maximalen Funktionswert an nur einer Stelle annimmt. Beispielsweise liefert diese Defuzzifizierung der in den Bildern 6.18 (a), (c), (d) und (e) dargestellten Zugehörigkeitsfunktionen $\mu(u)$ die Ausgangsgrößenwerte $u_D = 1$, $u_D = 2$, $u_D = -2$ und $u_D = 1{,}8$.

Nimmt $\mu(u)$ den maximalen Funktionswert an *mehreren* Stellen an, wird häufig der Mittelwert aller Werte u, an denen $\mu(u)$ den maximalen Funktionswert annimmt, als Ausgangsgrößenwert u_D festgelegt (*Maximum-Mittelwert-Methode*). Beispielsweise liefert diese Defuzzifizierung für die in Bild 6.18 (b) und (f) dargestellten Zugehörigkeitsfunktionen die Ausgangsgrößenwerte $u_D = 1$ bzw. $u_D = 1{,}4$.

Vorteilhaft an diesen Defuzzifizierungsmethoden ist die einfache Rechenvorschrift. Nachteilig kann sich auswirken, daß stetige Änderungen der Eingangsgröße zu unstetigen Änderungen der Ausgangsgröße führen können: Bei geringfügigen Änderungen der Aktivierungsgrade, die Bild 6.18 (d) zugrunde liegen, kann die Lage des absoluten Maximums von u_D = -2 nach u_D = +2 "springen".

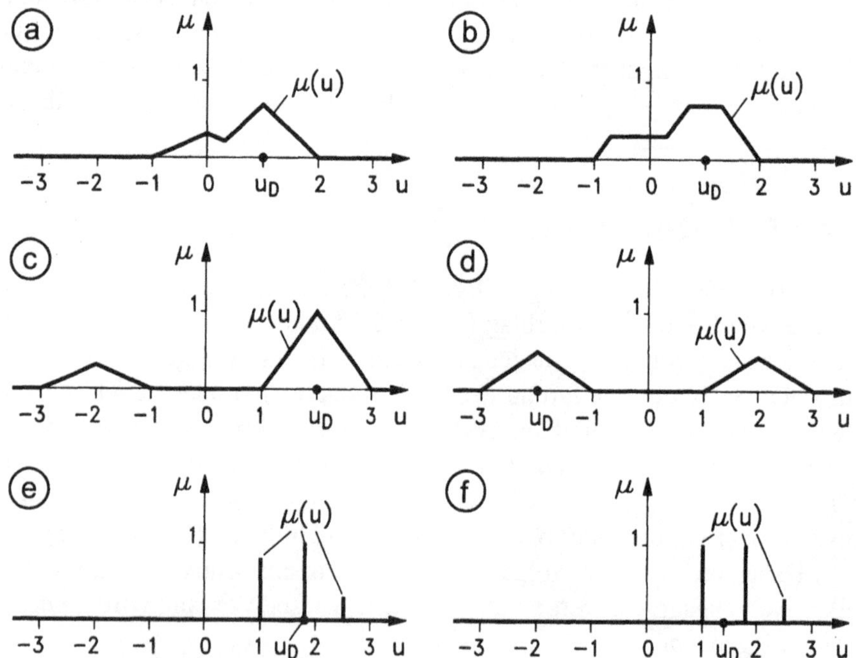

Bild 6.18 Beispiele für ausgangsseitige Zugehörigkeitsfunktionen eines Fuzzy-Reglers. Den Teilbildern (a) bis (d) liegen dreieckförmige Zugehörigkeitsfunktionen für die Modellierung der ausgangsseitigen linguistischen Werte sowie die Max-Prod-Inferenz ((a), (c) und (d)) bzw. die Max-Min-Inferenz (b) zugrunde. Den Teilbildern (e) und (f) liegen Singletons für die Modellierung der ausgangsseitigen linguistischen Werte zugrunde. Die Defuzzifizierung dieser Zugehörigkeitsfunktionen mit der Maximum- bzw. der Maximum-Mittelwertmethode liefert die mit u_D gekennzeichneten Ausgangsgrößenwerte.

Die Maximum-Mittelwert-Methode entspricht der in Kapitel 5 beschriebenen Beseitigung von Mehrdeutigkeit bei *regelbasierten* Reglern durch Bestimmung des Ausgangsgrößenwertes als Mittelwert aller vom Regler empfohlenen Ausgangsgrößenwerte u (Bild 6.19). Der resultierende Ausgangsgrößenwert u_D läßt sich in der Form

$$u_D = \frac{\int_{u_{min}}^{u_{max}} \mu(u) u \, du}{\int_{u_{min}}^{u_{max}} \mu(u) du} \tag{6.49}$$

schreiben. Darin ist $[u_{min}, u_{max}]$ der Definitionsbereich der *charakteristischen Funktion* $\mu(u)$ der Ausgangsmenge U des regelbasierten Reglers.

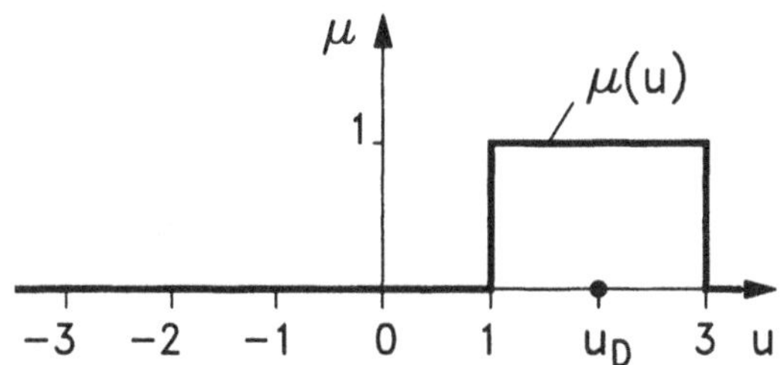

Bild 6.19 Defuzzifizierung einer charakteristischen Funktion $\mu(u)$ nach der Maximum-Mittelwert-Methode. Der resultierende Wert $u_D = 2$ ist der Mittelwert aller Werte u der zu $\mu(u)$ gehörigen Menge $U = \{u | 1 \le u \le 3\}$.

Die Vorschrift (6.49) läßt sich auch direkt auf Fuzzy-Regler übertragen: Der resultierende Wert u_D läßt sich dann als Mittelwert aller Werte u der Fuzzy-Ausgangsmenge U des Reglers beschreiben, wobei jeder Wert u mit dem Grad $\mu(u)$ seiner Zugehörigkeit zur Menge U bei der Mittelwertbildung gewichtet wird. Die Vorschrift (6.49) hat auch eine geometrische Interpretation: u_D ist die u-Koordinate des Schwerpunktes S der Fläche, die zwischen dem Graphen von $\mu(u)$ und der u-Achse liegt (Bild 6.20). Deshalb wird die Vorschrift (6.49) Defuzzifizierung nach der *Schwerpunktmethode* (abgekürzt COG-Methode von Center Of Gravity) genannt. Bei Verwendung von ausgangsseitigen Zugehörigkeitsfunktionen in Form von Singletons besteht $\mu(u)$ aus m Singletons $\mu_j(u)$, die jeweils an einer Stelle u_j den Funktionswert μ_j annehmen (Bild 6.20 (e) und (f)). Die analog zu Gl. (6.49) gebildete Vorschrift

$$u_D = \frac{\sum_{j=1}^{m} \mu_j u_j}{\sum_{j=1}^{m} \mu_j} \tag{6.50}$$

wird Defuzzifizierung nach der *Schwerpunktmethode für Singletons* (abgekürzt COS-Methode von Center Of Singletons) genannt.

Die COG-Methode erfordert im Vergleich zur COS-Methode deutlich mehr Rechenaufwand. Beide Methoden führen bei Verwendung von stetigen eingangsseitigen Zugehörigkeitsfunktionen und stetigen Fuzzy-Operatoren zu einer stetigen Abhängigkeit des Ausgangsgrößenwertes vom Eingangsgrößenwert. Dies ist zur Schonung eines nachgeschalteten Stellgliedes meist erwünscht. Nachteilig ist jedoch, daß sich mit diesen Methoden Ausgangsgrößenwerte u_D ergeben können, für die $\mu(u_D) = 0$ gilt, d. h., die von keiner einzigen Regel empfohlen werden (Bild 6.20 (d)).

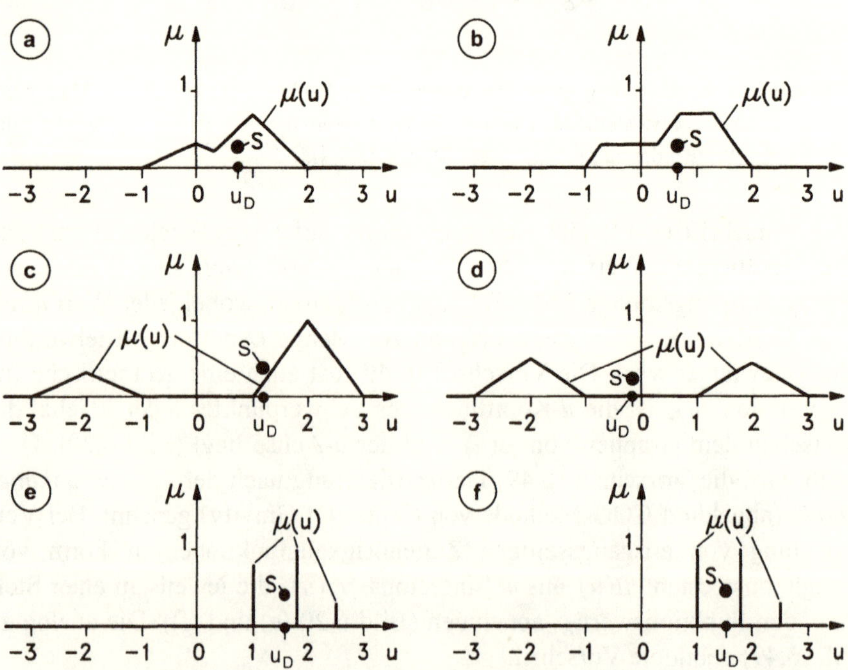

Bild 6.20 Defuzzifizierung von Zugehörigkeitsfunktionen $\mu(u)$ nach der Schwerpunktmethode. S und u_D bezeichnen den jeweiligen Schwerpunkt der grau unterlegt dargestellten Fläche bzw. den resultierenden Ausgangsgrößenwert (vgl. Bild 6.18).

Die Schwerpunktmethode schließt einen *Kompromiß* zwischen den Handlungsvorschlägen einzelner Regeln. Für die Regelung ist eine Kompromißbildung häufig sinnvoll, kann aber auch inakzeptabel sein (Bild 5.18). Die Maximummethode liefert den *typischsten* Ausgangsgrößenwert. Dies kann dann günstig sein, wenn Fuzzy-Module nicht als Regler zur *Prozeßbeeinflussung*, sondern zur *Prozeßbeobachtung* verwendet werden, um festzustellen, ob bestimmte *Ereignisse* – beispielsweise ein gefährlicher Prozeßzustand – vorliegen oder nicht.

Durch die Verwendung einander überlappender eingangsseitiger Zugehörigkeitsfunktionen ist der Handlungsvorschlag eines Fuzzy-Reglers meistens mehrdeutig. Fuzzy-Regler verfügen aber mit der Defuzzifizierung im Vergleich zu regelbasierten Reglern über einen differenzierteren und damit leistungsfähigeren Mechanismus zur Beseitigung von Mehrdeutigkeiten.

6.4.7 Berücksichtigung von Glaubensgraden

Es kann Erfahrungswissen vorliegen, das es ermöglicht, die Glaubwürdigkeit einer Regel R_k mit einem normierten Glaubensgrad

$$\rho_k\,,\ 0 \le \rho_k \le 1 \tag{6.51}$$

zu bewerten (Abschnitt 5.9). Dann ist es sinnvoll, bei der Bestimmung der ausgangsseitigen Zugehörigkeitsfunktion $\mu(e,u)$ eines Fuzzy-Reglers jede Regel entsprechend ihrer Glaubwürdigkeit zu berücksichtigen. Dies leistet die Vorschrift

$$\mu(e,u) = \bigvee_{k=1}^{r} \left[\rho_k \wedge p_k(e) \wedge c_k(u)\right] , \tag{6.52}$$

die organisch aus der Beziehung (6.42) hervorgeht.

6.4.8 Gesamtstruktur des Fuzzy-Reglers nach Mamdani

Die beschriebene *Definition* der Fuzzy-Ausgangsmenge $U(e)$ bzw. der ausgangsseitigen Zugehörigkeitsfunktion $\mu(e,u)$ eines Fuzzy-Reglers wird durch Bild 6.21 zusammenfassend dargestellt (vgl. Bild 5.10). Für die *praktische Konstruktion* der Fuzzy-Ausgangsmenge $U(e)$ ist diese Darstellung jedoch ungünstig, denn danach wird die Fuzzy-Ausgangsmenge *elementweise* aufgebaut.

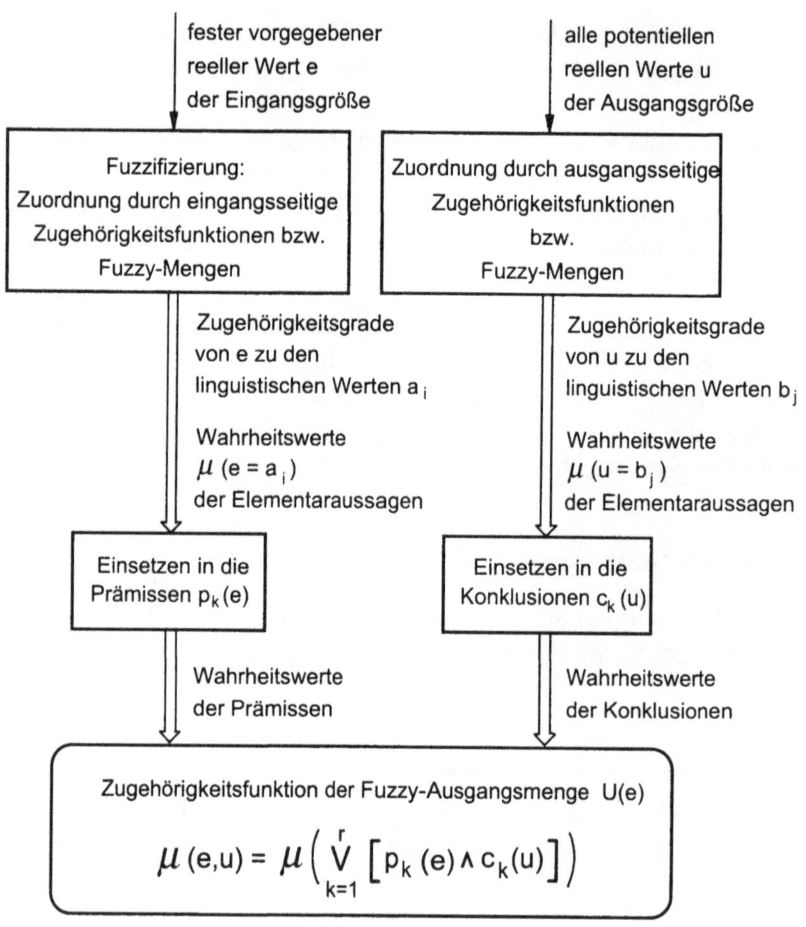

Bild 6.21 Zur Definition der Fuzzy-Ausgangsmenge U(e) bzw. Ausgangszugehörigkeitsfunktion $\mu(e,u)$ eines einsträngigen Fuzzy-Reglers, der auf der konstruktiven Inferenz basiert.

Analog zu Bild 5.12 ist es günstiger, die Fuzzy-Ausgangsmenge *stückweise* aufzubauen (Bild 6.22): Hierzu geht man von den Zugehörigkeitsfunktionen $\overline{\mu}_k(u)$ bzw. den Fuzzy-Mengen $\overline{U}_k$ aus, die zu den Konklusionen $c_k(u)$ gehören. Meist besteht die Konklusion einer Regel R_k nur aus einer Elementaraussage $u = b_j$. Dann sind $\overline{\mu}_k(u)$ und $\overline{U}_k$ direkt durch die Zugehörigkeitsfunktion bzw. Fuzzy-Menge gegeben, die den linguistischen Wert b_j modelliert. Aus diesen Zugehörigkeitsfunktionen $\overline{\mu}_k(u)$ entstehen durch Abschwächung (UND-Verknüpfung mit dem Erfülltheitsgrad der Prämisse) die Zugehörigkeitsfunktionen $\mu_k(e,u)$ bzw. Fuzzy-Mengen $U_k(e)$. Dabei ist es zweckmäßig, alle Regeln mit gleicher Konklusion zu

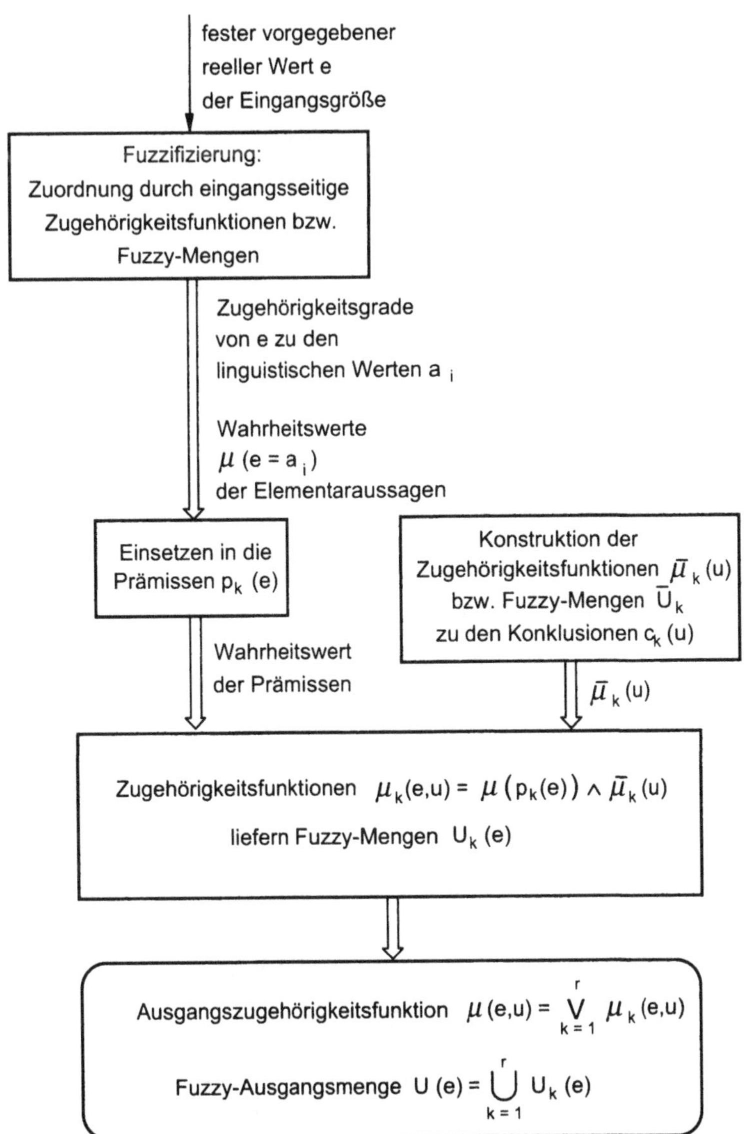

Bild 6.22 Stückweise Konstruktion der Ausgangszugehörigkeitsfunktion $\mu(e,u)$ bzw. Fuzzy-Ausgangsmenge $U(e)$ eines einsträngigen Fuzzy-Reglers, der auf der konstruktiven Inferenz basiert.

einer Gruppe zusammenzufassen. Durch ODER-Verknüpfung bzw. durch Bildung der Vereinigungsmenge ergibt sich hieraus die Ausgangszugehörigkeitsfunktion bzw. die Fuzzy-Ausgangsmenge. Die Defuzzifizierung (nicht eingezeichnet) erzeugt hieraus einen eindeutigen Ausgangsgrößenwert u_D.

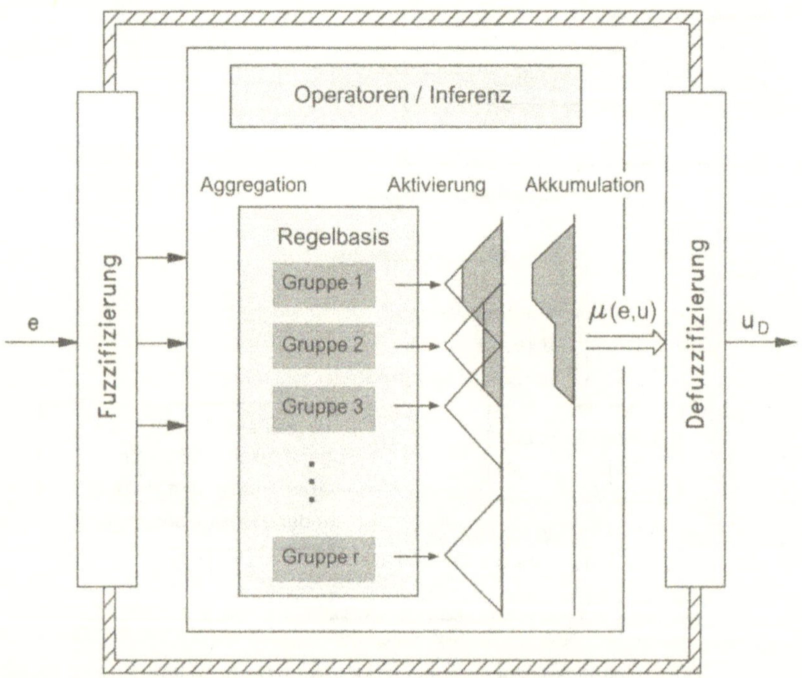

Bild 6.23 Gesamtstruktur des Fuzzy-Reglers nach Mamdani.

Bild 6.23 zeigt die Gesamtstruktur des Fuzzy-Reglers nach Mamdani. Darin sind die einzelnen Verarbeitungsschritte und die gruppenweise Zusammenfassung aller Regeln mit gleicher Konklusion für die stückweise Konstruktion von $\mu(e,u)$ zu erkennen. Bild 6.24 zeigt eine noch stärker vereinfachte Gesamtstruktur dieses Reglers.

Die Ausgangszugehörigkeitsfunktion $\mu(e,u)$ eines Fuzzy-Reglers kann überall den Funktionswert 0 annehmen. Der Fuzzy-Regler macht dann keinen Handlungsvorschlag (*Unvollständigkeit* des Fuzzy-Reglers). Dem kann mit denselben ad-hoc-Methoden wie beim regelbasierten Regler begegnet werden. Da die eingangsseitigen linguistischen Werte meist mit einander überlappenden Zugehörigkeitsfunktionen modelliert werden, kann ein Fuzzy-Regler auch dann noch vollständig sein, wenn die Regelbasis strukturell unvollständig ist (Abschnitt 5.8).

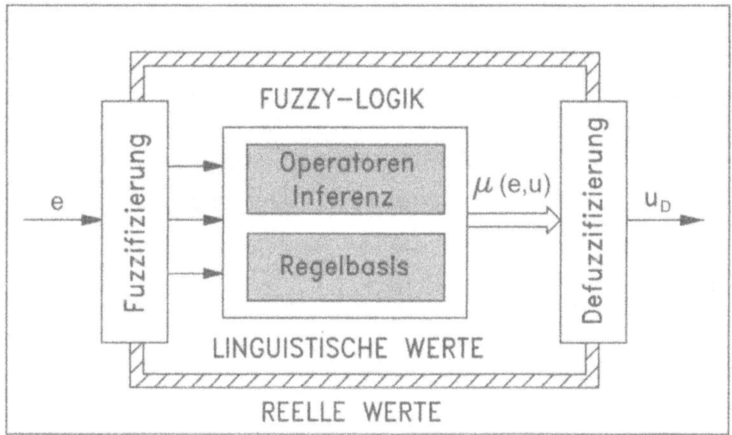

Bild 6.24 Stark vereinfachte Gesamtstruktur des Fuzzy-Reglers nach Mamdani.

Bei Vorliegen einer strukturell *mehrdeutigen* Regelbasis wird häufig davon gesprochen, daß die Regelbasis *widersprüchlich* sei, obwohl die üblicherweise verwendete konstruktive Inferenz nicht zu Widersprüchen, sondern nur zu Mehrdeutigkeiten führen kann (vgl. Abschnitt 5.9).

Analog zu regelbasierten Reglern erhält man Fuzzy-Regler mit *mehreren Eingangsgrößen* – ohne sonst irgendetwas zu ändern – , indem man Regeln verwendet, deren Prämissen sich auf mehrere Eingangsgrößen beziehen (vgl. Abschnitt 6.4.2).

Fuzzy-Regler mit *mehreren Ausgangsgrößen* werden üblicherweise als Parallelstruktur mehrerer Fuzzy-Regler mit je einer Ausgangsgröße aufgebaut. Dies schränkt zwar die Allgemeinheit ein. Dem kann man aber – analog zu regelbasierten Reglern – durch Kaskadierung von mehreren Fuzzy-Reglern mit je nur einer Ausgangsgröße begegnen (Abschnitt 5.12).

Die beschriebenen Fuzzy-Regler verhalten sich von außen gesehen meist wie ein nichtlinearer Regler ohne Erinnerung: Der aktuelle Ausgangsgrößenwert u ist eine eindeutige Funktion

$$u = f(x_1, x_2, \ldots, x_m) \tag{6.53}$$

der aktuellen Werte seiner Eingangsgrößen $x_1, x_2, \ldots, x_m$ (abgesehen vom Hystereseeffekt, der entsteht, wenn man zur Beseitigung von Unvollständigkeit vereinbart, daß bei undefiniertem Ausgangsgrößenwert der letzte wohldefinierte Ausgangsgrößenwert beibehalten wird). Für die Funktion F läßt sich allerdings meist kein analytischer Ausdruck angeben, sondern sie hängt mehr oder minder in komplizierter Weise von der Wahl der Regeln und Zugehörigkeitsfunktionen sowie der Fuzzy-Operatoren, der Inferenzstrategie und der Defuzzifizierungsstrategie ab. Damit verfügt ein Fuzzy-Regler über zahlreiche nutzbare Freiheitsgrade. Dabei werden die Wirkungsrichtungen vor allem durch die Wahl der Regeln bestimmt, während die Zugehörigkeitsfunktionen – vergleichbar mit den Parametern herkömmlicher Regler – zur Optimierung des Fuzzy-Reglers dienen.

6.5 Abgewandelte Reglerstrukturen

Der Fuzzy-Regler nach Mamdani basiert auf Regeln vom Typ

$$\text{WENN } (x_1 = PG) \wedge (x_2 = NK) \;\; \text{DANN } u = NM\,, \tag{6.54}$$

deren *Prämisse* und *Konklusion* sich auf *linguistische* Werte beziehen. Statt dessen kann man Regeln vom Typ

$$\text{WENN } (x_1 > x_2{}^2) \wedge (x_1 > 0) \;\; \text{DANN } u = NM \tag{6.55}$$

vorsehen, deren *Prämisse* sich auf *reelle* und deren *Konklusion* sich auf *linguistische* Werte bezieht. Solche Regeln sind nützlich, wenn die Unschärfe des auszunutzenden Erfahrungswissens nicht Prämissen, sondern nur die Konklusionen der Regeln betrifft. Beispielsweise kann Klarheit darüber bestehen, in welchen Sondersituationen ein Fuzzy-Regler eingreifen sollte, während man nur eine qualitative Vorstellung davon hat, wie stark der Eingriff dann sein sollte.

Umgekehrt kann man auch Regeln vom Typ

$$\text{WENN } (x_1 = PG) \wedge (x_2 = NK) \;\; \text{DANN } u = 2x_1 + 3x_2 \tag{6.56}$$

vorsehen, deren *Prämissen* sich auf *linguistische* und deren *Konklusionen* sich auf *reelle* Größen beziehen. Bei insgesamt r solcher Regeln der allgemeinen Form

$$\mathrm{R}_k\text{: WENN } p_k(x_1,\ldots,x_m) \;\; \text{DANN } u = f_k(x_1,\ldots,x_m) \tag{6.57}$$

werden bei gegebenen Eingangsgrößenwerten im allgemeinen mehrere Regeln R_k gleichzeitig in Graden $\mu_k > 0$ aktiviert. Zur Bestimmung eines eindeutigen Ausgangsgrößenwertes u_D liegt es nahe, die Vorschrift

$$u_D = \frac{\sum_{k=1}^{r} \mu_k f_k(x_1, \ldots, x_m)}{\sum_{k=1}^{r} \mu_k} \tag{6.58}$$

zu verwenden. Hiermit erhält man die vielfach verwendete Reglerstruktur nach *Sugeno* und *Takagi*. Beispielsweise kann man für die Funktionen $f_k(x_1, \ldots, x_m)$ lineare Steuergesetze wählen und Regeln formulieren, die situationsabhängig eines dieser Steuergesetze mehr oder minder stark empfehlen. Der resultierende Regler schließt dann situationsabhängige bzw. sinnvolle Kompromisse zwischen diesen Steuergesetzen.

7 Entwurf von Fuzzy-Reglern am Beispiel eines Mischventils

In diesem Abschnitt wird eine systematische Vorgehensweise zum Entwurf eines Fuzzy-Reglers am Beispiel der Regelung eines Mischventils vorgestellt. Dabei werden die einzelnen Entwurfsschritte im Hinblick auf die verfügbaren Eingriffsmöglichkeiten diskutiert. Insbesondere wird aufgezeigt, wie man qualitatives Prozeßwissen in den Entwurf einbringen und so in vergleichsweise kurzer Zeit einen leistungsfähigen Fuzzy-Regler entwerfen kann (vgl. [20]).

7.1 Mischwasserbereitungseinrichtungen

Systeme zur Mischwasserbereitung aus kaltem und warmem Zulaufwasser mit einer Regelung für die Mischtemperatur werden vielfach eingesetzt. Beispiele hierfür sind Mischbatterien, Duschthermostate und zentrale Mischwasserbereitungseinrichtungen, wie sie in Haushalten, kommunalen sanitären Einrichtungen und in der Industrie in großer Zahl installiert sind. Die Anforderungen an die Regelgüte derartiger Systeme werden immer höher, da man an einem möglichst großen Komfort, einem rationellen Energieeinsatz bzw. einer gleichmäßigen Produktqualität zunehmend interessiert ist. Dabei sind Probleme wie arbeitspunktabhängige Nichtlinearitäten und Totzeiten regelungstechnisch zu beherrschen.

Bild 7.1 zeigt den Kern einer Pilotanlage zur Mischwasserbereitung. Das Herzstück bildet ein Mischventil, dessen Vorlaufkammern K und W für kaltes bzw. warmes Wasser über eine Rohrleitung bzw. eine Heizung mit dem öffentlichen Netz verbunden sind. Zur Beeinflussung der mit einem Thermistor Th meßbaren Mischtemperatur ϑ_m kann die Position q des Ventilsteuerschiebers V durch einen Schrittmotor verstellt werden. Eingangsgröße des Schrittmotors ist die Schrittzahl pro Zeiteinheit τ. Diese Größe läßt sich als eine Verstellgeschwindigkeit $u = \Delta q/\tau$ interpretieren. Das Entnahmeventil E bildet die Verbraucher nach. Die Pilotanlage stellt ein Modell von größeren, kommerziellen Anlagen dar. Die daran gewonnen Erkenntnisse lassen sich sinngemäß auf große Anlagen übertragen.

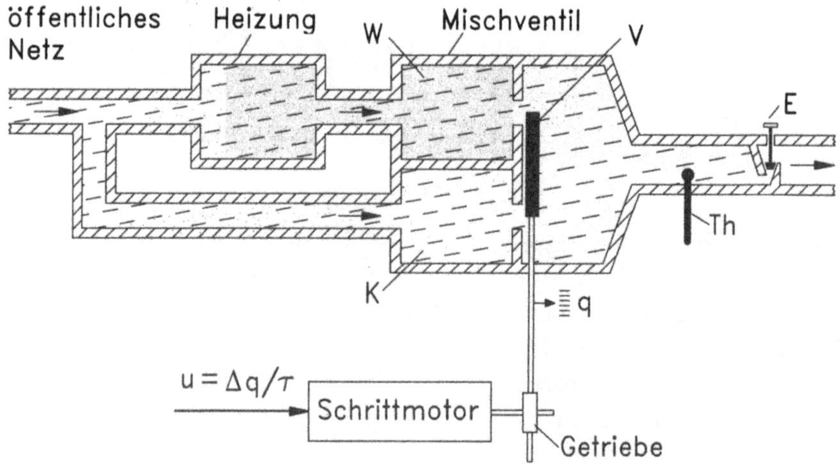

Bild 7.1 Pilotanlage zur Mischwasserbereitung.

7.2 Systematischer Entwurf von Fuzzy-Reglern

Bild 7.2 zeigt, wie sich der Entwurf eines Fuzzy-Reglers systematisieren läßt. Dabei sind die wesentlichen Schritte als Ablaufdiagramm dargestellt.

7.2.1 Konfigurierung der Regelkreisstruktur

Zunächst wird die Regelkreisstruktur des Fuzzy-Regelungssystems konfiguriert. Dazu gehört die Wahl der Stell- und Rückführgrößen sowie der Eingangs- und Ausgangsgrößen des Fuzzy-Reglers. Bei bestehenden Anlagen sind die zur Verfügung stehenden Meß- und Stellgrößen meist vorgegeben. Kann aber mit den vorliegenden Meßinformationen und Stelleingriffen die gestellte Regelungsaufgabe nicht gelöst werden, so muß der Einsatz zusätzlicher Sensoren oder Stelleingriffe erwogen werden. Bei der Projektierung neuer Anlagen sollten die Meß- und Stellgrößen von Anfang an im Hinblick auf eine gute Regelbarkeit des Prozesses ausgewählt werden. Die Eingangs- und Ausgangsgrößen des Fuzzy-Reglers sind nicht notwendigerweise mit den Meß- bzw. Stellgrößen des Prozesses identisch. Sie können aus Verknüpfungen dieser Größen hervorgehen oder sich nach Zwischenschaltung von Bausteinen mit dynamischem Verhalten ergeben.

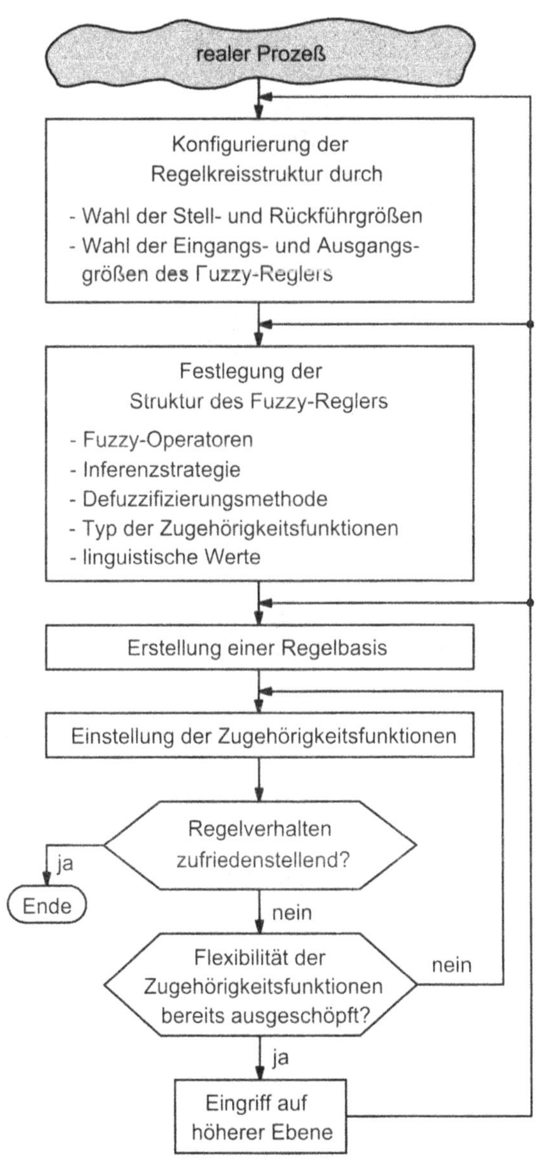

Bild 7.2 Arbeitsschritte zum Entwurf eines Fuzzy-Reglers.

7.2.2 Festlegung der Struktur des Fuzzy-Reglers

Für die Festlegung der Fuzzy-Operatoren, der Inferenzstrategie und der Defuzzifizierungsmethode haben sich bei vielen Anwendungen *Standardein-*

stellungen bewährt. Dies sind vor allem das Minimum oder das algebraische Produkt zur Realisierung der Fuzzy-UND-Verknüpfung sowie das Maximum oder die algebraische Summe zur Realisierung der Fuzzy-ODER-Verknüpfung. Die Max-Min-, die Max-Prod- und die Sum-Prod-Inferenz sind die gebräuchlichsten Inferenzstrategien. Als Defuzzifizierungsmethode stellt die Schwerpunktmethode bei regelungstechnischen Anwendungen häufig eine günstige Wahl dar. Sollten diese Einstellungen nicht zufriedenstellend sein, stehen in der Fuzzy-Logik weitere Alternativen zur Verfügung (Kapitel 9). Sie gestatten es, die Auswertung des Erfahrungswissens genauer auf die Intentionen des Prozeßexperten, der die Regeln formuliert hat, abzustimmen.

Für die Wahl der eingangs- und ausgangsseitigen Zugehörigkeitsfunktionen gibt es pragmatisch begründete Einschränkungen: Einfache Typen mit einer geringen Parameterzahl sind vorteilhaft, da sie die Übersichtlichkeit erhöhen, Speicherplatz sparen sowie durch geringen Rechenaufwand eine schnelle Reglerrealisierung ermöglichen.

Die Anzahl der linguistischen Werte hängt davon ab, welche *Granularität* im konkreten Anwendungsfall sinnvoll erscheint. Üblich sind drei bis sieben linguistische Werte. Bei einer größeren Anzahl läßt sich das Kennfeld des Fuzzy-Reglers zwar noch flexibler gestalten. Allerdings ergeben sich dann meist sehr viele Regeln. Dadurch wird das Regelwerk unübersichtlich, und der Speicher- und Rechenaufwand zur Abarbeitung der Regeln steigt.

7.2.3 Erstellung der Regelbasis

Zur Erstellung der Regelbasis ist qualitatives Expertenwissen in Form von WENN-DANN-Regeln niederzulegen. Hierfür ist man in den meisten Fällen auf einen Prozeßexperten angewiesen. Formale Kriterien zur Bewertung einer Regelbasis sind ihre strukturelle Vollständigkeit und ihre strukturelle Mehrdeutigkeit bzw. Widerspruchsfreiheit (Abschnitt 5.8 bzw. 5.9).

7.2.4 Ersteinstellung der Parameter der Zugehörigkeitsfunktionen

Die Parameter der Zugehörigkeitsfunktionen werden zunächst so eingestellt, daß sie die subjektive Vorstellung des Prozeßexperten von den linguistischen Werten, die er in den Regeln verwendet hat, möglichst gut wiedergeben. Bei vielen Anwendungen hat es sich als erfolgreich erwiesen, die

Zugehörigkeitsfunktionen anfänglich so zu wählen, daß sie – abgesehen von den eingangsseitigen Zugehörigkeitsfunktionen an den Rändern des Wertebereiches – symmetrisch zum Mittelpunkt ihres Trägers sind und diese Mittelpunkte den relevanten Wertebereich der Eingangs- bzw. Ausgangsgröße *äquidistant* unterteilen (Bilder 6.13 und 6.16). Eine solche Wahl ist insbesondere dann ein sinnvoller Ausgangspunkt für eine anschließende interaktive Optimierung der Zugehörigkeitsfunktionen, wenn kein weiteres Vorwissen verfügbar ist.

Man kann jedoch die Verteilung der Zugehörigkeitsfunktionen im Bereich eines Arbeitspunktes von vornherein dichter wählen, um dort gezielter eingreifen zu können. Um unmotivierte Unstetigkeiten des Reglerkennfeldes zu vermeiden, sollten sich benachbarte eingangsseitige Zugehörigkeitsfunktionen jeweils überlappen: Besonders günstig sind die eingangsseitigen Zugehörigkeitsfunktionen in Form eines Fuzzy-Informationssystems (Bild 6.5).

7.2.5 Optimierung des Fuzzy-Reglers

Zur Optimierung des Fuzzy-Reglers können die Parameter der Zugehörigkeitsfunktionen verändert werden. Läßt sich durch wiederholte Variationen dieser Größen kein zufriedenstellendes Regelverhalten erzielen, ist ein Eingriff auf höherer Ebene erforderlich. Dazu kann die Regelbasis, die Struktur des Fuzzy-Reglers oder die Regelkreisstruktur modifiziert werden.

7.3 Erstentwurf eines Fuzzy-Reglers für ein Mischventil

Das oben beschriebene systematische Entwurfsverfahren wird im folgenden zum Entwurf eines Fuzzy-Reglers für ein Mischventil eingesetzt.

7.3.1 Konfigurierung der Regelkreisstruktur

Für den ersten Entwurf wird als Eingangsgröße des Fuzzy-Reglers die Abweichung e der Mischwassertemperatur ϑ_m vom Sollwert ϑ_{soll} gewählt. Dies entspricht der Vorgehensweise von Nutzern bei der Regelung von Mischtemperaturen – etwa unter der Dusche – von Hand. Bild 7.3 zeigt den resultierenden einschleifigen Regelkreises.

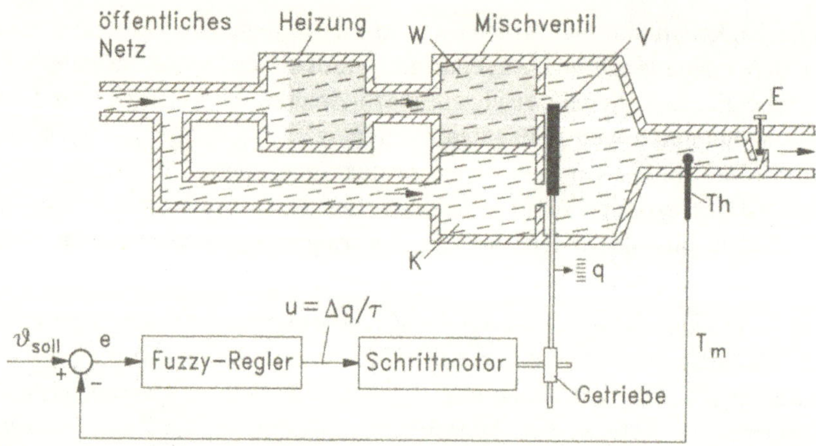

Bild 7.3 Einschleifiger Regelkreis für die Pilotanlage .

7.3.2 Festlegung der Struktur des Fuzzy-Reglers und Ersteinstellung der Zugehörigkeitsfunktionen

Hier wird als Standardrealisierung der Fuzzy-UND- und der Fuzzy-ODER-Verknüpfung das Minimum bzw. das Maximum gewählt. Ferner wird die Max-Min-Inferenz und zur Defuzzifizierung die Schwerpunktmethode eingesetzt.

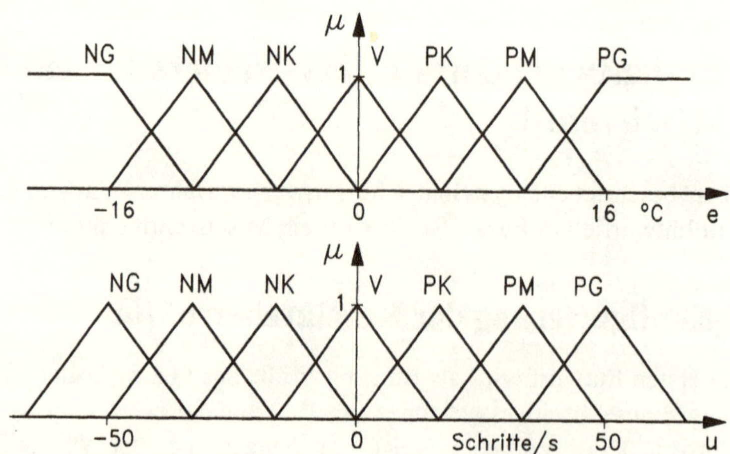

Bild 7.4 Wahl und Ersteinstellung der eingangs- und ausgangsseitigen Zugehörigkeitsfunktionen (oben bzw. unten).

Ferner werden sieben linguistische Werte *negativ groß* (*NG*), *negativ mittel* (*NM*), *negativ klein* (*NK*), *verschwindend* (*V*), *positiv klein* (*PK*), *positiv mittel* (*PM*) und *positiv groß* (*PG*) vorgesehen. Dabei werden – außer in den Randbereichen der Eingangsgröße – dreieckförmige Zugehörigkeitsfunktionen verwendet (Bild 7.4). Die ausgangsseitigen Zugehörigkeitsfunktionen für die linguistischen Werte *NG* und *PG* haben einen Träger, der über den eigentlichen Arbeitsbereich hinausreicht: Hiermit wird erreicht, daß sich bei der Defuzzifizierung nach der Schwerpunktmethode alle Ausgangsgrößenwerte bis hin zu den Grenzen ± 50 Schritte/s des Arbeitsbereiches ergeben können. Der Wert 50 Schritte/s entspricht der Lage des Schwerpunktes der Dreieckfläche unter der Zugehörigkeitsfunktion $\mu_{PG}(w)$. Er tritt daher dann auf, wenn nur Regeln mit der Konklusion $u = PG$ aktiviert werden. Größere Werte als 50 Schritte/s können nicht auftreten, weil der Schwerpunkt sich bei Aktivierung weiterer Regeln nur nach links verschieben kann. Das Entsprechende gilt für den Grenzwert -50 Schritte/s.

7.3.3 Erstellung der Regelbasis

Für das vorliegende Problem besitzt nahezu jedermann intuitives Erfahrungswissen. Das Einstellen einer Mischwassertemperatur gehört zu den alltäglichsten Handgriffen, z. B. beim Duschen, Händewaschen oder Geschirrspülen. Die Regelstrategie ist so einfach wie einleuchtend. Bei zu hoher Mischwassertemperatur (negative Temperaturabweichung *e*) ist die Stellung *q* des Ventilsteuerschiebers durch den Stelleingriff *u* so zu verändern, daß sich der Kaltwasserzulauf vergrößert und der Warmwasserzulauf verringert. Ist die Mischwassertemperatur kleiner als der gewünschte Sollwert (positive Temperaturabweichung), so ist der Ventilsteuerschieber in entgegengesetzter Richtung zu verstellen. Dabei ist der Betrag der Verstellung um so größer zu wählen, je größer die jeweilige Abweichung vom Sollwert ist. Diese qualitative Regelstrategie führt zu folgender Regelbasis:

$$\begin{array}{ll} \text{WENN } e = PG & \text{DANN } u = PG\,, \\ \text{WENN } e = PM & \text{DANN } u = PM\,, \\ \text{WENN } e = PK & \text{DANN } u = PK\,, \\ \text{WENN } e = V & \text{DANN } u = V\,, \\ \text{WENN } e = NK & \text{DANN } u = NK\,, \\ \text{WENN } e = NM & \text{DANN } u = NM\,, \\ \text{WENN } e = NG & \text{DANN } u = NG\,. \end{array} \tag{7.1}$$

7.3.4 Optimierung der Zugehörigkeitsfunktionen

Die Zugehörigkeitsfunktionen werden zunächst gleichmäßig verteilt angesetzt, da kein weiteres Vorwissen verfügbar ist (Bild 7.4). Die Wahl des eingangsseitigen Bereichs für die Regelabweichung ergibt sich aus einer empirischen Abschätzung der größtmöglichen auszuregelnden Temperaturabweichungen. Die Wahl der korrespondierenden ausgangsseitigen, mit -50 Schritte/s und +50 Schritte/s bezeichneten Grenzen ergibt sich aus der maximal möglichen Verstellgeschwindigkeit des Ventilsteuerschiebers.

Ausgehend von den Zugehörigkeitsfunktionen nach Bild 7.4 werden diese interaktiv unter Beobachtung des Regelungsverhaltens bei Sollwertsprüngen für unterschiedliche Entnahmeströme $\dot{V}$ variiert. Dabei stellt sich heraus, daß auch ein ungeübter Anwender, der nicht über analytisches Prozeßwissen verfügt, nach kurzer Zeit das Sprungantwortverhalten des Regelkreises gezielt optimieren kann. Bild 7.5 zeigt die resultierenden Zugehörigkeitsfunktionen für den so optimierten Fuzzy-Regler.

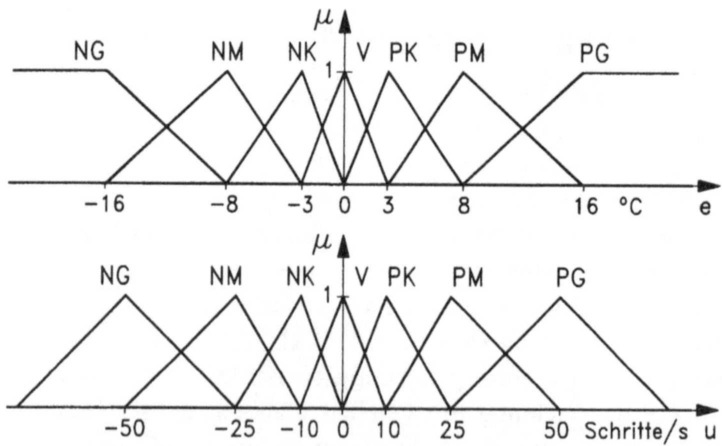

Bild 7.5 Ergebnis der interaktiven Optimierung der Zugehörigkeitsfunktionen.

7.3.5 Regelungsverhalten

Bild 7.6 zeigt die Systemantworten auf Sollwertsprünge von $\vartheta_{soll} = 20\ °C$ auf $\vartheta_{soll} = 40\ °C$ bei verschiedenen Volumenströmen, die sich bei Verwendung der Regelbasis (7.1) und der Zugehörigkeitsfunktionen nach Bild 7.5 ergeben. Im Vergleich zum nicht dargestellten Systemverhalten mit der Ersteinstellung der Zugehörigkeitsfunktionen wird der Temperatursollwert schneller erreicht. Allerdings erkennt man ein deutliches Überschwingen bei einem Volumenstrom von $\dot{V}$ = 100 l/h. Die Ergebnisse bei $\dot{V}$ = 200 l/h und bei $\dot{V}$ = 400 l/h unterscheiden sich nur unwesentlich.

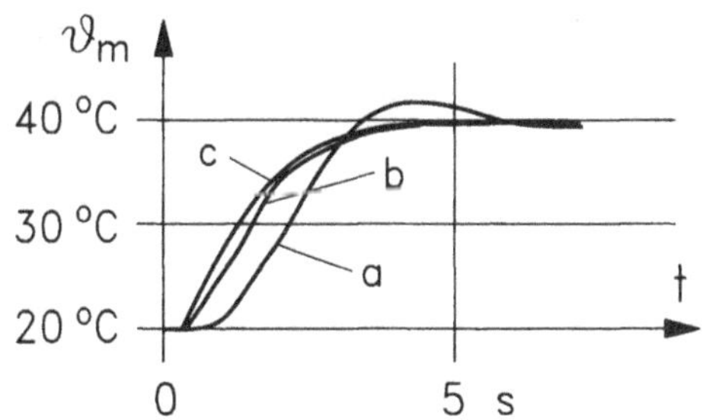

Bild 7.6 Sprungantwortverhalten des Regelkreises nach Bild 7.3 für den Fuzzy-Regler mit den optimierten Zugehörigkeitsfunktionen nach Bild 7.5. Die Kurven *a*, b und c gehören zu den Entnahmemengen 100, 200 und 400 l/h.

7.3.6 Reglerkennlinie

Die Kennlinie bzw. bei mehreren Eingangsgrößen das Kennfeld eines Fuzzy-Reglers vermittelt eine Anschauung über die Wirkung eines Fuzzy-Reglers. Bild 7.7 zeigt links bzw. rechts die Kennlinie $u = f(e)$ des hier entworfenen Fuzzy-Reglers für die *Ersteinstellung* der Zugehörigkeitsfunktion (Bild 7.4) und die *optimierten Zugehörigkeitsfunktionen* (Bild 7.5). Die Optimierung hat dazu geführt, daß die Kennlinie für kleine Beträge der Regelabweichung steiler als für große Beträge ist. Ein Vergleich dieser Kennlinien mit den zugrunde liegenden Zugehörigkeitsfunktionen macht deutlich, daß man durch gezielte Variation der Zugehörigkeitsfunktionen das Kleinsignal- und das Großsignalverhalten des Reglers voneinander getrennt beeinflussen kann.

Im Unterschied zu der in Bild 5.6 gezeigten Kennlinie eines regelbasierten Reglers weisen die vorliegenden Kennlinien keine unmotivierten Unstetigkeiten aus. Generell ergeben sich stetige Kennlinien bzw. Kennfelder, wenn man die eingangsseitigen linguistischen Werte durch stetige Zugehörigkeitsfunktionen modelliert und mit der COG-Methode defuzzifiziert. Bei unstetigen eingangsseitigen Zugehörigkeitsfunktionen oder bei der Defuzzifizierung nach der Maximum-Methode können sich durchaus unstetige Kennlinien bzw. Kennfelder ergeben. Allerdings weisen die in Bild 7.7 gezeigten Kennlinien eine unmotivierte Welligkeit auf, die durch die Granularität, mit der die eingangsseitigen linguistischen Werte modelliert werden, verursacht wird. Solche Welligkeiten sind aber bei weitem weniger störend als die bei regelbasierten Reglern auftretenden Unstetigkeiten (Bild 5.6). Sie können daher – wie auch hier – meist in Kauf genommen werden. Man kann solche Welligkeiten aber auch vermeiden, indem man zur Modellierung der eingangsseitigen linguistischen Werte (wie in Bild 7.4) ein Fuzzy-Informationssystem sowie die Sum-Prod-Inferenz und die COG-Defuzzifizierung wählt (Bild 7.8).

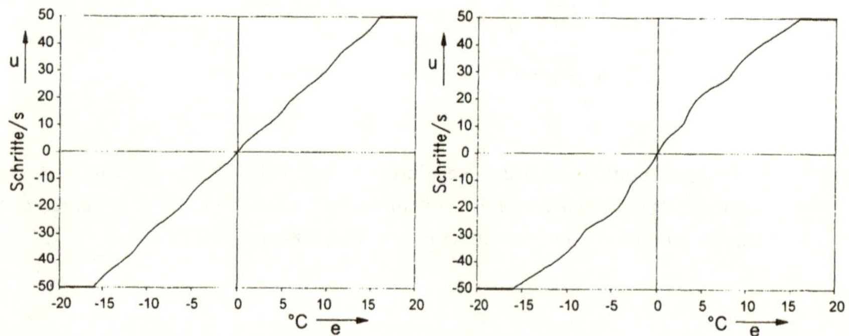

Bild 7.7 Reglerkennlinie $u = f(e)$ für den hier entworfenen Fuzzy-Regler für die Ersteinstellung der Zugehörigkeitsfunktionen (links) und die optimierten Zugehörigkeitsfunktionen (rechts).

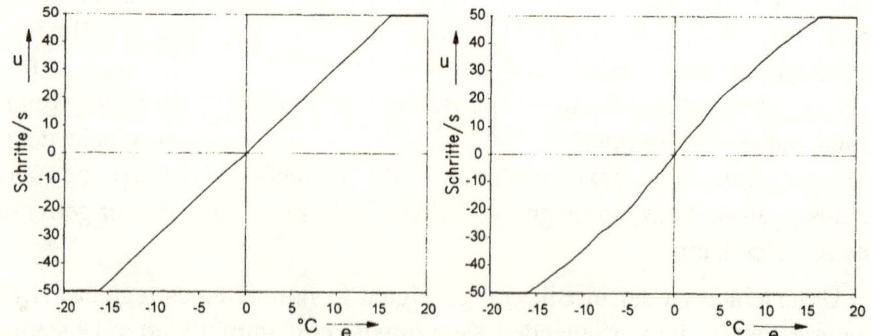

Bild 7.8 Reglerkennlinien $u = f(e)$, die anstelle der in Bild 7.7 gezeigten entstehen, wenn die dort vorgesehene Max-Min-Inferenz durch die Sum-Prod-Inferenz ersetzt wird. Das linke Bild ergibt sich für die Ersteinstellung der Zugehörigkeitsfunktionen, das rechte für die optimierten Zugehörigkeitsfunktionen.

7.4 Neukonfigurierung des Regelungssystems

Das unbefriedigende Verhalten der Sprungantwort bei dem Volumenstrom $\dot{V}$ = 100 l/h gibt Anlaß, das vorliegende Regelungskonzept zu verbessern. Dafür kommen im Prinzip folgende Möglichkeiten in Betracht (siehe Bild 7.2):

1. Modifikation der Zugehörigkeitsfunktionen,
2. Modifikation der Regelbasis,
3. Verfeinerung der Granularität durch Erhöhung der Anzahl an linguistischen Werten der Eingangs- bzw. Ausgangsgröße,
4. Andere Wahl der Fuzzy-Operatoren und/oder der Inferenzstrategie,
5. Hinzufügen von zusätzlichen Meß- oder Stellgrößen.

Die Möglichkeiten 1 und 2 könnten zwar zur Beseitigung des unerwünschten Überschwingens bei geringem Volumenstrom eingesetzt werden, indem man die Zugehörigkeitsfunktionen oder die Regelbasis so verändert, daß sich die Steilheit der Reglerkennlinie wieder verringert. Hierdurch würde aber gleichzeitig das Regelungsverhalten bei großen Volumenströmen verschlechtert.

Die Möglichkeit 3 wird nicht verfolgt, da es keinen Anhaltspunkt für eine unzureichende linguistische Auflösung der Wertebereiche für die Eingangs- und Ausgangsgröße gibt. Dasselbe gilt für Möglichkeit 4. Es ist kein Argument dafür erkennbar, daß eine andere Wahl der Fuzzy-Operatoren oder der Inferenzstrategie das Regelungsverhalten verbessern würde.

Die Möglichkeit 5 dagegen erscheint erfolgversprechend. Aus einer qualitativen Analyse des Regelungssystems nach Bild 7.3 ergibt sich, daß die Temperaturänderungen aufgrund von Verstellungen des Ventilsteuerschiebers wegen der räumlichen Distanz zwischen Thermistor und Mischstelle erst nach einer *Totzeit* gemessen werden. Diese ist um so größer, je geringer der Entnahmestrom ist. Große Totzeiten wirken sich bekanntermaßen ungünstig auf das Regelungsverhalten aus, da dem Regler immer erst mit einer Verspätung mitgeteilt wird, wie die Regelstrecke auf seine Aktionen reagiert. Dabei ist der Schluß naheliegend, daß dieser Totzeiteffekt für das schlechte Sprungantwortverhalten bei kleinen Entnahmeströmen verantwortlich ist.

Diese Überlegungen führen dazu, zur Beseitigung des Mangels dem Fuzzy-Regler als *zweite Eingangsgröße* den Entnahmestrom $\dot{V}$ zuzuführen. Eine direkte Messung des Entnahmestroms ist jedoch aufwendig. Da das Konzept von Fuzzy-Reglern aber gerade auf die Verarbeitung von unscharfem Wissen abgestimmt ist, erscheint es möglich, sich mit einem Schätzwert des Volumenstromes zu begnügen: Ein solcher läßt sich aus leichter meßbaren Größen, und zwar aus den Drücken p_K, p_W und p_M des kalten und des warmen Vorlaufwassers sowie des Mischwassers und der Ventilstellung q ableiten.

7.4.1 Erweiterung der Regelbasis

Für die Wahl der Regelbasis zur Berücksichtigung des Volumenstromes wird folgendes qualitatives Wissen ausgenutzt: Bei großem Volumenstrom ist die Totzeit klein, so daß eine Fehleinstellung schnell korrigierbar ist. Deshalb erscheint es sinnvoll, in diesem Fall einen starken Reglereingriff vorzusehen. Umgekehrt führt ein geringer Volumenstrom zu einer großen Totzeit, so daß eine Fehleinstellung unter Umständen erst zu spät korrigiert werden kann. In diesem Fall sollte der Reglereingriff deshalb vorsichtiger sein.

$\dot{V}$ \ e	NG	NM	NK	V	PK	PM	PG
PG	NG	NG	NM	V	PM	PG	PG
PM	NG	NM	NK	V	PK	PM	PG
PK	NM	NK	NK	V	PK	PK	PM
V	V	V	V	V	V	V	V

Bild 7.9 Erweiterte Regelbasis für den Temperaturregler.

Aus diesen Überlegungen ergibt sich die Regelbasis nach Bild 7.9. Darin sind für den Volumenstrom die vier linguistischen Werte *positiv groß* (*PG*), *positiv mittel* (*PM*), *positiv klein* (*PK*) und *verschwindend* (*V*) vorgesehen. Die Regeln sind in Form einer Matrix dargestellt. Sie enthält insgesamt 28 Regeln der Form

$$\text{WENN } e = a_i \text{ UND } \dot{V} = \bar{a}_h \text{ DANN } u = b_j \quad . \tag{7.2}$$

Dabei bezeichnen a_i und $\bar{a}_h$ die linguistischen Werte der Eingangsgrößen des Fuzzy-Reglers. Der linguistische Wert b_j der Ausgangsgröße u, der zu den Werten a_i und $\bar{a}_h$ gehört, wird in der i-ten Spalte und h-ten Zeile abgelesen. Ersichtlich stimmt die Regelbasis für mittleren Volumenstrom (*PM*) mit der Regelbasis nach Gl. (7.1) überein. Demgegenüber ist der Reglereingriff für einen großen Volumenstrom vergleichsweise stärker und für einen kleinen Volumenstrom schwächer.

7.4.2 Zugehörigkeitsfunktionen

Für das weitere Vorgehen werden die Zugehörigkeitsfunktionen nach Bild 7.5, die sich durch Optimierung des einschleifigen Regelkreises ergeben haben, unverändert übernommen. Die Zugehörigkeitsfunktionen für den Volumenstrom werden zunächst gemäß Bild 7.10 angesetzt. Eine Nachoptimierung der Zugehörigkeitsfunktionen erwies sich als unnötig.

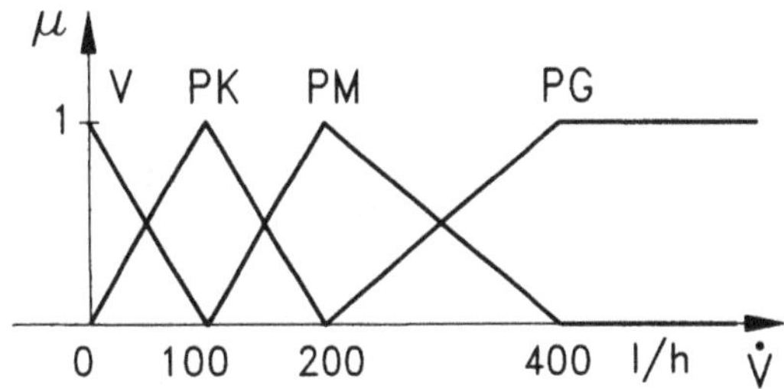

Bild 7.10 Wahl der Zugehörigkeitsfunktionen für den geschätzten Volumenstrom $\dot{V}$.

7.4.3 Verbessertes Regelungsverhalten

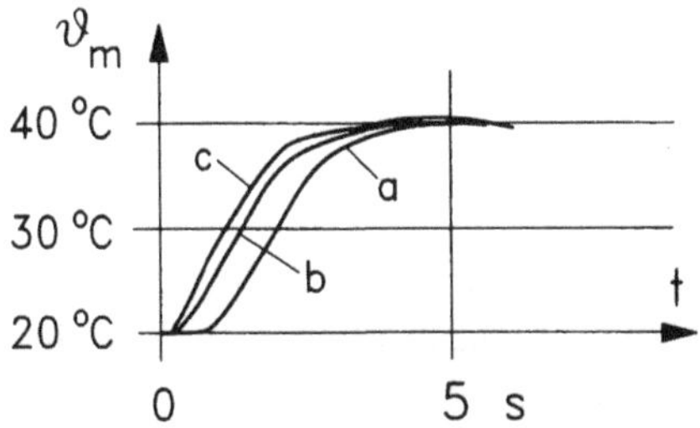

Bild 7.11 Sprungantwortverhalten des neukonfigurierten Regelkreises. Die Kurven *a*, *b* und *c* gehören, wie in Bild 7.6, zu den Volumenströmen 100, 200 und 400 l/h.

Bild 7.11 zeigt die Systemantworten auf Sollwertsprünge von $\vartheta_{soll} = 20\ °C$ auf $\vartheta_{soll} = 40\ °C$, die sich beim Einsatz des erweiterten Fuzzy-Reglers ergeben. Ein Vergleich mit Bild 7.6 zeigt, daß sich die Berücksichtigung des Volumenstroms in erster Linie, wie gewünscht, darin auswirkt, daß sich nunmehr auch bei einem geringen Volumenstrom kaum noch Überschwingen zeigt. Darüber hinaus zeigt sich bei großen Volumenströmen noch eine geringfügige Verkürzung der Ausregelzeit.

Eine entsprechende Verbesserung des Systemverhaltens ergibt sich auch für dazwischen liegende Werte des Volumenstroms, sprungförmige Änderungen der Vorlaufdrücke oder Vorlauftemperaturen sowie für Variationen des Entnahmestromes.

7.4.4 Reglerkennfeld

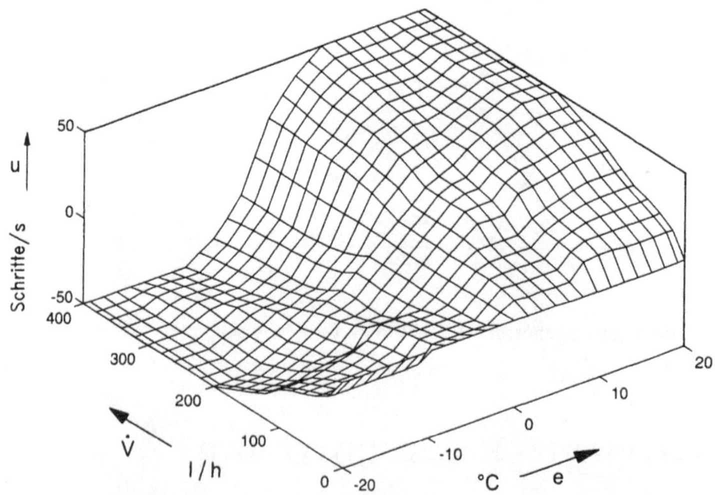

Bild 7.12 Kennfeld des hier entworfenen Fuzzy-Reglers zur Temperaturregelung mit den beiden Eingangsgrößen Regelabweichung e und Volumenstrom $\dot{V}$ und der Ausgangsgröße u.

Bild 7.12 zeigt das stark nichtlineare Kennfeld des hier entworfenen Fuzzy-Reglers mit den beiden Eingangsgrößen e und $\dot{V}$ und der Ausgangsgröße u. Schneidet man das Kennfeld mit Ebenen, die zu konstantem kleinen, mittleren und großen Volumenstrom gehören, so erkennt man, daß die Steigung $\Delta u / \Delta e$ bei einem geringen Volumenstrom kleiner als bei einem großen Volumenstrom ist (Bild 7.13). Die Berücksichtigung des Volumenstroms $\dot{V}$ als zusätzliche Eingangsgröße des Fuzzy-Reglers wirkt sich offensichtlich stark auf das Kennfeld aus.

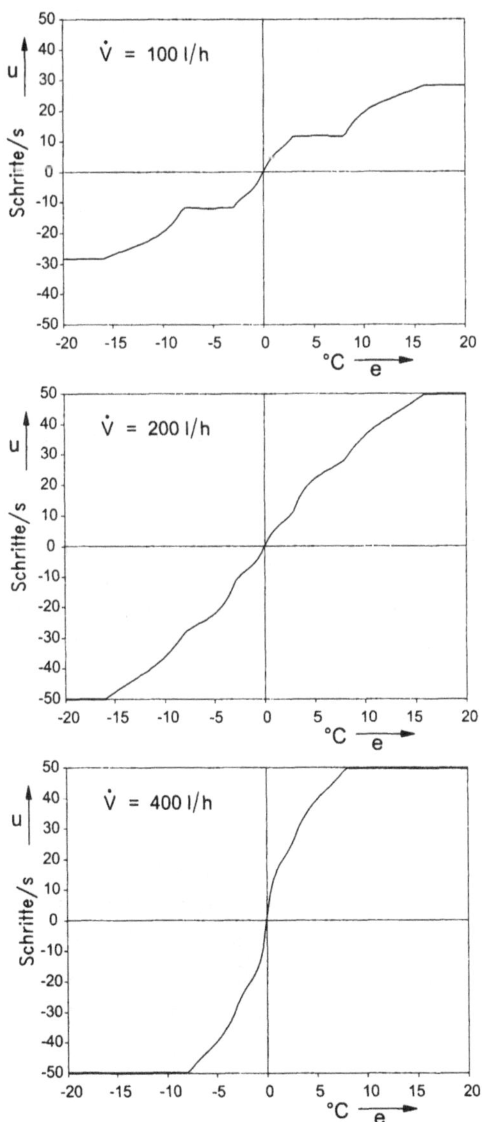

Bild 7.13 Schnitte durch das in Bild 7.12 dargestellte Kennfeld für unterschiedliche Volumenströme $\dot{V}$.

7.4.5 Entwurf und technische Realisierung

Der Fuzzy-Regler wurde mit einem Entwicklungssystem auf einem PC entworfen. Hierzu wurden die an der Regelstrecke aufgenommenen analogen Meßgrößen dem PC über eine A/D-Wandlerkarte zugeführt und die vom PC durch Abarbeitung der Regeln berechneten Stellgrößenwerte über eine D/A-Wandlerkarte der Ansteuereinheit des Schrittmotors zugeführt (beides mit einer Abtastzeit von 50 ms). Die Ersteinstellung des Fuzzy-Reglers sowie seine interaktive Optimierung erfolgten durch grafikunterstützte Eingaben am Bildschirm. Auf die Realisierung von Fuzzy-Reglern wird in Kapitel 13 eingegangen.

7.5 Diskussion

Der Entwurf von Fuzzy-Reglern kann durch Aufgliederung in Entwurfsschritte strukturiert werden. Auf den ersten Blick erscheint die Anzahl der dabei einzustellenden Parameter sehr groß. Oft führen jedoch Standardeinstellungen für die Strukturparameter des Fuzzy-Reglers bereits zum Ziel. Dadurch verringert sich die Anzahl der erforderlichen Einstellungen erheblich. Mit den verbleibenden Eingriffsmöglichkeiten kann man das Regelverhalten gezielt beeinflussen. Sie werden zur interaktiven Optimierung des Fuzzy-Regelungssystems eingesetzt.

Der beschriebene Entwurf eines Fuzzy-Reglers zur Mischwasserbereitung illustriert den Ablauf der systematischen Prozedur. Es zeigt sich, daß man ohne mathematisches Prozeßmodell, gestützt auf qualitatives Erfahrungswissen, in sehr kurzer Zeit einen akzeptablen Fuzzy-Regler erhalten kann. Damit steht dem Anwender mit Fuzzy Control ein Instrument zur Verfügung, mit dem man schnell und ohne großen Aufwand einen brauchbaren Regler entwerfen kann. Im Einzelfall muß der Anwender abwägen, was für ihn profitabler ist: auf diese Weise ein Produkt schnell auf den Markt zu bringen oder eine längere Entwicklungszeit in Kauf zu nehmen, um dann modellgestützt mit klassischen und/oder Fuzzy-Methoden zu einem höherwertigen Produkt zu gelangen.

8 Weiterführende Anwendungsaspekte

Im folgenden werden weiterführende Ansätze zum Entwurf und Einsatz von Fuzzy-Reglern am Beispiel des Mischventils vorgestellt.

8.1 Fuzzy-Regler mit mehr als zwei Eingangsgrößen

Die oben aufgestellte Regelbasis (Bild 7.9) ist strukturell vollständig und eindeutig (Abschnitte 5.8 und 5.9): Jedem Paar linguistischer Eingangsgrößenwerte wird genau ein linguistischer Ausgangsgrößenwert zugeordnet. Eine solche Regelbasis kann man ansetzen, wenn man eine hinreichend klare Vorstellung davon hat, wie die Ausgangsgröße von den Eingangsgrößen abhängen sollte. Dies ist häufig der Fall, wenn nur zwei oder höchstens drei Eingangsgrößen zu berücksichtigen sind. Deshalb weisen die meisten derzeit eingesetzten Fuzzy-Regler nur zwei Eingangsgrößen auf. Fuzzy-Regler mit mehr als drei Eingangsgrößen werden oft aus mehreren parallel oder hintereinandergeschalteten Teilreglern mit jeweils nur einer oder zwei Eingangsgrößen aufgebaut.

Beispielsweise kann man die Regelung des Mischventils verbessern, indem man die Vorlauftemperaturen ϑ_K und ϑ_W des kalten bzw. warmen Wassers als *zusätzliche Rückführgrößen* nutzt. Statt hierfür einen Fuzzy-Regler mit den vier Eingangsgrößen e, $\dot{V}$, ϑ_K und ϑ_W zu entwerfen, ist es einfacher, eine Reglerstruktur aus zwei Teilreglern mit je nur zwei Eingangsgrößen aufzubauen (Bild 8.1). Darin entspricht der Teilregler 1 dem in Kapitel 7 für *Standardwerte* $\vartheta_{K,S}$ und $\vartheta_{W,S}$ der Vorlauftemperaturen entworfenen Fuzzy-Regler. Der Teilregler 2 *korrigiert* die Ausgangsgröße u_1 des Teilreglers 1 in Abhängigkeit von den Vorlauftemperaturen nach der einsichtigen Strategie, daß sich das Vorzeichen und die ungefähre Größe des Korrektureingriffs u_2 aus den Abweichungen der tatsächlichen Vorlauftemperaturen ϑ_K und ϑ_W von ihren Standardwerten ergibt. Diese qualitative Strategie kann man in eine Regelbasis für denTeilregler 2 übersetzen.

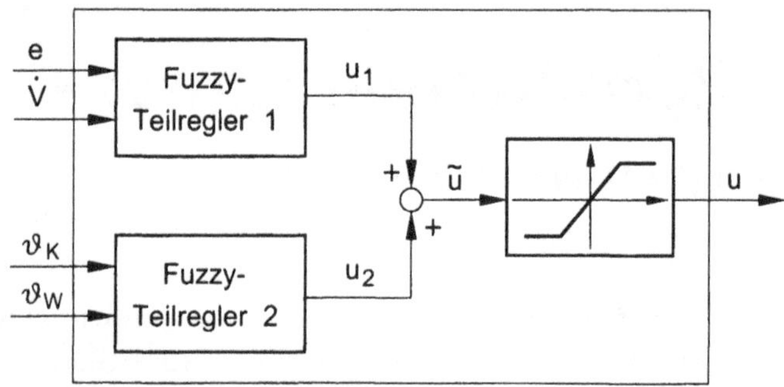

Bild 8.1 Reglerstruktur mit vier Eingangsgrößen, die aus zwei Fuzzy-Teilreglern mit je zwei Eingangsgrößen aufgebaut ist. Das nachgeschaltete Begrenzungsglied mit der Eingangsgröße $\tilde{u}$ und der Ausgangsgröße u sorgt dafür, daß die Ausgangsgröße u nicht außerhalb des vorgesehenen Arbeitsbereiches -50 Schritte/s $\leq u \leq$ 50 Schritte/s liegt.

Zur weiteren Verbesserung des Regelungsverhaltens kann man dem Teilregler 2 die Position q des Ventilsteuerschiebers als zusätzliche Eingangsgröße zuführen und die Regelbasis nach folgender Strategie erweitern: Je mehr kaltes bzw. warmes Wasser zugemischt wird, d. h., je kleiner bzw. größer der Wert von q ist, desto größer ist der Betrag $|u_2|$ des Korrektureingriffs, der durch eine Differenz $|\vartheta_{K,S} - \vartheta_K|$ bzw. $|\vartheta_{W,S} - \vartheta_W|$ hervorgerufen wird.

Die Regelbasis des zweiten Teilreglers muß nicht strukturell vollständig sein. Beispielsweise kann man vorsehen, daß der Teilregler 2 nur bei großen Abweichungen der Vorlauftemperaturen von den Standardwerten korrigierend eingreift.

8.2 Fuzzy-Regler mit strukturell mehrdeutigen/widersprüchlichen Regelbasen

Zum Aufbau eines Fuzzy-Reglers mit einer strukturell eindeutigen Regelbasis muß man das Verhalten der Regelstrecke sehr genau verstehen. Je geringer dieses Verständnis ist, desto mehrdeutiger/widersprüchlicher können die von Prozeßexperten aufgestellten Erfahrungsregeln sein, insbesondere dann, wenn die Prozeßexperten das Verhalten der Regelstrecke jeweils nur *partiell* verstehen. Beispielsweise könnte ein Prozeßexperte A die Bedeutung des Volumenstroms $\dot{V}$, aber nicht den Einfluß der Vorlauftemperaturen erkennen und würde daher die in Bild 7.9 dargestellte, strukturell eindeutige Regelbasis aufstellen. Die Empfehlungen dieser Regelbasis wären für Standardwerte der Vorlauftemperaturen passend, andernfalls mehr oder weniger fehlerhaft. Ein zweiter Prozeßexperte B könnte die Bedeutung der Vorlauftemperaturen ϑ_K und ϑ_W, aber nicht die des Volumenstroms $\dot{V}$ erkennen. Er würde daher eine strukturell eindeutige Regelbasis aufstellen, die für einen mittleren Volumenstrom passend, aber bei Abweichungen davon mehr oder minder fehlerhaft ist. Durch Zusammenfügen dieser beiden Regelbasen entsteht eine strukturell mehrdeutige/widersprüchliche Regelbasis, denn die Regeln des Prozeßexperten A sprechen nicht auf Änderungen der Vorlauftemperatur und die des Prozeßexperten B nicht auf Änderungen des Volumenstroms an. Gerade, wenn man zur Beherrschung komplexer Prozesse Experten aus unterschiedlichen Fachdisziplinen, wie Chemie und Strömungsmechanik, befragt, können solche mehrdeutigen/widersprüchlichen Regelbasen auftreten. Dasselbe gilt, wenn man das intuitive Verhalten eines Prozeßexperten durch Regeln beschreibt (Kapitel 12).

Strukturell mehrdeutige / widersprüchliche Regelbasen sind für den Aufbau eines Fuzzy-Reglers durchaus geeignet. Die vom Fuzzy-Regler vorgenommene Verrechnung unterschiedlicher Empfehlungen einander widersprechender Regeln zu einem eindeutigen Ausgangsgrößenwert kann im Mittel günstigere Ergebnisse liefern als ein Fuzzy-Regler, der sich nur auf widerspruchsfreie Regeln stützt. Dies wird durch folgende Analogie veranschaulicht: Fotografiert man einen dreidimensionalen Körper aus mehreren Richtungen, so erhält man unterschiedliche zweidimensionale Ansichten. Hieraus gewinnt man durch geeignete Verrechnung eine korrektere Beschreibung des Körpers, als wenn man sich nur auf eine einzige Ansicht stützt.

8.3 Fuzzy-Regeleinrichtungen mit Erinnerung

Der für das Mischventil entworfene Fuzzy-Regler mit dem Kennfeld nach Bild 7.12 ist ein Regler *ohne Erinnerung*: Der aktuelle Ausgangsgrößenwert ist eine eindeutige Funktion der aktuellen Eingangsgrößenwerte. Dies gilt für alle üblichen Fuzzy-Regler (abgesehen von dem in Abschnitt 5.8 beschriebenen Hystereseeffekt). Dagegen weist der als Stellglied vorgesehene Schrittmotor Erinnerung auf: Auch geringe Ausgangsgrößenwerte des Fuzzy-Reglers führen zu einer zwar langsamen, aber ständig anwachsenden Winkelverstellung. Deshalb kann eine Regelabweichung – abgesehen von einem durch die Ansprechschwelle des Motors bedingten Restfehler – vollständig beseitigt werden.

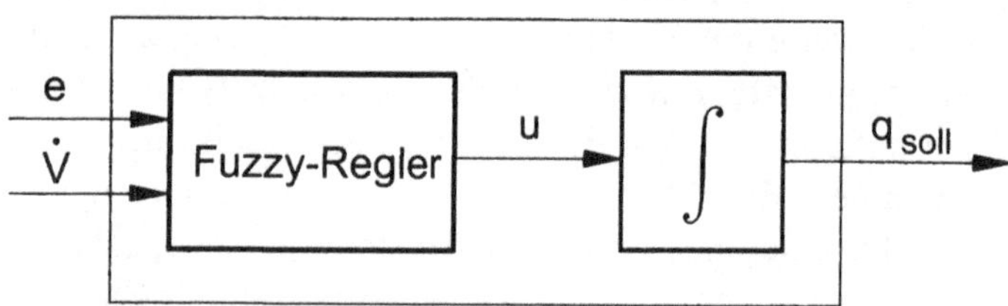

Bild 8.2 Hybride Reglerstruktur mit Erinnerung, bestehend aus einem Fuzzy-Regler und einem nachgeschalteten Integrierglied.

Statt eines Schrittmotors kann man auch einen Gleichstrommotor mit einer unterlagerten Positionsregelung als Stellglied vorsehen. Ein solches Stellglied weist wegen der Positionsregelung keine Erinnerung auf, sondern es verstellt das Ventil so lange, bis die Position q des Ventilsteuerschiebers dem vorgegebenen Sollwert q_{soll} entspricht. Den hier entworfenen Fuzzy-Regler kann man auch in Verbindung mit einem solchen Stellglied einsetzen, indem man ihm ein *Integrierglied* nachschaltet (Bild 8.2). Solche Kombinationen von Fuzzy-Reglern (ohne Erinnerung) mit herkömmlichen Regelgliedern (meist mit Erinnerung) werden häufig eingesetzt.

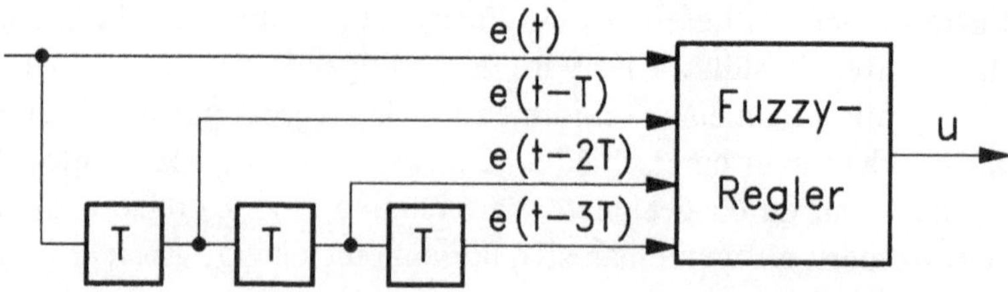

Bild 8.3 Hybride Reglerstruktur mit Erinnerung aufgrund vorgeschalteter Totzeitglieder.

Eine andere Möglichkeit zur Schaffung von Erinnerungsvermögen besteht darin, daß man dem Fuzzy-Regler neben den *aktuellen* Meßwerten, zusätzlich *Vergangenheitswerte* der Rückführgrößen zuführt. Bild 8.3 zeigt eine Reglerstruktur, in der dem Fuzzy-Regler drei *Totzeitglieder* vorgeschaltet sind. Damit werden dem Regler neben dem aktuellen Wert der Regelabweichung $e(t)$ die zusätzlichen Werte $e(t\text{-}T)$, $e(t\text{-}2T)$ und $e(t\text{-}3T)$ zugeführt. Durch geeignete Verarbeitung dieser Größen, wie beispielsweise durch Regeln der Form

$$\text{WENN } (e(t) = PK) \wedge (e(t\text{-}T) = PK) \wedge (e(t\text{-}2T) = PK) \wedge (e(t\text{-}3T) = PK) \quad \text{DANN } u = PG, \tag{8.1}$$

kann man ein Verhalten erreichen, das einer Integration der Regelabweichung entspricht. Darüber hinaus kann man die Vergangenheitswerte differenzierter als bei einer Integration berücksichtigen. Damit lassen sich Wirkungen erzielen, die denen klassischer Anti-Windup-Einrichtungen entsprechen (vgl. Abschnitt 4.1). Ferner kann man vorsehen, daß ungewöhnlich große Werte der Regelabweichung, die auf Störungen im Meßprozeß zurückgehen, als *Ausreißer* anzusehen und damit nicht zu berücksichtigen sind.

8.4 Fuzzy-Regler auf höherer Automatisierungsebene

Beim Einsatz eines Mischventils zum Bereiten von Brauchwasser für eine Reihenduschanlage darf die Mischtemperatur einen vorgegebenen kritischen Wert $\vartheta_{KRITISCH}$ niemals übersteigen. Ein unzulässiger Anstieg der Mischtemperatur kann beispielsweise durch einen plötzlichen Druckabfall im Kaltwasserzulauf ausgelöst werden. Ebenso muß vermieden werden, daß der Motor den Ventilsteuerschieber hart an einen Anschlag fährt. Solche Funktionen, die der *Sicherheit* oder *Schonung einer Anlage* dienen, werden meist von übergeordneten Automatisierungssystemen gewährleistet, die die dynamischen Größen *überwachen* und beim Erreichen kritischer Grenzwerte *eingreifen.* In welchen Situationen welcher Eingriff vorgesehen ist, wird in konventionellen Automatisierungssystemen häufig in Form von Booleschen WENN-DANN-Regeln niedergelegt. Bei Verwendung von Fuzzy-Reglern kann man daher den Regler und die übergeordneten Automatisierungsfunktionen in einer *einheitlichen Sprache* beschreiben.

Ferner kann man damit bei Erreichen kritischer Grenzwerte unerwünscht *harte Eingriffe* vermeiden und statt dessen *weiche Übergänge* zwischen dem Normalbetrieb und dem Betrieb in Sondersituationen schaffen.

Das Entsprechende gilt für übergeordnete Steuerungen, die Prozesse *in gewünschte Arbeitspunkte* bringen. Beispielsweise kann man vorsehen, daß der Ventilsteuerschieber des Mischventils, wenn kein Wasser entnommen wird, stets an einen Anschlag gefahren und somit der Warmwasserzulauf versperrt wird. Für die wieder einsetzende Entnahme kann man dann vorsehen, daß der Ventilsteuerschieber nur dann den Warmwasserzulauf freigibt, wenn der Kaltwasservorlaufdruck einen bestimmten Mindestwert übersteigt, da andernfalls Verbrühungsgefahr droht. Auch derartige Steuerfunktionen werden häufig durch Boolesche WENN-DANN-Regeln beschrieben und lassen sich daher in das Regelwerk von Fuzzy-Reglern integrieren.

8.5 Genauigkeitsanforderungen an die Sensoren

Die für Fuzzy-Regler kennzeichnende weiche Zuordnung zwischen reellen Meßwerten und linguistischen Werten durch Zugehörigkeitsfunktionen legt einerseits die Vermutung nahe, daß es bei der Messung der Rückführgrößen in einem Fuzzy-Regelungssystem nicht auf eine hohe Genauigkeit ankommt. Andererseits ist ein Fuzzy-Regler nichts anderes als ein nichtlinearer Kennfeldregler, dem von außen nicht anzusehen ist, ob er ein Fuzzy-Regler oder ein herkömmlicher nichtlinearer Regler ist. Deshalb sprechen keine prinzipiellen Gründe für bessere *Robustheitseigenschaften* von Fuzzy-Reglern gegenüber herkömmlichen Reglern.

Die Praxis zeigt aber, daß Regelungssysteme mit Fuzzy-Reglern tatsächlich häufig *robust* gegenüber Meßfehlern und auch gegenüber Variationen von Parametern der Regelstrecke sind. Die Gründe hierfür sind dann darin zu sehen, daß Fuzzy-Regler wegen der fehlenden Prozeßkenntnis nicht auf alle Eigenheiten der Regelstrecke zugeschnitten, also kein *Maßanzug* sind. Man kann sie mit Anzügen *von der Stange* vergleichen, die unterschiedlich gebauten Menschen nicht hervorragend, aber akzeptabel passen. Die häufig beobachtete Robustheit von Fuzzy-Reglern wird demnach mit einem Verzicht auf bestmögliche Regelgüte bezahlt.

Eine geringe Meßgenauigkeit der Sensoren kann auch ausreichen, wenn der Fuzzy-Regler nur dazu dient, die Aktionen eines herkömmlichen Reglers in bestimmten Ausnahmesituationen – die aufgrund zusätzlicher Meßgrößen erkannt werden – zu korrigieren. Generell sind viele ungenau gemessene Rückführgrößen meist günstiger als wenige genau gemessene Größen. So ist es zur Beurteilung und Behandlung eines Krankheitszustandes im allgemeinen dienlicher, die Körpertemperatur nur bis auf ± 0,3 °C genau und *zusätzlich* die ungefähre Pulsfrequenz, als nur die Körpertemperatur bis auf ± 0,1 °C genau zu kennen.

Andere Anwendungen von Fuzzy-Reglern erfordern jedoch hochgenaue Sensoren: Wegen ihrer hohen Flexibilität kann man mit Fuzzy-Reglern hochgradig nichtlineare Kennfelder erzeugen, die speziell auf eine Regelstrecke zugeschnitten sind. Diese Regler reagieren dann allerdings, ähnlich wie klassische optimale Regler, im allgemeinen sehr empfindlich auf Meßfehler und Variationen der Streckenparameter.

Am Beispiel des Mischventils läßt sich ein weiteres, besonders interessantes Anwendungsfeld von Fuzzy-Reglern in Verbindung mit hochgenauen Sensoren illustrieren: Das Meßsignal schneller und hochgenauer Temperatursensoren enthält mehr Information über den Prozeß als nur über die eigentliche Mischtemperatur. Wenn kein Wasser entnommen wird, beobachtet man geringfügige Temperaturschwankungen, die durch das Absinken des kälteren Wassers in den Randschichten und das Aufsteigen des wärmeren Wassers im Rohrinneren (*Konvektion*) hervorgerufen werden. Eine Analyse des *Signalmusters* solcher Temperaturschwankungen kann daher verraten, ob Wasser entnommen wird oder nicht.

Menschen können solche *Mustererkennungsprobleme* hervorragend *mit dem Auge* lösen. Dabei stützen sie sich, wie ein Arzt bei der EKG-Analyse, auf bewußte und unbewußte Erfahrungen. Zur Automatisierung einer solchen Mustererkennung kann man die für das Muster charakteristischen Merkmale durch WENN-DANN-Regeln beschreiben und diese in einem *Fuzzy-Modul* verarbeiten. Damit läßt sich automatisch entscheiden, ob bzw. in welchem Grad eine interessierende Situation vorliegt. Diese Information kann zur Prozeßüberwachung (*Fuzzy-Supervision*), zur Auslösung sicherheitsrelevanter Eingriffe oder zum direkten Eingriff in bestehende Regelungen verwendet werden. Im Beispiel des Mischventils kann man damit den Ventilsteuerschieber, wenn kein Wasser entnommen wird, in eine Grundstellung fahren, die bei wieder einsetzender Entnahme unkritisch ist.

9 Eigenschaften von Fuzzy-Operatoren

Fuzzy-Operatoren werden so konzipiert, daß sie die klassischen Booleschen Operatoren zur Verarbeitung von Fuzzy-Wahrheitswerten $\mu \in [0,1]$ möglichst organisch erweitern. Dabei wird von einem Fuzzy-Operator mindestens verlangt, daß er für die Booleschen Wahrheitswerte 0 und 1 dieselben Resultate wie die klassischen Operatoren liefert (Korrespondenz zur Booleschen Logik):

$$\neg 1 = 0 \qquad \neg 0 = 1\,, \tag{9.1}$$

$$\begin{aligned} 1 \wedge 1 = 1 \qquad 1 \wedge 0 = 0\,, \\ 0 \wedge 1 = 0 \qquad 0 \wedge 0 = 0\,, \end{aligned} \tag{9.2}$$

$$\begin{aligned} 1 \vee 1 = 1 \qquad 1 \vee 0 = 1\,, \\ 0 \vee 1 = 1 \qquad 0 \vee 0 = 0\,. \end{aligned} \tag{9.3}$$

Aus Abschnitt 6.3 geht hervor, daß es mehrere Fuzzy-Operatoren gibt, die diesen Mindestanforderungen genügen. Im folgenden werden weitere UND- und ODER-Operatoren angegeben. Ferner wird gezeigt, worin sich die Fuzzy-Operatoren unterscheiden und wie sich diese Unterschiede auf die Abarbeitung der Regeln auswirken. Hieraus ergeben sich Auswahlkriterien für die Fuzzy-Operatoren.

Für diesen Vergleich der Fuzzy-Operatoren wird zur Ermittlung der ausgangsseitigen Zugehörigkeitsfunktion $\mu(e,u)$ eines Fuzzy-Reglers die Beziehung

$$\mu(e,u) = \bigvee_{k=1}^{r} \left(p_k(e) \wedge c_k(u) \right) \tag{9.4}$$

bzw., falls die einzelnen Regeln R_k mit einem Glaubensgrad ρ_k bewertet werden, die Beziehung

$$\mu(e,u) = \bigvee_{k=1}^{r} \left(\rho_k \wedge p_k(e) \wedge c_k(u)\right) \tag{9.5}$$

zugrunde gelegt (Gl. (6.42) bzw. (6.52)). Darin dienen der ODER-Operator zur Akkumulation und die beiden UND-Operatoren zur Regelaktivierung (Gl. (9.4) und (9.5)) sowie zur Berücksichtigung des Glaubensgrades (Gl. (9.5)).

Wenn die Prämissen $p_k(e)$ und die Konklusionen $c_k(u)$ nur aus Elementaraussagen bestehen, braucht man keine weiteren Operatoren. Meistens bestehen die Prämissen jedoch aus mehreren Elementaraussagen, die durch die Operatoren $\vee$, $\wedge$ und $\neg$ verknüpft sind. Hierfür ist es häufig sinnvoll, aber nicht zwingend notwendig, dieselben Operatoren wie für die Akkumulation, Regelaktivierung und Berücksichtigung des Glaubensgrades vorzusehen.

9.1 UND- und ODER-Operatoren

In Bild 9.1 sind eine Reihe gebräuchlicher Fuzzy-UND- und Fuzzy-ODER-Operatoren zusammengestellt. (Diese Operatoren sind in der Mathematik auch als T-Normen (links) und S-Normen bzw. Co-T-Normen (rechts) bekannt: Rechts steht jeweils die Co-T-Norm, die der in der gleichen Zeile links stehenden T-Norm zugeordnet ist.)

Bild 9.2 veranschaulicht die Wirkungsweise der Operatoren durch Linien gleicher Funktionswerte (*Höhenlinien*) der Ausdrücke $\mu_1 \wedge \mu_2$ bzw. $\mu_1 \vee \mu_2$ im interessierenden Wertebereich, d. h. im Quadrat [0,1] x [0,1]. Alle Operatoren stimmen in den Eckpunkten des Quadrates mit den entsprechenden Booleschen Operatoren überein und genügen damit den Mindestforderungen (9.2 und 9.3). Im Zwischenbereich unterscheiden sich die Operatoren jedoch, und zwar ändert sich ihre Wirkung gleichsinnig beim Übergang von einer Zeile zu der darunterliegenden Zeile in Bild 9.1. Bezeichnet man das Ergebnis der Verknüpfung von μ_1 und μ_2 gemäß der Numerierung nach Bild 9.1 mit $\wedge_i$ bzw. $\vee_j$, so gilt

$$\wedge_1 > \wedge_3 > \wedge_5 > \wedge_7 > \wedge_9 \,. \tag{9.6}$$

Auf dem Rande des Quadrates, d. h., wenn μ_1 oder μ_2 einen der beiden Werte 0 oder 1 annimmt, gilt dagegen

$$\wedge_1 = \wedge_3 = \wedge_5 = \wedge_7 = \wedge_9 \,. \tag{9.7}$$

$\mu_1 \wedge \mu_2$	$\mu_1 \vee \mu_2$
① **Minimum:** $\min\{\mu_1, \mu_2\}$	② **Maximum:** $\max\{\mu_1, \mu_2\}$
③ **Hamacher-Produkt:** $\dfrac{\mu_1 \mu_2}{\mu_1 + \mu_2 - \mu_1 \mu_2}$	④ **Hamacher-Summe:** $\dfrac{\mu_1 + \mu_2 - 2\mu_1 \mu_2}{1 - \mu_1 \mu_2}$
⑤ **algebraisches Produkt:** $\mu_1 \mu_2$	⑥ **algebraische Summe:** $\mu_1 + \mu_2 - \mu_1 \mu_2$
⑦ **Einstein-Produkt:** $\dfrac{\mu_1 \mu_2}{2 - (\mu_1 + \mu_2 - \mu_1 \mu_2)}$	⑧ **Einstein-Summe:** $\dfrac{\mu_1 + \mu_2}{1 + \mu_1 \mu_2}$
⑨ **begrenzte Differenz:** $\max\{0, \mu_1 + \mu_2 - 1\}$	⑩ **begrenzte Summe:** $\min\{1, \mu_1 + \mu_2\}$

Bild 9.1 Gebräuchliche Fuzzy-UND-Operatoren (links) und Fuzzy-ODER-Operatoren (rechts).

Entsprechend gilt im Inneren des Quadrates

$$\vee_2 < \vee_4 < \vee_6 < \vee_8 < \vee_{10} \tag{9.8}$$

und auf dem Rande

$$\vee_2 = \vee_4 = \vee_6 = \vee_8 = \vee_{10} \,. \tag{9.9}$$

Schließlich gilt für das Minimum und Maximum

$$\wedge_1 \leq \vee_2 \quad , \tag{9.10}$$

wobei das Gleichheitszeichen nur für die zwei Eckpunkte $(\mu_1, \mu_2) = (0, 0)$ und $(\mu_1, \mu_2) = (1, 1)$ gültig ist.

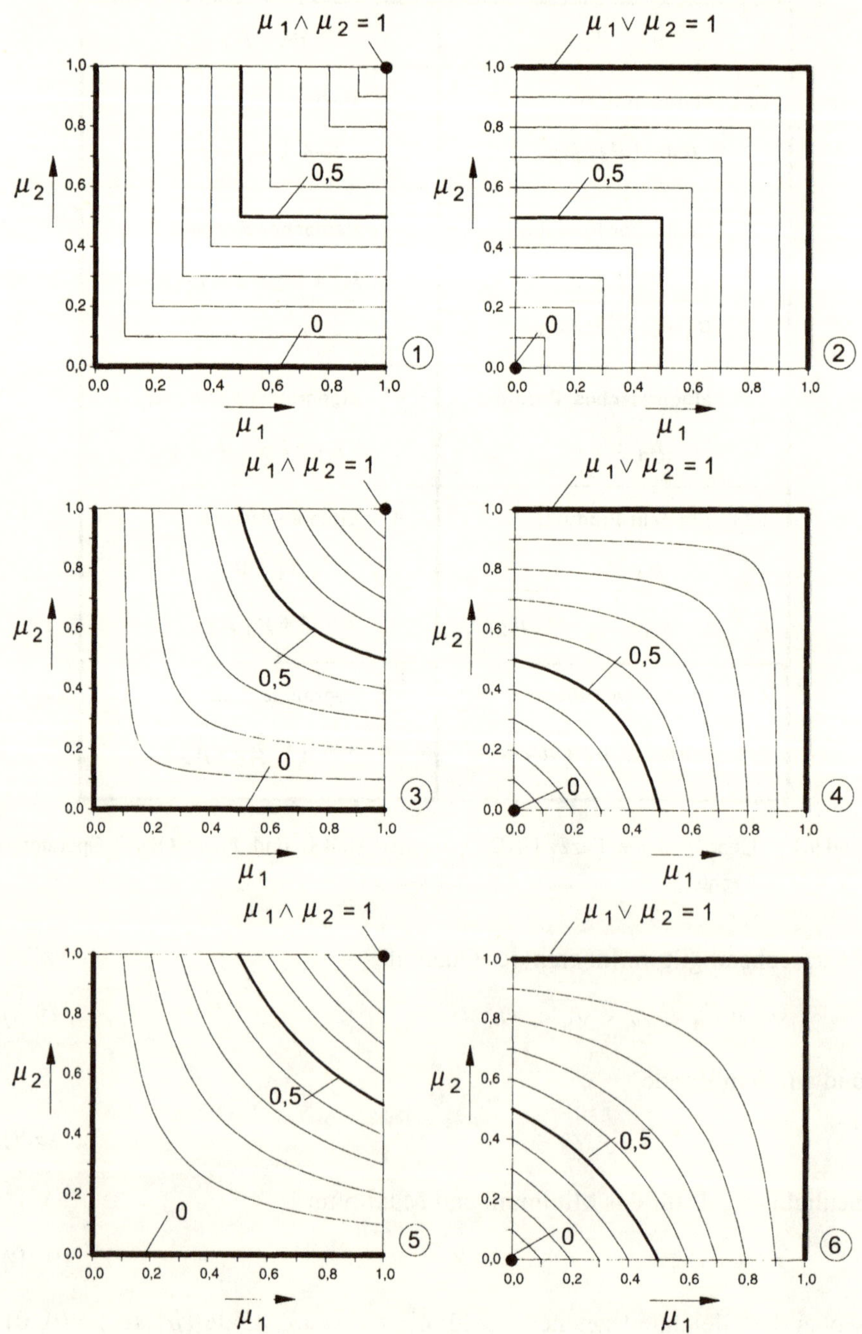

$\mu_1 \wedge \mu_2 = 1$
$\mu_1 \vee \mu_2 = 1$
μ_1
μ_2
0,5
0
1,0
0,8
0,6
0,4
0,2
0,0
1
2
3
4
5
6

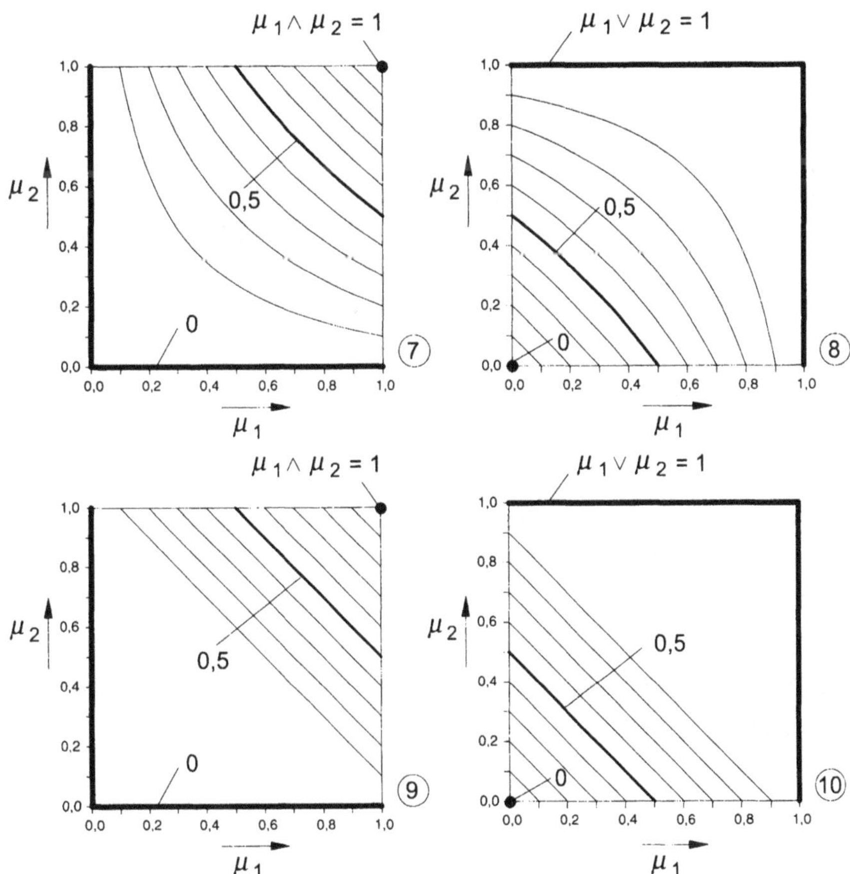

Bild 9.2 Veranschaulichung der Wirkung der gebräuchlichsten Fuzzy-UND-Operatoren (links) und Fuzzy-ODER-Operatoren (rechts) durch Höhenlinien $\mu_1 \wedge \mu_2 = c$ bzw. $\mu_1 \vee \mu_2 = c$ für die Werte $c = 0; 0{,}1; 0{,}2; ...; 1$ im Wertebereich [0,1] x [0,1]. Die Numerierung entspricht Bild 9.1.

Am gebräuchlichsten sind die Operatoren 1, 2, 5, 6, 9 und 10. Die Gültigkeit der Beziehungen (9.6) und (9.8) kann man analytisch nachweisen oder auch aus dem Verlauf der Höhenlinien herauslesen. Bild 9.3 illustriert dies exemplarisch: Da beispielsweise die Höhenlinie 3 vollständig oberhalb der Höhenlinie 1 liegt, gilt $\wedge_1 \geq \wedge_3$ usw. Da die Höhenlinie 4 vollständig unterhalb der Höhenlinie 2 liegt, gilt $\vee_2 \leq \vee_4$ usw.

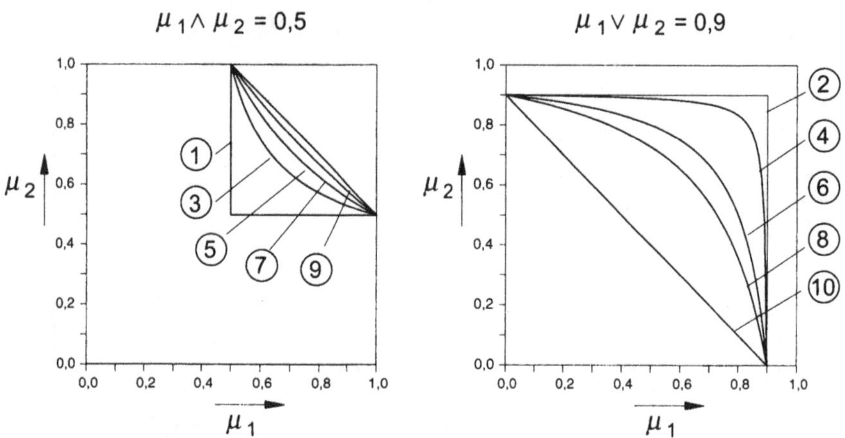

Bild 9.3 Höhenlinien $\mu_1 \wedge \mu_2 = 0{,}5$ (links) und $\mu_1 \vee \mu_2 = 0{,}9$ (rechts) für die nach Bild 9.1 numerierten Operatoren. Die Verläufe der Höhenlinien veranschaulichen die zwischen den Operatoren bestehenden Ungleichungsbeziehungen.

9.2 Gemeinsame Eigenschaften der UND- und ODER-Operatoren

Sämtliche in Abschnitt 9.1 genannten Fuzzy-Operatoren haben für alle Wahrheitswerte $\mu_1, \mu_2, \mu_3, \mu_4$ und μ aus dem Wertebereich $[0,1]$ folgende Eigenschaften:

- **Assoziativgesetze**

$$\mu_1 \wedge (\mu_2 \wedge \mu_3) = (\mu_1 \wedge \mu_2) \wedge \mu_3 \ , \tag{9.11}$$

$$\mu_1 \vee (\mu_2 \vee \mu_3) = (\mu_1 \vee \mu_2) \vee \mu_3 \ . \tag{9.12}$$

- **Kommutativgesetze**

$$\mu_1 \wedge \mu_2 = \mu_2 \wedge \mu_1 \ , \tag{9.13}$$

$$\mu_1 \vee \mu_2 = \mu_2 \vee \mu_1 \ . \tag{9.14}$$

- **Verknüpfungen mit den Wahrheitswerten 0 bzw. 1**

$$\mu \wedge 1 = \mu , \tag{9.15}$$

$$\mu \wedge 0 = 0\,, \tag{9.16}$$

$$\mu \vee 0 = \mu\,, \tag{9.17}$$

$$\mu \vee 1 = 1\,. \tag{9.18}$$

- **Monotonie**

  Aus $\mu_1 \leq \mu_3$ und $\mu_2 \leq \mu_4$ folgt

$$\mu_1 \wedge \mu_2 \leq \mu_3 \wedge \mu_4\,, \tag{9.19}$$

$$\mu_1 \vee \mu_2 \leq \mu_3 \vee \mu_4\,. \tag{9.20}$$

- **Stetigkeit**

  Die Verknüpfungen $\mu = \mu_1 \wedge \mu_2$ und $\mu = \mu_1 \vee \mu_2$ sind stetige Funktionen der beiden Variablen μ_1 und μ_2 in dem interessierenden Wertebereich [0,1] x [0,1].

- **de Morgansche Gesetze**

$$\neg(\mu_1 \wedge \mu_2) = \neg\mu_1 \vee \neg\mu_2 \tag{9.21}$$

  und

$$\neg(\mu_1 \vee \mu_2) = \neg\mu_1 \wedge \neg\mu_2 \tag{9.22}$$

Dabei beziehen sich die de Morganschen Gesetze jeweils auf nach Bild 9.1 zeilenweise einander zugeordnete Operatoren.

Nach Anhang C ist die Äquivalenz zweier Boolescher Aussagen W_1 und W_2 durch folgende gleichwertige Definitionen erklärt:

(i) $W_1 \Leftrightarrow W_2$ ist eine *Identität* (für jede Einsetzung der Wahrheitswerte der in W_1 und W_2 auftretenden Aussagen entsteht eine wahre Aussage).

(ii) Aus W_1 und W_2 entstehen für jede Einsetzung der Wahrheitswerte der Aussagen, die in W_1 und W_2 auftreten, Aussagen mit gleichem Wahrheitswert.

Im Unterschied zur Definition (i) läßt sich die Definition (ii) direkt auf Fuzzy-Aussagen übertragen. Damit läßt sich entscheiden, ob eine Aussage der Form

$$W_1 \text{ und } W_2 \text{ sind äquivalent,} \tag{9.23}$$

abgekürzt

$$W_1 \equiv W_2, \tag{9.24}$$

wahr oder falsch ist. Es ist anzumerken, daß solche Aussagen, wie in der klassischen Logik, nach wie vor Boolesche Aussagen sind, obwohl sie sich hier auf Fuzzy-Aussagen W_1 und W_2 beziehen.

Mit diesem Äquivalenzbegriff lassen sich die Gleichungen (9.11) bis (9.22) in Äquivalenzen übersetzen, mit denen man Fuzzy-Aussagen – analog zur klassischen Logik – durch Umformung vereinfachen kann, ohne die resultierenden Wahrheitswerte zu verändern. Im folgenden wird angegeben, was sich hieraus mit den Eigenschaften (9.11) bis (9.22) für die Abarbeitung der Regeln ergibt.

- Das Assoziativgesetz ist für die Auswertung der Ausdrücke (9.4) und (9.5) essentiell. Ohne dieses Gesetz wären diese Ausdrücke nicht wohldefiniert, sondern man müßte darin zunächst noch Klammern setzen, und das Ergebnis der Auswertung würde von der gewählten Klammerstruktur abhängen.
- Wegen des Kommutativgesetzes hängen die ausgangsseitigen Zugehörigkeitsfunktionen (9.4) bzw. (9.5) weder von der Reihenfolge ab, in der einzelne Regeln angeordnet sind, noch von der Reihenfolge, in der Elementaraussagen mit dem UND- bzw. ODER-Operator zu komplizierteren Prämissen oder Konklusionen verknüpft werden.
- Die Eigenschaft (9.15) sorgt dafür, daß zwei Regeln mit denselben Konklusionen und der Prämisse $p_k(e)$ bzw. der erweiterten Prämisse $(e = a) \wedge p_k(e)$ denselben Beitrag zur ausgangsseitigen Zugehörigkeitsfunktion (9.4) bzw. (9.5) liefern, wenn die Elementaraussage $e = a$ im Grade 1 erfüllt ist. Ferner stimmen mit der Eigenschaft (9.15) die ausgangsseitigen Zugehörigkeitsfunktionen (9.4) und (9.5) für den Sonderfall, daß für alle Regeln $\rho_K = 1$ gilt, miteinander überein.
- Mit der Eigenschaft (9.16) liefern Regeln, deren Prämissen im Grade 0 erfüllt sind oder für die $\rho_K = 0$ gilt, keinen Beitrag zur ausgangsseitigen Zugehörigkeitsfunktion (9.4) bzw. (9.5). Ferner verschwindet die ausgangsseitige Zugehörigkeitsfunktion damit für jeden Ausgangsgrößenwert u, der alle Konklusionen nur im Grade 0 erfüllt.
- Mit der Eigenschaft (9.17) ändert das Hinzufügen einer Regel, deren Prämisse im Grade 0 erfüllt ist oder für die $\rho_K = 0$ gilt, die ausgangsseitige Zugehörigkeitsfunktion nicht.
- Mit der Eigenschaft (9.18) folgt aus $\mu_k(e,u) = 1$ stets $\mu(e,u) = 1$. Wird also ein Ausgangsgrößenwert u auch nur von einer einzigen Regel im

Grade 1 empfohlen, dann können andere Regeln diese Empfehlung nicht mehr abschwächen.

- Die Monotonie bedeutet, daß sich der Wahrheitswert $\mu = \mu_1 \wedge \mu_2$ bzw. $\mu = \mu_1 \vee \mu_2$ nicht verkleinert, wenn man einen der beiden Wahrheitswerte μ_1 und μ_2 (oder beide) vergrößert. Würde diese Monotonie für irgendeinen der Operatoren in den Ausdrücken (9.4) und (9.5) nicht gelten, so würde die Auswertung der Ausdrücke (9.4) und (9.5) unplausible Ergebnisse liefern. Beispielsweise könnte eine Vergrößerung des Erfülltheitsgrades einer Prämisse $p_k(e)$ dann den Grad, mit dem ein Ausgangsgrößenwert u von der Regel R_k empfohlen wird, verringern.
- Verwendet man zur Modellierung der eingangsseitigen linguistischen Werte stetige Zugehörigkeitsfunktionen, so führen kleine Änderungen der Eingangsgrößenwerte zu kleinen Änderungen der Erfülltheitsgrade der Elementaraussagen. Wegen der Stetigkeit der Fuzzy-Operatoren resultieren daraus kleine Änderungen der Erfülltheitsgrade der Regelprämissen und damit auch der ausgangsseitigen Zugehörigkeitsfunktion. In Verbindung mit der Defuzzifizierung nach der Schwerpunktmethode sichert dies die stetige Abhängigkeit der Ausgangsgröße von den Eingangsgrößen. Für die Defuzzifizierung nach der Maximummethode gilt dies jedoch nicht.

Auf die Nützlichkeit der de Morganschen Gesetze wird im nächsten Abschnitt eingegangen.

9.3 Unterschiedliche Eigenschaften der UND- und ODER-Operatoren

Im folgenden wird herausgestellt, worin sich die obigen Operatoren unterscheiden und welche Folgen dies für die Auswertung der Ausdrücke (9.4) und (9.5) hat.

Die **Idempotenz**

$$\mu \wedge \mu = \mu \tag{9.25}$$

bzw.

$$\mu \vee \mu = \mu \tag{9.26}$$

bezüglich aller Wahrheitswerte $\mu \in [0,1]$ gilt nur für das Minimum und das Maximum.

Für die übrigen Operatoren gilt wegen Gl. (9.6) bzw. (9.8) für alle Wahrheitswerte $0 < \mu_1 < 1$ oder $0 < \mu_2 < 1$ statt dessen

$$\mu_1 \wedge \mu_2 < \min\{\mu_1, \mu_2\} \tag{9.27}$$

bzw.

$$\mu_1 \vee \mu_2 > \max\{\mu_1, \mu_2\} . \tag{9.28}$$

Ferner gilt in diesen Fällen für die mehrfache Konjunktion bzw. Disjunktion im Grenzfall unendlich vieler Verknüpfungen

$$\mu \wedge \mu \wedge \mu \wedge \ldots \rightarrow 0 \tag{9.29}$$

bzw.

$$\mu \vee \mu \vee \mu \vee \ldots \rightarrow 1 . \tag{9.30}$$

Dies hat unerwünschte Auswirkungen: Wegen der Beziehung (9.29) kann der Wahrheitswert einer Prämisse, die aus einer Konjunktion sehr vieler Elementaraussagen besteht, unplausibel klein werden. Wegen der Beziehung (9.30) kann ein umfangreicher Regelsatz zu einer ausgangsseitigen Zugehörigkeitsfunktion führen, die fast überall den Funktionswert 1 annimmt und deshalb keinen klaren Hinweis mehr liefert, welche Ausgangsgrößenwerte zu bevorzugen sind.

Fuzzy-Operatoren $\mu = f(\mu_1, \mu_2)$, für die im gesamten Wertebereich [0,1] x [0,1]

$$\min\{\mu_1, \mu_2\} \leq f(\mu_1, \mu_2) \leq \max\{\mu_1, \mu_2\} \tag{9.31}$$

gilt, heißen *stabil*. Wegen der Beziehungen (9.6) und (9.8) sind von den obengenannten Operatoren nur das Minimum und das Maximum stabil.

Auch die **Absorptionsgesetze**

$$\mu_1 \wedge (\mu_1 \vee \mu_2) = \mu_1 \tag{9.32}$$

und

$$\mu_1 \vee (\mu_1 \wedge \mu_2) = \mu_1 \tag{9.33}$$

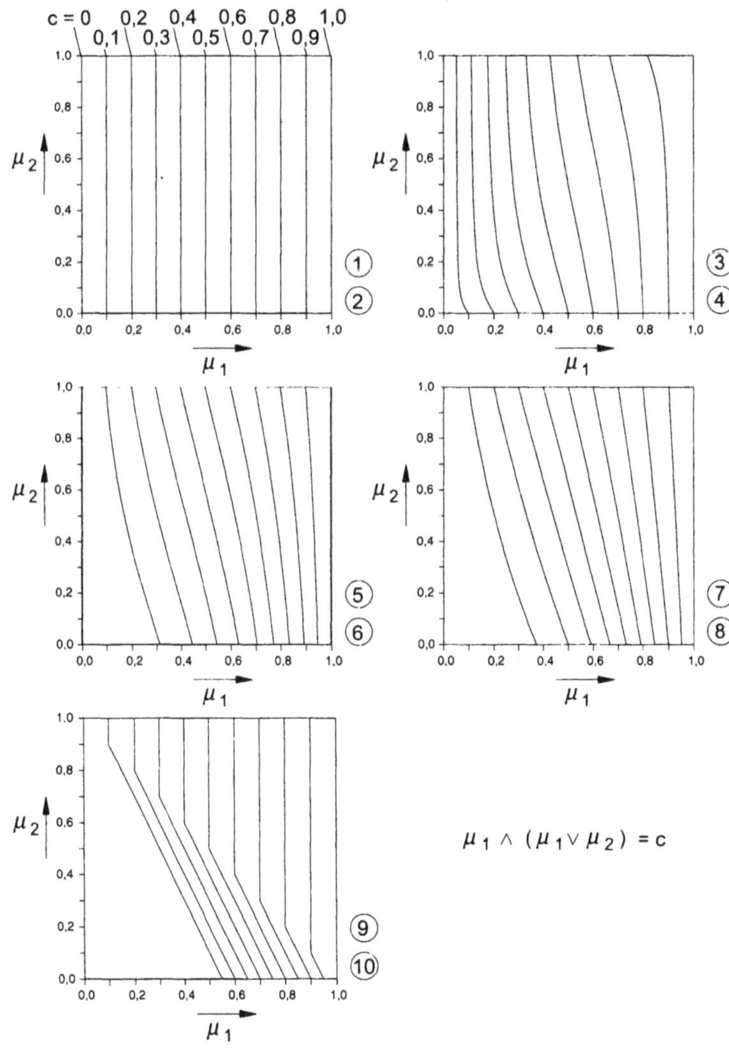

Bild 9.4 Höhenlinien der Funktion $\mu_1 \wedge (\mu_1 \vee \mu_2) = c$ für die Werte c = 0; 0,1; 0,2;...; 1 für die nach Bild 9.1 zeilenweise einander zugeordneten Operatoren. Die zur μ_2-Achse parallelen Verläufe der Höhenlinien für das Minimum und das Maximum zeigen an, daß das Absorptionsgesetz (9.32) gilt. Da sich für die übrigen Operatoren andere Verläufe der Höhenlinien ergeben, gilt dieses Absorptionsgesetz hierfür nicht. Das Entsprechende gilt auch für das Absorptionsgesetz (9.33), denn wegen der de Morganschen Gesetze sind beide Absorptionsgesetze äquivalent.

gelten nur für das Minimum und das Maximum (Bild 9.4). Sie dienen u. a. zur Vereinfachung komplizierter Prämissen, wie sie beispielsweise durch das unten beschriebene Zusammenfassen von Regeln entstehen können.

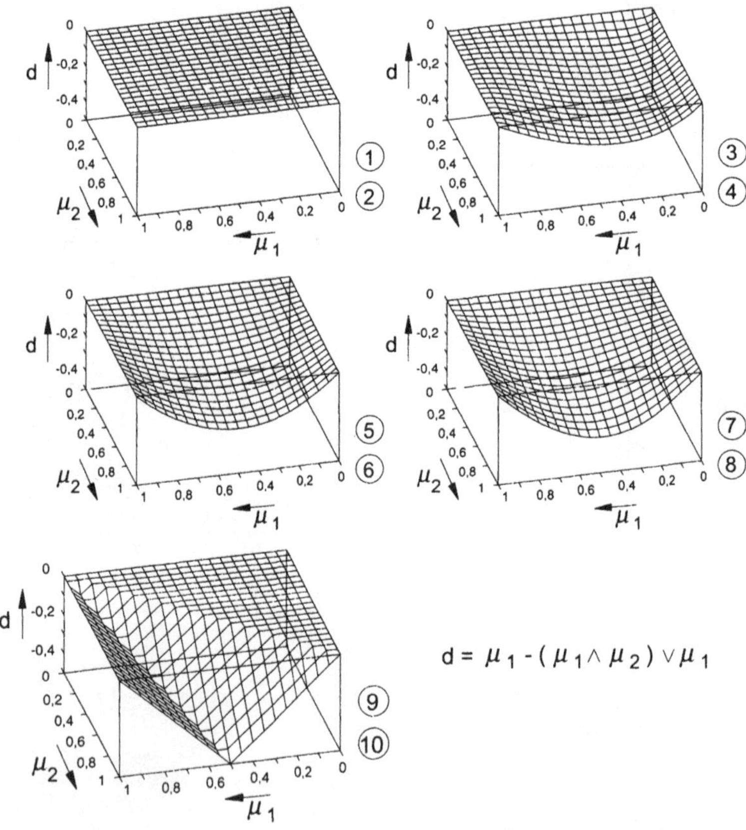

Bild 9.5 Verläufe der Differenz $d = \mu_1 \wedge (\mu_2 \vee 1) - (\mu_1 \wedge \mu_2) \vee (\mu_1 \wedge 1)$, die sich zu $d = \mu_1 - (\mu_1 \wedge \mu_2) \vee \mu_1$ vereinfachen läßt, für die nach Bild 9.1 jeweils zeilenweise einander zugeordneten Operatoren. Nur für das Minimum und das Maximum veschwindet diese Differenz. Für alle anderen Fälle ist daher das Distributivgesetz (9.34) verletzt.

Schließlich gelten auch die **Distributivgesetze**

$$\mu_1 \wedge (\mu_2 \vee \mu_3) = (\mu_1 \wedge \mu_2) \vee (\mu_1 \wedge \mu_3) \tag{9.34}$$

und

$$\mu_1 \vee (\mu_2 \wedge \mu_3) = (\mu_1 \vee \mu_2) \wedge (\mu_1 \vee \mu_3) \tag{9.35}$$

nur für das Minimum und das Maximum. Bild 9.5 zeigt, in welchem Maße die Beziehung (9.34) für $\mu_3 = 1$ bei Einsatz der übrigen Operatoren verletzt wird. Wegen der de Morganschen Gesetze wird damit gleichzeitig gezeigt, in welchem Maße die Beziehung (9.35) für $\mu_3 = 0$ verletzt wird.

Mit dem Distributivgesetz (9.34) sind die Aussagen

$$\big(p_1(e) \wedge c(u)\big) \vee \big(p_2(e) \wedge c(u)\big) \tag{9.36}$$

und

$$\big(p_1(e) \vee p_2(e)\big) \wedge c(u) \tag{9.37}$$

äquivalent. Hiermit kann man die Regelauswertung bei geeigneter Operatorwahl vereinfachen, indem man alle Regeln mit denselben Konklusionen zu einer einzigen Regel zusammenfaßt. Der Wahrheitswert ihrer Prämisse läßt sich dann als *Aktivierungsgrad ihrer Konklusion* interpretieren.

Zusammenfassend ergibt sich, daß die Idempotenz, die Absorptionsgesetze und die Distributivgesetze, die in der klassischen Logik gelten, beim Übergang zur Fuzzy-Logik von den genannten Operatoren nur für das Minimum und das Maximum gültig sind. Für die übrigen Operatoren ergeben sich – in der Reihenfolge der Numerierung nach Bild 9.1 – schrittweise größer werdende Abweichungen hiervon. Insofern nehmen das Minimum und das Maximum also eine Sonderstellung ein.

Umgekehrt sind die aus der klassischen Logik bekannten Beziehungen

$$\mu \wedge \neg\mu = 0 \tag{9.38}$$

und

$$\mu \vee \neg\mu = 1 \tag{9.39}$$

mit der Realisierung (6.21) für den NICHT-Operator nur für die begrenzte Differenz bzw. die begrenzte Summe erfüllt. Für die übrigen Operatoren ergeben sich in umgekehrter Reihenfolge der Numerierung nach Bild 9.1 schrittweise größer werdende Abweichungen (Bild 9.6).

Die Verletzung der Beziehung (9.39) kann zu einer unplausiblen Verarbeitung der Regeln führen. Als Beispiel werden die beiden Regeln

$$\begin{aligned} &\text{WENN } (x_1 = PM) \wedge (x_2 = N) && \text{DANN } u = PM\,, \\ &\text{WENN } (x_1 = PM) \wedge (x_2 = \neg\, N) && \text{DANN } u = PM \end{aligned} \tag{9.40}$$

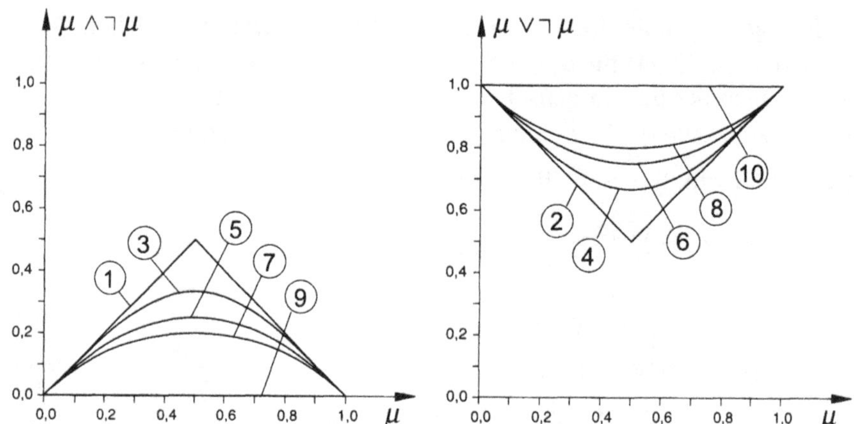

Bild 9.6 Verläufe der Funktionen $\mu \wedge \neg\mu$ (links) und $\mu \vee \neg\mu$ (rechts) für unterschiedliche Fuzzy-Operatoren. Die Numerierung entspricht Bild 9.1. Aus den Verläufen geht hervor, daß die Beziehungen $\mu \wedge \neg\mu = 0$ und $\mu \vee \neg\mu = 1$ nur für die begrenzte Differenz bzw. die begrenzte Summe erfüllt sind.

betrachtet, in der N und $\neg N$ die linguistischen Werte *negativ* und *nicht negativ* bezeichnen. Bild 9.7 (oben) zeigt die hierfür gewählten Zugehörigkeitsfunktionen. Verwendet man die Max-Min-Inferenz, so gelten die Distributivgesetze. Die beiden Regeln lassen sich daher zu einer Regel zusammenfassen, die die Konklusion $u = PM$ und die Prämisse

$$\left[(x_1 = PM) \wedge (x_2 = N)\right] \vee \left[(x_1 = PM) \wedge (x_2 = \neg N)\right] \tag{9.41}$$

hat. Mit dem Distributivgesetz vereinfacht sich die Prämisse zu

$$(x_1 = PM) \wedge \left((x_2 = N) \vee (x_2 = \neg N)\right) . \tag{9.42}$$

Wegen der Verletzung der Beziehung (9.39) läßt sich diese Prämisse nicht weiter zu dem Ausdruck $x_1 = PM$ vereinfachen. Ihr Wahrheitswert ergibt sich vielmehr durch UND-Verknüpfung der Zugehörigkeitsfunktionen $\mu_{PM}(x_1)$ mit der in Bild 9.7 (unten) dargestellten Zugehörigkeitsfunktion. Hierdurch wird der Wahrheitswert der Prämisse gegenüber dem Wahrheitswert der Elementaraussage $x_1 = PM$ im Bereich kleiner Werte von $|x_2|$ abgeschwächt. Dies entspricht nicht der naheliegenden Interpretation der Regeln (9.40), nach der der Wert von x_2 keinen Einfluß auf das Ergebnis einer Schlußfolgerung aus beiden Regeln haben sollte.

Insgesamt ergibt sich damit, daß man mit keinem der genannten UND- und ODER-Operatoren sämtliche aus der klassischen Logik bekannten Äquivalenzen erfüllen kann. Die durchgeführte Analyse verschafft jedoch einen Überblick darüber, wie groß die Verletzungen dieser Äquivalenzen für die einzelnen Operatoren sind und welche Konsequenzen sie für die Abarbeitung der Regeln haben.

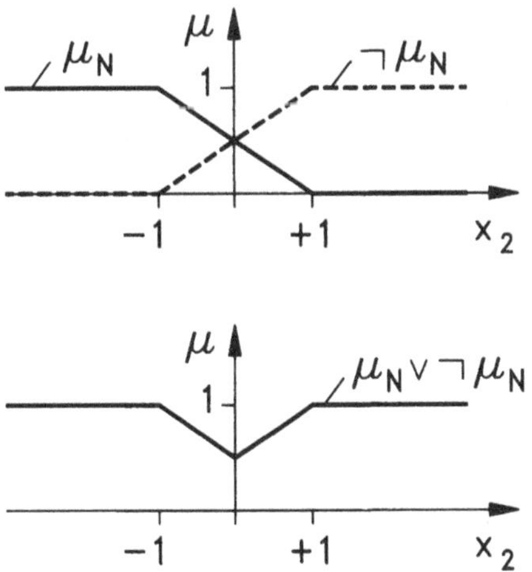

Bild 9.7 Zugehörigkeitsfunktion μ_N zur Modellierung des linguistischen Wertes N (*negativ*) und durch Negation daraus hervorgehende Zugehörigkeitsfunktion $\neg\mu_N$ (oben). Anders als nach der klassischen Logik zu erwarten, hat die Zugehörigkeitsfunktion $\mu_N \vee \neg\mu_N$ nicht überall den Funktionswert 1, wenn als Fuzzy-ODER das Maximum verwendet wird (unten).

Nach Abschnitt 6.4 wird bei der Sum-Prod-Inferenz die Akkumulation durch die gewöhnliche Summe, die kein Fuzzy-Operator ist, ausgeführt. Für diese Akkumulation in Verbindung mit dem algebraischen Produkt für die Regelaktivierung gelten alle in den Abschnitten 9.2 und 9.3 aufgeführten Eigenschaften mit Ausnahme der Beziehungen (9.18), (9.21), (9.22), (9.26) und (9.39).

Fuzzy Control zielt darauf ab, Erfahrungswissen, das Prozeßexperten in Form von Regeln niedergelegt haben, möglichst unverfälscht in den Regler einzubringen und dort zu nutzen. Deshalb müßte man im Prinzip danach fragen, welche Wahl der Operatoren den Intentionen des Prozeßexperten am ehesten gerecht wird. Dies schließt die Frage ein, welche Äquivalenzen für die Abarbeitung der Regeln im Fuzzy-Regler im Einzelfall am wichtigsten sind. Meist wird man diese Fragen allerdings nicht vorweg, sondern erst durch Ausprobieren der unterschiedlichen Operatoren beantworten können. Dabei kann man die oben vermittelten qualitativen Einsichten für ein zielgerichtetes Probieren nutzen.

9.4 Einbeziehen der Defuzzifizierung

Aus den vorangegangenen Abschnitten geht hervor, welchen Einfluß die Wahl der Operatoren auf die ausgangsseitige Zugehörigkeitsfunktion hat. Letztendlich interessiert aber der Ausgangsgrößenwert u_D, der sich durch Defuzzifizierung dieser Zugehörigkeitsfunktion ergibt. Deshalb muß auch die Defuzzifizierung in den Vergleich der Operatoren mit einbezogen werden.

9.4.1 Gleichzeitige Aktivierung mehrerer Regeln mit derselben Konklusion

Im folgenden werden die Regeln

$$
\begin{aligned}
&\mathrm{R}_1\text{:}\quad \text{WENN } x_1 = P && \text{DANN } u = PG\,,\\
&\mathrm{R}_2\text{:}\quad \text{WENN } x_1 = PG && \text{DANN } u = PK\,,\\
&\mathrm{R}_3\text{:}\quad \text{WENN } x_2 = PG && \text{DANN } u = PG
\end{aligned}
\tag{9.43}
$$

mit den ausgangsseitigen Zugehörigkeitsfunktionen nach Bild 9.8 (a) betrachtet. Für die Aktivierung wird hier stets das algebraische Produkt verwendet. Zunächst seien die Regeln R_1 im Grade 1, R_2 im Grade 0,8 und R_3 im Grade 0 aktiviert. Die Akkumulation mit dem Maximum und der begrenzten (oder gewöhnlichen) Summe liefert dann die beiden unterschiedlichen Zugehörigkeitsfunktionen $\mu_1(u)$ und $\mu_2(u)$ (Bild 9.8 (b) und (c)). Ihre Defuzzifizierung liefert bei Verwendung der Maximummethode identische und bei Verwendung der Schwerpunktmethode nur geringfügig unterschiedliche Ausgangsgrößenwerte (nicht gezeichnet).

Dieser Unterschied wird jedoch erheblich größer, wenn auch noch die Regel R_3, die dieselbe Konklusion wie die Regel R_1 hat, im Grade 1 aktiviert wird. Dann liefert die Akkumulation mit dem Maximum die Zugehörigkeitsfunktion $\tilde{\mu}_1(u) = \mu_1(u)$ (Bild 9.8 (d)). Demgegenüber erzeugt die Akkumulation mit der begrenzten bzw. der gewöhnlichen Summe die stark von $\mu_2(u)$ verschiedenen Zugehörigkeitsfunktionen $\tilde{\mu}_2(u)$ bzw. $\hat{\mu}_2(u)$ (Bild 9.8 (e) und (f)), deren Defuzzifizierung nach der Schwerpunktmethode im Vergleich zu $\mu_2(u)$ deutlich größere Ausgangsgrößenwerte liefert (nicht eingezeichnet).

Gleichlautende Empfehlungen unterschiedlicher Regeln werden also bei Verwendung der begrenzten oder gewöhnlichen Summe für die Akkumulation im Gegensatz zum Maximum *einander bekräftigend überlagert.* Ob eine solche Bekräftigung erwünscht ist oder nicht, hängt vom Einzelfall ab. Im vorliegenden Beispiel kann man die Auffassung vertreten, daß der linguistische Ausgangsgrößenwert *PG* bei Aktivierung beider Regeln R_1 und R_3 aus *unterschiedlichen Gründen* vorgeschlagen wird und deshalb – verglichen mit dem Fall, daß nur R_1 aktiviert wird – ernster zu nehmen ist.

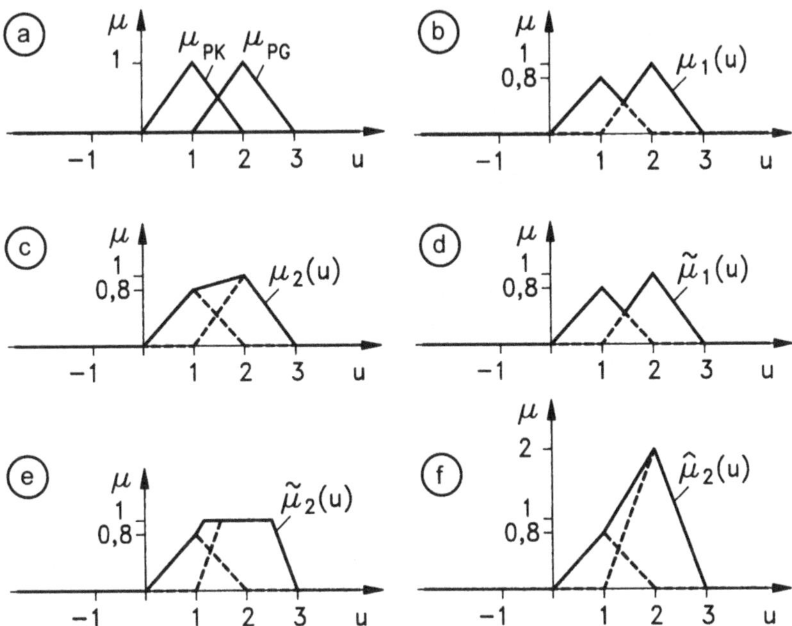

Bild 9.8 Zugehörigkeitsfunktionen μ_{PK} und μ_{PG} zur Modellierung der ausgangsseitigen linguistischen Werte eines Fuzzy-Reglers (a) und daraus hervorgehende ausgangsseitige Zugehörigkeitsfunktionen (b) bis (f) (grau unterlegt) für unterschiedliche Wahl der Operatoren für die Akkumulation.

9.4.2 Unsymmetrische ausgangsseitige Zugehörigkeitsfunktionen

Die Regelaktivierung unter Verwendung des Minimums in Verbindung mit der Defuzzifizierung nach der Schwerpunktmethode kann bei unsymmetrischen ausgangsseitigen Zugehörigkeitsfunktionen zu unplausiblen Ergebnissen führen. Wird beispielsweise nur die Regel WENN e = *PK* DANN

$u = PG$ aktiviert und der linguistische Wert PG durch die unsymmetrische Zugehörigkeitsfunktion $\mu(u)$ nach Bild 9.9 modelliert, dann hängt der Ausgangsgrößenwert vom Aktivierungsgrad dieser Regel ab.

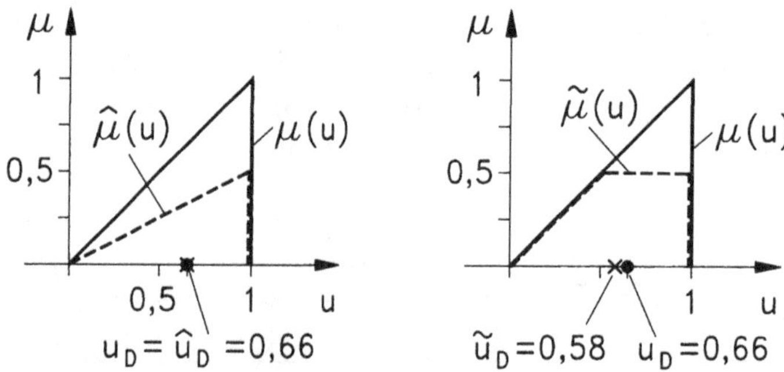

Bild 9.9 Einfluß der für die Regelaktivierung verwendeten Operatoren auf den Ausgangsgrößenwert bei Defuzzifizierung nach der Schwerpunktmethode. Bei voll aktivierter Regel ergibt sich als zu defuzzifizierende Zugehörigkeitsfunktion $\mu(u)$ und damit der Ausgangsgrößenwert u_D (links und rechts). Bei halb aktivierter Regel führt die Regelaktivierung mit dem algebraischen Produkt (links) bzw. mit dem Minimum (rechts) auf die Zugehörigkeitsfunktion $\hat{\mu}(u)$ bzw. $\tilde{\mu}(u)$ und den Ausgangsgrößenwert $\hat{u}_D = u_D = 0{,}66$ bzw. $\tilde{u}_D = 0{,}58$. Bei extrem kleiner Regelaktivierung gilt $\tilde{u}_D = 0{,}5$ (nicht eingezeichnet).

9.5 Berücksichtigung des Realisierungsaufwandes

Die beschriebenen Fuzzy-Operatoren unterscheiden sich deutlich hinsichtlich des erforderlichen Realisierungsaufwandes. Zur Illustration dieser Unterschiede wird im folgenden zunächst vorausgesetzt, daß zur Modellierung der ausgangsseitigen linguistischen Werte Zugehörigkeitsfunktionen $\mu_j(u)$ in Form von Polygonzügen verwendet werden. Die meist verwendeten dreieck- oder trapezförmigen Zugehörigkeitsfunktionen sind Spezialfälle davon. Ferner wird vorausgesetzt, daß die Konklusion jeder Regel R_k nur aus einer Elementaraussage besteht. In diesem Fall stimmt die Zugehörigkeitsfunktion $\overline{\mu}_k(u)$, die die Wahrheitswerte der Konklusion $c_k(u)$ liefert, mit einer der obigen Zugehörigkeitsfunktionen $\mu_j(u)$ überein und ist daher auch ein Polygonzug.

Zugehörigkeitsfunktionen $\mu(u)$ in Form von Polygonzügen lassen sich sehr einfach durch zwei Listen

$$u_1, u_2, \ldots, u_s \tag{9.44}$$

und

$$\mu_1, \mu_2, \ldots, \mu_s \tag{9.45}$$

beschreiben. Die erste Liste enthält die ihrer Größe nach angeordneten Stellen u_i, an denen der Polygonzug Knickpunkte aufweist, die zweite Liste enthält die zugehörigen Funktionswerte $\mu_i = \mu(u_i)$ (Bild 9.10).

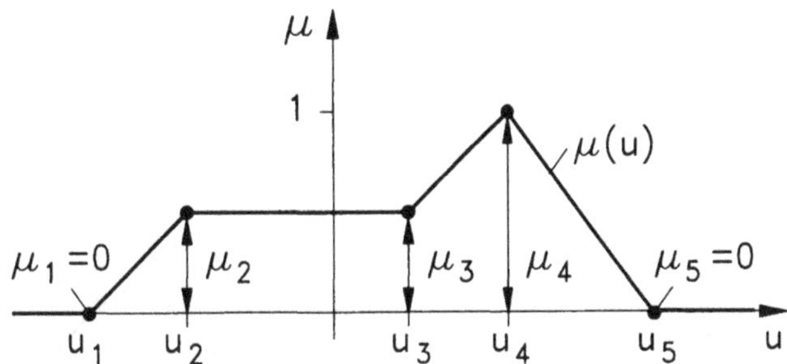

9.10 Polygonzugförmige Zugehörigkeitsfunktion, die durch die Angabe der fünf Knickstellen u_i und der dazugehörigen Funktionswerte $\mu_i = \mu(u_i)$ vollständig beschrieben wird.

Ausgehend von solchen Listen erhält man die Funktionswerte $\mu(u)$ für alle Werte u, die zwischen zwei benachbarten Knickstellen u_i und u_{i+1} liegen, durch die Vorschrift

$$\mu(u) = \mu_i \frac{u_{i+1} - u}{u_{i+1} - u_i} + \mu_{i+1} \frac{u - u_i}{u_{i+1} - u_i} \quad . \tag{9.46}$$

9.5.1 Regelaktivierung

Zur Regelaktivierung ist für jede Regel R_k die Zugehörigkeitsfunktion

$$\mu_k(u) = \mu(p_k) \wedge \overline{\mu}_k(u) \tag{9.47}$$

zu bilden, wobei $\mu(p_k)$ der Erfülltheitsgrad der Prämisse ist (vgl. Gl. (6.39)). Im folgenden wird davon ausgegangen, daß die Zugehörigkeitsfunktion $\overline{\mu}_k(u)$ ein Polygonzug ist und durch die Listen

$$\bar{u}_1,\ \bar{u}_2,\ \ldots,\ \bar{u}_s\ , \tag{9.48}$$

$$\bar{\mu}_1, \bar{\mu}_2,\ \ldots,\ \bar{\mu}_s \tag{9.49}$$

beschrieben wird.

Verwendet man in Gl. (9.47) als UND-Operator das algebraische Produkt, so ist $\mu_k(u)$ wieder ein Polygonzug (Bild 9.11 (a) und (b)). Er wird durch die Listen

$$u_i = \bar{u}_i,\ i = 1, 2, \ldots, s, \tag{9.50}$$

$$\mu_i = \mu(p_k)\,\bar{\mu}_i,\ i = 1,\ 2,\ \ldots,\ s \tag{9.51}$$

beschrieben und ist also sehr einfach berechenbar.

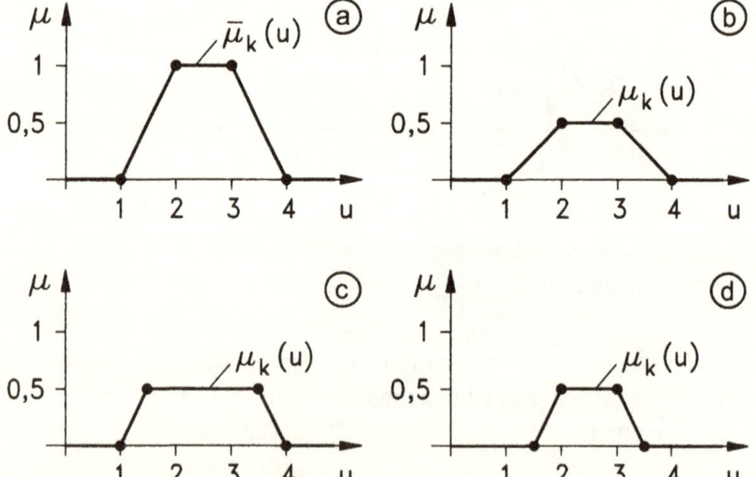

Bild 9.11 Polygonzugförmige Zugehörigkeitsfunktion $\bar{\mu}_k(u)$, die der Konklusion einer Regel R_k zugeordnet ist (a). Wird für die Regelaktivierung das algebraische Produkt, das Minimum oder die begrenzte Differenz verwendet, so entsteht aus $\bar{\mu}_k(u)$ eine ebenfalls polygonzugförmige Zugehörigkeitsfunktion $\mu_k(u)$. Die Teilbilder (b), (c) und (d) zeigen dies für den Aktivierungsgrad 0,5. Die Lagen der Knickpunkte bleiben jedoch nur bei Verwendung des algebraischen Produktes ungeändert.

Auch bei Verwendung des Minimums oder der begrenzten Differenz für die Aktivierung ist $\mu_k(u)$ ebenfalls wieder ein Polygonzug. Er hat aber im allgemeinen nicht dieselben Knickstellen wie $\bar{\mu}_k(u)$ (Bild 9.11 (c) und (d)). Die Bestimmung seiner Knickstellen erfordert vielmehr jeweils die Berechnung des Schnittpunktes zweier Geraden und ist daher vergleichsweise aufwendig.

Bei Verwendung des Hamacher- oder des Einstein-Produktes ist $\mu_k(u)$ im allgemeinen kein Polygonzug und deshalb nur mit vergleichsweise erheblich größerem Aufwand konstruierbar: Beispielsweise kann man für gewisse Stützstellen u_i die Funktionswerte $\mu(u_i)$ berechnen und zwischen diesen Stützstellen die Funktionswerte nach Gl. (9.46) interpolieren. Man erhält also zur Beschreibung von $\mu(u_i)$ auch in diesem Fall zwei Listen, jedoch sind diese wesentlich umfangreicher, da man im Interesse einer ausreichend hohen Genauigkeit hinreichend dicht beieinander liegende Stützstellen u_i vorsehen muß.

9.5.2 Akkumulation

Zur Akkumulation sind die polygonzugförmigen Zugehörigkeitsfunktionen $\mu_k(u)$ nach der Vorschrift

$$\mu(u) = \mu_1(u) \vee \mu_2(u) \vee \ldots \vee \mu_r(u) \tag{9.52}$$

mit einem ODER-Operator zu verknüpfen (vgl. Gl. (6.51).

Verwendet man dafür die algebraische Summe oder die Hamacher- bzw. die Einstein-Summe, so ist dies sehr aufwendig, weil $\mu(u)$ in diesen Fällen kein Polygonzug ist. Bei Verwendung des Maximums oder der begrenzten Summe ist $\mu(u)$ zwar ein Polygonzug, jedoch stimmen seine Knickstellen nicht notwendigerweise mit denen der Funktionen $\mu_k(u)$ überein (Bild 9.12 (b) und (c)). Die Bestimmung der Knickstellen erfordert deshalb eine aufwendige Berechnung der Schnittpunkte von je zwei Geraden. Dieser Aufwand entfällt bei Verwendung der gewöhnlichen Summe: Damit erhält man alle Knickstellen von $\mu(u)$ durch Zusammenfügen der Knickstellenlisten, die zu den Funktionen $\mu_k(u)$ gehören (Bild 9.12 (d)). Zwar können sich auf diese Weise auch überflüssige Werte u_i ergeben, die keine Knickstellen von $\mu(u)$ sind, es ist aber nicht erforderlich, sie auszusondern.

Mit Blick auf die Knickstellenbestimmung ist die gewöhnliche Summe also günstig. Andererseits ist sie für eine Reglerrealisierung mit einfachen Prozessoren ohne Gleitkommaarithmetik nachteilig, weil die resultierenden Funktionswerte $\mu(u_i)$ nicht, wie bei Fuzzy-Operatoren, auf den begrenzten Arbeitsbereich $0 \leq \mu \leq 1$ normiert sind.

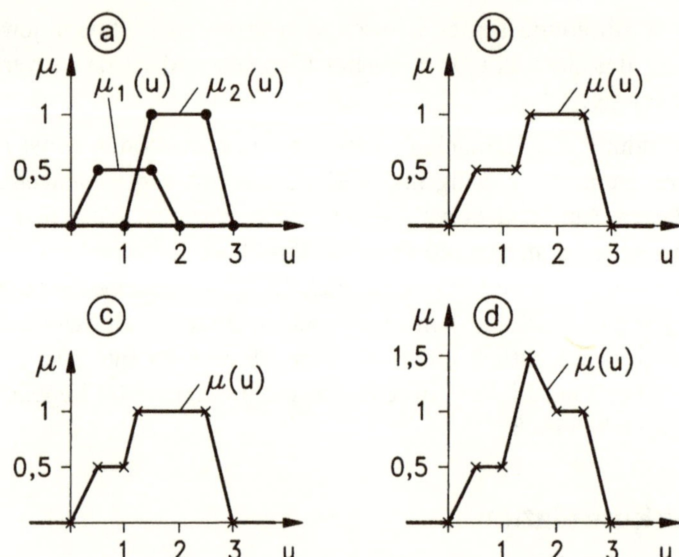

Bild 9.12 Akkumulation der Zugehörigkeitsfunktionen $\mu_1(u)$ und $\mu_2(u)$ (Teilbild (a)) zu einer resultierenden Zugehörigkeitsfunktion $\mu(u)$ bei Verwendung des Maximums (b), der begrenzten Summe (c) und der gewöhnlichen Summe (d). Nur bei der gewöhnlichen Summe stimmen die Knickstellen von $\mu(u)$ mit denen von $\mu_1(u)$ und $\mu_2(u)$ überein.

Man kann die Vorzüge der gewöhnlichen Summe (einfache Bestimmung der Knickstellen) und der Fuzzy-Operatoren (normierter Wertebereich) miteinander verbinden, indem man die Akkumulationsvorschrift (9.52) wie folgt *diskretisiert*: Sie wird nur auf alle Punkte u_i angewendet, die Knickstellen einer der Funktionen $\mu_k(u)$ sind. Zwischen den so erhaltenen Funktionswerten $\mu(u_i)$ wird linear interpoliert. Die Wirkung dieser diskreten Akkumulation mit der begrenzten Summe ähnelt der Wirkung der üblichen (kontinuierlichen) Akkumulation mit der begrenzten Summe bzw. mit dem Maximum, je nach Lage der Knickstellen (Bild 9.13).

Bei der Verwendung von Singletons als ausgangsseitige Zugehörigkeitsfunktionen werden jeweils nur Singletons mit demselben Träger $\{u_i\}$ akkumuliert. Dies erfordert nur einen sehr geringen Aufwand. Deshalb – und weil auch die Defuzzifizierung bei Verwendung von Singletons wenig aufwendig ist – werden für die Modellierung der ausgangsseitigen linguistischen Werte sehr häufig Singletons eingesetzt, obwohl die Flexibilität damit im Vergleich zu dreieck- oder trapezförmigen Zugehörigkeitsfunktionen eingeschränkt ist.

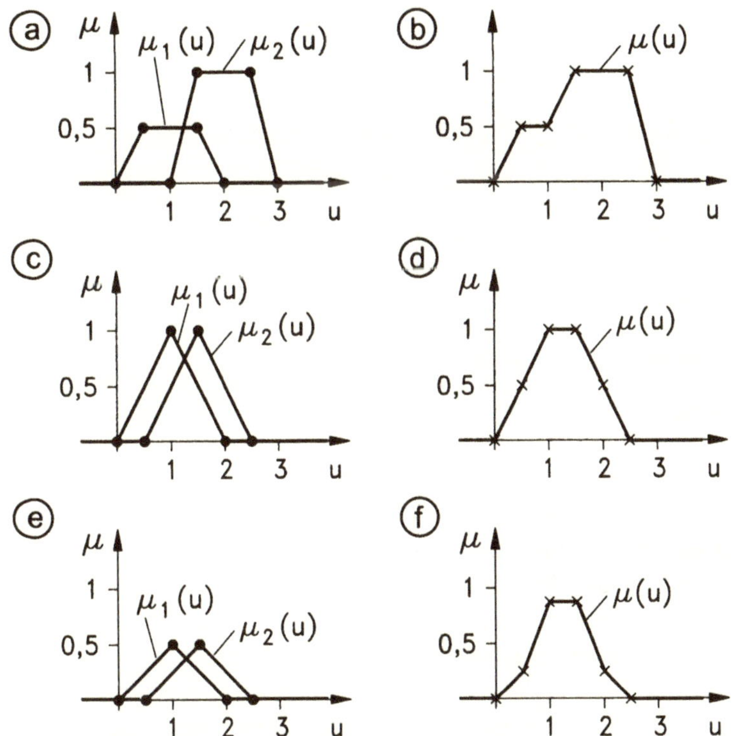

Bild 9.13 Diskrete Akkumulation. Die im Teilbild (b), (d) bzw. (f) dargestellte Zugehörigkeitsfunktion entsteht aus den beiden Zugehörigkeitsfunktionen aus den Teilbildern (a) und (c) bzw. (a) und (e).

9.6 Kompensatorische Operatoren

Neben den UND- und den ODER-Operatoren sind in der Fuzzy-Logik Operatoren entwickelt worden, die einen einstellbaren Kompromiß zwischen diesen Operatoren realisieren. Ihre Motivation wird am folgenden Beispiel illustriert:

Es wird davon ausgegangen, daß die Elementaraussagen $x_1 = PK$, $x_2 = PG$ und $x_3 = PM$ die Wahrheitswerte

$$0{,}3 \quad 0{,}3 \quad 0{,}35 \tag{9.53}$$

bzw. alternativ die Wahrheitswerte

$$0{,}2 \quad 1 \quad 0{,}35 \tag{9.54}$$

haben. Mit allen oben beschriebenen UND-Operatoren haben die Prämissen der Regeln

$$R_1\text{: WENN } (x_1 = PK) \wedge (x_2 = PG) \text{ DANN } u = PG\,,$$
$$R_2\text{: WENN } x_3 = PM \text{ DANN } u = NG \tag{9.55}$$

im ersten Fall die Wahrheitswerte

$$\mu_1 \leq 0{,}3 \quad \mu_2 = 0{,}35 \tag{9.56}$$

und im zweiten Fall die Wahrheitswerte

$$\mu_1 = 0{,}2 \quad \mu_2 = 0{,}35\ . \tag{9.57}$$

Dabei gilt in Gl. (9.56) das Gleichheitszeichen, wenn als UND-Operator das Minimum verwendet wird. In beiden Fällen wird die Regel R_2 stärker als die Regel R_1 aktiviert und daher – bei Defuzzifizierung nach der Maximummethode – der Ausgangsgrößenwert *NG* (*negativ groß*) ausgegeben. Dies ist nicht unbedingt im Einklang mit dem naiven Verständnis der Regeln. In bestimmten Situationen kann es nämlich bei der Auswertung des Terms $(x_1 = PK) \wedge (x_2 = PG)$ angemessener sein, einen niedrigen Wahrheitswert der Elementaraussage $x_1 = PK$ durch einen sehr viel größeren Wahrheitswert der Elementaraussage $x_2 = PG$ teilweise zu kompensieren. Die Prämisse der Regel R_1 könnte dann einen Wahrheitswert $\mu_1 > 0{,}35$ haben, wodurch die Regel R_1 stärker aktiviert würde als die Regel R_2. Die beiden Regeln

WENN Arbeit interessant UND Entwicklungsmöglichkeit gut
DANN Stellenangebot annehmen,

WENN Gehalt schlecht
DANN Stellenangebot ablehnen

verdeutlichen, daß eine solche Kompensation tatsächlich sinnvoll sein kann.

Auch bei der ODER-Verknüpfung kann man in bestimmten Situationen eine Kompensation, mit der beispielsweise

$$(0{,}1 \vee 0{,}9) < (0{,}8 \vee 0{,}8) \tag{9.58}$$

gilt, für angemessen halten.

Zur Schaffung eines kompensatorischen Operators kann man jeweils einen UND- und einen ODER-Operator geeignet überlagern. Naheliegende Vorschriften hierfür sind

$$f_\alpha(\mu_1, \mu_2) = (\mu_1 \wedge \mu_2)^{1-\alpha} (\mu_1 \vee \mu_2)^\alpha \tag{9.59}$$

und

$$f_\beta(\mu_1, \mu_2) = (1-\beta)(\mu_1 \wedge \mu_2) + \beta(\mu_1 \vee \mu_2) \ . \tag{9.60}$$

Für $\alpha = \beta = 0$ bzw. $\alpha = \beta = 1$ stimmen sie mit $\mu_1 \wedge \mu_2$ bzw. $\mu_1 \vee \mu_2$ überein, und für Zwischenwerte von α bzw. β entsprechen sie einer einstellbaren Mischung aus dem UND- und ODER-Operator. Sind diese so vermischten Operatoren $\wedge$ und $\vee$ kommutativ und monoton, so übertragen sich diese Eigenschaften auf $f_\alpha(\mu_1, \mu_2)$ bzw. $f_\beta(\mu_1, \mu_2)$.

Mit dem algebraischen Produkt und der algebraischen Summe entsteht aus Gl. (9.59) der von *Zimmermann* [15] eingeführte γ-Operator

$$f_\gamma(\mu_1, \mu_2) = (\mu_1 \mu_2)^{1-\gamma} (\mu_1 + \mu_2 - \mu_1 \mu_2)^\gamma \ . \tag{9.61}$$

Bild 9.14 veranschaulicht seine Wirkung im Arbeitsbereich [0,1] x [0,1].

Die gestrichelt gezeichneten Kurven sind durch

$$f_\gamma(\mu_1, \mu_2) = \mu_1 \tag{9.62}$$

definiert. Oberhalb bzw. links davon liegen alle Punkte, für die $f_\gamma(\mu_1, \mu_2) > \mu_1$ gilt. Die punktiert gezeichneten Kurven sind durch

$$f_\gamma(\mu_1, \mu_2) = \mu_2 \tag{9.63}$$

definiert. Unterhalb bzw. rechts davon liegen alle Punkte, für die $f_\gamma(\mu_1, \mu_2) > \mu_2$ gilt. Aus diesen Eigenschaften der beiden Kurven und weil oberhalb bzw. unterhalb der eingezeichneten Winkelhalbierenden $\mu_2 > \mu_1$ bzw. $\mu_1 > \mu_2$ gilt, folgt: In den zwischen den beiden Kurven liegenden, hellgrau bzw. dunkelgrau unterlegt dargestellten Gebieten gilt

$$f_\gamma(\mu_1, \mu_2) \le \min\{\mu_1, \mu_2\} \tag{9.64}$$

bzw.

$$f_\gamma(\mu_1, \mu_2) \ge \max\{\mu_1, \mu_2\} \ , \tag{9.65}$$

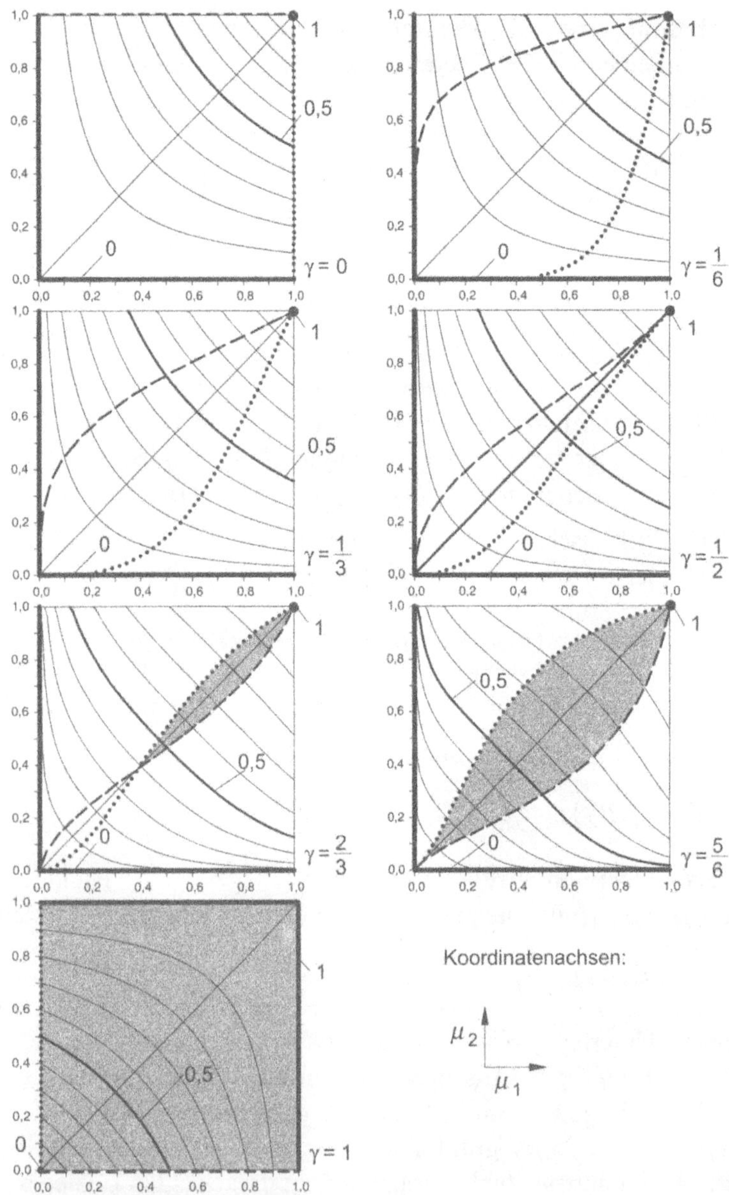

Bild 9.14 Eigenschaften des γ-Operators. Dargestellt sind Höhenlinien $f_\gamma(\mu_1,\mu_2) = c$ für unterschiedliche Werte c = 0; 0,1; 0,2; ...; 1. Nur die zu den Werten c = 0; 0,5 und 1 gehörigen Linien bzw. Punkte sind bezeichnet und hervorgehoben.

wobei das Gleichheitszeichen nur auf den Rändern der Gebiete gültig ist. In diesen Gebieten wirkt der γ-Operator also wie ein UND- bzw. ODER-Operator. Außerhalb dieser Gebiete gilt

$$\min\{\mu_1,\mu_2\} < f_\gamma(\mu_1,\mu_2) < \max\{\mu_1,\mu_2\}\ , \tag{9.66}$$

d. h., der γ-Operator hat dort die gewünschte *kompensatorische Eigenschaft*. Sie ist um so stärker ausgeprägt, je mehr sich die Werte μ_1 und μ_2 voneinander unterscheiden.

Der γ-Operator ist nicht assoziativ. Mit der Abkürzung $[\mu_1, \mu_2]$ für $f_\gamma(\mu_1, \mu_2)$ gilt also im allgemeinen

$$[\mu_1,[\mu_2,\mu_3]] \neq [[\mu_1,\mu_2],\mu_3]\ . \tag{9.67}$$

Deshalb kann man den γ-Operator auf viele unterschiedliche Weisen, beispielsweise nach der Vorschrift

$$a_n = [\mu[\mu[\ldots[\mu,\mu]\ldots]]] \tag{9.68}$$

oder

$$b_n = [[[\ldots[\mu,\mu]\ldots]\mu]\mu]\ , \tag{9.69}$$

n-fach auf einen Wert μ anwenden. Für $n \to \infty$ streben diese Werte a_n und b_n Grenzwerten a_∞ bzw. b_∞ zu, die man anhand von Bild 9.14 wie folgt bestimmen kann: Liegt der Punkt (μ,μ) in einem hellgrau unterlegten Gebiet, wo also Gl. (9.64) gilt, dann ist a_∞ die μ_2-Koordinate des Schnittpunktes der zur μ_2-Achse parallelen Geraden und der unteren Grenze des Gebietes. Entsprechend ist b_∞ die μ_1-Koordinate des Schnittpunktes der zur μ_1-Achse parallelen Geraden und der linken Grenze des Gebietes (Teilbild für $\gamma = 1/3$). Liegt der Punkt (μ,μ) in einem dunkelgrau unterlegten Gebiet, wo also Gl. (9.65) gilt, dann ergeben sich die Werte a_∞ und b_∞ entsprechend mit dem Unterschied, daß in diesem Fall die obere bzw. rechte Grenze des Gebietes maßgebend ist (Teilbild für $\gamma = 5/6$).

Die Einstellung geeigneter Werte von γ wird dadurch erschwert, daß die Höhenlinienbilder für die Fälle γ und $1-\gamma$ keine Symmetrie zueinander aufweisen. Man kann diesen Mangel abstellen, indem man von Gl. (9.60) ausgeht. Mit dem algebraischen Produkt und der algebraischen Summe erhält man damit den Operator

$$f_{\lambda}(\mu_1, \mu_2) = (1-\lambda)\mu_1\mu_2 + \lambda(\mu_1 + \mu_2 - \mu_1\mu_2) \ . \tag{9.70}$$

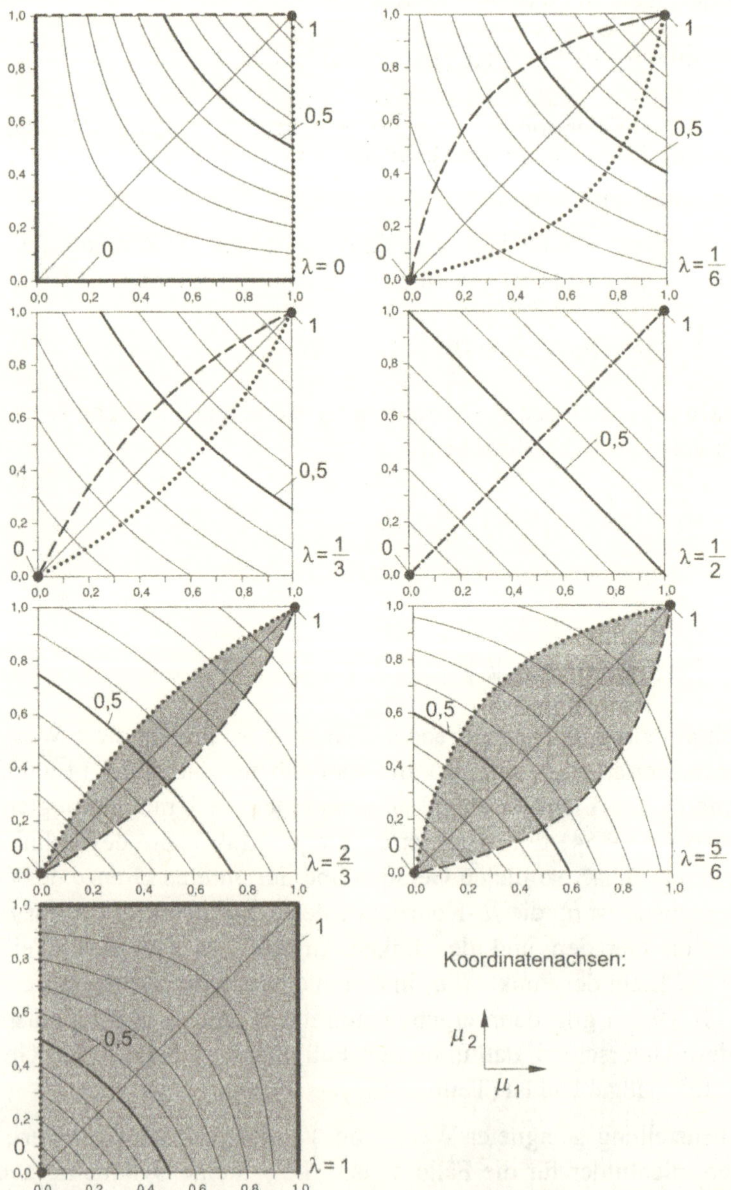

Bild 9.15 Eigenschaften des im Text eingeführten λ-Operators. Die Legende entspricht der von Bild 9.14.

Bild 9.15 zeigt, daß dieser Operator die gewünschten Symmetrieeigenschaften besitzt. Die mit Gl. (9.70) gleichwertige Beziehung

$$f_\lambda(\mu_1,\mu_2) = \lambda\,\mu_1 + \lambda\,\mu_2 + (1-2\lambda)\mu_1\mu_2 \tag{9.71}$$

macht deutlich, daß $f_\lambda(\mu_1,\mu_2)$ *bilinear* ist: Bei konstantem μ_1 bzw. μ_2 hängt der Funktionswert linear von μ_2 bzw. μ_1 ab. In den Ecken (0,0) und (1,1) des relevanten Gebietes [0,1] x [0,1] gilt stets $f_\lambda(0,0) = 0$ bzw. $f_\lambda(1,1) = 1$, während der Funktionswert in den anderen beiden Ecken mit dem Wert des Parameters λ übereinstimmt. Hierdurch erhält der Parameter λ eine anschauliche Interpretation.

Mit dem Minimum und Maximum erhält man aus Gl. (9.60) den Operator

$$f_\nu(\mu_1,\mu_2) = (1-\nu)\min\{\mu_1,\mu_2\} + \nu\max\{\mu_1,\mu_2\}. \tag{9.72}$$

Bild 9.16 zeigt, daß auch dieser Operator die gewünschten Symmetrieeigenschaften besitzt. Für $0 < \nu \le 1/2$ gilt

$$\min\{\mu_1,\mu_2)\} < f_\nu(\mu_1,\mu_2) \le \frac{\mu_1+\mu_2}{2} \ . \tag{9.73}$$

Die Wirkung entspricht dann einem kompensierenden UND-Operator. Für $1/2 \le \nu < 1$ gilt

$$\frac{\mu_1+\mu_2}{2} \le f_\nu(\mu_1,\mu_2) < \max\{\mu_1,\mu_2\} \ . \tag{9.74}$$

Die Wirkung entspricht dann einem kompensierenden ODER-Operator. Die kompensatorische Wirkung steigt mit dem Wert von ν bzw. $1-\nu$ und erreicht für $\nu = 1/2$ mit $f_\nu(\mu_1,\mu_2) = (\mu_1+\mu_2)/2$ ihr Maximum. Ferner gilt stets

$$f_\nu(\mu,\mu) = \mu \ , \tag{9.75}$$

und damit ergibt sich auch bei mehrfacher Verknüpfung eines Wertes μ stets wieder der Wert μ.

Für die Anwendungen der obigen kompensatorischen Operatoren ist nachteilig, daß sie nicht *assoziativ* sind. Deshalb wird hier vorgeschlagen, statt der Beziehungen (9.59) und (9.60) die Vorschriften

$$f_\alpha(\mu_1,\mu_2,\ldots\mu_r) = \left(\bigwedge_{i=1}^{r}\mu_i\right)^{1-\alpha}\left(\bigvee_{i=1}^{r}\mu_i\right)^{\alpha} \tag{9.76}$$

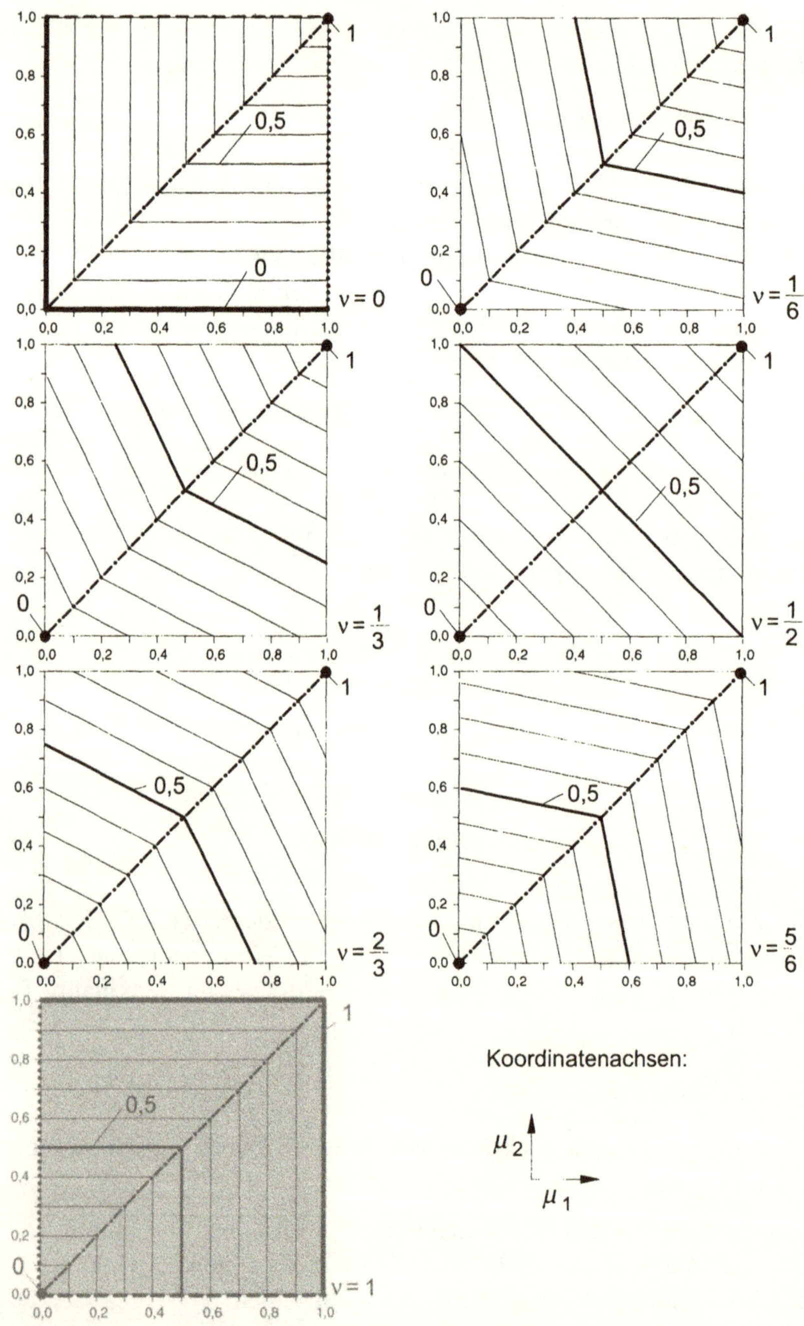

Bild 9.16 Eigenschaften des im Text eingeführten ν-Operators. Die Legende entspricht der von Bild 9.14.

bzw.

$$f_\beta(\mu_1,\mu_2,\ldots\mu_r) = (1-\beta)\bigwedge_{i=1}^{r}\mu_i + \beta\bigvee_{i=1}^{r}\mu_i \tag{9.77}$$

zur Verknüpfung von $r > 2$ Wahrheitswerten μ_i zu verwenden (α- bzw. β-Operator). Hierdurch wird die Frage nach Assoziativität bedeutungslos, denn das Ergebnis wird in diesem Fall nicht durch sukzessive Verknüpfung von je zwei Wahrheitswerten, sondern *en bloc* erklärt. Dennoch ist die Auswertung dieser Vorschriften einfach, wenn man für die darin auftretenden Operatoren $\wedge$ und $\vee$ übliche assoziative Fuzzy-UND- und Fuzzy-ODER-Operatoren vorsieht.

Kompensatorische Operatoren haben bisher erst vereinzelt Eingang in regelungstechnische Anwendungen gefunden.

9.7 Implikationsoperatoren

Die bisher beschriebenen Fuzzy-Regler basieren auf einer Fuzzifizierung der Beziehung (5.10), die sich als konstruktive Inferenz interpretieren läßt. Für die Auswertung der daraus hervorgehenden Gl. (9.4) bzw. (9.5) benötigt man UND- und ODER-Operatoren und, je nach Bauart der Prämissen und Konklusionen, ggf. auch NICHT-, aber keine Implikationsoperatoren.

Der Implikationsoperator tritt bei regelbasierten Reglern in der Beziehung (5.12) auf: Damit wird aus jeder Prämisse $p_k(e)$ und der dazugehörigen Konklusion $c_k(u)$ die Aussage $p_k(e) \Rightarrow c_k(u)$ aufgebaut. Ihr Wahrheitswert ergibt sich aus den Wahrheitswerten von Prämisse und Konklusion über die Wahrheitstafel des Implikationsoperators. In Kapitel 10 wird die Beziehung (5.12) auf Fuzzy-Regler übertragen. Als Vorbereitung hierfür werden nachfolgend Fuzzy-Implikationsoperatoren eingeführt.

Nach Anhang B kann man den Booleschen Implikationsoperator auf UND-, ODER- und NICHT-Operatoren zurückführen. Beispielsweise gelten für Boolesche Aussagen W_1 und W_2 die Äquivalenzen

$$(W_1 \Rightarrow W_2) \equiv (W_1 \wedge W_2) \vee \neg W_1 \tag{9.78}$$

und

$$(W_1 \Rightarrow W_2) \equiv (\neg W_1 \vee W_2)\ . \tag{9.79}$$

Hat man allgemein eine Äquivalenz der Form

$$(W_1 \Rightarrow W_2) \equiv A(W_1, W_2) \quad , \tag{9.80}$$

wobei $A(W_1,W_2)$ ein Ausdruck ist, in dem nur die Operatoren $\wedge$, $\vee$ und $\neg$ auftreten, kann man für diese Operatoren Fuzzy-Operatoren vorsehen und damit organisch Fuzzy-Implikationsoperatoren einführen. Da es viele verschiedene Fuzzy-UND- bzw. -ODER-Operatoren und viele Ausdrücke $A(W_1,W_2)$ gibt, die die Bedingung (9.80) erfüllen, erhält man auf diese Weise viele mögliche Fuzzy-Implikationsoperatoren. Diese sind im allgemeinen *nicht* gleichwertig, da im Booleschen Sinne äquivalente Aussagen $A(W_1,W_2)$ und $B(W_1,W_2)$ mit Fuzzy-Operatoren nicht mehr identische Wahrheitswerte liefern müssen.

Aus den Äquivalenzen (9.78) und (9.79) ergeben sich beispielsweise die Definitionen

$$(\mu_1 \Rightarrow \mu_2) \overset{def}{=} (\mu_1 \wedge \mu_2) \vee \neg\mu_1 \tag{9.81}$$

und

$$(\mu_1 \Rightarrow \mu_2) \overset{def}{=} (\neg\mu_1 \vee \mu_2) \ . \tag{9.82}$$

Wählt man in der Beziehung (9.82) die begrenzte Summe als ODER-Operator, so gilt

$$\neg\mu_1 \vee \mu_2 = \min\{1, 1-\mu_1+\mu_2\} = 1 \tag{9.83}$$

genau dann, wenn

$$\mu_1 \leq \mu_2 \tag{9.84}$$

gilt. Wenn also für zwei Zugehörigkeitsfunktionen $\mu_1(e)$ und $\mu_2(e)$ die so gebildete Implikation $\mu_1(e) \Rightarrow \mu_2(e)$ für alle Werte von e den Wahrheitswert 1 hat, so ist das gleichbedeutend damit, daß stets

$$\mu_1(e) \leq \mu_2(e) \tag{9.85}$$

gilt (Bild 9.17). Man sagt dann auch, daß die durch $\mu_1(e)$ definierte Fuzzy-Menge eine *Teilmenge* der durch $\mu_2(e)$ definierten Fuzzy-Menge ist. Je nach Wahl des Implikationsoperators erhält man unterschiedliche Definitionen für Teilmengen.

Der Implikationsoperator tritt bei regelbasierten Reglern, die auf der konstruktiven Inferenz basieren, auch in dem Redundanzkriterium (5.41) auf. Danach gilt:

(i) Eine Regel R_i ist genau dann redundant neben der Regel R_k, wenn für alle möglichen Werte von e und u die Implikation

$$[p_i(e) \wedge c_i(u)] \Rightarrow [p_k(e) \wedge c_k(u)] \tag{9.86}$$

den Wahrheitswert 1 hat.

Für die dort vorliegenden Booleschen Wahrheitswerte ist dieses Kriterium gleichwertig mit

(ii) Eine Regel R_i ist genau dann redundant neben der Regel R_k, wenn für alle möglichen Werte von e und u

$$[p_i(e) \wedge c_i(u)] \vee [p_k(e) \wedge c_k(u)] = [p_k(e) \wedge c_k(u)] \tag{9.87}$$

gilt.

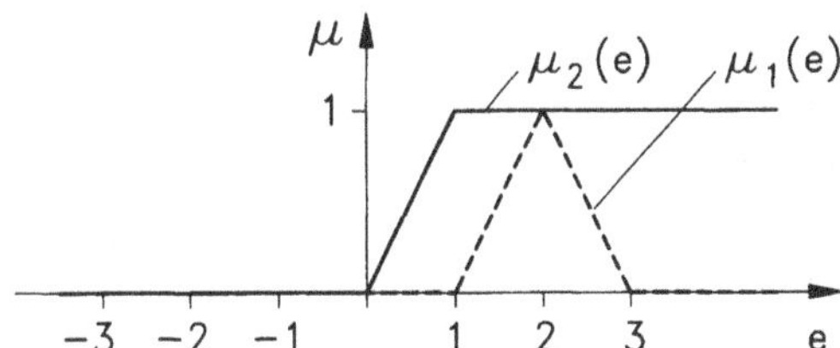

Bild 9.17 Zugehörigkeitsfunktionen $\mu_2(e)$ und $\mu_1(e)$, für die stets $\mu_2(e) \geq \mu_1(e)$ gilt. Die im Text erläuterte Implikation $\mu_1(e) \Rightarrow \mu_2(e)$ hat deshalb stets den Wahrheitswert 1, und deshalb ist die durch $\mu_1(e)$ definierte Fuzzy-Menge eine Teilmenge der durch $\mu_2(e)$ definierten Fuzzy-Menge.

Dabei bezieht sich diese Gleichung auf die Wahrheitswerte, die sich durch Einsetzen der Werte von e und u und Auswerten beider Seiten ergeben. Dasselbe gilt für die nachfolgenden Gleichungen und Ungleichungen.

Zur Übertragung des Redundanzkriteriums auf die oben beschriebenen Fuzzy-Regler wird hier von der einsichtigeren Formulierung (ii) ausgegangen. Wenn danach eine Regel R_i redundant neben einer Regel R_k ist, bedeutet dies, daß sich die ausgangsseitige Zugehörigkeitsfunktion $\mu(e,u)$ des Fuzzy-Reglers bei Entfernen der Regel R_i für keinen Eingangsgrößenwert e ändert.

Mit dem Minimum und dem Maximum für die Operatoren $\wedge$ bzw. $\vee$ vereinfacht sich die Beziehung (9.87) zu

$$\left[p_i(e) \wedge c_i(u)\right] \leq \left[p_k(e) \wedge c_k(u)\right] \ . \tag{9.88}$$

Wenn zudem die Regeln R_i und R_k in diesem Fall dieselben Konklusionen $c_i(u) = c_k(u)$ aufweisen, vereinfacht sich die Beziehung (9.87) mit dem Distributivgesetz (9.34) zu

$$\left(p_i(e) \vee p_k(e)\right) \wedge c_i(u) = p_k(e) \wedge c_i(u) \ . \tag{9.89}$$

Für die Gültigkeit dieser Beziehung ist

$$p_i(e) \vee p_k(e) = p_k(e) \tag{9.90}$$

oder damit gleichbedeutend

$$p_i(e) \leq p_k(e) \tag{9.91}$$

hinreichend. Diese Beziehung läßt sich nach Bild 9.17 anschaulich interpretieren.

Ob Redundanz vorliegt oder nicht, hängt im allgemeinen nicht nur von den Regeln und Operatoren, sondern auch von den Zugehörigkeitsfunktionen ab. In bestimmten Fällen kann aber allein anhand der Regeln erkannt werden, daß Redundanz vorliegt. Bei Verwendung des Maximums und des Minimums für die Akkumulation bzw. Prämissenauswertung ist beispielsweise in den Regeln

R_1: WENN $(e = PK) \vee (e = PG)$ DANN $c(u)$,

R_2: WENN $(e = PK)$ DANN $c(u)$,

R_3: WENN $(e = PK) \wedge (e = PG)$ DANN $c(u)$ (9.92)

mit gleicher Konklusion die Regel R_2 redundant neben R_1, da bei Verwendung des Maximums

$$\left(\mu_{PK} \vee \mu_{PG}\right) \vee \left(\mu_{PK}\right) = \mu_{PK} \vee \mu_{PG} \tag{9.93}$$

gilt. Ferner ist R_3 neben R_2 redundant, da

$$\mu_{PK} \vee \left(\mu_{PK} \wedge \mu_{PG}\right) = \mu_{PK} \tag{9.94}$$

gilt.

10 Zweisträngige Fuzzy-Regler

Im folgenden wird zunächst gezeigt, daß man mit den beschriebenen einsträngigen Fuzzy-Reglern im Prinzip beliebige nichtlineare Kennfeldregler realisieren kann. Dennoch haben diese Regler den prinzipiellen Mangel, daß man damit nur *positive Regeln*, die Erfahrungswissen in Form von Empfehlungen beschreiben, nutzen kann. Mit der im Anschluß beschriebenen zweisträngigen Fuzzy-Reglerstruktur kann man dagegen neben positiven auch *negative Regeln* zur transparenten Verarbeitung von Erfahrungswissen in Form von Warnungen oder Verboten nutzen. Hierdurch wird der praktische Anwendungsbereich von Fuzzy Control wesentlich erweitert.

10.1 Flexibilität und Transparenz

Für die Regelung einer bestimmten Klasse von Regelstrecken erweisen sich häufig Steuergesetze einer bestimmten Struktur, wie beispielsweise

$$u = \begin{cases} \frac{b}{a} e, & \text{falls} \quad |e| \leq a, \\ b, & \text{falls} \quad e > a, \qquad \text{mit } a > 0, b > 0, \\ -b, & \text{falls} \quad e < -a, \end{cases} \tag{10.1}$$

die nur wenige Parameter (Reglerparameter) aufweisen, als besonders günstig (Bild 10.1 links). Der Strukturansatz (10.1) enthält dann insofern Erfahrungswissen, als er nicht beliebig flexibel ist, sondern unter der Menge aller denkbaren Steuergesetze $u = F(e)$ eine günstige Auswahl trifft (Bild 10.1 rechts).

Im Gegensatz hierzu steht ein Strukturansatz in Form einer *Wertetabelle*

e_i	-2	-1,5	-1	-0,5	0	0,5	1	1,5	2
u_i	u_1	u_2	u_3	u_4	u_5	u_6	u_7	u_8	u_9

(10.2)

und einer *Interpolationsvorschrift*. Die Wertetabelle enthält die Stellgrößenwerte u_i für ausgewählte Eingangsgrößenwerte (*Stützstellen*) e_i. Zwischenwerte werden mit der Interpolationsvorschrift aus den Werten an den Stützstellen berechnet. Dieser Strukturansatz mit den Parametern u_i ist im Prinzip beliebig flexibel. Er trifft daher keine Auswahl unter allen denkbaren Steuergesetzen und enthält somit kein Vorwissen. Deshalb lassen sich damit auch sehr bizarre Steuergesetze erzeugen (Bild 10.2). Ferner erschwert die große Zahl von Parametern ihre interaktive Optimierung. Insbesondere muß man zur Verbesserung des Regelungsverhaltens meist mehrere Parameter gleichzeitig verstellen, da jeder Parameter die Kennlinie nur *lokal* beeinflußt.

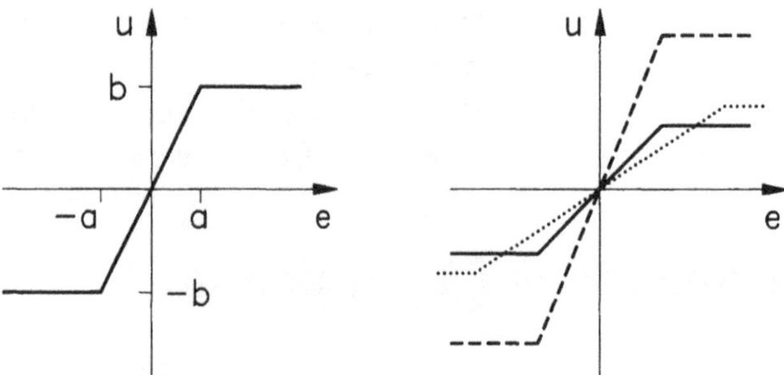

Bild 10.1 Spezielle Kennlinie für ein Steuergesetz nach dem Strukturansatz (10.1) und Veranschaulichung der Flexibilität dieses Ansatzes (links bzw. rechts). Mit diesem Strukturansatz ist nur eine eingeschränkte Klasse von Kennlinien darstellbar.

Auch bei Fuzzy-Reglern sind diese beiden Strukturansätze voneinander zu unterscheiden:

- Man kann Erfahrungswissen in Form von Regeln in Fuzzy-Regler einbringen und hierdurch die Flexibilität so einschränken, daß nur noch die im Kontext günstigen Steuergesetze eingestellt werden können. Fuzzy Control dient damit zur erfahrungsbasierten Einschränkung des Suchraumes auf einen günstigen Teilbereich und zur Schaffung einer nicht zu großen Anzahl von transparenten Parametern, mit denen man diese Teilbereiche zielgerichtet nutzen kann.
- Man kann Fuzzy-Regler so parametrisieren, daß sie im Prinzip beliebig flexibel sind. Solche Fuzzy-Regler kann man als *universelle Approximatoren* verwenden, beispielsweise zur Nachbildung herkömmlicher Steuergesetze, die in analytischer oder algorithmischer Form vorliegen.

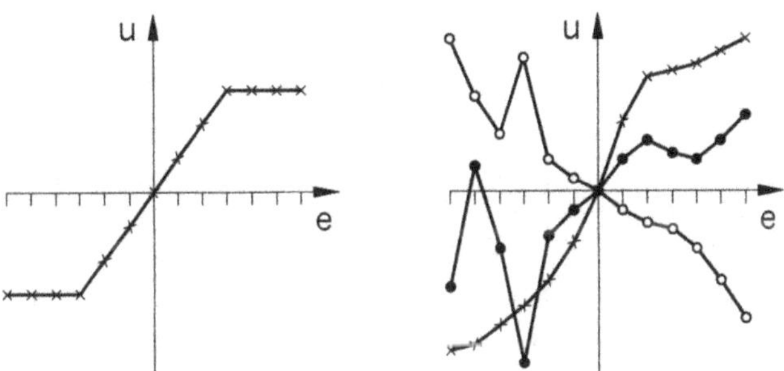

Bild 10.2 Spezielle Kennlinie für ein Steuergesetz nach dem Strukturansatz (10.2) und Veranschaulichung der Flexibilität dieses Ansatzes (links bzw. rechts). Mit diesem Strukturansatz sind beliebige Kennlinien darstellbar.

Bild 10.3 erläutert den Ansatz eines beliebig flexiblen Fuzzy-Reglers mit den beiden Eingangsgrößen x_1 und x_2. Für die Modellierung der eingangsseitigen linguistischen Werte *NG*, *NM*, *NK*, *V*, *PK*, *PM* und *PG* werden Fuzzy-Informationssysteme mit dreieckförmigen Zugehörigkeitsfunktionen verwendet, die an den nicht notwendig äquidistanten Orten $x_1(i)$ bzw. $x_2(j)$ der Dreiecksscheitelpunkte jeweils den Funktionswert 1 annehmen. Für jedes mögliche Paar von eingangsseitigen linguistischen Werten ist genau eine im Sinne von Abschnitt 5.11 *vollständige* Regel vom Typ

$$\mathrm{R}_k\text{:}\quad \text{WENN } (x_1 = PK) \wedge (x_2 = NK) \text{ DANN } u = b_k \tag{10.3}$$

vorgesehen. Für jeden *Gitterpunkt* $\left(x_1(i), x_2(j)\right)$ im x_1-x_2-Raum ist dann jeweils genau eine Regel R_k im Grade 1 und keine andere aktiviert. Damit ist der Ausgangsgrößenwert des Reglers allein durch die Konklusion $u = b_k$ bestimmt. Modelliert man den linguistischen Wert b_k durch ein Singleton mit dem Träger $\{u_k\}$, dann ist u_k der Ausgangsgrößenwert des Reglers. Damit kann man für jeden Gitterpunkt einen beliebigen Stellgrößenwert u_k vorschreiben. Für jeden Punkt $\boldsymbol{x}$ zwischen den Gitterpunkten werden jeweils nur vier zu den benachbarten Gitterpunkten gehörige Regeln aktiviert. Bei Verwendung des algebraischen Produktes für die Prämissenauswertung und die Regelaktivierung hängt der Aktivierungsgrad jeder aktivierten Regel bei festgehaltenem Wert von x_1 (bzw. von x_2) linear von x_2 (bzw. von x_1) ab. Bei Akkumulation mit der gewöhnlichen Summe und Defuzzifizierung nach der Schwerpunktmethode ist daher der Stellgrößenverlauf $u(x_1,x_2)$ in jeder *Gitterzelle* (grau unterlegt in Bild 10.3) durch eine *bilineare Interpolationsfunktion*

$$u(x_1, x_2) = c_0 + c_1 x_1 + c_2 x_2 + c_3 x_1 x_2 \tag{10.4}$$

bestimmt. Ihre vier Koeffizienten c_k ergeben sich eindeutig aus den Funktionswerten $u(x_1(i), x_2(j))$ für die vier Eckpunkte der Zelle (Bild 10.4).

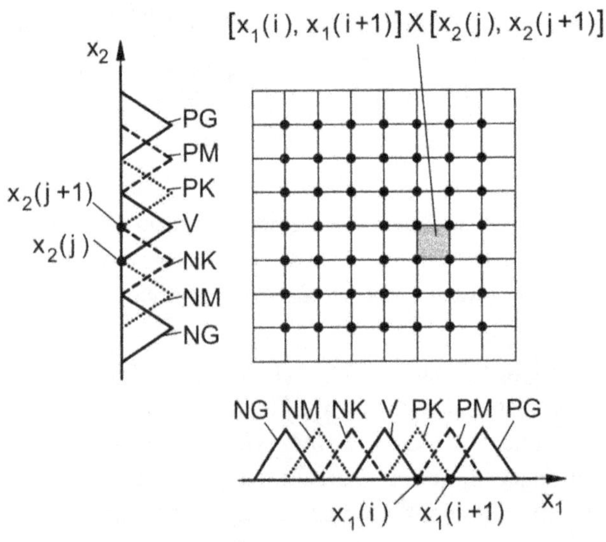

Bild 10.3 Strukturansatz für einen Fuzzy-Regler mit zwei Eingangsgrößen x_1 und x_2, mit dem im Prinzip jedes beliebige Reglerkennfeld $u(x_1, x_2)$ erzeugt werden kann: Damit lassen sich die Stellgrößenwerte in jedem Gitterpunkt individuell festlegen. Für zwischen den Gitterpunkten liegende Punkte liefert der Fuzzy-Regler interpolierte Stellgrößenwerte.

Modelliert man die linguistischen Werte der Ausgangsgröße nicht durch Singletons, sondern durch symmetrische dreieckförmige Zugehörigkeitsfunktionen in Form eines Fuzzy-Informationssystems, erhält man – wiederum in Verbindung mit dem algebraischen Produkt für die Aggregation, der Sum-Prod-Inferenz und der Defuzzifizierung nach der Schwerpunktmethode – ebenfalls bilineare Interpolationsfunktionen (vgl.[26]).

Das Entsprechende gilt für Fuzzy-Regler mit mehr als zwei Eingangsgrößen. Bei drei Eingangsgrößen erhält man die *multilineare Interpolationsfunktion*

$$\begin{aligned} u(x_1, x_2, x_3) = c_0 + c_1 x_1 + c_2 x_2 + c_3 x_3 + \\ + c_4 x_1 x_2 + c_5 x_1 x_3 + c_6 x_2 x_3 + c_7 x_1 x_2 x_3 \end{aligned} , \qquad (10.5)$$

deren acht Parameter c_k jeweils durch die Funktionswerte in den acht Eckpunkten der betreffenden Gitterzelle bestimmt sind. Bei m Eingangsgrößen erhält man eine multilineare Interpolationsfunktion mit 2^m Parametern. Ihre

Werte ergeben sich aus den Funktionswerten für die 2^m Eckpunkte der Gitterzelle. (Gelegentlich wird eine Funktion der Form (10.5) *multiaffin* und nur dann *multilinear* genannt, wenn das konstante und die linearen Glieder verschwinden.)

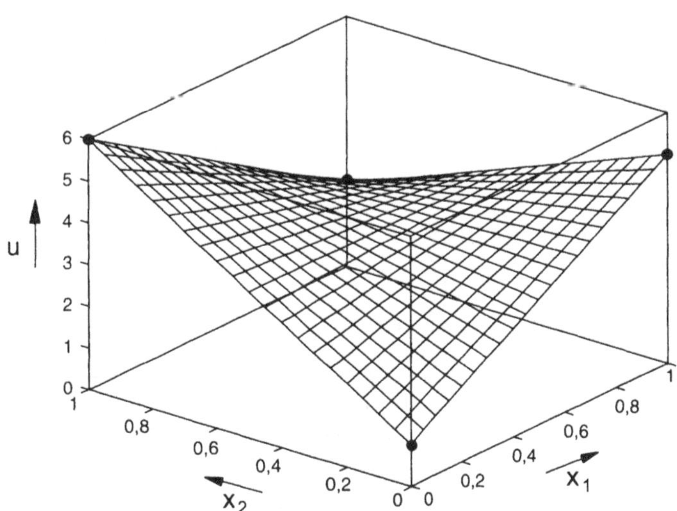

Bild 10.4 Kennfeld der bilinearen Funktion $u(x_1, x_2) = 1 + 4x_1 + 5x_2 - 8x_1x_2$. Der Verlauf der Funktionswerte ist entlang jeder achsenparallelen Geraden linear.

10.2 Positives und negatives Erfahrungswissen

In herkömmlichen einsträngigen Fuzzy-Reglern werden Regeln R_k der Form

$$R_k\text{: WENN } p_k(e) \quad \text{DANN } c_k(u) \tag{10.6}$$

verwendet und mit der konstruktiven Inferenz als *positive Regel* interpretiert: Der Wahrheitswert von

$$p_k(e) \wedge c_k(u) \tag{10.7}$$

gibt für jeden Ausgangsgrößenwert u an, in welchem Grade er bei dem gegebenen Eingangsgrößenwert e durch die Regel R_k empfohlen wird. Durch Überlagerung der Empfehlungen sämtlicher Regeln der Regelbasis mit dem ODER-Operator entsteht die ausgangsseitige Zugehörigkeitsfunktion

$$\mu^+(e,u) = \bigvee_{k=1}^{r} \left(p_k(e) \wedge c_k(u) \right). \tag{10.8}$$

Sie gibt für jeden Ausgangsgrößenwert u an, in welchem Grade er bei dem gegebenen Wert e von sämtlichen Regeln empfohlen wird (Abschnitt 6.4.4). Mit herkömmlichen Fuzzy-Reglern kann man also nur *positives Erfahrungswissen* in Form von *Empfehlungen* nutzen.

Demgegenüber trifft man im täglichen Leben auch auf *negatives Erfahrungswissen* in Form von *Warnungen* oder *Verboten*. Man denke beispielsweise an die Warnungen

WENN Sonnenallergie DANN Sonne *meiden*,
WENN Straße naß DANN abruptes Bremsen *vermeiden*

oder an die Verkehrsregeln, die überwiegend aus Verboten, wie

WENN Bergkuppe DANN Überholen *verboten*,

bestehen. Ferner enthalten die Beipackzettel von Medikamenten neben Empfehlungen, in welchen Fällen das Medikament hilfreich ist, auch Warnungen oder Verbote, unter welchen Umständen die Einnahme gefährlich bzw. strikt verboten ist.

Entsprechend ist es zur Regelung technischer Prozesse meist sinnvoll oder notwendig, neben Empfehlungen auch Warnungen oder Verbote zu beachten. Bei einer Positionsregelung kann beispielsweise die Warnung

WENN Zielposition nahezu erreicht
DANN hohe Annäherungsgeschwindigkeit *unerwünscht* (10.9)

darauf abzielen, daß beim Abstoppen des Bewegungsvorganges in der Zielposition kein unerwünschtes Überschwingen auftritt. Ferner kann das Verbot

WENN Regelabweichung e klein
DANN Stellgrößenwerte im Bereich $0 < |u| < u_{\min}$ *verboten* (10.10)

ausgesprochen werden, um eine tote Zone zu schaffen, die den Reglereingriff bei kleinen Regelabweichungen verhindert und damit die Ausregelungsvorgänge beruhigt.

Warnungen oder Verbote zielen generell darauf ab, *unerwünschte* oder *inakzeptable Betriebssituationen zu vermeiden*. Die Befolgung von Warnungen oder Verboten ist daher häufig zur Schonung von Anlagen und Ressourcen bzw. zur Gewährleistung der Betriebssicherheit wünschenswert bzw. notwendig.

10.3 Negative Regeln

Zur Formalisierung von Warnungen oder Verboten werden jetzt *negative Regeln* der Form

$$\mathrm{R}_k^-: \text{ WENN } p_k(e) \text{ DANN } c_k(\mathrm{u}) \text{ VERBOTEN} \qquad (10.11)$$

eingeführt, und es wird festgelegt, daß der Grad $\mu_k^-(e,u)$, in dem diese Regel R_k^- bei Vorliegen eines Eingangsgrößenwertes e vor der Anwendung eines Ausgangsgrößenwertes u warnt, durch

$$\mu_k^-(e,u) = p_k(e) \wedge c_k(u) \qquad (10.12)$$

gegeben ist. Hiernach wird um so mehr gewarnt, je mehr der Eingangsgrößenwert e die Prämisse und der Ausgangsgrößenwert u die Konklusion erfüllt. Haben beide Erfüllungsgrade den Wert 1, wird in dem maximal möglichen Grad 1 gewarnt, was einem strikten Verbot entspricht. Weiterhin wird festgelegt, daß die Warnungen *mehrerer* negativer Regeln R_k^- durch die Vorschrift

$$\mu^-(e,u) = \bigvee_{k=1}^{r}\big(p_k(e) \wedge c_k(u)\big) \qquad (10.13)$$

verrechnet werden sollen. Die resultierende Funktion $\mu^-(e,u)$ gibt für jeden potentiellen Ausgangsgrößenwert u an, in welchem Grade bei dem vorliegenden Eingangsgrößenwert e *insgesamt* vor seiner Festlegung als Ausgangsgrößenwert gewarnt wird.

Die Vorschrift (10.13) zur Verarbeitung negativer Regeln ist mit der Vorschrift (10.8) zur Verarbeitung positiver Regeln formal identisch. Deshalb können alle hierfür entwickelten Verarbeitungsverfahren unverändert auch auf negative Regeln angewendet werden.

Die Festlegungen (10.12) und (10.13) sind heuristisch einsichtig, lassen sich aber tieferliegend motivieren. Die Intention der negativen Regeln (10.11) besteht bei erfüllter Prämisse in dem Verbot aller Werte u, die die Konklusion erfüllen. Diese Intention läßt sich auch so formulieren, daß bei erfüllter Prämisse nur solche Ausgangsgrößenwerte u *tolerabel* sind, die die Konklusion *nicht erfüllen*. Diese Formulierung paßt zu der in Abschnitt

5.6.2 für regelbasierte Regler beschriebenen *destruktiven Inferenz*. Diese läßt sich auf Fuzzy-Regeln (10.11) übertragen. Hierzu wird der Grad, in dem ein Ausgangsgrößenwert u bei gegebenem Eingangsgrößenwert e als tolerabel gilt, durch den Wahrheitswert der Implikation

$$p_k(e) \Rightarrow \neg c_k(u) \tag{10.14}$$

festgelegt. Entsprechend liefert die Zugehörigkeitsfunktion

$$\mu(e,u) = \bigwedge_{k=1}^{r} \left(p_k(e) \Rightarrow \neg c_k(u)\right) \tag{10.15}$$

den Tolerierungsgrad, der sich aus dem Zusammenwirken von r Regeln der Form (10.11) ergibt. Durch Negation entsteht hieraus die Zugehörigkeitsfunktion

$$\mu^-(e,u) = \neg\left(\bigwedge_{k=1}^{r} p_k(e) \Rightarrow \neg c_k(u)\right). \tag{10.16}$$

Sie gibt an, in welchem Grade ein Ausgangsgrößenwert u bei gegebenem Eingangsgrößenwert e aufgrund der Schlußfolgerung der r Regeln der Form (10.11) als *nicht tolerabel*, d. h. als *verboten* gilt.

Mit dem Implikationsoperator (9.82) geht Gl. (10.16) in

$$\mu^-(e,u) = \neg\left(\bigwedge_{k=1}^{r} \left(\neg p_k(e) \vee \neg c_k(u)\right)\right) \tag{10.17}$$

über. Mit dem de Morganschen Gesetz (9.21) entsteht hieraus die Zugehörigkeitsfunktion

$$\mu^-(e,u) = \bigvee_{k=1}^{r} \left(p_k(e) \wedge c_k(u)\right) \tag{10.18}$$

in Übereinstimmung mit der Beziehung (10.13).

Die in Kapitel 5 herausgestellten Alternativen zur Regelverarbeitung mit der konstruktiven oder der destruktiven Inferenz führen somit organisch zur Unterscheidung zwischen positiven und negativen Regeln, die für eine angemessene Verarbeitung von positivem und negativem Erfahrungswissen notwendig ist.

10.4 Zweisträngige Fuzzy-Reglerstruktur

In konkreten Anwendungssituationen liegt meist sowohl positives als auch negatives Erfahrungswissen vor. Man benötigt daher Fuzzy-Regler, mit denen man nicht nur positive, sondern auch negative Regeln verarbeiten und insbesondere sinnvolle Kompromisse zwischen Empfehlungen und Warnungen schließen kann. Die in [24, 33] eingeführte *zweisträngige* Fuzzy-Reglerstruktur ermöglicht dies (Bild 10.5). Ihr oberer Strang verarbeitet die positiven Regeln und entspricht einem herkömmlichen Fuzzy-Regler ohne Defuzzifizierung.

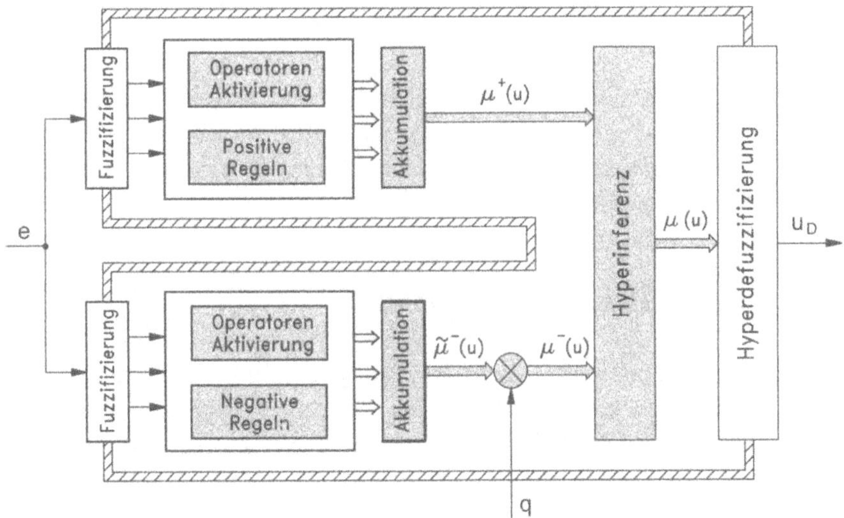

Bild 10.5 Zweisträngige Fuzzy-Reglerstruktur zur Verarbeitung von positiven und negativen Regeln. Die Hyperinferenz verrechnet die von positiven und negativen Regeln erzeugten Zugehörigkeitsfunktionen $\mu^+(u)$ und $\mu^-(u)$ zu einer Zugehörigkeitsfunktion $\mu(u)$ und legt damit fest, wie ernst die Warnungen bzw. Verbote im Verhältnis zu den Empfehlungen zu nehmen sind. Die Hyperdefuzzifizierung erzeugt aus $\mu(u)$ einen eindeutigen Ausgangsgrößenwert u_D. Mit dem Faktor q lassen sich die Warnungen bzw. Verbote global abschwächen.

Er erzeugt eine Zugehörigkeitsfunktion $\mu^+(e,u)$, die für jeden potentiellen Wert u der Ausgangsgröße angibt, in welchem Grade er aufgrund der Schlußfolgerungen mit den positiven Regeln als empfohlen gilt. (Für $\mu^+(e,u)$ wird im folgenden zur Abkürzung $\mu^+(u)$ geschrieben. Die entsprechende Abkürzung wird auch für die weiteren hier auftretenden Zugehörigkeitsfunktionen verwendet.) Der untere Strang verarbeitet die negativen Regeln nach der Vorschrift (10.13) und erzeugt eine Zugehörigkeitsfunktion $\tilde{\mu}^-(u)$. Sie gibt für jeden potentiellen Wert u der Ausgangsgröße an, in welchem Grade vor ihm aufgrund der Schlußfolgerungen mit den negativen Regeln gewarnt wird. Die eingangsseitigen Zugehörigkeitsfunktionen und logischen Operatoren sind in jedem der beiden Verarbeitungsstränge unabhängig voneinander wählbar. Die Zugehörigkeitsfunktionen $\mu^+(u)$ und

$$\mu^-(u) = q\,\tilde{\mu}^-(u), \quad 0 \le q \le 1 \tag{10.19}$$

werden mit einer *Hyperinferenzstrategie* zu einer Zugehörigkeitsfunktion $\mu(u)$ verrechnet. Diese Strategie entscheidet, wie ernst die Warnungen bzw. Verbote im Verhältnis zu den Empfehlungen zu nehmen sind. Mit dem Faktor q läßt sich der Einfluß der negativen Regeln bis hin zu dem Grenzfall, daß sie gar nicht wirksam sind, abschwächen. Eine nachgeschaltete *Hyperdefuzzifizierung* ermittelt schließlich aus $\mu(u)$ einen eindeutigen Ausgangsgrößenwert u_D.

10.5 Hyperinferenzstrategien

Die Hyperinferenzstrategie soll Zugehörigkeitsfunktionen $\mu^+(u)$ und $\mu^-(u)$ sinnvoll zu einer resultierenden Zugehörigkeitsfunktion $\mu(u)$ verrechnen (Bild 10.6 (a)). Folgende Hyperinferenzstrategien sind heuristisch naheliegend. Nach der Strategie

$$\mu(u) = \begin{cases} \mu^+(u), & \text{falls } \mu^-(u) = 0, \\ 0 & \text{sonst} \end{cases} \tag{10.20}$$

wird für u kein Wert zugelassen, vor dem – wie schwach auch immer – gewarnt wird (*starkes Veto*, Bild 10.6 (b)). Nach der Strategie

$$\mu(u) = \begin{cases} \mu^+(u), & \text{falls } \mu^+(u) \ge \mu^-(u), \\ 0 & \text{sonst} \end{cases} \tag{10.21}$$

werden alle Ausgangsgrößenwerte u verboten, vor denen mehr gewarnt wird, als sie empfohlen werden (*schwaches Veto*, Bild 10.6 (c)).

Ferner ist die Vorschrift

$$\mu(u) = \mu^+(u) \wedge \neg\,\mu^-(u) \tag{10.22}$$

als Hyperinferenzstrategie naheliegend (*Fuzzy-Veto*): Danach werden die Funktionswerte $\mu(u)$ gegenüber $\mu^+(u)$ um so mehr verringert, je größer die Funktionswerte von $\mu^-(u)$ sind. Das Ausmaß der Verringerung hängt von der Wahl des UND-Operators ab. Wo $\mu^-(u)$ den Funktionswert 1 annimmt, gilt in jedem Fall $\mu(u) = 0$.

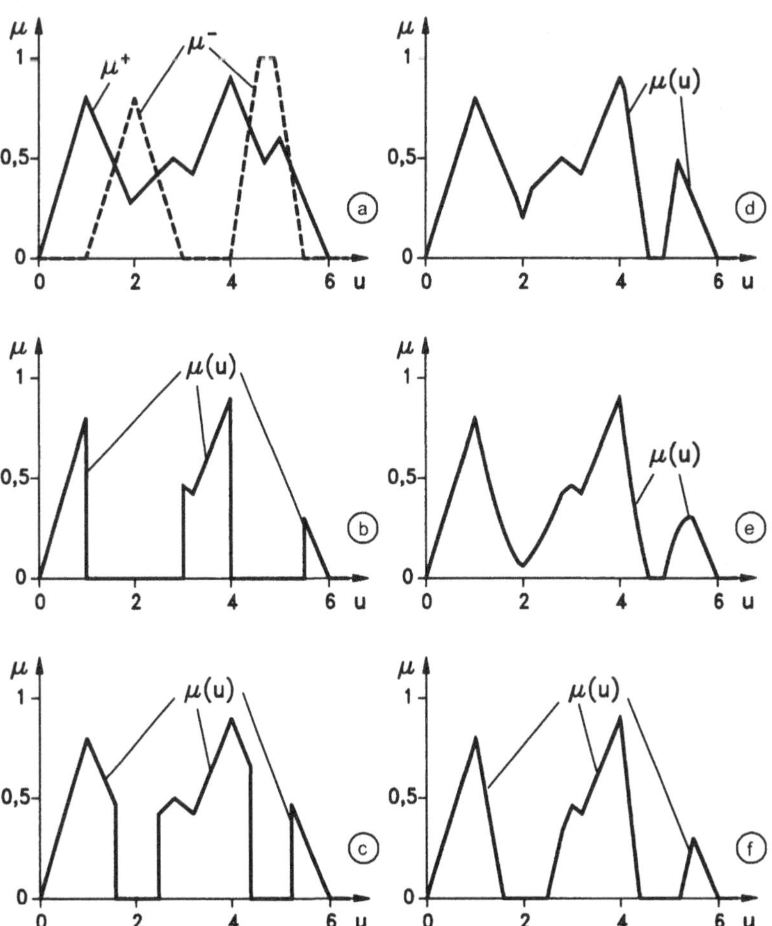

Bild 10.6 Verrechnung der in Teilbild (a) dargestellten Zugehörigkeitsfunktionen $\mu^+(u)$ und $\mu^-(u)$ zur Zugehörigkeitsfunktion $\mu(u)$ für unterschiedliche Hyperinferenzstrategien: starkes Veto (b), schwaches Veto (c) und Fuzzy-Veto: Minimum-Veto (d), Produkt-Veto (e) und Differenz-Veto (f). Außer beim Produkt-Veto ergibt sich für $\mu(u)$ stets ein Polygonzug.

Die Teilbilder (d), (e) und (f) veranschaulichen das Fuzzy-Veto für das Minimum, das algebraische Produkt bzw. die begrenzte Differenz als UND-Operator (*Minimum-Veto*, *Produkt-Veto* bzw. *Differenz-Veto*). Mit dem Minimum und dem algebraischen Produkt ergibt sich nur dann $\mu(u) = 0$, wenn entweder $\mu^+(u) = 0$ oder $\mu^-(u) = 1$ gilt. Demgegenüber berücksichtigen die übrigen Hyperinferenzstrategien die Warnungen stärker und können auch für $\mu^-(u) < 1$ zu $\mu(u) = 0$ führen.

Die praktische Realisierung der Hyperinferenzstrategien ist unterschiedlich aufwendig. Für polygonzugförmige Zugehörigkeitsfunktionen $\mu^+(u)$ und $\mu^-(u)$ liefert das Fuzzy-Veto mit dem algebraischen Produkt eine Zugehörigkeitsfunktion $\mu(u)$ in Form von *Parabelstücken* (Bild 10.6 (e)). Mit allen anderen genannten Hyperinferenzstrategien ist $\mu(u)$ ein *Polygonzug*. Allerdings unterscheiden sich die Varianten darin, wie viele zusätzliche Knickstellen, die nicht bereits Knickstellen von $\mu^+(u)$ und $\mu^-(u)$ sind, zu bestimmen sind. Besonders einfach läßt sich das Fuzzy-Veto mit der begrenzten Differenz realisieren.

10.6 Hyperdefuzzifizierungsstrategien

Die Hyperdefuzzifizierungsstrategie soll aus der Zugehörigkeitsfunktion $\mu(u)$ einen sinnvollen Ausgangsgrößenwert u_D erzeugen. Er soll keinesfalls dort liegen, wo die Funktion $\mu(u)$ den Funktionswert 0 annimmt.

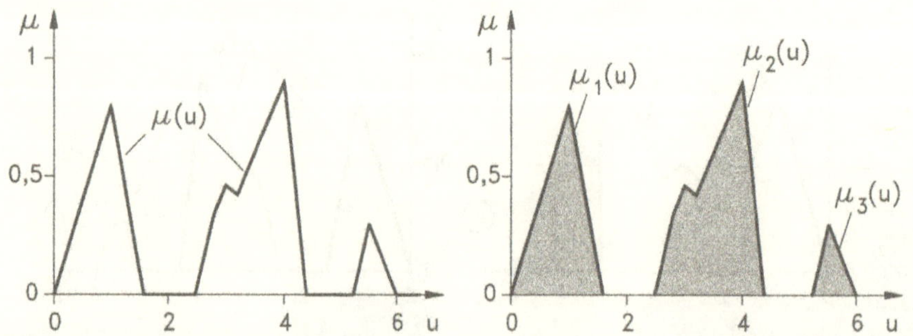

Bild 10.7 Hyperdefuzzifizierung: Die aus der Hyperinferenz hervorgehende Zugehörigkeitsfunktion $\mu(u)$ (links) wird in Teilfunktionen $\mu_i(u)$ zerlegt (rechts). Durch Defuzzifizierung der Teilfunktion $\mu_j(u)$ mit dem größten Gewicht g_j wird der Ausgangsgrößenwert u_D erzeugt.

Eine einfache Hyperdefuzzifizierungsstrategie zerlegt die Funktion $\mu(u)$ in Teilfunktionen $\mu_i(u)$, die jeweils in den Intervallen erklärt sind, in denen

$\mu(u) > 0$ gilt (Bild 10.7). Jeder Teilfunktion wird ein Gewicht g_i zugemessen. Hierfür wird beispielsweise die Größe der Fläche unter dem Funktionsgraphen der Teilfunktion oder ihr maximaler Funktionswert verwendet.

Als Ausgangsgrößenwert u_D wird derjenige Wert festgelegt, der sich durch herkömmliche Defuzzifizierung der Teilfunktion $\mu_j(u)$ mit dem größten Gewicht ergibt.

Diese Methode ist naheliegend, führt aber u. U. auch zu unplausiblen Ergebnissen (Bild 10.8): Die Zugehörigkeitsfunktion $\mu^+(u)$ liefert bei Defuzzifizierung nach der Schwerpunktmethode den Ausgangsgrößenwert $u_D = 0$. Er wird durch die Zugehörigkeitsfunktion $\mu^-(u)$ nicht verboten. Durch Verrechnung von $\mu^+(u)$ und $\mu^-(u)$ mit einer Hyperinferenzstrategie und Zerlergung der resultierenden Zugehörigkeitsfunktion $\mu(u)$ entstehen die grau unterlegt dargestellten Teilfunktionen $\mu_1(u)$, $\mu_2(u)$ und $\mu_3(u)$. Davon hat $\mu_3(u)$ das größte Gewicht, so daß sich ein Ausgangsgrößenwert $u_D > 0$ ergibt. Die Berücksichtigung von $\mu^-(u)$ führt also dazu, daß man nicht den von den positiven Regeln favorisierten Wert $u_D = 0$ erhält, obwohl dieser Wert von $\mu^-(u)$ nicht verboten wird. Dieser unerwünschte Effekt ist darauf zurückzuführen, daß durch den Mechanismus der Hyperinferenz Informationen über den Verlauf von $\mu^+(u)$ in den verbotenen Zonen verlorengehen.

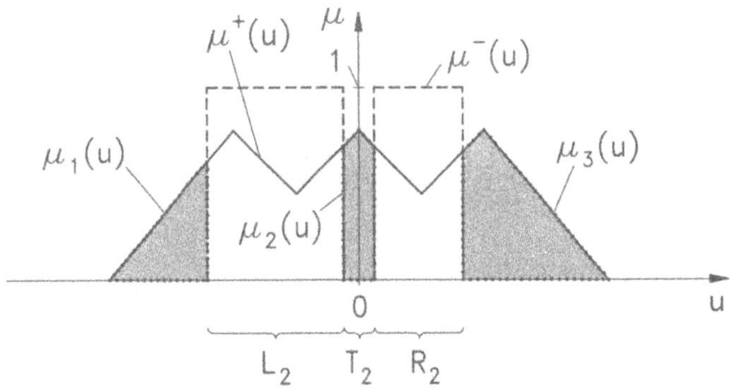

Bild 10.8 Zur Gewichtsverstärkungsmethode bei der Hyperdefuzzifizierung.

Diesem Mangel kann man tendentiell durch folgende heuristisch motivierte *Gewichtsverstärkungsmethode* entgegenwirken. Sie besteht darin, daß man zur Gewichtung der Teilfunktionen auch die Lücken zwischen ihren Definitionsbereichen berücksichtigt. Hierzu werden die obengenannten Gewichte g_i nach der Vorschrift

$$g_{i,MOD} = \frac{\frac{1}{2}L_i + T_i + \frac{1}{2}R_i}{T_i} g_i \tag{10.23}$$

modifiziert, worin T_i die Breite des Trägers der Teilfunktion $\mu_i(u)$ und L_i bzw. R_i die Breiten der Lücken links bzw. rechts neben diesem Träger sind. Bild 10.8 zeigt diese Größen für die Teilfunktion $\mu_2(u)$.

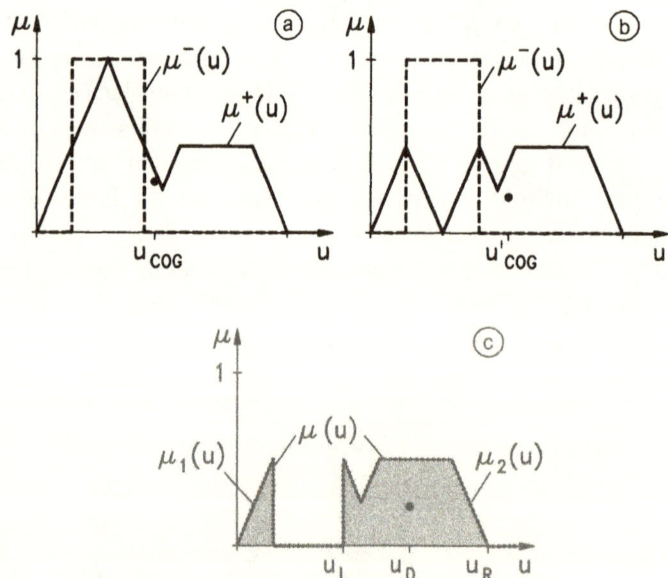

Bild 10.9 Zur Verschiebungsmethode bei der Hyperdefuzzifizierung.

Unplausible Ergebnisse liefert die beschriebene Hyperdefuzzifizierung auch für die in Bild 10.9 gezeigte Situation: Die Defuzzifizierung der in den Teilbildern (a) und (b) dargestellten Zugehörigkeitsfunktionen $\mu^+(u)$ nach der Schwerpunktmethode liefert den Wert u_{COG} bzw. u'_{COG}, der durch $\mu^-(u)$ nicht verboten wird. Die Defuzzifizierung der Teilfunktion $\mu_2(u)$, die durch Anwendung der Hyperinferenz auf $\mu^+(u)$ und $\mu^-(u)$ durch Zerlegung der resultierenden Funktion $\mu(u)$ und durch Auswahl der Teilfunktion mit dem größten Gewicht entsteht, liefert dagegen einen gegenüber u_{COG} bzw. u'_{COG} veränderten Ausgangsgrößenwert u_D (Teilbild (c)).

Dies ist unplausibel, wenn die Verbote so zu verstehen sind, daß ihre Wirkung strikt auf den Bereich beschränkt sein soll, wo $\mu^-(u) > 0$ gilt.

Diesem Mangel kann man tendentiell mit der heuristisch motivierten *Verschiebungsmethode* entgegenwirken: Danach wird die Teilfunktion $\mu_j(u)$ mit dem größten Gewicht wie bisher defuzzifiziert, der resultierende Wert u_D aber nachträglich nach der Vorschrift

$$u_{D,MOD} = \frac{\mu_L u_L + \mu^* u_D + \mu_R u_R}{\mu_L + \mu^* + \mu_R} \tag{10.24}$$

verschoben. Darin gilt

$$\mu^* = (1 - \mu_L)(1 - \mu_R), \tag{10.25}$$

wobei u_L und u_R die Randpunkte des Definitionsbereiches der Teilfunktion $\mu_j(u)$ mit den dazugehörigen Funktionswerten μ_L und μ_R sind (Teilbild (c)). Diese Vorschrift sorgt dafür, daß bei ungleichen Funktionswerten μ_L und μ_R der Ausgangsgrößenwert $u_{D,MOD}$ in Richtung desjenigen Randpunktes geschoben wird, in dem $\mu_j(u)$ den größeren Funktionswert annimmt. Diese Verschiebung ist um so größer, je größer der Unterschied zwischen den beiden Funktionswerten in den beiden Randpunkten ist. Diese Verschiebungsmethode ist vernünftig, wenn $\mu^+(u)$ in der Verbotszone, die an den Randpunkt mit dem größeren Funktionswert $\mu_j(u)$ anschließt, große Funktionswerte annimmt. (Dies gilt für Teilbild (a), nicht jedoch für Teilbild (b)).

Die Gewichtsverstärkungs- und die Verschiebungsmethode sind *heuristisch* motiviert. Als weitere *theoretisch* begründete Alternative zur Hyperdefuzzifizierung wird in Kapitel 11 das Inferenzfilter eingeführt.

10.7 Vergleich von ein- und zweisträngigen Fuzzy-Reglern

Nach Abschnitt 10.1 kann man mit einsträngigen Fuzzy-Reglern im Prinzip beliebige Kennflächen erzeugen. Dasselbe gilt für zweisträngige Fuzzy-Regler, da sie bei Ausschaltung der negativen Regeln in einsträngige Fuzzy-Regler übergehen. Mit zweisträngigen Fuzzy-Reglern kann man daher keine Kennfelder erzeugen, die im Prinzip nicht auch mit einsträngigen Fuzzy-Reglern erhältlich sind. Der Vorteil zweisträngiger Fuzzy-Regler liegt vielmehr darin, daß man damit Erfahrungswissen in Form von Warnungen oder Verboten transparenter als mit einsträngigen Fuzzy-Reglern zum Auffinden günstiger Reglerkennflächen nutzen kann. Dies wird anhand typischer Anwendungssituationen gezeigt. Ferner läßt sich der Aufwand zur Realisierung von Reglerkennfeldern mit zweisträngigen Fuzzy-Reglern u. U. beträchlich verringern (vgl. [34]).

10.7.1 Verbot aller Ausgangsgrößenwerte $u \neq u_0$

Zunächst wird der Fall betrachtet, daß in einer bestimmten Situation, die durch die Erfüllung einer Regelprämisse $p_k(e)$ beschrieben wird, alle Ausgangsgrößenwerte $u \neq u_0$ verboten sein sollen. Die in dieser Situation von den positiven Regeln erzeugte Zugehörigkeitsfunktion sei $\mu^+(u)$ (Bild 10.10 (a)).

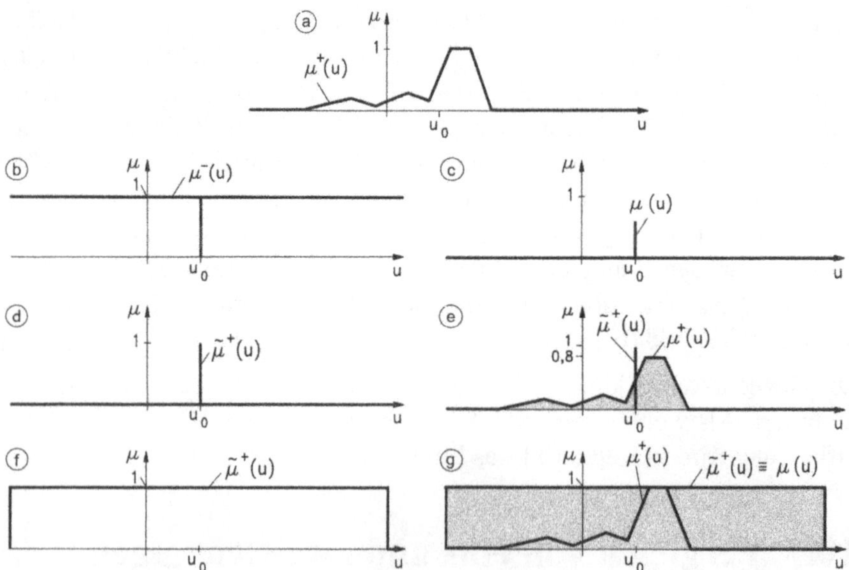

Bild 10.10 Verbot aller Werte $u \neq u_0$ mit einem zweisträngigen Fuzzy-Regler (a), (b), (c) sowie mit einem einsträngigen Fuzzy-Regler (a), (d), (e) bzw. (a), (f), (g) durch Nutzung spezieller Zugehörigkeitsfunktionen.

Zur Berücksichtigung dieses Verbotes mit einem *zweisträngigen* Fuzzy-Regler definiert man den linguistischen Wert NU_0 und modelliert ihn durch die im Teilbild (b) dargestellte Zugehörigkeitsfunktion, die an der Stelle u_0 den Funktionswert 0 und sonst überall 1 annimmt. Damit wird das gewünschte Verbot durch die negative Regel

$$\text{WENN } p_k(e) \ \text{ DANN } u = NU_0 \ \text{VERBOTEN} \tag{10.26}$$

beschrieben. Bei voll erfüllter Prämisse liefert diese Regel die Zugehörigkeitsfunktion $\mu^-(u)$, die über die Hyperinferenz mit $\mu^+(u)$ zu einem Singleton mit dem Träger $\{u_0\}$ verrechnet wird (Teilbilder (b) und(c)). Die Defuzzifizierung liefert den einzig erlaubten Ausgangsgrößenwert u_0.

Mit einem herkömmlichen *einsträngigen* Fuzzy-Regler läßt sich das Verbot aller Werte $u \neq u_0$ auf unterschiedliche Weise realisieren.

(i) Man kann die negative Regel (10.26) *in eine positive Regel umwandeln*, die die von der negativen Regel nicht verbotenen Ausgangsgrößenwerte empfiehlt. Hierzu wird der linguistische Wert U_0 eingeführt und durch ein Singleton $\tilde{\mu}^+(u)$ mit dem Träger $\{u_0\}$ modelliert, und es wird die positive Regel

$$\text{WENN } p_k(e) \ \text{ DANN } u = U_0 \tag{10.27}$$

dem Regelsatz hinzugefügt (Bild 10.10 (d)). Um diese Regel in Konkurrenz zu den anderen positiven Regeln durchzusetzen, werden alle anderen Regeln mit einem Glaubensgrad $\rho < 1$ versehen, so daß die von ihnen erzeugte Zugehörigkeitsfunktion $\mu^+(u)$ nirgendwo den Funktionswert 1 annimmt. Durch Akkumulation mit dem Singleton entsteht eine Zugehörigkeitsfunktion, deren Defuzzifizierung mit der Maximummethode (nicht jedoch mit der Schwerpunktmethode) den einzig erlaubten Ausgangsgrößenwert u_0 liefert (Teilbild (e)).

(ii) Alternativ kann man den linguistischen Wert U_0 durch die in Teilbild (f) dargestellte Rechteckfunktion $\tilde{\mu}^+(u)$ modellieren, die symmetrisch zum Wert u_0 ist und in einem hinreichend breiten Intervall den Funktionswert 1 annimmt. Durch Akkumulation von $\tilde{\mu}^+(u)$ und $\mu^+(u)$ mit dem Maximum, entsteht als resultierende Zugehörigkeitsfunktion $\mu(u) \equiv \tilde{\mu}^+(u)$ (Teilbild (g)). Hieraus erzeugt die Schwerpunktmethode den Ausgangswert u_0.

(iii) Man kann einen aus den positiven Regeln aufgebauten einsträngigen Fuzzy-Regler durch eine *externe Einrichtung* ergänzen, die bei voller Erfüllung der Prämisse $p_k(e)$ vom Ausgang des Fuzzy-Reglers auf den gewünschten Wert u_0 umschaltet (Bild 10.11).

Ein Verbot aller Werte $u \neq u_0$ läßt sich nur mit einem zweisträngigen Fuzzy-Regler organisch berücksichtigen. Die für einsträngige Regler angegebenen Varianten (i) und (ii) sind insofern nachteilig, als man in der Wahl der Akkumulation und Defuzzifizierung eingeschränkt ist und die positiven

Regeln *nachbehandeln* bzw. *unanschauliche Zugehörigkeitsfunktionen* verwenden muß.

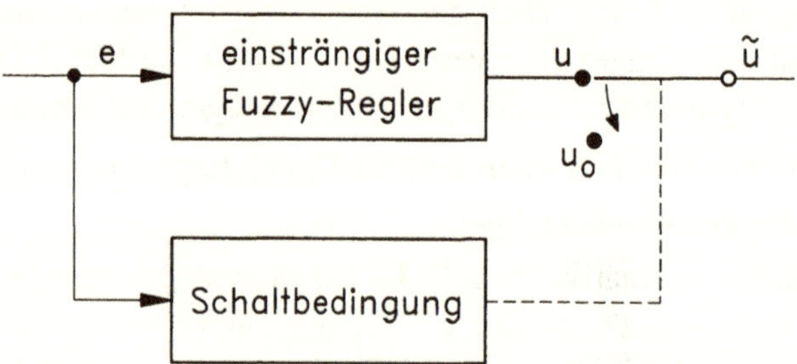

Bild 10.11 Verbot aller Ausgangsgrößenwerte $u \neq u_0$ durch externe Beschaltung eines einsträngigen Fuzzy-Reglers.

10.7.2 Berücksichtigung verbotener Zonen

Zunächst wird der Fall betrachtet, daß der zweisträngige Fuzzy-Regler eine negative Regel R^- enthält, die bei voller Erfüllung ihrer Prämisse zwei Intervalle als Wertebereiche für die Ausgangsgröße u strikt verbietet (Bild 10.12 (a)). Durch Verrechnung dieser Zugehörigkeitsfunktion mit der aus den positiven Regeln hervorgehenden Zugehörigkeitsfunktion $\mu^+(u)$ entsteht eine Zugehörigkeitsfunktion $\mu(u)$, die bei Hyperdefuzzifizierung zu einem sinnvollen Ergebnis führt (Teilbild (b) bzw. (c)): Die grau unterlegt dargestellte Teilfunktion hat das größte Gewicht und liefert mit jeder Defuzzifizierungsmethode einen sinnvollen Ausgangsgrößenwert. Er liegt auf keinem Fall in einer verbotenen Zone. Um das gewünschte Verbot mit einem einsträngigen Fuzzy-Regler zu berücksichtigen, kann man nach der obigen Methode (i) anstelle der negativen Regel, eine positive Regel einführen, die die nicht verbotenen Ausgangsgrößenwerte durch eine Zugehörigkeitsfunktion $\tilde{\mu}^+(u)$ empfiehlt (Teilbild (d)). Durch Akkumulation von $\tilde{\mu}^+(u)$ und $\mu^+(u)$ entsteht eine Zugehörigkeitsfunktion $\mu(u)$, deren Defuzzifizierung einen von $\mu^+(u)$ weitgehend unabhängigen und deshalb unvernünftigen Wert liefert (Teilbild (f)). Diese Vorgehensweise kann noch nicht einmal verhindern, daß sich ein verbotener Ausgangsgrößenwert ergibt.

Jetzt wird der Fall betrachtet, daß zwei negative Regeln R_1^- und R_2^- vorgesehen sind, die durch die Zugehörigkeitsfunktionen $\mu_1^-(u)$ und $\mu_2^-(u)$ jeweils ein Intervall verbieten (Bild 10.13). Mit einem zweisträngigen Fuzzy-Regler erhält man durch Akkumulation dieser beiden Zugehörigkeitsfunktionen dieselbe Zugehörigkeitsfunktion $\mu^-(u)$ wie in Bild 10.12 (a). Für einen zweisträngigen Fuzzy-Regler bedeutet es also keinen Unterschied, ob man die gewünschten Verbote durch eine oder zwei Regeln beschreibt. Ganz anders ist es dagegen bei einem einsträngigen Regler: Werden die beiden gewünschten Verbote in die Empfehlungen überführt, die durch die Zugehörigkeitsfunktionen $\mu_1^+(u)$ und $\mu_2^+(u)$ ausgedrückt werden (Teilbilder (d) und (e)), ergibt sich durch die Akkumulation von $\mu_1^+(u)$ und $\mu_2^+(u)$ und einer Funktion $\mu^+(u)$ die von $\mu^+(u)$ unabhängige und deshalb unvernünftige Zugehörigkeitsfunktion $\mu(u) \equiv 1$.

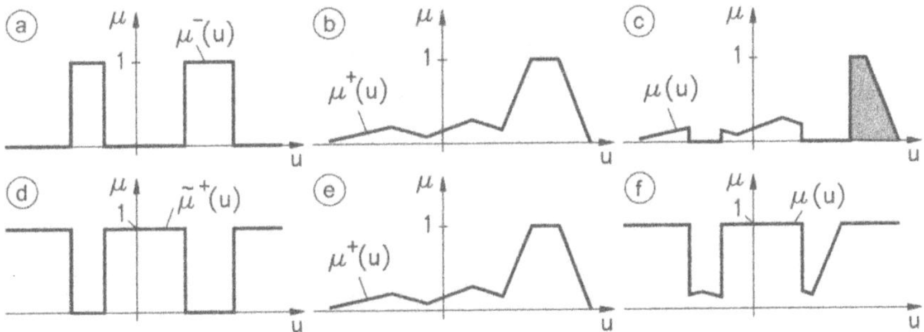

Bild 10.12 Ein zweisträngiger Fuzzy-Regler liefert bei einem Verbot, daß sich auf zwei voneinander getrennte Intervalle bezieht, ein sinnvolles Ergebnis (a), (b), (c), ein herkömmlicher einsträngiger Fuzzy-Regler jedoch nicht (d), (e), (f).

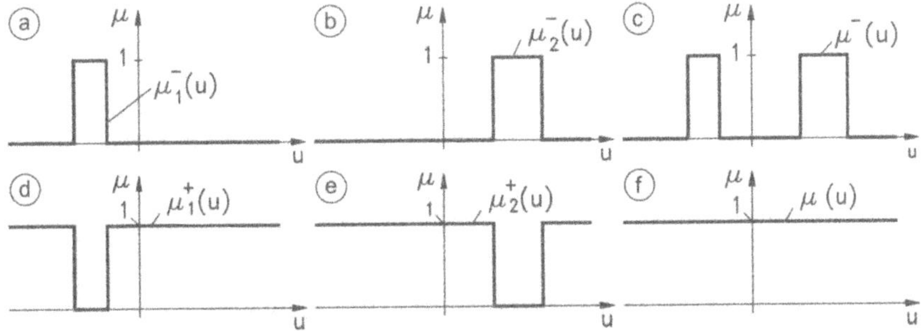

Bild 10.13 Ein zweisträngiger Fuzzy-Regler verarbeitet die von zwei einzelnen Regeln ausgesprochenen Verbote (a) und (b) richtig, siehe (c). Demgegenüber liefert ein einsträngiger Fuzzy-Regler bei Überführung der Verbote in die Empfehlungen (d) und (e) das nicht sinnvolle Ergebnis (f).

10.7.3 Berücksichtigung von Warnungen

In einem zweisträngigen Fuzzy-Regler kann man die Fuzzy-Operatoren in den beiden Verarbeitungssträngen unabhängig voneinander wählen. Wenn man zur Akkumulation der Zugehörigkeitsfunktionen, die aus den negativen Regeln resultieren, nicht das Maximum, sondern beispielsweise die begrenzte Summe verwendet, werden mehrere schwache Warnungen einander verstärkend überlagert (Bild 10.14): Durch Akkumulation von $\mu_1^-(u)$ und $\mu_2^-(u)$ mit der begrenzten Summe entsteht die Zugehörigkeitsfunktion $\mu^-(u)$. Sie verbietet Werte u, vor denen $\mu_1^-(u)$ und $\mu_2^-(u)$ nur warnen, strikt (Teilbilder (a) und (b)). Das Produkt-Veto verrechnet $\mu^-(u)$ und $\mu^+(u)$ zu der sinnvollen Zugehörigkeitsfunktion $\mu(u)$ (Teilbild (c) bzw. (d)). Einsträngige Fuzzy-Regler können dies nicht leisten.

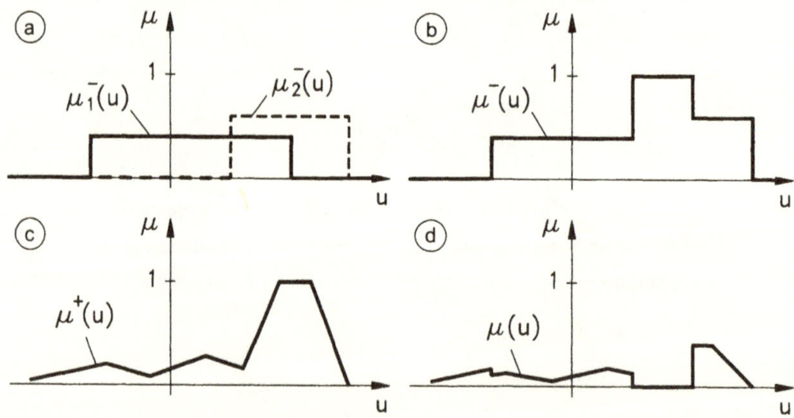

Bild 10.14 Mit einem zweisträngigen Fuzzy-Regler lassen sich mehrere schwache Warnungen zu einem strikten Verbot überlagern (a), (b), (c), (d). Ein herkömmlicher Fuzzy-Regler leistet dies nicht.

10.7.4 Verarbeitung von globalen Regeln

Für das folgende Beispiel wird ein Fuzzy-Regler mit den beiden Eingangsgrößen x_1 und x_2 und der Ausgangsgröße u zugrunde gelegt. Eingangsseitig sind die linguistischen Werte *NG*, *NK*, *V*, *PK* und *PG* sowie *N* (*negativ*) und *P* (*positiv*), ausgangsseitig *NG*, *NM*, *NK*, *V*, *PK*, *PM* und *PG* vorgesehen. Die Regelbasis enthält die durch Bild 10.15 veranschaulichten positiven Regeln: 25 vollständige Regeln vom Typ WENN (x_1 = *PK*) ∧ (x_2 = *PK*) DANN u = *NG* (Teilbild (a)), je zwei Regeln vom Typ WENN

$x_1 = P$ DANN $u = NM$ (Teilbilder (b) und (c)) und vier Regeln vom Typ WENN $(x_1 = P) \wedge (x_2 = P)$ DANN $u = NG$ (Teilbild (d)). Aus Bild 10.15 geht hervor, daß die 25 vollständigen Regeln nur lokal und die übrigen Regeln global wirksam sind (*lokale* bzw. *globale Regeln*). Ferner ist die negative Regel

$$\text{WENN } (x_1 = PK) \wedge (x_2 = PK) \text{ DANN } u = ZK \text{ VERBOTEN} \quad (10.28)$$

vorgesehen. Darin bezeichnet *ZK* den linguistischen Wert *zu klein*. Bild 10.16 zeigt die ausgangsseitigen Zugehörigkeitsfunktionen.

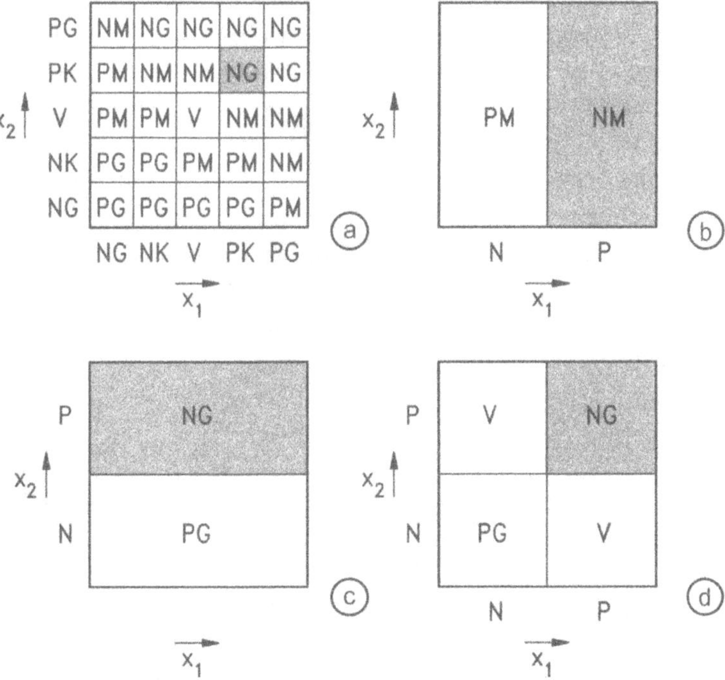

Bild 10.15 Darstellung von insgesamt 33 positiven Regeln für einen Fuzzy-Regler mit den beiden Eingangsgrößen x_1 und x_2. Bei voll erfüllter Prämisse $(x_1 = PK) \wedge (x_2 = PK)$ der im Text beschriebenen negativen Regel werden die vier durch graue Unterlegung markierten positiven Regeln aktiviert.

In einem *zweisträngigen* Fuzzy-Regler werden bei voll aktivierter negativer Regel gleichzeitig vier positive Regeln voll aktiviert (Bild 10.15, grau unterlegt). Die negative Regel liefert dann die Zugehörigkeitsfunktion $\mu^-(u) = \mu_{ZK}(u)$, die positiven Regeln liefern eine Zugehörigkeitsfunktion $\mu^+(u)$, die durch Akkumulation von $\mu_{NG}(u)$ und $\mu_{NM}(u)$ entsteht (Bild

10.16 links, grau unterlegt). Die Hyperinferenz erzeugt daraus eine Zugehörigkeitsfunktion $\mu(u)$, die bei Hyperdefuzzifizierung einen sinnvollen Ausgangsgrößenwert $-2{,}5 \leq u_D \leq -1$ liefert (nicht gezeichnet).

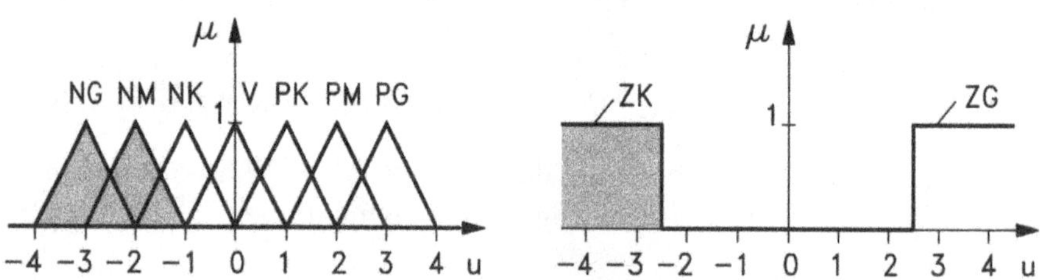

Bild 10.16 Modellierung der ausgangsseitigen linguistischen Werte für die Regelbasis nach Bild 10.15 (links) und für die negativen Regeln (10.28) und (10.29) (rechts).

Demgegenüber läßt sich das gewünschte Verbot (10.28) mit einem einsträngigen Fuzzy-Regler nicht angemessen berücksichtigen, indem man es durch eine *positive* Regel beschreibt, die alle Ausgangsgrößenwerte $u \geq -2{,}5$ empfiehlt. Diese Empfehlung dominiert dann nämlich die Beiträge der übrigen positiven Regeln, so daß sich ein unplausibler Ausgangsgrößenwert $u_D > -1$ ergibt.

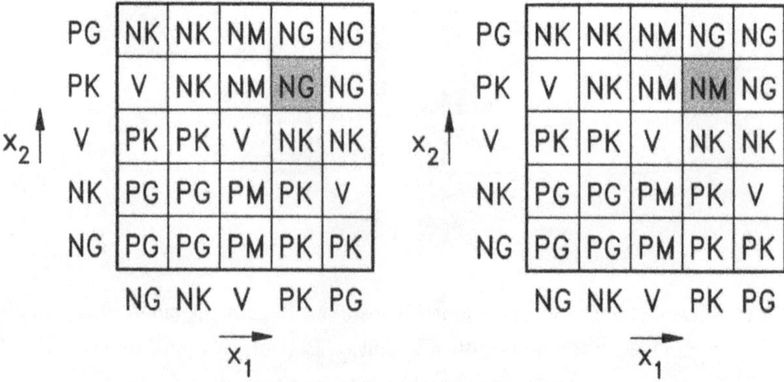

Bild 10.17 Strukturell eindeutige Regelbasis aus vollständigen Regeln, die mit der strukturell mehrdeutigen Regelbasis nach Bild 10.15 näherungsweise gleichwertig ist (links). Durch Abänderung einer der vollständigen Regeln lassen sich lokal wirksame Verbote berücksichtigen (rechts).

Man kann das Verbot aber wie folgt mit einem einsträngigen Fuzzy-Regler berücksichtigen: Zunächst bestimmt man eine strukturell eindeutige Regelbasis, die aus vollständigen Regeln besteht und mit den vorliegenden mehrdeutigen Regeln näherungsweise gleichwertig ist (Bild 10.17, links). (Hierzu wertet man die Regeln für entsprechende Gitterpunkte des x_1-x_2-Raumes aus und übersetzt die so erhaltenen reellen Ausgangsgrößenwerte in linguistische Werte). Dann kann man das gewünschte Verbot berücksichtigen, indem man den für das Wertepaar (*PK*, *PK*) statt *NG* den linguistischen Ausgangsgrößenwert *NM* vorsieht (Bild 10.17, rechts). Diese Vorgehensweise hat allerdings gravierende Nachteile: Sie ist bei mehr als zwei Eingangsgrößen sehr aufwendig. Sie kann den Regelsatz enorm vergrößern, da wenige globale Regeln durch sehr viele lokale Regeln ersetzt werden. Ferner bedeutet der Wegfall der globalen Regeln einen Verlust an Transparenz. Dies erschwert die interaktive Optimierung der Zugehörigkeitsfunktionen. Schließlich ist die aufwendige Bestimmung der strukturell eindeutigen Regelbasis bei Hinzufügen einer neuen positiven Regel jedesmal zu wiederholen.

Der Regelsatz bestehe jetzt nur aus den in Bild 10.15 dargestellten acht global wirkenden positiven Regeln (Bild 10.15 (b), (c) und (d)) und aus den beiden negativen Regeln (10.28) und

$$\text{WENN } (x_1 = NK) \wedge (x_2 = NK) \text{ DANN } u = ZG \text{ VERBOTEN.} \quad (10.29)$$

Darin bezeichnet *ZG* den linguistischen Wert *zu groß* mit der Zugehörigkeitsfunktion nach Bild 10.16 (rechts). Dieser Regelsatz läßt sich mit einem zweisträngigen Fuzzy-Regler problemlos verarbeiten.

Eine zweite Methode zur Berücksichtigung solcher Verbote mit einem einsträngigen Fuzzy-Regler arbeitet so: Man wandelt die Verbote – wie oben – in Empfehlungen um und sorgt dafür, daß diese von den Empfehlungen der übrigen positiven Regeln nicht störend überlagert werden können. Hierzu verändert man die Prämissen derjenigen positiven Regeln, die gleichzeitig mit den aus den Verboten hervorgegangenen Regeln aktiviert werden können, indem man jeweils den Term

$$\neg\big((x_1 = PK) \wedge (x_2 = PK)\big) \wedge \neg\big((x_1 = NK) \wedge (x_2 = NK)\big) \qquad (10.30)$$

durch UND-Verknüpfung hinzufügt. Diese Vorgehensweise hat allerdings den Nachteil, daß alle positiven Regeln durchzumustern und ggf. zu modifizieren sind und daß dabei Regeln mit komplizierten Prämissen entstehen können. Ferner ist die Durchmusterung und Modifikation der positiven Regeln jedesmal zu wiederholen, wenn ein neues Verbot hinzutritt.

Diese Nachteile einsträngiger Fuzzy-Regler zeigen, daß man dasselbe Reglerkennfeld mit einem zweisträngigen im Vergleich zu einem einsträngigen

Fuzzy-Regler ggf. mit wesentlich weniger und zudem einfacheren Regeln beschreiben kann. Eine Analogie hierzu ist aus der Grammatik bekannt: Man stellt die globale Regel auf, daß die Mehrzahlbildung in der englischen Sprache durch Anhängen des Buchstabens s erfolgt und fügt eine (kurze) Liste von Ausnahmen bei. Dies ist wesentlich einfacher, als nur mit Regeln zu arbeiten, von denen es keine Ausnahme gibt.

10.7.5 Getrennte Verarbeitung von positiven und negativen Regeln

Mit zweisträngigen Fuzzy-Reglern werden positive und negative Regeln voneinander getrennt verarbeitet. Deshalb kann man Empfehlungen einerseits und Warnungen bzw. Verbote andererseits durch Wahl unterschiedlicher Fuzzy-Operatoren und Inferenzstrategien in den beiden Verarbeitungssträngen differenziert berücksichtigen. Beispielsweise hängt es von der Wahl des für die Aktivierung der negativen Regeln verwendeten UND-Operators ab, wie groß der Einfluß einer teilweise aktivierten negativen Regel ist (Bild 10.18).

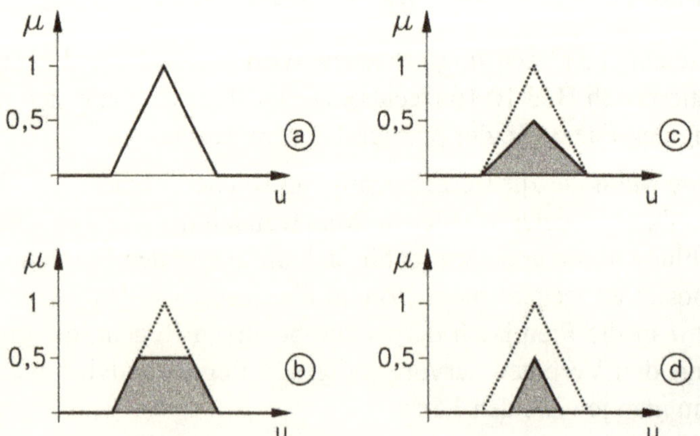

Bild 10.18 Ausgangsseitige Zugehörigkeitsfunktionen einer negativen Regel bei voller Aktivierung (a) und bei Erfüllung ihrer Prämisse im Grade 0,5 und Durchführung der Aktivierung mit dem Minimum, dem algebraischen Produkt bzw. der begrenzten Differenz ((b), (c) bzw. (d), grau unterlegt).

Der in dem zweisträngigen Regler vorgesehene Parameter q dient zur Modifikation der von den negativen Regeln erzeugten Zugehörigkeitsfunktion $\tilde{\mu}^-(u)$. Damit kann man stufenlos einstellen, wie stark die Verbote bzw.

Warnungen im Verhältnis zu den Empfehlungen wirksam sein sollen. Diese transparente Eingriffsmöglichkeit kann für die interaktive Festlegung der endgültigen Regelsätze und Zugehörigkeitsfunktionen genutzt werden. Sie kann aber auch nachträglich vor Ort, wenn kein Eingriff in die Regeln und Zugehörigkeitsfunktionen mehr möglich ist, zur Feineinstellung dienen.

10.7.6 Zusammenfassender Vergleich

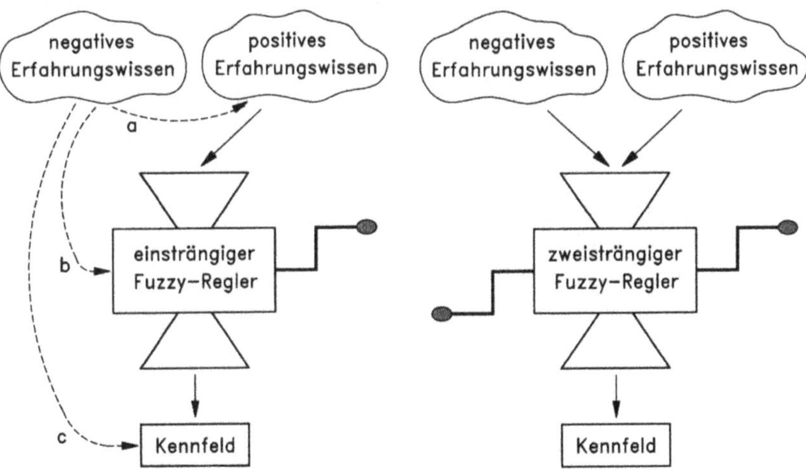

Bild 10.19 Nutzung von positivem und negativem Erfahrungswissen mit herkömmlichen einsträngigen (links) und zweisträngigen (rechts) Fuzzy-Reglern.

Bild 10.19 faßt die aufgezeigten Unterschiede zwischen ein- und zweisträngigen Fuzzy-Reglern zusammen. Mit einsträngigen Fuzzy-Reglern kann man nur Erfahrungswissen in Form von Empfehlungen direkt in den Regler einbringen und dort transparent nutzen (linkes Teilbild). Erfahrungswissen in Form von Warnungen und Verboten läßt sich damit nur indirekt und mit Abstrichen berücksichtigen: Man kann die vorgesehenen (positiven) Regeln durch zusätzliche Regeln ergänzen, die die Ausgangsgrößenwerte, die nicht verboten werden sollen, empfehlen (Pfad a). Man kann die vorgesehenen (positiven) Regeln in viele lokale Regeln zerlegen und deren Konklusionen gezielt ändern oder alternativ die Prämissen der ursprünglichen Regeln modifizieren (Pfad b). Schließlich kann man mit den vorgesehenen (positiven) Regeln einen einsträngigen Fuzzy-Regler aufbauen und externe schaltende Glieder hinzufügen (Pfad c). Diese Möglichkeiten sind vergleichsweise intransparent bzw. aufwendig und führen vielfach nicht zu dem gewünschten Erfolg.

Im Gegensatz hierzu kann man mit einem zweisträngigen Fuzzy-Regler nicht nur Empfehlungen, sondern gleicherweise auch Warnungen und Verbote organisch und transparent verarbeiten: Damit kann positives Erfahrungswissen in Form von Empfehlungen sowie auch negatives in Form von Warnungen oder Verboten für den zielgerichteten Entwurf günstiger Reglerkennfelder genutzt werden. Das so gefundene Kennfeld kann für den On-line-Einsatz durch einen zweisträngigen, nach Abschnitt 10.1 aber auch mit einem einsträngigen Fuzzy-Regler realisiert werden. Die Realisierung mit einem zweisträngigen Regler hat den Vorteil, daß man ihn dann noch vor Ort zielgerichtet nachoptimieren kann. Ferner ergibt sich damit meist eine vergleichsweise viel kleinere und übersichtlichere Regelbasis. Dies ist außer für die Realisierungen auch für eine transparente Dokumentation des verwendeten Erfahrungswissens günstig. Die Realisierung des Kennfeldes mit einem einsträngigen Fuzzy-Regler hat den Vorteil, daß man damit die Vorzüge zweisträngiger Fuzzy-Regler auch dann nutzen kann, wenn man nur über ein Entwurfsinstrument für solche Regler, aber nicht über Möglichkeiten für ihre direkte On-line-Realisierung verfügt.

10.8 Anwendungsbeispiel Positionsregelung mit Haftreibung

10.8.1 Die Regelstrecke

Eine häufig auftretende Regelungsaufgabe besteht darin, die Position einer Antriebseinheit auf einen vorgegebenen Sollwert einzustellen. Die Lösung dieser Aufgabe wird oft durch das Auftreten von Haftreibung erschwert.

Bild 10.20 zeigt eine entsprechende Regelstrecke. Für den darin vorgesehenen Scheibenläufermotor sind Induktivitäten und wegen der geringen auftretenden Winkelgeschwindigkeiten auch die elektromotorische Kraft vernachlässigbar. Deshalb ist das Drehmoment M_{Motor} mit einem Faktor k proportional zur anliegenden Eingangsspannung u. Die Haftreibung wird durch Rückführung eines konstanten Drehmomentes modelliert, das bei $\omega = 0$ das Drehmoment M_{Motor} bis zur Größe der Haftreibung M_H gerade kompensiert. Die Gleitreibung wird durch ein Drehmoment mit dem konstanten Betrag M_R und dem zu ω entgegengesetzten Vorzeichen berücksichtigt. Das resultierende Drehmoment M_{res} wird nach Division durch das wirksame Trägheitsmoment Θ von Motor, Welle und Last(Ventil) zweifach integriert. Dann erscheinen am Ausgang des ersten Integrierers die Winkelgeschwindigkeit ω des Motors und am Ausgang des zweiten Integrierers der Positionswinkel φ. Bei der modellierten Regelstrecke ruft eine angelegte Spannung u von der Größe 1 Volt bei Vernachlässigung der Reibung die Winkelbeschleunigung $\dot{\omega} = 1\ \text{rad}/\text{s}^2$ hervor. Die Größen M_H und M_R werden zunächst so angesetzt, daß der Einfluß der Haft- und Gleitreibung einer Änderung der Eingangsspannung um 0,3 bzw. 0,05 Volt entspricht. Für die im folgenden verwendeten Größen u, φ und die Zeit t ergeben sich damit die Maßeinheiten Volt, Radiant und Sekunde. Zur Vereinfachung der folgenden Darstellung werden aber nur die Maßzahlen ohne Maßeinheiten angegeben.

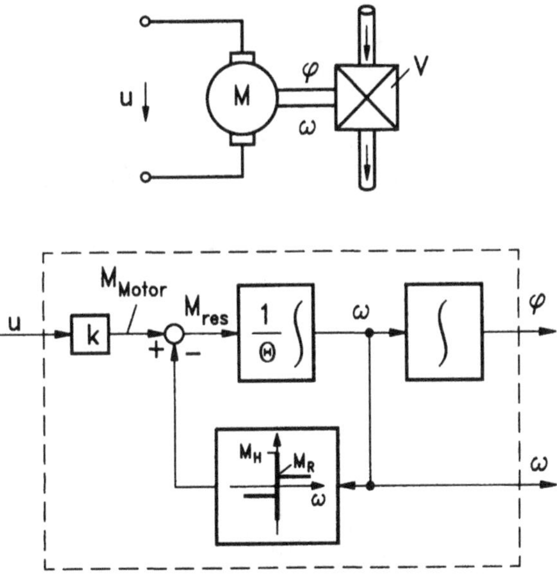

Bild 10.20 Regelstrecke, bestehend aus Scheibenläufermotor M und Ventil V mit der Spannung u bzw. dem Positionswinkel φ und der Winkelgeschwindigkeit ω als Eingangs- bzw. Ausgangsgrößen (oben) sowie dazugehöriges Strukturbild (unten).

10.8.2 Einsträngiger Fuzzy-Regler

Zunächst wird ein einsträngiger Fuzzy-Regler mit der negativen Regelabweichung $\Delta\varphi = \varphi - \varphi_{soll}$ und der Winkelgeschwindigkeit ω als Eingangsgrößen entworfen (Bild 10.21) (vgl. [35]).

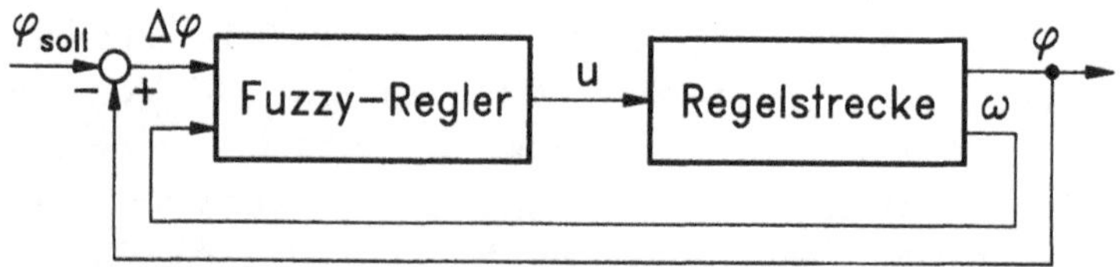

Bild 10.21 Fuzzy-Positionsregelungssystem.

Für diese beiden Eingangsgrößen $\Delta\varphi$ und ω werden jeweils die fünf linguistischen Werte *negativ groß* (*NG*), *negativ klein* (*NK*), *verschwindend* (*V*), *positiv klein* (*PK*) und *positiv groß* (*PG*) definiert. Die Zugehörigkeitsfunktionen für *NK*, *V* und *PK* sind dreieckförmig, für *NG* und *PG* trapezförmig gewählt. Für die Wertebereiche der Eingangsgrößen $\Delta\varphi$ und ω werden die Intervalle [-0.5, 0.5] bzw. [-1, 1] angesetzt. Für die Stellgröße werden die sieben linguistischen Werte *negativ groß* (*NG*), *negativ mittel* (*NM*), *negativ klein* (*NK*), *verschwindend* (*V*), *positiv klein* (*PK*), *positiv mittel* (*PM*) und *positiv groß* (*PG*) definiert. Die Zugehörigkeitsfunktionen dieser Werte sind so gewählt, daß sich die Stellgröße im Bereich -1 bis 1 bewegt.

$\Delta\varphi$ ↓ / ω →	NG	NK	V	PK	PG
NG	PG	PG	PM	PK	V
NK	PG	PM	PK	V	NK
V	PM	PK	V	NK	NM
PK	PK	V	NK	NM	NG
PG	V	NK	NM	NG	NG

Bild 10.22 Regelbasis für den einsträngigen Fuzzy-Regler.

Aufgrund der qualitativen Einsicht in das Verhalten der Regelstrecke werden die aus Bild 10.22 ersichtlichen 25 vollständigen Regeln der Form

WENN ($\Delta\varphi = PG$) $\wedge$ ($\omega = NK$) DANN $u = NK$ angesetzt. Diese Regelbasis entspricht für jede Eingangsgröße annähernd einem Proportionalregler mit Sättigung. Als UND-Operator wird das Minimum verwendet. Zur Verarbeitung der Regeln wird die Max-Min-Inferenz und zur Defuzzifizierung die Schwerpunktmethode eingesetzt.

Bild 10.23 (links) veranschaulicht das Kennfeld $u = u(\Delta\varphi, \omega)$ des resultierenden Fuzzy-Reglers durch Höhenlinien. Die Höhenlinien oberhalb der mit -0,01 bzw. unterhalb der mit 0,01 bezeichneten Linien gehören zu den Stellgrößenwerten u = -0,05, u = -0,10, u = -0,15 usw. bzw. u = +0,05, u = +0,10, u = +0,15 usw. Dasselbe gilt für die Kennfelder in den Bildern 10.25, 10.27 und 10.28. Alle Punkte, für die $\omega = 0$ und $|u| \leq M_H = 0{,}3$ gilt, liegen auf dem Balken *S*. Sie stellen *Ruhelagen* des Systems dar (Motorstillstand) und zeigen damit zwei Nachteile des Fuzzy-Reglers auf: Erstens stellt sich eine relativ große *bleibende Regelabweichung* (Länge des Balkens *S*) ein. Zweitens wird selbst in den Ruhelagen noch eine von Null verschiedene Stellgröße (*Ruhespannung*), die Abnutzung und Energieverbrauch des Motors erhöht, aufgeschaltet. Diese Nachteile sind besonders deutlich aus den Zeitverläufen von φ und φ_{soll} sowie der Stellgröße u im geregelten System ablesbar (Bild 10.23, rechts).

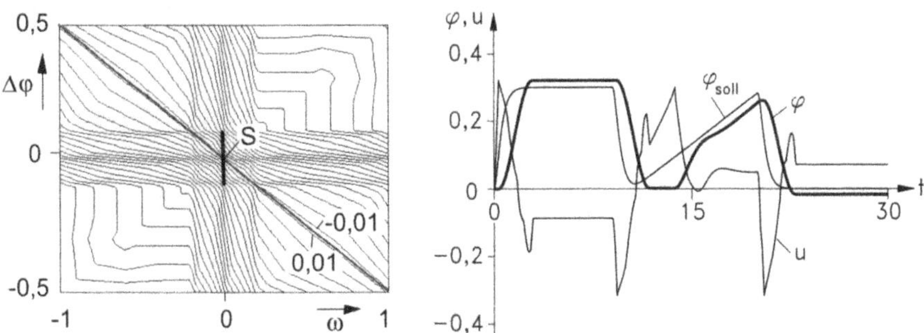

Bild 10.23 Höhenlinien des Kennfeldes $u(\Delta\varphi, \omega)$ für den einsträngigen Fuzzy-Regler (links) und zugehörige Zeitverläufe $\varphi_{soll}(t)$, $\varphi(t)$ und $u(t)$ (rechts).

10.8.3 Zweisträngiger Fuzzy-Regler mit Verbotsregel R_1^- zur Vermeidung der Ruhespannung

Um die Ruhespannung zu vermeiden, sollten die Stellgrößenwerte u mit $0 < |u| \le M_H$ für $\omega = 0$ verboten werden. Hierzu wird der obige einsträngige Fuzzy-Regler durch einen zweiten Strang mit der Verbotsregel

$$R_1^-\text{: WENN } \omega = \textit{klein} \text{ DANN } u = \textit{Zwischenwert} \text{ VERBOTEN} \qquad (10.31)$$

ergänzt. Die für den linguistischen Wert *klein* gewählte Zugehörigkeitsfunktion nimmt nur in dem relativ kleinen Intervall [-0,05, 0,05] von Null verschiedene Funktionswerte an (Bild 10.24 oben). Damit wird das Kennfeld nur in den relevanten Bereichen verändert. Mit dem linguistischen Wert *Zwischenwert* werden alle Stellgrößenwerte beschrieben, die betragsmäßig zwischen der Größe der Haftreibung und dem kleinen Wert 0,05 liegen.(Dieser Wert ist einerseits ausreichend groß, so daß die bei der Hyperdefuzzifizierung entstehende Teilfunktion $\mu_i(u)$, in deren Definitionsbereich der Wert $u = 0$ liegt, das größte Gewicht erhält. Andererseits ist dieser Wert ausreichend klein, so daß diese Teilfunktion $\mu_i(u)$ bei Verwendung des Maximums zur Akkumulation auch für kleine Werte $\Delta\varphi \neq 0$ symmetrisch zu $u = 0$ liegt und daher bei der Defuzzifizierung exakt den Wert $u_D = 0$ liefert.)

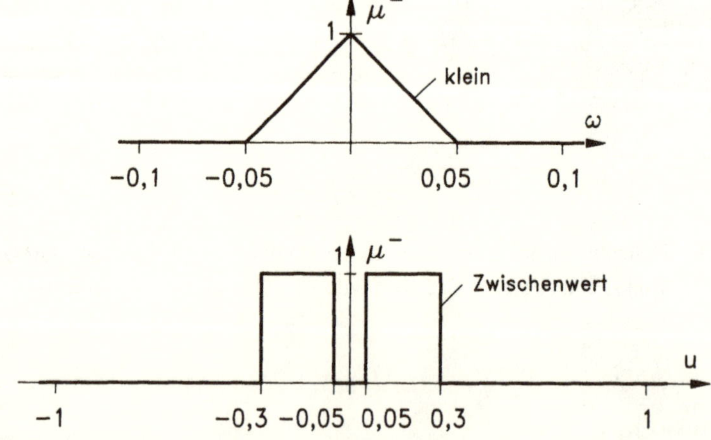

Bild 10.24 Zugehörigkeitsfunktionen für die linguistischen Werte *klein* und *Zwischenwert*, die in der Verbotsregel R_1^- auftreten.

Für die Hyperinferenz wird das Minimum-Veto verwendet. Es führt nur dann zum vollständigen Verbot eines Stellgrößenwertes, wenn er im Grade 1 verboten wird. Die Verbotsregel verbietet daher die Werte u, für die $\mu_{Zwischenwert}(u)=1$ gilt, nur dann strikt, wenn $\omega=0$ gilt. Dies ist physikalisch vernünftig. Gleichzeitig wirkt das Minimum-Veto – anders als das strikte Veto – dem Auftreten von Unstetigkeiten im Kennfeld und damit einem Rattern der Stellgröße entgegen. Aus demselben Grund wird die Hyperdefuzzifizierung durch Defuzzifizierung der Teilfunktionen nach der Schwerpunktmethode mit Gewichtung durch die Flächen verwendet. Ferner werden die Gewichtsverstärkungsmethode (10.23) und die Verschiebungsmethode (10.24) eingesetzt.

Bild 10.25 zeigt links einen stark vergrößerten Ausschnitt des resultierenden Kennfeldes. Aus dem Verlauf der Höhenlinien zu u = -0,01 und $u=0{,}01$ ist ablesbar, daß für $\omega=0$ nur Stellgrößenwerte auftreten, die entweder Null oder vom Betrag her größer als die Haftreibung sind: Stellgrößenwerte des einsträngigen Fuzzy-Reglers, die nahe bei Null bzw. am Rande des verbotenen Bereichs liegen, werden durch die negative Regel R_1^- auf Null gesetzt bzw. in den erlaubten Bereich verlagert. Die zugehörigen Zeitverläufe von φ und φ_{soll} sowie der Stellgröße u zeigen, daß bei Stillstand des Motors der Stellgrößenwert $u=0$ aufgeschaltet wird (Bild 10.25, rechts). Die bleibende Regelabweichung (Länge des Balkens S) ist jedoch noch nicht klein genug.

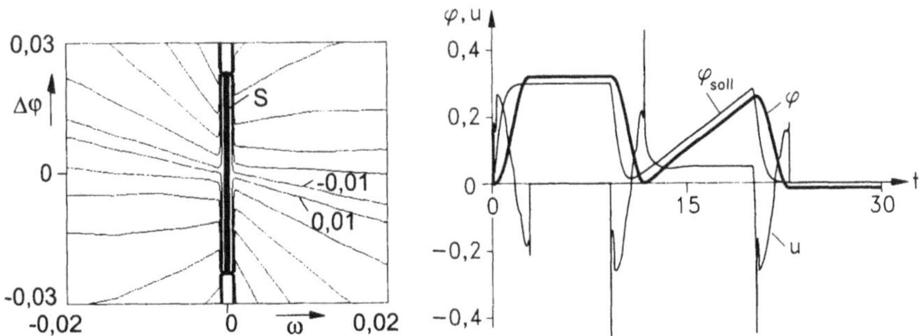

Bild 10.25 Ausschnitt des Kennfeldes (links) und Zeitverläufe für den zweisträngigen Fuzzy-Regler mit aktiver negativer Regel R_1^- (rechts).

10.8.4 Zweisträngiger Fuzzy-Regler mit Verbotsregel R_2^- zur Verkleinerung der bleibenden Regelabweichung

Ursache für die relativ große bleibende Regelabweichung beim einsträngigen Regler ist die Haftreibung. Zum Wiederanfahren des Motors aus dem Stillstand werden Stellgrößenwerte benötigt, deren Betrag größer als die Haftreibung ist. Der einsträngige Fuzzy-Regler liefert jedoch noch in einem großen Abstand von der Sollposition Stellgrößenwerte, die diese Bedingung nicht erfüllen. Deshalb kommt der Motor vor Erreichen der Sollposition zum Stillstand. Um die bleibende Regelabweichung zu reduzieren, wird die negative Regel

$$\begin{aligned} R_2^-: \quad & \text{WENN } (\omega = \textit{sehr klein}\,) \wedge (\,\Delta\varphi = \textit{zu groß}\,) \\ & \text{DANN } u = \textit{zu klein} \text{ VERBOTEN} \end{aligned} \tag{10.32}$$

eingeführt. Sie sorgt dafür, daß der Motor bei noch zu großer Regelabweichung $\Delta\varphi$ nicht zum Stillstand kommen kann. Zunächst werden nur die Auswirkungen dieser neuen Verbotsregel R_2^- untersucht.

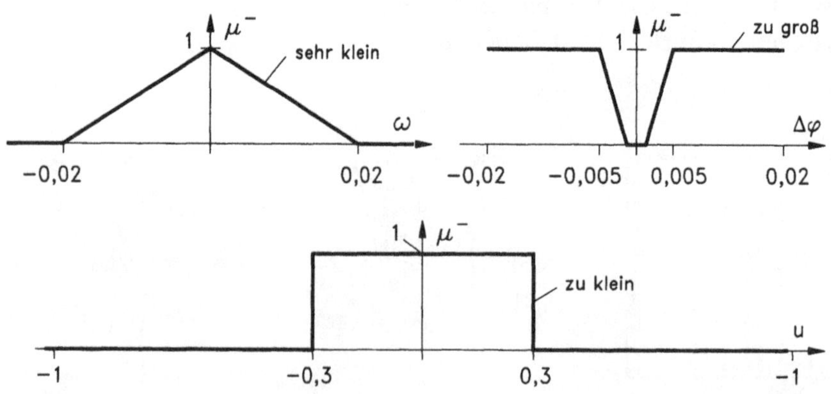

Bild 10.26 Zugehörigkeitsfunktionen für die linguistischen Werte, die in der Verbotsregel R_2^- auftreten.

Bild 10.26 zeigt die Zugehörigkeitsfunktionen für die linguistischen Werte *sehr klein*, *zu groß* und *zu klein*. Durch die hier getroffene Wahl der Zugehörigkeitsfunktion für *zu groß* ist als maximal tolerable bleibende Regelabweichung der Wert $\Delta\varphi = 0{,}005$ festgelegt worden: Werte $\Delta\varphi$, die mit dem Grade 1 als *zu groß* gelten, führen aufgrund der Regel R_2^- bei $\omega = 0$ zu einem völligen Verbot aller Werte $|u| \leq M_H$. Die maximale bleibende Regelabweichung hat damit den Wert $\Delta\varphi = 0{,}005$.

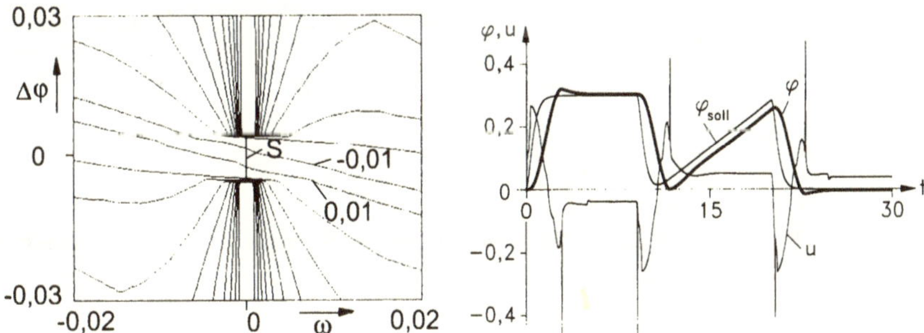

Bild 10.27 Ausschnitt des Kennfeldes (links) und Zeitverläufe (rechts) für den zweisträngigen Fuzzy-Regler mit aktiver negativer Regel R_2^-.

Bild 10.27 zeigt links das Kennfeld des zweisträngigen Fuzzy-Reglers mit der negativen Regel R_2^-. Für $\omega = 0$ und $|\Delta\varphi| > 0{,}005$ sind alle Stellgrößenwerte betragsmäßig größer als M_H = 0,3. Werte $|\Delta\varphi| > 0{,}005$ können somit keine Ruhelagen sein. Die Hyperinferenz mit dem Minimum-Veto erzeugt ein stetiges Kennfeld und verhindert ein Rattern der Stellgröße. Die Zeitverläufe von φ und φ_{soll} sind rechts in Bild 10.27 dargestellt. Verglichen mit dem einsträngigen und dem zweisträngigen Fuzzy-Regler nach Bild 10.23 bzw. 10.25 ist die bleibende Regelabweichung (Länge des Balkens *S*) jetzt bedeutend kleiner.

10.8.5 Zweisträngiger Fuzzy-Regler mit beiden Verbotsregeln R_1^- und R_2^-

Ein Vorzug des zweisträngigen Fuzzy-Reglers besteht darin, daß man damit mehrere Warnungen oder Verbote sinnvoll überlagern kann. Durch Anwendung beider negativer Regeln sollten daher beide Nachteile des einsträngigen Reglers beseitigt werden können. Bild 10.28 zeigt das Kennfeld des resultierenden zweisträngigen Fuzzy-Reglers. Es faßt die Eigenschaften der beiden Kennfelder nach Bild 10.25 und Bild 10.27 zusammen. Zum anderen gilt für alle Ruhelagen auf dem Balken *S* der Stellgrößenwert u = 0. Die Zeitverläufe von φ und φ_{soll} sowie von u bestätigen die schon am Kennfeld festgestellten Vorteile (Bild 10.28, rechts).

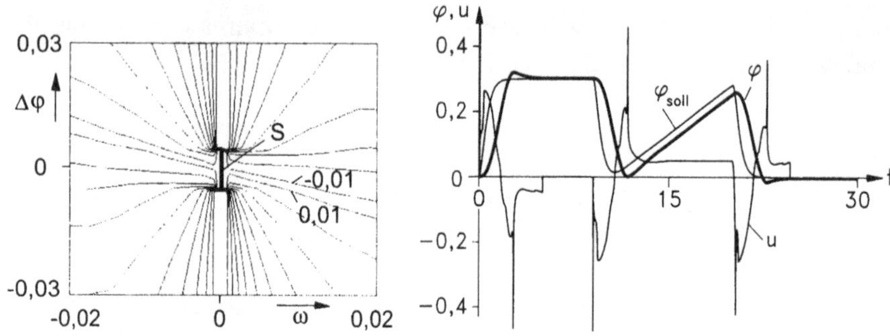

Bild 10.28 Kennfeld und Zeitverläufe für den zweisträngigen Fuzzy-Regler mit aktiven negativen Regeln R_1^- und R_2^-.

10.8.6 Anpassung an eine modifizierte Regelstrecke

Die guten Regeleigenschaften des obigen zweisträngigen Fuzzy-Reglers bleiben auch bei einer geringen Erhöhung der Haftreibung erhalten, da die verwendete Hyperdefuzzifizierung Stellgrößenwerte liefert, die größer sind als aufgrund der Haftreibung nötig. Bei einer Erhöhung der Haftreibung um den Faktor 5/3 stellt sich allerdings eine bleibende Regelabweichung und die unerwünschte Ruhespannung im stationären Zustand ein.

Der zweisträngige Fuzzy-Regler läßt sich jedoch leicht auf die veränderte Haftreibung einstellen: Es sind lediglich die Zugehörigkeitsfunktionen für die linguistischen Werte *Zwischenwert* und *zu klein* an die veränderte Haftreibung anzupassen, indem man den Abstand der äußeren Knickstellen von der Stelle $u = 0$ um den gleichen Faktor vergrößert. Mit dieser Anpassung ist die bleibende Regelabweichung wieder vernachlässigbar klein, und im stationären Zustand wird wieder der Stellgrößenwert $u = 0$ aufgeschaltet. Entsprechend kann man den Regler an die unkritischere Situation anpassen, daß die Haftreibung kleiner als der hier zugrunde gelegte vergleichsweise große Wert ist.

10.8.7 Diskussion

Dieses Beispiel illustriert, wie man mit einem zweisträngigen Fuzzy-Regler – im Gegensatz zu einem einsträngigen Fuzzy-Regler – negatives Erfahrungswissen in der gleichen transparenten Weise wie positives Erfahrungswissen zum Reglerentwurf nutzen kann (vgl. [36]). Insbesondere kann

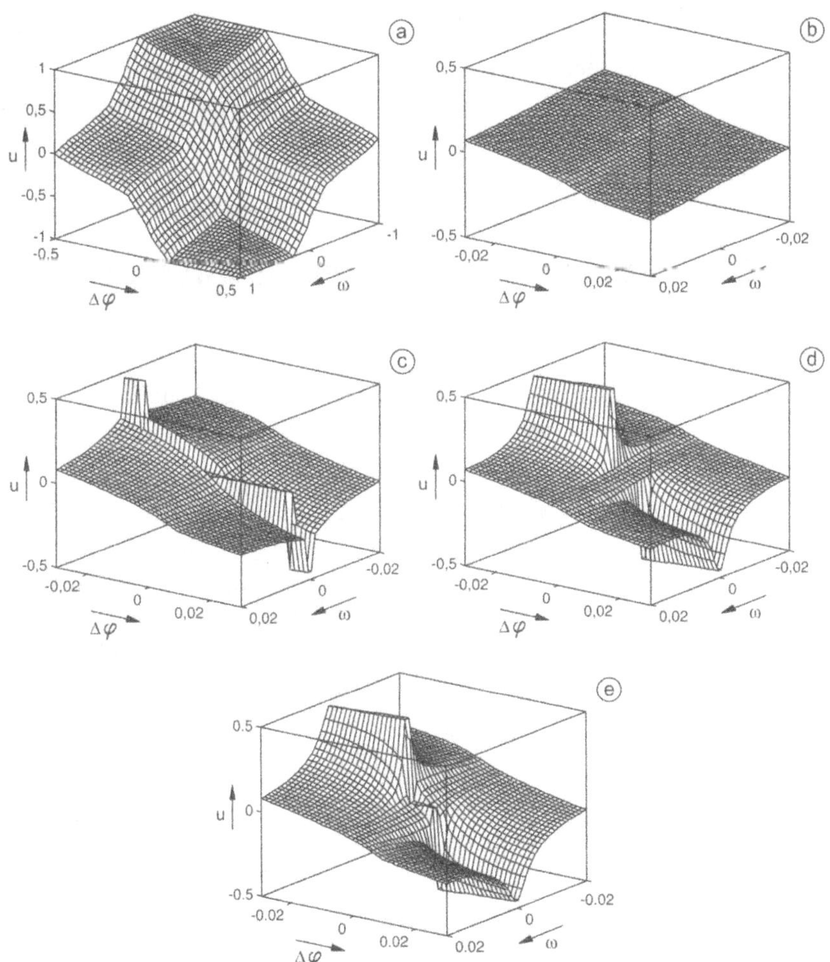

Bild 10.29 Kennfeld (a) und Kennfeldausschnitt (b) für einen einsträngigen Fuzzy-Regler sowie Kennfeldausschnitte (c), (d) und (e) für den zweisträngigen Fuzzy-Regler, der durch Hinzufügen einer Verbotsregel R_1^-, einer Verbotsregel R_2^- bzw. beider Verbotsregeln entsteht. Die Teilbilder (c) und (e) zeigen für $\omega \approx 0$ einen ausgedehnten bzw. kleinen linienförmigen Bereich, in dem aufgrund der ersten Verbotsregel $u = 0$ gilt. Die Teilbilder (d) und (e) zeigen für $\omega \approx 0$ im Vergleich zu (c) weiter ausgedehnte linienförmige Bereiche, in denen aufgrund der zweiten Verbotsregel der Betrag der Stellgröße zur Überwindung der Haftreibung ausreichend groß ist.

man damit Warnungen oder Verbote in gezielte Eingriffe in das Reglerkennfeld umsetzen, die nur dort, wo es notwendig ist, Veränderungen vornehmen. In diesem Beispiel reichen zwei Verbotsregeln aus, um die Regelgüte gegenüber einem herkömmlichen Fuzzy-Regler entscheidend zu verbessern. Bild 10.29 zeigt den gravierenden Einfluß dieser beiden Regeln auf das Kennfeld. Die beiden Verbotsregeln erzeugen lokale hochgradige Nichtlinearitäten.

10.9 Anwendungspotential zweisträngiger Fuzzy-Regler

Weitere Anwendungen von zweisträngigen Fuzzy-Reglern finden sich in [37-40]. Folgendes Anwendungspotential zeichnet sich für zweisträngige Fuzzy-Regler ab:

Zweisträngige Fuzzy-Regler ermöglichen die transparente Nutzung von positivem und negativem Erfahrungswissen zum gezielten Entwurf von nichtlinearen Kennfeldreglern. Hierzu werden die angestrebten Regelungsziele durch positive und die zu vermeidenden Betriebssituationen durch negative Regeln beschrieben. Bei der Regelung einer Verladebrücke besteht beispielsweise das angestrebte Regelungsziel in der Positionierung der Laufkatze, während große Pendelungen der am Seil hängenden Last zu vermeiden sind.

Ein so entworfener Fuzzy-Regler kann im Vergleich zu einem einsträngigen Fuzzy-Regler zu einer *besseren Regelgüte* führen. Vor allem lassen sich damit *Nebenbedingungen* gezielt berücksichtigen, die im Hinblick auf *Sicherheit* des Betriebes sowie zur *Schonung von Anlagen und Ressourcen* relevant sind. Zugleich erhöht eine transparente Beschreibung von Warnungen und Verboten durch negative Regeln die *Akzeptanz* des Fuzzy-Reglers.

In herkömmlichen Lösungen werden Verbote häufig durch *externe schaltende Glieder* berücksichtigt, was zu einer Betriebsweise mit *abrupten Übergängen* führt. Demgegenüber ermöglicht die Beschreibung von Verboten durch negative Regeln eine – meist als vorteilhafter angesehene – Betriebsweise mit *weichen Übergängen*, da Verbote dann nicht plötzlich voll wirksam werden, sondern sich bereits im Vorfeld als Warnung bemerkbar machen.

Fuzzy-Module können ohne Rückgriff auf Erfahrungswissen zur Approximation vorhandener Funktionszusammenhänge $u = f(x_1, x_2, ..., x_m)$, wie beispielsweise herkömmlicher Steuergesetze, eingesetzt werden. Funktionszusammenhänge mit komplizierten lokalen Nichtlinearitäten lassen sich mit zweisträngigen im Vergleich zur Realisierung mit einsträngigen Fuzzy-Modulen u. U. mit deutlich weniger Regeln nachbilden (vgl. Abschnitt 10.7.4 und 10.8).

Fuzzy-Module werden nicht nur zur eigentlichen Regelung, sondern darüber hinaus auch zur intelligenten *Vorverarbeitung von Meßgrößen* eingesetzt. Hierzu wird der aktuelle Meßwert mit den in der jüngeren Vergangenheit liegenden Meßwerten verglichen und kontextbezogen sinnvoll modifiziert. Beispielsweise ist für temperaturgeregelte Brutschränke für Eier bekannt, daß ein kurzfristiges Öffnen der Tür zwecks Ei-Entnahme zu einer an sich nicht schädlichen Temperaturabsenkung, aber zu einer unerwünschten Reaktion des Temperaturreglers führt: Nach dem Schließen der Tür kann sich die Temperatur so stark erhöhen, daß die Embryonen abgetötet werden. Derartige Probleme lassen sich lösen, indem man die aktuellen und zurückliegenden Meßwerte einem zweisträngigen Fuzzy-Modul zuführt und für jeden potentiellen Wert der Meßgröße durch positive und negative Regeln festlegt, in welchem Grade er durch die bisherigen Meßwerte als *gestützt* bzw. als *verworfen* gelten soll. Die Hyperinferenz und Hyperdefuzzifizierung erzeugen dann hieraus den im Kontext sinnvollsten Wert.

Eine weitergehende Vorverarbeitung von Meßgrößen besteht darin, aus dem Meßgrößenverlauf auf das Vorliegen von Prozeßzuständen bzw. von Ereignissen zu schließen, deren Kenntnis für eine Prozeßüberwachung oder für Eingriffe auf einer höheren Prozeßleitebene, beispielsweise zur Auslösung von Alarmen, relevant sind (*Fuzzy-Supervision*). Bei Verwendung von positiven und negativen Regeln läßt sich die Trennschärfe der Ereigniserkennung steigern: Man kann dann in die Regelbasis Kriterien einbringen, die besagen, in welchem Grade ein solcher Prozeßzustand vorliegt bzw. nicht vorliegt. Dasselbe gilt für die Verwendung von Fuzzy-Modulen für die *Mustererkennung*. Beispiele hierfür sind die Buchstabenerkennung oder die Erkennung fehlerhaft montierter Bauteile aufgrund von Merkmalen, die aus einem Bild extrahiert werden [41].

Eine weitere Einsatzmöglichkeit von Fuzzy-Modulen besteht in der *Gütebewertung* des Verhaltens komplexer Prozesse. Hierzu muß man die Bewertung von Teilaspekten sinnvoll zu einer Gesamtgüte u zusammenfassen, d. h., man muß positive und negative Teilbewertungen angemessen miteinander verrechnen. Beispielsweise kann insgesamt eine Abwertung notwendig sein, obwohl alle anderen Teilbewertungen positiv sind. Ein zweisträngiges Fuzzy-Modul ist hierfür sehr geeignet. Aus den positiven bzw. negativen Regeln ergibt sich für jeden Gütewert eines vorgesehenen Wertebereiches [0, 1], in welchem Grade er angemessen bzw. nicht angemessen ist. Die Hyperinferenz und Hyperdefuzzifizierung verrechnen diese Empfehlungen und Warnungen zu einer Gesamtgüte.

11 Fuzzy-Regler mit Inferenzfiltern

Ein Auswahlkriterium für die Defuzzifizierungsstrategie kann darin bestehen, daß die Schwerpunktmethode unter wenig einschränkenden Voraussetzungen *stetige*, die Maximummethode dagegen häufig *unstetige* Steuergesetze liefert. Beim Einsatz eines Fuzzy-Moduls zur Regelung ist man meist an einem stetigen Steuergesetz interessiert. Bei Nutzung eines Fuzzy-Moduls zur Ereigniserkennung, wobei festzustellen ist, ob ein Ereignis vorliegt oder nicht, kann ein unstetiger Ausgangsgrößenverlauf zwischen den beiden Werten "1" (Ereignis liegt vor) und "0" (Ereignis liegt nicht vor) im Interesse einer hohen Trennschärfe erwünscht sein. Ferner gibt es heuristische Gesichtspunkte zur Auswahl einer Defuzzifizierungsstrategie: Die Schwerpunktmethode schließt einen *Kompromiß* zwischen unterschiedlichen Handlungsvorschlägen, die Maximummethode wählt den *typischsten Handlungsvorschlag aus*. Im konkreten Einzelfall reichen diese allgemeinen Auswahlkriterien jedoch meist nicht aus, sondern man muß ausprobieren, welche Methode die besseren Resultate liefert.

Die Fuzzifizierung und Inferenz lassen sich mit der Fuzzy-Logik organisch beschreiben. Demgegenüber sind die herkömmlichen Defuzzifizierungsmethoden nur heuristisch motiviert und stehen unverbunden nebeneinander. Das in [42, 43] eingeführte Konzept des Inferenzfilters liefert einen theoretischen Rahmen, der die wichtigsten herkömmlichen Defuzzifizierungsmethoden umfaßt und kontinuierliche Übergänge dazwischen ermöglicht. Hierdurch werden neue Freiheitsgrade bereitgestellt, durch deren Nutzung vielfach bessere Resultate als mit herkömmlichen Defuzzifizierungsmethoden erzielt werden können.

11.1 Neue Interpretation von Zugehörigkeitsfunktionen

Nach Kapitel 6 werden die Regeln in herkömmlichen einsträngigen Fuzzy-Reglern so abgearbeitet, daß jede Regel Handlungsvorschläge in Form einer Zugehörigkeitsfunktion liefert. Durch Akkumulation der Handlungsvorschläge aller Regeln entsteht die ausgangsseitige Zugehörigkeitsfunktion $\mu(u)$. Sie wird üblicherweise so interpretiert, daß ihr Funktionswert für jeden potentiellen Wert u der Ausgangsgröße angibt, in welchem Grade er aufgrund der Schlußfolgerungen mit allen Regeln als empfohlen gilt. Daher wird $\mu(u)$ auch *Attraktivitätsfunktion* genannt.

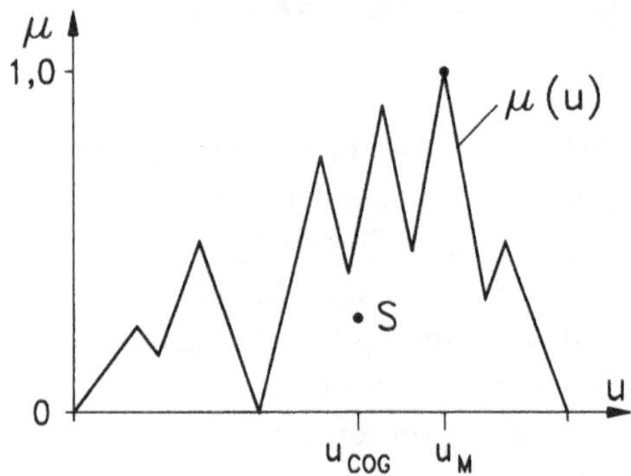

Bild 11.1 Ausgangsgrößenwerte u_M und u_{COG} bei Defuzzifizierung von $\mu(u)$ nach der Maximum- bzw. nach der Schwerpunktmethode.

Nach dieser Interpretation ist es folgerichtig, den Wert u_M, für den $\mu(u)$ ein (einziges) absolutes Maximum annimmt, als Ausgangsgrößenwert festzulegen (Bild 11.1). Dies motiviert die Maximummethode. Daneben werden aber auch andere Defuzzifizierungsmethoden erfolgreich eingesetzt. Bei der Schwerpunktmethode wird der Ausgangsgrößenwert durch die Position u_{COG} des Schwerpunktes der Fläche unterhalb des Graphen von $\mu(u)$ bestimmt (Abschnitt 6.4.6). Da dieser Wert im allgemeinen nicht mit der Position u_M des absoluten Maximums übereinstimmt, entspricht die Schwerpunktmethode nicht der Interpretation der Zugehörigkeitsfunktion als Attraktivitätsfunktion.

Diese Inkonsistenz läßt sich durch eine neue Interpretation der Zugehörigkeitsfunktion beseitigen. Danach hängt die Attraktivität eines Wertes u_0 nicht allein vom Funktionswert von $\mu(u)$ an der Stelle u_0, sondern auch von den Funktionswerten an allen anderen Stellen u' ab (Bild 11.2). Dieser

Interpretation liegt die Vorstellung zugrunde, daß der Empfehlungsgrad $\mu(u')$, der sich aus den Regeln für einen bestimmten Wert u' ergibt, auch auf benachbarte Ausgangsgrößenwerte u_0 ausstrahlt, und zwar um so mehr, je geringer der Abstand d zwischen den Abszissenwerten u_0 und u' und je größer der Funktionswert $\mu(u')$ ist. Damit ergibt sich die tatsächliche Attraktivität $\hat{\mu}(u)$ jedes Ausgangsgrößenwertes u durch ein Funktional

$$\hat{\mu}(u) = \quad \{\mu(u')\} , \tag{11.1}$$

das den von allen Funktionswerten $\mu(u')$ hervorgerufenen *Abstandseffekt* berücksichtigt. So erhält man eine besser begründete Attraktivitätsfunktion $\hat{\mu}(u)$. Dann ist es folgerichtig, die Position $\hat{u}_M$ des (einzigen) absoluten Maximums von $\hat{\mu}(u)$ als Ausgangsgrößenwert festzulegen.

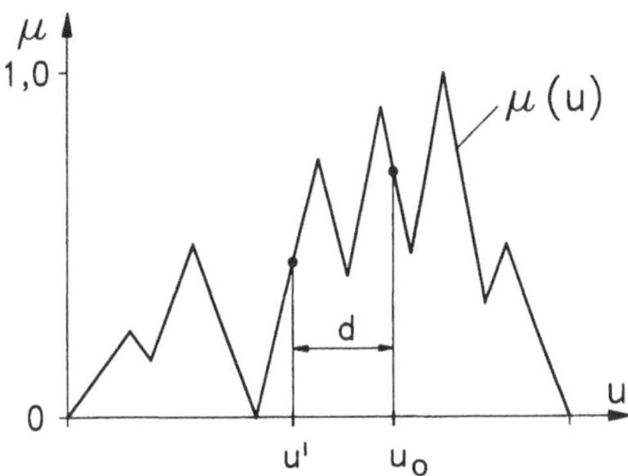

Bild 11.2 Neue Interpretation einer Zugehörigkeitsfunktion durch Einführung eines Abstandseffektes.

11.2 Das Inferenzfilter

Der beschriebene Mechanismus zur Erzeugung der eigentlichen Attraktivitätsfunktion $\hat{\mu}(u)$ aus $\mu(u)$ ähnelt Prozeduren, die in der Nachrichtentechnik als Filterung bekannt sind. Deswegen sollen der Mechanismus *Inferenzfilter* und die Funktion $\hat{\mu}(u)$ auch *gefilterte Zugehörigkeitsfunktion* genannt werden. Ein naheliegender Ansatz für die Filterung wird durch das bekannte Faltungsintegral

$$\hat{\mu}(u) = \int_{u_{\min}}^{u_{\max}} \mu(u')h(u-u')du' \tag{11.2}$$

beschrieben. Darin ist die Funktion $h(u-u')$ eine wählbare *Abstandsfunktion*, die auch *Filterfunktion* genannt werden soll. Die Integrationsgrenzen $u_{\min}$ und $u_{\max}$ ergeben sich aus dem Intervall $[u_{\min}, u_{\max}]$, in dem $\mu(u)$ definiert ist. Wenn nichts anderes gesagt ist, wird im folgenden ohne Einschränkung der Allgemeinheit zur Vereinfachung das Intervall [0,1] zugrunde gelegt.

11.2.1 Quadratische Filterfunktion

Eine quadratisch abfallende Abstandsfunktion

$$h(u-u') = c\left(1-\left(\frac{u-u'}{\rho}\right)^2\right), \quad c>0,\ \rho>0 \tag{11.3}$$

liefert eine quadratische Funktion $\hat{\mu}(u)$. Die Position $\hat{u}_M$ ihres einzigen absoluten Maximums ergibt sich aus der notwendigen Bedingung

$$\frac{d}{du}\hat{\mu}(u) = 0 \ . \tag{11.4}$$

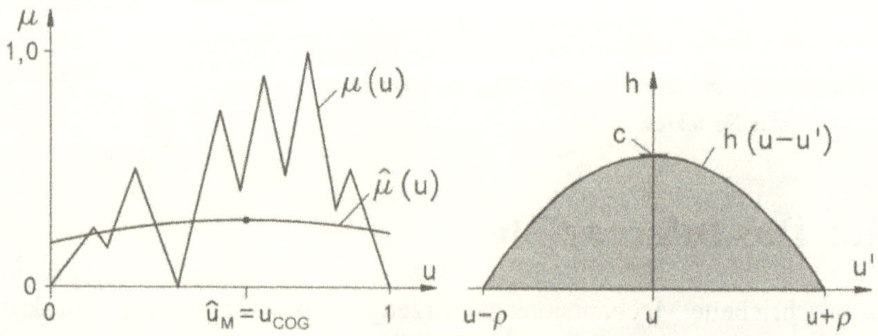

Bild 11.3 Die Filterung von $\mu(u)$ mit einer quadratischen Abstandsfunktion $h(u-u')$ (rechts) führt zu einer quadratischen Attraktivitätsfunktion $\hat{\mu}(u)$ (links). Die Position $\hat{u}_M$ ihres einzigen Maximums liegt an der Stelle u_{COG} des Flächenschwerpunktes von $\mu(u)$ (links).

Wegen

$$\frac{d}{du}\hat{\mu}(u) = \int_{u_{min}}^{u_{max}} \mu(u')\frac{d}{du}h(u-u')du' \tag{11.5}$$

folgt mit Gl. (11.3)

$$\frac{d}{du}\hat{\mu}(u) = \frac{2c}{\rho^2}\int_{u_{min}}^{u_{max}} \mu(u')u'du' - \frac{2c}{\rho^2}\, u \int_{u_{min}}^{u_{max}} \mu(u')du' \ . \tag{11.6}$$

Aus der Bedingung (11.4) ergibt sich damit die Position

$$\hat{u}_M = \frac{\int_{u_{min}}^{u_{max}} \mu(u')u'\,du'}{\int_{u_{min}}^{u_{max}} \mu(u')\,du'} \tag{11.7}$$

des einzigen absoluten Maximums. Sie stimmt mit dem Wert u_{COG} überein, der sich bei Defuzzifizierung von $\mu(u)$ mit der Schwerpunktmethode ergibt (Bild 11.3).

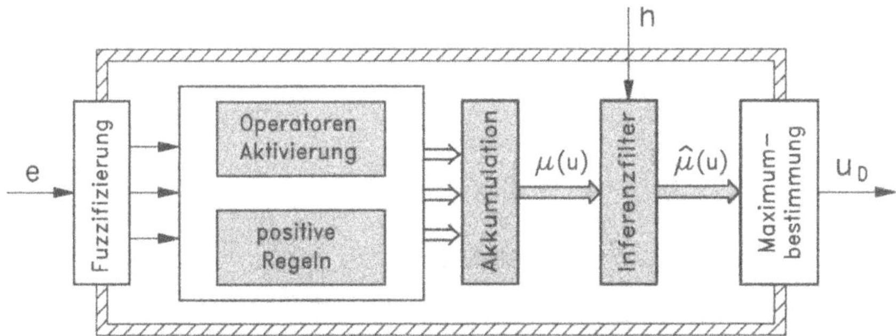

Bild 11.4 Einsträngiger Fuzzy-Regler mit Inferenzfilter. Darin tritt an die Stelle der herkömmlichen Defuzzifizierung die Filterung von $\mu(u)$ mit einer wählbaren Abstandsfunktion h und die Bestimmung des Ortes $\hat{u}_M$ des Maximums der gefilterten Zugehörigkeitsfunktion $\hat{\mu}(u)$ als Ausgangsgrößenwert u_D.

Damit gelangt man zu einer neuen Fuzzy-Regler-Struktur, in der anstelle der herkömmlichen Defuzzifizierung ein Inferenzfilter und eine nachgeschaltete Einrichtung zur Bestimmung des Ortes $\hat{u}_M$ des Maximums von $\hat{\mu}(u)$ als Ausgangsgrößenwert u_D vorgesehen sind (Bild 11.4). Mit der wählbaren Abstandsfunktion h kann man den Charakter des Abstandseffektes einstellen.

11.2.2 Lineare Filterfunktion

Für eine linear abfallende Abstandsfunktion

$$h(u-u') = c\left(1-\left|\frac{u-u'}{\rho}\right|\right) \tag{11.8}$$

(Bild 11.5) ist es sinnvoll, das Faltungsintegral (11.2) in die beiden Terme

$$\hat{\mu}(u) = \int_{u_{min}}^{u} \mu(u')h(u-u')du' + \int_{u}^{u_{max}} \mu(u')h(u-u')du' \tag{11.9}$$

zu zerlegen. Dabei gilt für den ersten Term

$$\begin{aligned} &u-u' \geq 0 \\ &h(u-u') = c\left(1-\frac{u-u'}{\rho}\right) \end{aligned} \tag{11.10}$$

und für den zweiten Term

$$\begin{aligned} &u-u' \leq 0 \\ &h(u-u') = c\left(1-\frac{u'-u}{\rho}\right). \end{aligned} \tag{11.11}$$

Mit der bekannten Differentiationsregel

$$\begin{aligned} \frac{d}{du}\int_{a(u)}^{b(u)} f(u,u')du' &= \int_{a(u)}^{b(u)} \frac{\partial}{\partial u} f(u,u')du' + \\ &+ f\big(b(u),u\big)\frac{\partial}{\partial u}b(u) - f\big(a(u),u\big)\frac{\partial}{\partial u}a(u) \end{aligned} \tag{11.12}$$

für Integrale mit variablen Integrationsgrenzen folgt aus Gl. (11.9)

$$\frac{d}{du}\hat{\mu}(u) = \int_{u_{min}}^{u} \mu(u')\frac{d}{du}h(u-u')du' + \int_{u}^{u_{max}} \mu(u')\frac{d}{du}h(u-u')du' \qquad (11.13)$$

und mit den Beziehungen (11.10) und (11.11)

$$\frac{d}{du}\hat{\mu}(u) = \frac{c}{\rho}\left(- \int_{u_{min}}^{u} \mu(u')du' + \int_{u}^{u_{max}} \mu(u')du' \right) . \qquad (11.14)$$

Mit der Bedingung (11.4) ergibt sich damit die Beziehung

$$\int_{u_{min}}^{\hat{u}_M} \mu(u')du' = \int_{\hat{u}_M}^{u_{max}} \mu(u')du' \qquad (11.15)$$

als notwendige Bedingung dafür, daß $\hat{\mu}(u)$ an der Stelle $\hat{u}_M$ ein relatives Maximum hat. Hiernach hat diese Stelle die Interpretation, daß die Funktion $\mu(u)$ links und rechts davon gleichgroße Flächen unter dem Funktionsgraphen aufweist (Bild 11.5).

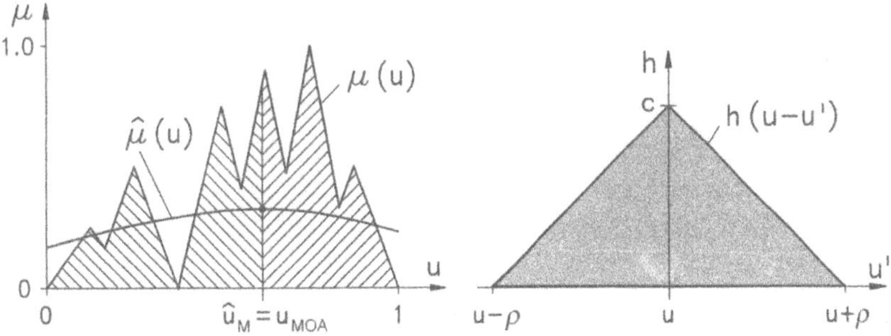

Bild 11.5 Die Filterung von $\mu(u)$ mit einer linear abfallenden Abstandsfunktion $h(u\text{-}u')$ führt zu einer Attraktivitätsfunktion $\hat{\mu}(u)$, die an der Stelle u_{MOA}, die die Fläche unter dem Funktionsgraphen von $\mu(u)$ in zwei gleichgroße Hälften teilt, ein relatives Maximum $\hat{u}_M$ besitzt (links bzw. rechts).

Für Funktionen $\mu(u)$, deren Träger nicht in mehrere Intervalle zerfällt, gibt es nur einen solchen Wert $\hat{u}_M$: Die Funktion $\hat{\mu}(u)$ hat dann dort ihr einziges absolutes Maximum. Die Filterung von $\mu(u)$ mit einer linearen Funktion (11.8) und die anschließende Maximumbestimmung führt in diesem Fall zu demselben Resultat wie die Defuzzifizierung der ursprünglichen Zugehörigkeitsfunktion $\mu(u)$ nach der bekannten – allerdings wenig gebräuchlichen – *Flächenmittenmethode* (Mean-of-Area-Methode, abgekürzt MOA-Methode).

11.2.3 δ-Funktion als Filterfunktion

Für eine δ-Funktion $h(u\text{-}u') = \delta(u\text{-}u')$ ergibt sich aus dem Faltungsintegral (11.2) aufgrund der Ausblendeigenschaft der δ-Funktion

$$\hat{\mu}(u) \equiv \mu(u) \;. \tag{11.16}$$

Die Bestimmung des Ausgangsgrößenwertes durch Filterung und anschließende Maximumbestimmung führt dann zu demselben Ergebnis wie die Defuzzifizierung der ursprünglichen Zugehörigkeitsfunktion nach der Maximummethode.

11.3 Allgemeinere Filterfunktionen

Nach Abschnitt 11.2 entspricht der Fuzzy-Regler mit Inferenzfilter bei Filterung mit einer quadratischen, einer linearen bzw. einer δ-Funktion einem herkömmlichen Fuzzy-Regler mit Defuzzifizierung nach der COG-, MOA- bzw. Maximummethode. Damit werden diese drei Methoden in einen systematischen Zusammenhang gestellt. Hierdurch wird ferner die Verallgemeinerung nahegelegt, mit einem parametrisierten Ansatz, der die drei genannten Filterfunktionen als spezielle Fälle enthält, *stufenlose Übergänge* zwischen den genannten Defuzzifizierungsmethoden zu ermöglichen. Dies leistet der Ansatz

$$h_{\gamma,\rho}(u-u') = \begin{cases} c\left(1-\left|\dfrac{u-u'}{\rho}\right|\right)^{1/\gamma} & \text{für } \begin{cases}0<\gamma<1, \\ |u-u'|\le\rho\end{cases} \quad \text{(i)}, \\[2ex] c\left(1-\left|\dfrac{u-u'}{\rho}\right|^{\gamma}\right) & \text{für } \begin{cases}1\le\gamma<\infty, \\ |u-u'|\le\rho\end{cases} \quad \text{(ii)}, \\[2ex] 0 & \text{für } |u-u'|>\rho \quad \text{(iii)} \end{cases} \tag{11.17}$$

(vgl. [39]). Darin hat die Wahl des Vorfaktors c zwar keinen Einfluß auf die Position des Maximums von $\hat{\mu}(u)$. Dennoch wird hier

$$c = \frac{\gamma + 1}{2\gamma\rho} \tag{11.18}$$

festgelegt. Dieser Wert ergibt sich aus der notwendigen und hinreichenden Bedingung

$$\int_{-\infty}^{+\infty} h(v)dv = \int_{-\rho}^{+\rho} h(v)dv = 1 \tag{11.19}$$

dafür, daß $\hat{\mu}(u) \leq \max\{\mu(u)\}$ gilt und das Gleichheitszeichen darin auch angenommen werden kann. Mit dieser Normierung kann man die Wirkung des Inferenzfilters durch einen Vergleich von $\mu(u)$ und $\hat{\mu}(u)$ beurteilen. Die Parameter ρ und γ bestimmen die *Reichweite* bzw. die *Form* der Filterfunktion (Bild 11.6). Mit

$$\rho \geq u_{\max} - u_{\min} \tag{11.20}$$

wird bei der Filterung einer im Arbeitsbereich $[u_{\min}, u_{\max}]$ definierten Zugehörigkeitsfunktion $\mu(u)$ der Abschneideterm (iii) von Gl. (11.17) nicht wirksam. In diesem Fall soll davon gesprochen werden, daß die Filterfunktion die *volle*, andernfalls eine *begrenzte* Reichweite hat.

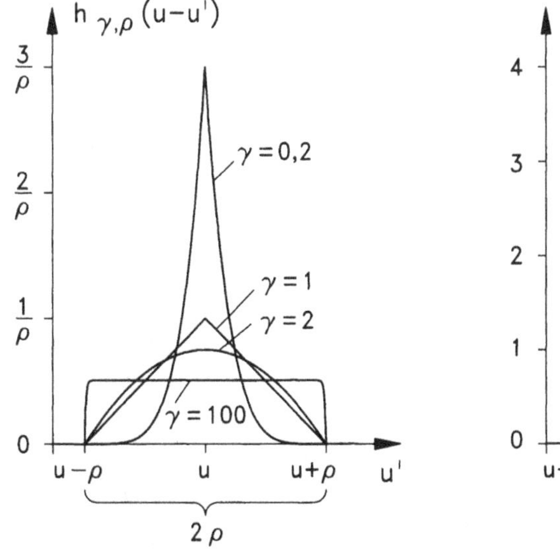

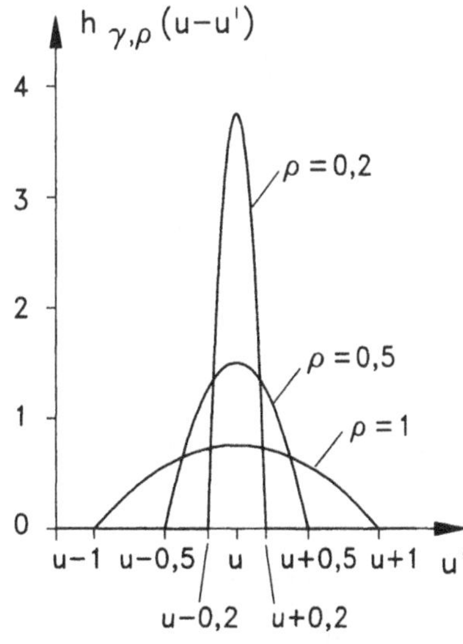

Bild 11.6 Verläufe der Filterfunktion $h_{\gamma,\rho}(u-u')$ nach Gl. (11.17) für unterschiedliche Werte von γ bei festgehaltenem Wert von ρ (links) und für unterschiedliche Werte von ρ bei $\gamma = 2$ (rechts).

Bei voller Reichweite liefert der Term (ii) für $\gamma = 1$ und $\gamma = 2$ den gewünschten linearen bzw. quadratischen Verlauf. Bei Vergrößerung von γ über den Wert 2 hinaus entsteht im Grenzfall $\gamma \to \infty$ zunehmend eine Filterfunktion, die überall den Funktionswert $1/(2\rho)$ besitzt und nur an den Rändern ihrer Reichweite auf den Wert Null abfällt. Man kann zeigen, daß der Ort des Maximums von $\hat{\mu}(u)$ für große Werte von γ zunehmend gegen den Mittelpunkt des kleinsten Intervalls, das den Träger von $\mu(u)$ einschließt, strebt. Dieser Ort wird im folgenden mit u_{MOB} (Mean of Basis) bezeichnet.

Bei voller Reichweite ist im Fall $\gamma < 1$ allein der Term (i) wirksam. Wegen

$$\lim_{\gamma \to 0} \frac{1}{\gamma}(1-\varepsilon)^{\frac{1}{\gamma}} = \begin{cases} \infty & \text{für } \varepsilon = 0, \\ 0 & \text{für } 0 < \varepsilon < 1 \end{cases} \tag{11.21}$$

geht der Term (i) für $\gamma \to 0$ zunehmend in eine δ-Funktion über. Der Term (ii) hat nur *näherungsweise* diese Eigenschaft, da $(1-\varepsilon^{\gamma})/\gamma$ für $\gamma \to 0$ gegen $-\ln \varepsilon$ strebt. Deshalb ist in der Vorschrift (11.17) neben dem Term (ii) auch noch der Term (i) vorgesehen, der bei $\gamma = 1$ stetig anschließt.

Mit der Filterfunktion (11.17) ist der Wert des Faltungsintegrals (11.2) für polygonzugförmige Funktionen $\mu(u)$ analytisch berechenbar (Anhang D). Für ganzzahlige Werte von γ bzw. von $1/\gamma$ ergeben sich wesentliche Vereinfachungen: Bei voller Reichweite und geradzahligem Wert von γ ist $\hat{\mu}(u)$ ein *Polynom* vom Grade γ. In allen anderen Fällen ist $\hat{\mu}(u)$ *stückweise aus Polynomen* mit dem Maximalgrad $\gamma + 2$ bzw. $1/\gamma + 2$ aufgebaut. Für kleine ganzzahlige Werte von γ bzw. $1/\gamma$ kann man daher neben $\hat{\mu}(u)$ auch das absolute Maximum von $\hat{\mu}(u)$ auf analytischem Wege bestimmen, was für die On-line-Realisierung günstig ist.

Wenn man sich speziell auf den Fall $\gamma = 2$ beschränkt, kann man durch Variation von ρ stufenlos von einer quadratischen zu einer δ-Funktion übergehen (Bild 11.6, rechts). Damit kann man stufenlos von COG- zur Defuzzifizierung nach der Maximummethode übergehen. Hierbei wird allerdings die MOA-Defuzzifizierung nicht als Spezialfall und auch der Bereich "jenseits" der COG-Defuzzifizierung nicht erreicht.

Das absolute Maximum von $\hat{\mu}(u)$ läßt sich ohne großen Aufwand numerisch bestimmen, wenn $\hat{\mu}(u)$ im Inneren des Arbeitsbereichs $[u_{\min}, u_{\max}]$ nicht mehr als ein relatives Maximum aufweisen kann. Hierfür gilt folgende *hinreichende Eindeutigkeitsbedingung:* Bei Verwendung der Filterfunktion (11.17) mit $\rho \geq u_{max} - u_{min}$ und $\gamma > 1$ hat $\hat{\mu}(u)$ im Arbeitsbereich $[u_{min}, u_{max}]$ nicht mehr als ein relatives Maximum.

Beweisskizze: Mit der Differentiationsregel (11.12) ergibt sich aus Gl. (11.13)

$$\frac{d^2}{du^2}\hat{\mu}(u) = \int_{u_{min}}^{u} \mu(u')\frac{d^2}{du^2}h(u-u')du' + \mu(u)\lim_{u' \to u-}\frac{d}{du}h(u-u') + \int_{u}^{u_{max}} \mu(u')\frac{d^2}{du^2}h(u-u')du' - \mu(u)\lim_{u' \to u+}\frac{d}{du}h(u-u') \quad . \tag{11.22}$$

Für positive bzw. negative Werte von $v = (u - u')$ und $\gamma > 1$ entsprechen die Vorzeichen von

$$h(u-u'), \frac{d}{du}h(u-u'), \frac{d^2}{du^2}h(u-u')$$

denen der Funktionen

$$1 - v^{\gamma} \ , -\gamma \ v^{\gamma - 1} \text{ und } -\gamma(\gamma - 1)v^{\gamma - 2} \tag{11.23}$$

bzw.

$$1 - (-v)^{\gamma} \ , \gamma(-v)^{\gamma - 1} \text{ und } -\gamma(\gamma - 1)(-v)^{\gamma - 2} \, . \tag{11.24}$$

Hieraus folgert man, daß der Ausdruck (11.22) für $\mu(u) \neq 0$ negativ ist und somit die Ableitung von $\hat{\mu}(u)$ nach u monoton fällt. Deshalb kann diese Ableitung im Arbeitsbereich $[u_{min}, u_{max}]$ nicht mehr als eine Nullstelle und $\hat{\mu}(u)$ nicht mehr als ein relatives Maximum haben.

11.4 Invarianzforderungen

Die Filterung soll aus einer Zugehörigkeitsfunktion $\mu(u)$ eine gefilterte Zugehörigkeitsfunktion $\hat{\mu}(u)$ erzeugen, die wesentliche Merkmale von $\mu(u)$ widerspiegelt. Bei der Verwendung von Inferenzfiltern in einsträngigen Fuzzy-Reglern ist in erster Linie die Stelle $\hat{u}_M$ des Maximums von $\hat{\mu}(u)$ von Bedeutung. Es ist der von den Regeln am meisten unterstützte Ausgangsgrößenwert und sollte daher *normalerweise* als Ausgangsgrößenwert verwendet werden. Dies ist jedoch nicht immer möglich, beispielsweise weil die Bestimmung von $\hat{u}_M$ zu aufwendig oder wenn der Wert $\hat{u}_M$ aus anderweitigen Gründen unerwünscht oder verboten ist. Dann sollte man einen Wert u_D als Ausgangsgrößenwert festlegen, der diese Nachteile nicht aufweist und für den $\hat{\mu}(u)$ einen möglichst großen Funktionswert aufweist. Deshalb ist es nicht nur von Interesse, wo das Maximum von $\hat{\mu}(u)$ liegt, sondern es sollten die Funktionswerte von $\hat{\mu}(u)$ für jeden Wert u ein sinnvolles Maß für seine Attraktivität darstellen.

Zur Erfüllung dieser Forderung wird nach [45] hier von einer Filtervorschrift verlangt, daß aus der Filterung von Zugehörigkeitsfunktionen, die in einem bestimmten Sinne miteinander verwandt sind, entsprechend verwandte gefilterte Zugehörigkeitsfunktionen hervorgehen (Bild 11.7). Dabei wird es vom Anwendungsfall abhängen, welche Verwandtschaftsbeziehungen erhalten bleiben sollten. Damit lassen sich unterschiedliche Filtervorschriften danach einordnen, welche Invarianzforderungen sie erfüllen bzw. nicht erfüllen. Ferner liefern Invarianzforderungen sinnvolle Einschränkungen für die Wahl von Filtervorschriften.

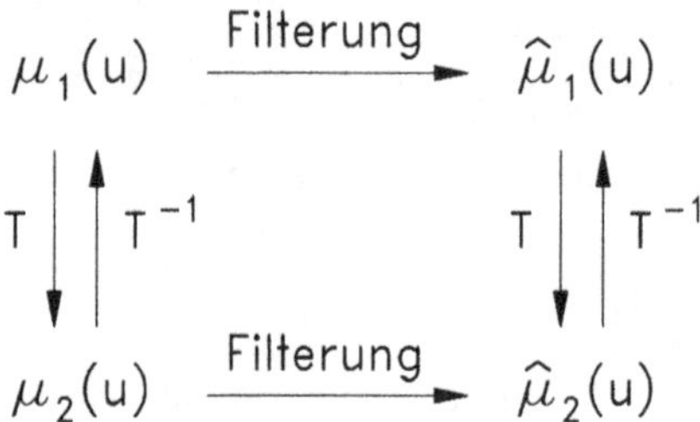

Bild 11.7 Invarianzforderung: Es seien die Zugehörigkeitsfunktionen $\mu_1(u)$ und $\mu_2(u)$ in dem Sinne miteinander verwandt, daß $\mu_2(u)$ durch eine bestimmte Transformation T aus $\mu_1(u)$ und umgekehrt $\mu_1(u)$ durch die inverse Transformation T^{-1} aus $\mu_2(u)$ hervorgeht. Dann sollen dieselben Verwandtschaftsbeziehungen zwischen den gefilterten Funktionen $\hat{\mu}_1(u)$ und $\hat{\mu}_2(u)$ bestehen.

(i) *Amplitudeninvarianz*: Zwei Zugehörigkeitsfunktionen $\mu_1(u)$ und $\mu_2(u)$, von denen $\mu_2(u)$ durch die Amplitudentransformation $\mu_2(u) = V\mu_1(u)$ aus $\mu_1(u)$ hervorgeht, sollen zu gefilterten Zugehörigkeitsfunktionen $\hat{\mu}_1(u)$ und $\hat{\mu}_2(u)$ führen, für die entsprechend $\hat{\mu}_2(u) = V\hat{\mu}_1(u)$ gilt.

(ii) *Translationsinvarianz*: Zwei Zugehörigkeitsfunktionen $\mu_1(u)$ und $\mu_2(u)$, von denen $\mu_2(u)$ durch die Translation $\mu_2(u) = \mu_1(u-d)$ aus $\mu_1(u)$ hervorgeht, sollen zu gefilterten Zugehörigkeitsfunktionen

$\hat{\mu}_1(u)$ und $\hat{\mu}_2(u)$ führen, für die entsprechend $\hat{\mu}_2(u) = \hat{\mu}_1(u-d)$ gilt.

(iii) *Maßstabsinvarianz*: Es sei $\mu_1(u)$ eine im Intervall $[u_{\min}, u_{\max}]$ definierte Zugehörigkeitsfunktion. Durch eine Maßstabstransformation entsteht daraus die Zugehörigkeitsfunktion $\mu_2(u) = \mu_1(u / k)$, die im Intervall $[k\,u_{\min}, k\,u_{\max}]$ definiert ist. Dann soll für die Zugehörigkeitsfunktionen $\hat{\mu}_1(u)$ und $\hat{\mu}_2(u)$, die durch Filterung daraus hervorgehen, die entsprechende Beziehung $\hat{\mu}_2(u) = \hat{\mu}_1(u / k)$ bestehen.

Mit dem Faltungsintegral (11.2) und einer festen Filterfunktion darin sind die Forderungen (i) und (ii) erfüllt. Beide Forderungen sind naheliegend, aber nicht zwingend: Da Wahrheitswerte $\mu(u) \approx 1$ im Vergleich zu $\mu(u) << 1$ eine ganz andere Qualität haben, können Filtervorschriften, für die die Amplitudeninvarianz nicht gilt, ebenfalls sinnvoll sein. Eine solche Filtervorschrift entsteht beispielsweise, wenn man in dem Faltungsintegral (11.2) $\mu(u')$ durch $\mu^2(u')$ ersetzt. In Abschnitt 11.8 wird gezeigt, daß man durch Verzicht auf die Translationsinvarianz neue, in bestimmten Situationen sehr erwünschte Eigenschaften erzielen kann.

Die Forderung (iii) ist essentiell: Sie gewährleistet, daß die Wahl der physikalischen Maßeinheiten – beispielsweise Millivolt statt Volt – für die Ausgangsgröße eines Fuzzy-Reglers keinen Einfluß auf seine Arbeitsweise hat. Mit dem Faltungsintegral (11.2) läßt sich diese Forderung erfüllen, indem man die Filterfunktion an die Größe des Arbeitsbereichs bzw. an die Form der zu filternden Funktion $\mu(u)$ ankoppelt:

Hinreichende Bedingung für die Maßstabsinvarianz: Die Filterung mit dem Faltungsintegral (11.2) und der Filterfunktion (11.17) ist bei festem Wert von γ und bei Erfüllung einer der beiden folgenden Bedingungen maßstabsinvariant:

(i) Für ρ wird

$$\rho = p(u_{\max} - u_{\min}) \qquad (11.25)$$

gesetzt, wobei $[u_{\min}, u_{\max}]$ der Definitionsbereich von $\mu(u)$ und p ein beliebig wählbarer, fest eingestellter Proportionalitätsfaktor ist.

(ii) Für ρ wird

$$\rho = p\,b(\mu(u)) \qquad (11.26)$$

gesetzt, wobei p ein beliebig wählbarer, fest eingestellter Proportionalitätsfaktor ist, während $b(\mu(u))$ ein Maß für die Breite von $\mu(u)$ ist, für das

$$b(\mu(u/k)) = k\, b(\mu(u)) \tag{11.27}$$

gilt.

Zum Beweis dieses Kriteriums vergleicht man die Beziehungen

$$\hat{\mu}_1(u) = \frac{\gamma+1}{2\gamma\rho} \int_{-u_{min}}^{+u_{max}} \mu(u') \left(1 - \frac{u-u'}{\rho}\right)^{\gamma} du' \tag{11.28}$$

und

$$\hat{\mu}_2(u) = \frac{\gamma+1}{2\gamma(k\rho)} \int_{-ku_{max}}^{+ku_{max}} \mu(u'/k) \left(1 - \frac{u-u'}{k\rho}\right)^{\gamma} du' \,, \tag{11.29}$$

die sich für die Filterung von $\mu(u)$ bzw. $\mu(u/k)$ mit der obigen Bedingung (i) bzw. (ii) ergeben. Setzt man in den ersten Integranden für u den Wert u/k ein, geht der zweite Integrand aus dem ersten dadurch hervor, daß in dem ersten anstelle der Variablen u' der Ausdruck u'/k eingesetzt wird. Hieraus ergibt sich, daß sich der Wert des zweiten Integrals dann im Vergleich zum ersten um den Faktor k ändert. Unter Berücksichtigung der Vorfaktoren folgt daraus $\hat{\mu}_2(u) = \hat{\mu}_1(u/k)$.

Eine naheliegende Wahl für das Maß $b(\mu(u))$ mit der Transformationseigenschaft (11.27) ist die Breite des kleinsten Intervalls, das den Träger von $\mu(u)$ enthält. Es kann aber bei stetigen Variationen von $\mu(u)$ zu unmotivierten Unstetigkeiten führen. Diesen Nachteil weist das Maß

$$b(\mu(u)) = \frac{\int_{u_{COG}}^{u_{max}} (u' - u_{COG})\mu(u')du'}{\int_{u_{min}}^{u_{max}} \mu(u')du'} \tag{11.30}$$

nicht auf. Es läßt sich physikalisch so interpretieren: Im Zähler steht das Drehmoment, bezogen auf den Ort u_{COG} des Flächenschwerpunktes und hervorgerufen von dem Teil des Verlaufs von $\mu(u)$, der rechts von u_{COG}

liegt. Im Nenner steht die Größe der unter dem Funktionsgraphen liegenden Fläche. Da sich diese Größen bei einer Maßstabstransformation quadratisch bzw. linear mit dem Maßstabsfaktor k ändern, ist die Transformationseigenschaft (11.27) erfüllt.

Bild 11.8 vergleicht die Wirkung der Ansätze (11.25) und (11.26) (oben bzw. unten) jeweils für dieselben Werte von γ und p. Die zu $\mu(u)$ bzw. $\mu(u/5)$ gehörigen gefilterten Zugehörigkeitsfunktionen sind mit den Buchstaben (a) bis (f) bezeichnet. Das Ergebnis (b) ist im Vergleich zu (e) plausibler, weil sich darin die weit auseinanderliegenden Maxima von $\mu(u/5)$ niederschlagen. Umgekehrt ist das Ergebnis (f) im Vergleich zu (c) plausibler, weil die Vergrößerung des Arbeitsbereiches nicht zu einem Auseinanderfließen der gefilterten Zugehörigkeitsfunktion unter Absenkung ihrer Funktionswerte führt. Es ist im Einzelfall zu entscheiden, welcher der beiden Ansätze (11.25) und (11.26) insgesamt vorteilhafter ist.

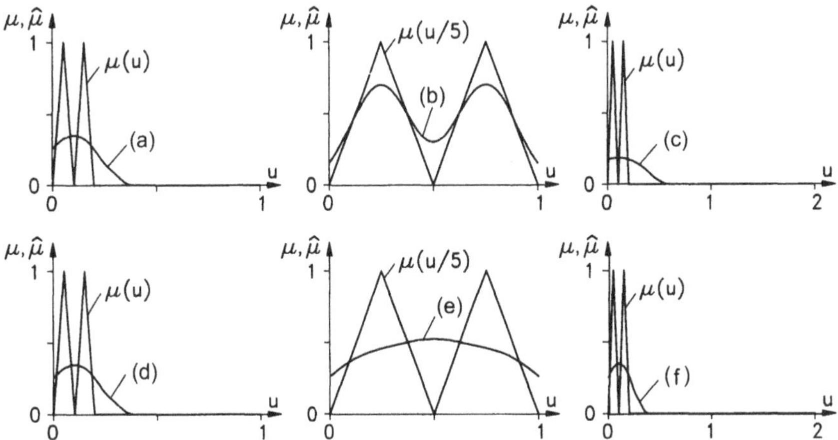

Bild 11.8 Zugehörigkeitsfunktionen $\mu(u)$, $\mu(u/5)$ und $\mu(u)$, die in den Intervallen [0, 1], [0, 1] bzw. [0, 2] definiert sind (links, Mitte bzw. rechts), und dazugehörige gefilterte Zugehörigkeitsfunktionen (mit Buchstaben bezeichnet). Dabei wird die Maßstabsinvarianz durch Ankopplung der Reichweite ρ der Filterfunktion an die Größe des Arbeitsbereichs (oben) bzw. an die Breite der zu filternden Zugehörigkeitsfunktion (unten) erfüllt.

11.5 Wirkung und Anwendungspotential des Inferenzfilters

Bild 11.9 (oben) illustriert die Wirkung des Inferenzfilters mit der Filterfunktion (11.17) für die Standardeinstellung $\rho = p(u_{max} - u_{min})$ mit $p = 1$ und unterschiedliche Werte von γ (vgl. Bild 11.6, links). Für $\gamma \to 0$ stimmen $\hat{\mu}(u)$ und $\mu(u)$ miteinander überein und haben daher dasselbe absolute Maximum. Bei Vergrößerung von γ wirkt das Inferenzfilter zunehmend globaler. Für $\gamma \geq 1$ hat $\hat{\mu}(u)$ nur noch ein relatives Maximum. Die Werte $\gamma = 1$ und $\gamma = 2$ entsprechen der klassischen Defuzzifizierung nach der MOA- bzw. der COG-Methode. Für $\gamma \to \infty$ liegt das Maximum in der Mitte der Basis von $\mu(u)$.

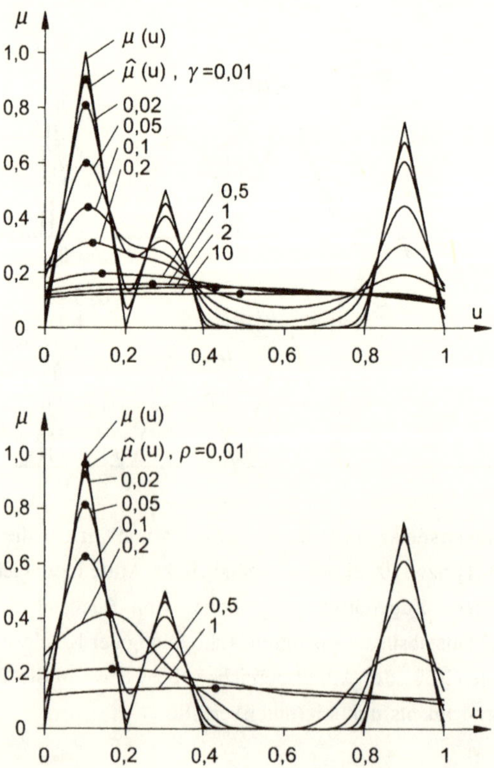

Bild 11.9 Filterung einer Zugehörigkeitsfunktion $\mu(u)$ bei voller Reichweite der Filterfunktion für unterschiedliche Werte des Parameters γ (oben) sowie für $\gamma = 2$ und unterschiedliche Werte von ρ (unten). Die absoluten Maxima der gefilterten Zugehörigkeitsfunktion $\hat{\mu}(u)$ sind durch Punkte markiert.

Qualitativ ähnliche Ergebnisse erzielt man, wenn man zur Einsparung von Rechenzeit (vgl. Abschnitt 11.3) den festen Wert $\gamma = 2$ wählt und die Werte von ρ variiert (Bild 11.9, unten).

Die Filterparameter γ bzw. ρ sind nützliche Entwurfsparameter. Verfügt man über ein entsprechendes Vorwissen darüber, ob das in den Regeln enthaltene Erfahrungswissen eher weich oder eher in einem strengeren Sinne zu interpretieren ist, so kann man dies tendenziell durch die Wahl der Einstellwerte für die Filterparameter berücksichtigen. Darüber hinaus können die Filterparameter zur feinfühligen Optimierung dienen. Die nachfolgenden Beispiele zeigen, welche Vorteile sich daraus im Vergleich zu herkömmlichen Defuzzifizierungsverfahren ergeben können.

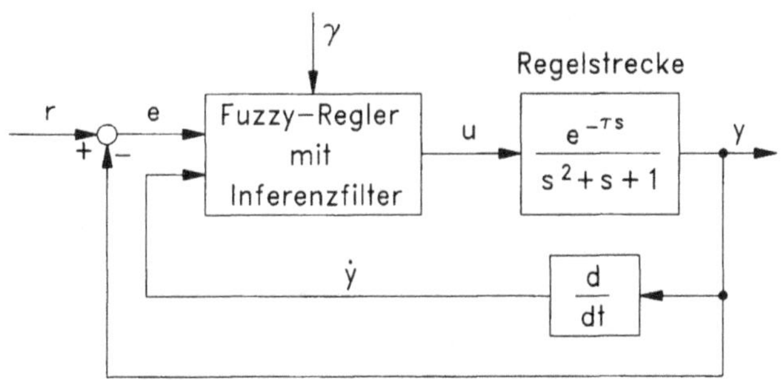

Bild 11.10 Regelungssystem mit einer totzeitbehafteten Regelstrecke und einem Fuzzy-Regler mit Inferenzfilter. Der Filterparameter γ dient zur Feinoptimierung des Regelungsverhaltens.

Bild 11.10 zeigt ein Regelungssystem mit einer totzeitbehafteten Regelstrecke und einem Fuzzy-Regler mit Inferenzfilter. Die angesetzten Regeln entsprechen der Heuristik, daß die Stellgröße u bei einer Vergrößerung von e bzw. $\dot{y}$ größer bzw. kleiner werden sollte. Bild 11.11 zeigt (unter Verzicht auf Achsenskalierungen) die resultierenden Kennfelder jeweils für volle Reichweite der Filterfunktion und unterschiedliche Werte von γ. Mit größer werdendem Wert von γ verliert das Kennfeld zunehmend scharfe Übergänge. Die Fälle $\gamma \approx 0$ und $\gamma = 2$ entsprechen der Defuzzifizierung nach der Maximum- bzw. der Schwerpunktmethode. Der mit $\gamma = 0{,}2$ eingestellte Kompromiß liefert das beste Regelungsverhalten [46].

Bild 11.12 zeigt eine Einrichtung zum Biegen von Blechen (oben). Der Krümmungsradius R des gebogenen Bleches hängt von vier meßbaren Andruckkräften F_1, F_2, F_3 und F_4 sowie von dem Mittelwert z der beiden meßbaren Walzenpositionen z_1 und z_2 ab. Für diese Abhängigkeit ist keine mathematische, sondern nur eine qualitative Beziehung bekannt. Sie werden in Regeln überführt und in ein herkömmliches Fuzzy-Modul mit *COG*-Defuzzifizierung eingebracht, das einen Schätzwert $\hat{R}$ für den Krümmungsradius liefert. Die Zugehörigkeitsfunktionen werden so optimiert, daß der Schätzwert $\hat{R}$ möglichst gut mit den aus Testläufen gewonnenen Ergebnissen übereinstimmt. Das resultierende Fuzzy-Modul liefert auch für andere Wertekombinationen der Eingangsgrößen und andere Radien, als zur Optimierung verwendet wurden, einen Schätzwert $\hat{R}$, dessen relativer Fehler D_{COG} maximal 15 % beträgt. Ersetzt man in diesem Fuzzy-Modul die *COG*-Defuzzifizierung durch ein Inferenzfilter, so läßt sich dieser Fehler durch Optimierung von γ auf maximal 10 % verkleinern. Im laufenden Betrieb wird das Modul für die Einstellung der Andruckkräfte, mit denen der resultierende Radius möglichst dem vorgegebenen Sollwert entspricht, genutzt. Mit dem Inferenzfilter läßt sich also die Einhaltung dieser Vorgabe deutlich verbessern [47].

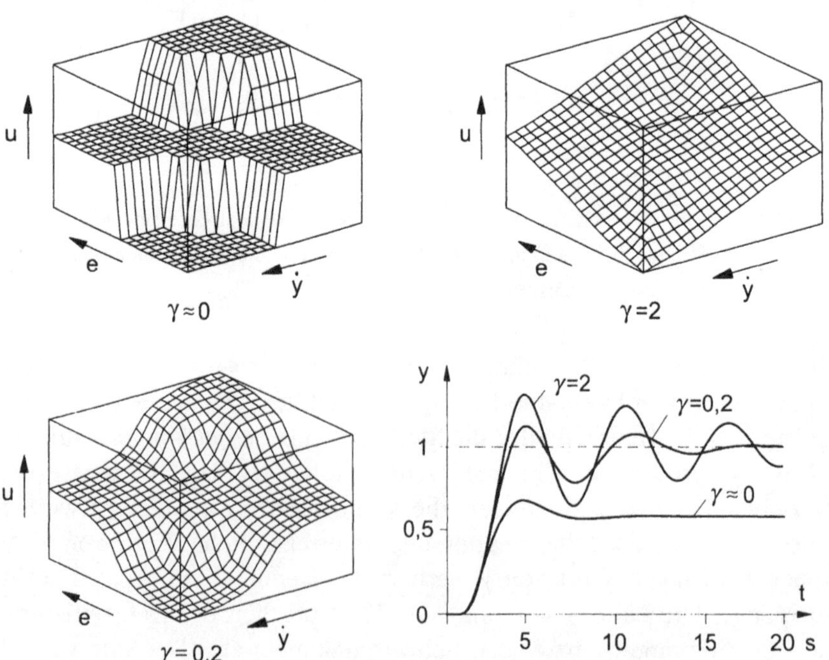

Bild 11.11 Kennfelder des Fuzzy-Reglers nach Bild 11.10 für unterschiedliche Werte des Filterparameters γ und dazugehörige Sprungantworten des Regelungssystems. Der Wert $\gamma = 0{,}2$ entspricht einem Kompromiß zwischen der Defuzzifizierung nach der Maximum- und der Schwerpunktmethode. Er liefert das beste Regelungsverhalten.

Entsprechend kann man herkömmliche Fuzzy-Module verbessern, indem man die dort vorgesehene Defuzzifizierung durch das Inferenzfilter ersetzt und die damit geschaffenen Freiheitsgrade nutzt. Weiterhin kann es sinnvoll sein, die Werte der Filterparameter situationsabhängig zu verändern: Es kann Betriebssituationen geben, in denen das in den Regeln steckende Vorwissen als weniger verläßlich anzusehen ist. Dies kann man berücksichtigen, indem man für diese Betriebsfälle vergleichsweise große Werte des Filterparameters γ vorsieht.

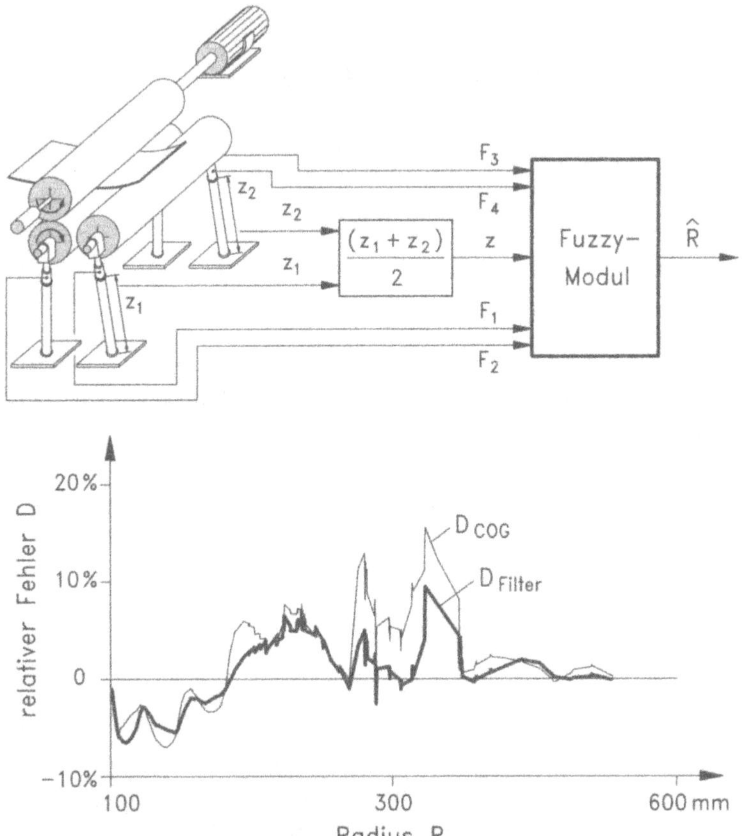

Bild 11.12 Einrichtung zum Biegen von Blechen (oben), an der Andruckkräfte F_i und Walzenpositionen z_i meßbar sind. Daraus ermittelt ein Fuzzy-Modul einen Schätzwert $\hat{R}$ für den Krümmungsradius R des gebogenen Bleches. Der relative Fehler D dieses Schätzwertes läßt sich beträchtlich verkleinern, wenn man statt der COG-Defuzzifizierung ein Inferenzfilter vorsieht (Kurven D_{COG} bzw. D_{FILTER}).

Eine besonders einfach zu realisierende Regelstrategie besteht darin, die ausgangsseitige Zugehörigkeitsfunktion $\mu(u)$ eines herkömmlichen Fuzzy-Reglers sowohl nach der Schwerpunkt- als auch nach der Maximummethode zu defuzzifizieren und von den resultierenden Werten u_{COG} bzw. u_M denjenigen als Ausgangsgrößenwert auszuwählen, für den die gefilterte Zugehörigkeitsfunktion $\hat{\mu}(u)$ den größeren Funktionswert annimmt. Für diese Auswahl ist der Funktionswert von $\hat{\mu}(u)$ jeweils nur für zwei Ausgangsgrößenwerte zu bestimmen.

11.6 Filterung von Singletons

Bei ausgangsseitigen Singletons tritt an die Stelle des Faltungsintegrals (11.2) die Summe

$$\hat{\mu}(u) = \sum_{j=1}^{m} \mu_j \, h(u - u_j) \quad . \tag{11.31}$$

Darin sind $\{u_j\}$ die Träger und μ_j die Funktionswerte der Singletons. Für h wird die Filterfunktion (11.17) verwendet. Allerdings läßt sich die oben verwendete Bedingung (11.19) zur Festlegung des Normierungsfaktors c in der Filterfunktion nur dann direkt auf den vorliegenden Fall übertragen, wenn man einen Mindestabstand für benachbarte Singletons vorschreibt. Um dies zu vermeiden, wird hier die Beziehung (11.31) in der Form

$$\hat{\mu}(u) = c \sum_{j=1}^{m} \mu_j \, h_0(u - u_j) \tag{11.32}$$

geschrieben, worin h_0 die Filterfunktion (11.17) für $c = 1$ ist. Der Normierungsfaktor c wird nicht von vornherein auf einen festen Wert eingestellt, sondern es wird nachträglich durch einen geeigneten Wert von c erzwungen, daß $\hat{\mu}(u) \le 1$ gilt: Dies läßt sich durch die Forderung erreichen, daß für den maximalen Funktionswert $\hat{\mu}_{\max}$ von $\hat{\mu}(u)$ im Intervall $[u_{\min}, u_{\max}]$

$$\hat{\mu}_{\max} = \max\{\mu_j \mid j = 1,2,\ldots,m\} \tag{11.33}$$

bzw.

$$\hat{\mu}_{\max} = \min\left\{1,\ \sum_{j=1}^{m} \mu_j\right\} \tag{11.34}$$

gilt. Für ganzzahlige Werte von γ und $1/\gamma$ besteht $\hat{\mu}(u)$ stückweise aus Polynomen vom Maximalgrad γ bzw. $1/\gamma$. Für geradzahlige Werte von γ und volle Reichweite der Filterfunktion besteht $\hat{\mu}(u)$ sogar nur aus einem einzigen Polynom mit dem Grad γ. Die analytische Bestimmung des absoluten Maximums von $\hat{\mu}(u)$ ist daher meist noch einfacher als bei polygonzugförmigen Zugehörigkeitsfunktionen.

Bei linearen Filterfunktionen mit *voller* Reichweite ist $\hat{\mu}(u)$ ein Polygonzug, dessen Knickstellen u_j durch die Träger $\{u_j\}$ der Singletons bestimmt sind. Nur dort können relative Maxima von $\hat{\mu}(u)$ liegen. Deshalb ist die Funktion (11.32) nur für diese Werte u_j auszuwerten. Bei einer linearen Filterfunktion mit *begrenzter* Reichweite ist $\hat{\mu}(u)$ ebenfalls polygonzugförmig, hat jedoch jeweils im Abstand $\pm\rho$ links und rechts neben den Stellen u_j zusätzliche Knickstellen.

Bei quadratischen Filterfunktionen mit *voller* Reichweite ist $\hat{\mu}(u)$ eine Parabel. Ihr Scheitel liegt an der Stelle u_{COG}, die sich bei Defuzzifizierung von $\mu(u)$ nach der Schwerpunktmethode für Singletons ergibt (Gl. (6.50)). Für quadratische Filterfunktionen mit begrenzter Reichweite ist $\hat{\mu}(u)$ stückweise aus Parabeln aufgebaut.

Ausgangsseitige Singletons werden auch in der Reglerstruktur nach *Sugeno* und *Takagi* verwendet (Abschnitt 6.5). Das Inferenzfilter läßt sich analog auch in solche Regler einfügen.

11.7 Zweisträngige Fuzzy-Regler mit Inferenzfilter

11.7.1 Reglerstrukturen

Im zweisträngigen Fuzzy-Regler kommt es darauf an, die Empfehlungen der positiven Regeln sinnvoll mit den Warnungen bzw. Verboten der negativen Regeln zu verrechnen. Die durch die positiven Regeln bestimmte Attraktivität eines Ausgangsgrößenwertes u wird nicht durch $\mu^+(u)$, sondern durch die daraus durch Filterung hervorgehende Zugehörigkeitsfunktion $\hat{\mu}^+(u)$ beschrieben. Daher ist es folgerichtig, nicht $\mu^+(u)$, sondern $\hat{\mu}^+(u)$ der Hyperinferenzeinrichtung zuzuführen. Entsprechend sollte

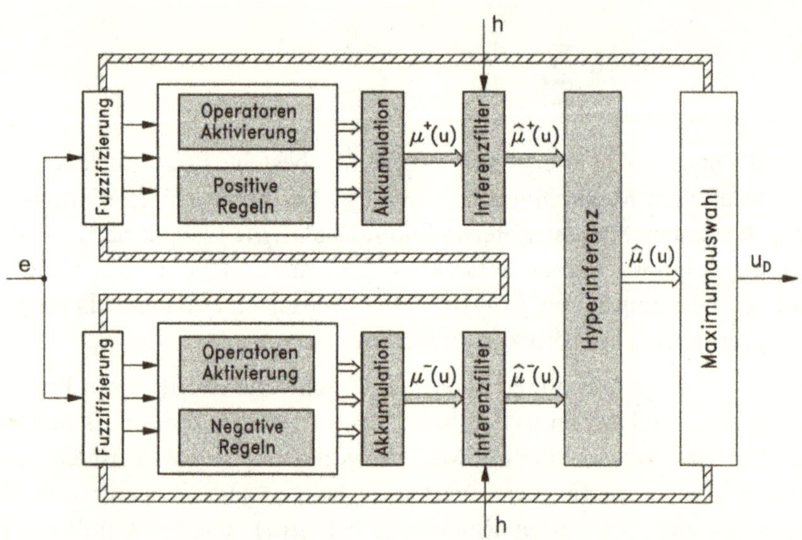

Bild 11.13 Zweisträngiger Fuzzy-Regler mit zwei Inferenzfiltern zur Filterung von $\mu^+(u)$ und $\mu^-(u)$. Der Ausgangsgrößenwert u_D wird als Position des absoluten Maximums von $\hat{\mu}(u)$ festgelegt.

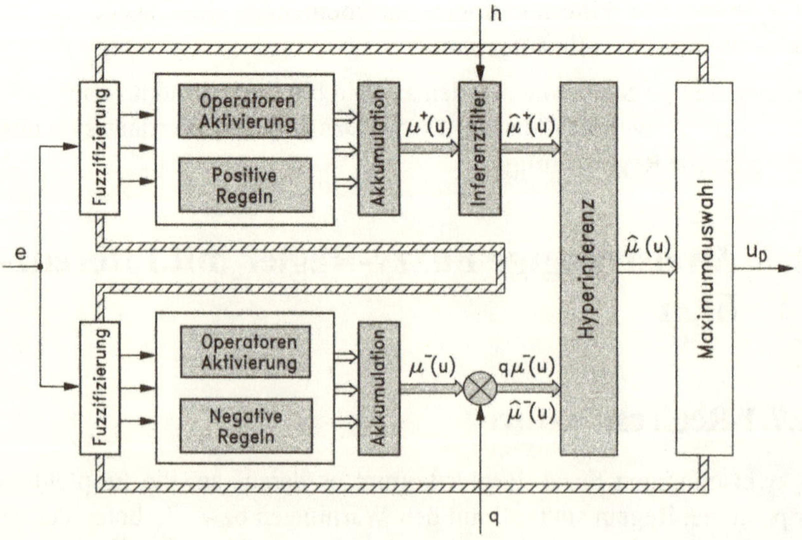

Bild 11.14 Vereinfachter zweisträngiger Fuzzy-Regler mit nur einem Inferenzfilter zur Filterung ausschließlich von $\mu^+(u)$. Die Funktion $\hat{\mu}^-(u)$ wird durch Multiplikation von $\mu^-(u)$ mit einem einstellbaren Faktor q erzeugt.

die Funktion $\hat{\mu}^-(u)$, die durch Filterung aus $\mu^-(u)$ entsteht, der Hyperinferenz zugeführt werden (Bild 11.13) (vgl. [44, 45]).

Um Aufwand einzusparen, kann man auf eine Filterung von $\mu^-(u)$ verzichten und statt dessen die Funktion $\hat{\mu}^-(u) = q\mu^-(u)$ der Hyperinferenz zuführen (Bild 11.14, vgl. auch Bild 10.5). Der Verzicht auf die Filterung von $\mu^-(u)$ ist insbesondere dann gerechtfertigt, wenn die ungefilterte Funktion $\mu^-(u)$ die intendierten Verbote bzw. Warnungen ohne noch vorhandenen Interpretationsspielraum beschreibt. In beiden Reglerstrukturen entfällt die Hyperdefuzzifizierung.

11.7.2 Eigenschaften

Im folgenden werden die prinzipiellen Eigenschaften zweisträngiger Fuzzy-Regler mit Inferenzfilter am Beispiel der aus Bild 10.9 bekannten Situationen (a) und (b) illustriert.

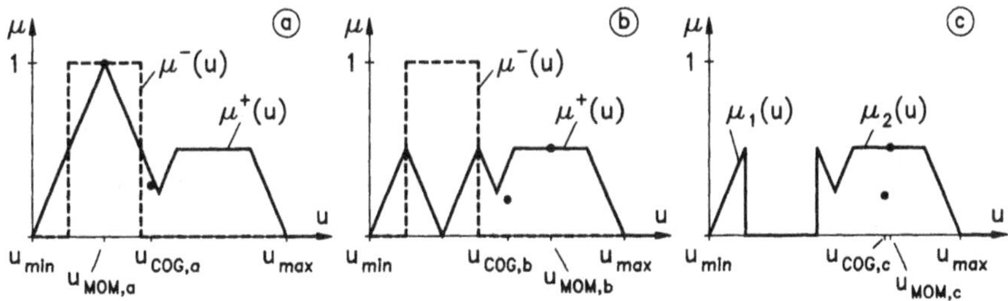

Bild 11.15 Unterschiedliche Situationen (a) und (b), in denen ein zweisträngiger Fuzzy-Regler ohne Inferenzfilter nicht zufriedenstellend arbeitet: In beiden Situationen erzeugt die Hyperinferenz dieselbe Zugehörigkeitsfunktion $\mu(u)$, die aus den Teilfunktionen $\mu_1(u)$ und $\mu_2(u)$ besteht (c).

Hierzu wird zunächst analysiert, welche Ausgangsgrößenwerte in diesen Situationen sinnvoll sind (Bild 11.15). Wenn in einem Anwendungsfall eine weiche Interpretation von $\mu^+(u)$ angemessen ist, so sind die durch COG-Defuzzifizierung von $\mu^+(u)$ hervorgehenden Werte $u_{COG,a}$ bzw. $u_{COG,b}$ als Ausgangsgrößenwerte sinnvoll, denn sie werden durch $\mu^-(u)$ nicht verboten. Wenn in einem Anwendungsfall eine strenge Interpretation von $\mu^+(u)$ angemessen ist, dann ist in der Situation (b) der durch *MOM*-Defuzzifizierung von $\mu^+(u)$ erhaltene Wert $u_{MOM,b}$ als Ausgangsgrößenwert sinnvoll, denn auch er wird von $\mu^-(u)$ nicht verboten. In der Situation (a) ist jedoch der entsprechende Wert $u_{MOM,a}$ nicht sinnvoll, da er von $\mu^-(u)$ verboten wird. Statt dessen ist dann der rechte Randpunkt des verbotenen

Intervalls als sinnvoller Ausgangsgrößenwert anzusehen, denn er liegt dem Wert $u_{MOM,a}$ am nächsten und ist nicht verboten. (Dies gilt zwar auch für den linken Randpunkt, der rechte ist aber vorzuziehen, weil $\mu^{+}(u)$ in seiner Nachbarschaft vergleichsweise größere Funktionswerte annimmt.)

Ein zweisträngiger Fuzzy-Regler *ohne Inferenzfilter* kann nicht zwischen den Situationen (a) und (b) unterscheiden: Er erzeugt in beiden Fällen dieselbe aus den Teilfunktionen $\mu_1(u)$ und $\mu_2(u)$ bestehende Zugehörigkeitsfunktion (c). Die Hyperdefuzzifizierung liefert durch COG- bzw. *MOM*-Defuzzifizierung von $\mu_2(u)$ die Ausgangsgrößenwerte $u_{COG,c}$ bzw. $u_{MOM,c}$. Diese Werte entsprechen den oben begründeten Wunschvorstellungen nur in der Situation (b) und dies nur bei einer strengen Interpretation von $\mu^{+}(u)$. Die übrigen, ggf. ebenfalls sinnvollen, Ausgangsgrößenwerte erhält man damit nicht.

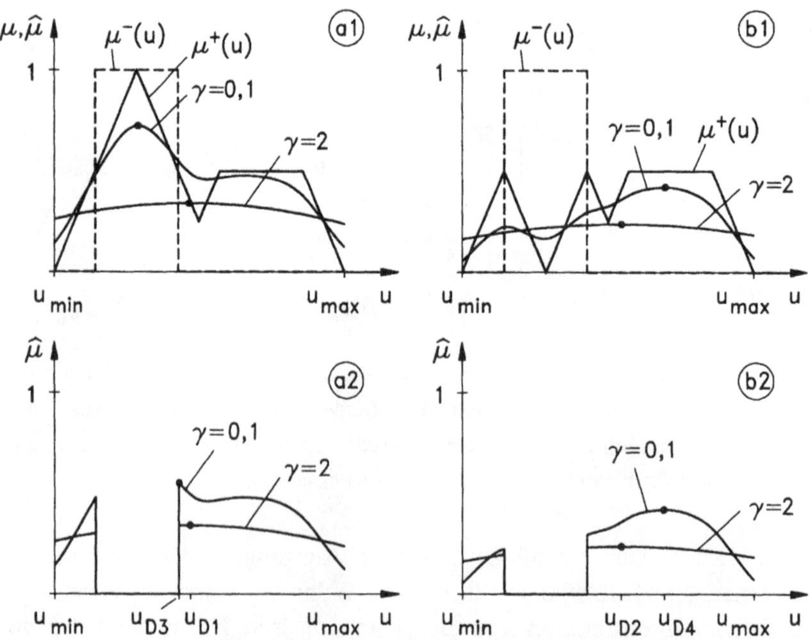

Bild 11.16 Zugehörigkeitsfunktionen $\mu^{+}(u)$ und $\mu^{-}(u)$ sowie Ergebnis $\hat{\mu}^{+}(u)$ der Filterung von $\mu^{+}(u)$ mit $q = 1$ und mit den Werten $\rho = u_{\max} - u_{\min}$ und $\gamma = 2$ bzw. $\gamma = 0{,}1$ der Filterparameter (oben), Verknüpfung der gefilterten Zugehörigkeitsfunktionen $\hat{\mu}^{+}(u)$ mit $\mu^{-}(u)$ durch die Hyperinferenz und resultierende Ausgangsgrößenwerte (unten).

Im Gegensatz hierzu verhält sich ein zweisträngiger Fuzzy-Regler *mit Inferenzfilter* (Bild 11.14) in allen Situationen wunschgemäß (Bild 11.16): In den Situationen (a) und (b) entstehen durch Filterung von $\mu^+(u)$ mit $\gamma = 0{,}1$ bzw. $\gamma = 2$ unterschiedliche Zugehörigkeitsfunktionen $\hat{\mu}^+(u)$ (Teilbilder (a1) und (b1)). Die hieraus durch Verknüpfung mit $\mu^-(u)$ hervorgehenden Funktionen $\hat{\mu}(u)$ berücksichtigen die Unterschiede der Situationen (a) und (b) (Teilbilder (a2) bzw. (b2)). Durch Maximumauswahl erhält man die oben als sinnvoll erkannten Ausgangsgrößenwerte, und zwar je nach gewähltem Wert von γ die Werte u_{D1} bzw. u_{D3} und u_{D2} bzw. u_{D4}.

Die Filterung von $\mu^+(u)$ wirkt sich deshalb günstig aus, weil sie Informationen über den Verlauf von $\mu^+(u)$ aus dem Inneren der verbotenen Zone nach außen trägt und damit für die Hyperinferenz nutzbar macht. Dies ist auch in anderen Situationen vorteilhaft. Vergrößert man beispielsweise die Breite der durch $\mu^-(u)$ verbotenen Zone soweit, daß sie den Wert $u_{COG,a}$ einschließt, erhält man für $\gamma = 2$ als sinnvollen Ausgangsgrößenwert denjenigen Randpunkt des verbotenen Intervalls, der dem Wert $u_{COG,a}$ am nächsten liegt.

Die oben verwendete Zugehörigkeitsfunktion $\mu^-(u)$ verbietet potentielle Ausgangsgrößenwerte u entweder strikt oder gar nicht. Differenziertere Entwurfsmöglichkeiten werden durch Funktionen $\mu^-(u)$ eröffnet, deren Werte auch zwischen den Werten Null und Eins liegen. Beispielsweise kann man durch eine Funktion $\mu^-(u)$, die an der Stelle $u = 0$ ausreichend steile Flanken hat, erzwingen, daß entweder $u = 0$ oder $u \leq u_1$ bzw. $u \geq u_2$ gilt (Bild 11.17). Damit lassen sich die gewünschten Spezifikationen für die Positionsregelung mit Haftreibung (Abschnitt 10.8) organischer und besser als mit einem zweisträngigen Fuzzy-Regler ohne Inferenzfilter erfüllen.

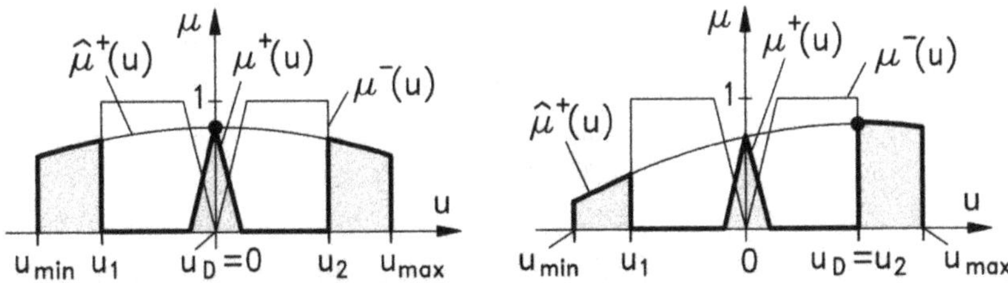

Bild 11.17 Zugehörigkeitsfunktion $\mu^-(u)$, mit der sich in einem zweisträngigen Fuzzy-Regler mit Inferenzfilter erzwingen läßt, daß für den Ausgangsgrößenwert $u_D = 0$ oder $u_D \leq u_1$ bzw. $u_D \geq u_2$ gilt.

Diese Beispiele zeigen, daß das Inferenzfilter die Leistungsfähigkeit des zweisträngigen Fuzzy-Reglers verbessert. Insbesondere kann man damit Ausgangsgrößenwerte erzeugen, die auf dem Rande eines verbotenen Intervalles oder als isolierte, erlaubte Werte zwischen verbotenen Zonen liegen. Die oben erwähnten Defizite des zweisträngigen Fuzzy-Reglers werden in bestimmten Situationen durch die beschriebene Verschiebungs- bzw. Gewichtsverstärkungsmethode nur gemildert, durch das Inferenzfilter aber auf organischem Wege gänzlich abgestellt.

Zur differenzierten Verrechnung von Empfehlungen und Warnungen sind unterschiedliche UND-Operatoren für das Fuzzy-Veto wählbar. Die begrenzte Differenz berücksichtigt die Warnungen am wenigsten, gefolgt vom algebraischen Produkt und dem Minimum. Ferner hat die Normierung der Filterfunktion einen entscheidenden Einfluß auf den Kompromiß, der zwischen den Empfehlungen und Warnungen geschlossen wird. Mit dem Parameter q kann man diesen Kompromiß während der Entwurfsphase, aber auch im On-line-Betrieb, beeinflussen.

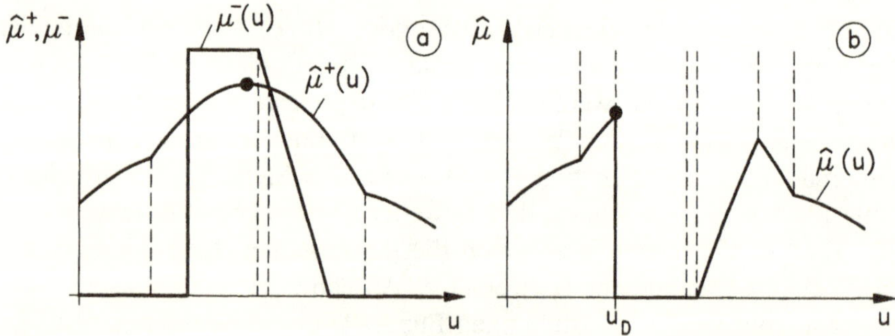

Bild 11.18 Stückweise aus Parabeln aufgebaute gefilterte Zugehörigkeitsfunktion $\hat{\mu}^+(u)$ und polygonzugförmige Zugehörigkeitsfunktion $\mu^-(u)$ (links). Daraus entsteht mit dem Differenz-Veto eine Zugehörigkeitsfunktion $\hat{\mu}(u)$, die stückweise aus Polynomen mit dem Maximalgrad 2 besteht (rechts). Der gegenüber dem Ort des Maximums von $\hat{\mu}^+(u)$ verschobene Ort u_D des absoluten Maximums von $\hat{\mu}(u)$ läßt sich analytisch bestimmen.

Wenn $\mu^+(u)$ polygonzugförmig ist oder aus Singletons besteht, ist $\hat{\mu}^+(u)$ nach Abschnitt 11.3 bzw. 11.6 bei geeigneter Wahl der Filterfunktion stückweise aus Polynomen mit dem Maximalgrad 2 bzw. 3 aufgebaut. Durch ihre Verknüpfung mit einer polygonzugförmigen Zugehörigkeitsfunktion $\mu^-(u)$ entsteht mit allen beschriebenen Hyperinferenzstrategien (Bild 10.6) eine stückweise aus Polynomen aufgebaute Zugehörigkeitsfunktion $\hat{\mu}(u)$ (Bild 11.18). Der Maximalgrad bleibt unverändert bzw. erhöht sich beim Produkt-Veto um den Wert 1. In allen Fällen kann man daher das absolute Maximum von $\hat{\mu}(u)$ auf analytischem Wege bestimmen. Dies ist für die On-line-Realisierung günstig (Bild 11.18).

11.7.3 Variante für schnelle Echtzeitanwendungen

Folgende einfache Variante eines zweisträngigen Fuzzy-Reglers eignet sich für sehr schnelle Echtzeitanwendungen, die mit sehr einfachen Prozessen realisiert werden sollen. Für die Modellierung der eingangsseitigen linguistischen Werte in den positiven bzw. negativen Regeln werden Singletons bzw. Polygonzüge verwendet. Für die Akkumulation der Warnungen wird das Maximum oder die begrenzte Summe eingesetzt. Für die Verrechnung der dann polygonzugförmigen Funktion $\mu^-(u)$ und der aus Singletons aufgebauten Funktion $\mu^+(u)$ sind zwei Optionen vorgesehen [44]:

Option 1: $\mu^+(u)$ wird nicht gefiltert, sondern direkt über die Hyperinferenz mit $\mu^-(u)$ verknüpft. Die resultierende Funktion $\hat{\mu}(u)$ besteht aus Singletons und wird nach der Maximummethode defuzzifiziert.

Option 2: Zu $\mu^+(u)$ wird eine parabelförmige, dreieckförmige oder aus zwei Parabelästen bestehende Funktion $\hat{\mu}^+(u)$ konstruiert, deren Maximum der Größe a am Ort u_{COG} des Schwerpunktes von $\mu^+(u)$ liegt und den durch Gl. (11.34) gegebenen Wert hat (Bild 11.19 (a), (b) bzw. (c)). In den Fällen (a) und (b) wird der Wert von ρ über die Vorschrift (11.25) oder (11.26) festgelegt, wobei der Parameter p entweder fest eingestellt oder vom Nutzer einstellbar ist. Im Fall (c) verfügt man – nach Festlegung des Wertes von a – über weitere zwei Parameter zur Anpassung von $\hat{\mu}^+(u)$ an den Arbeitsbereich oder an $\mu^+(u)$. Durch Verknüpfung einer solchen Funktionen $\hat{\mu}^+(u)$ mit einer polygonzugförmigen Funktion $\mu^-(u)$ über die Hyperinferenz entsteht eine stückweise aus Polynomen mit dem Maximalgrad $g_{\max} \leq 3$ aufgebaute Funktion $\hat{\mu}(u)$. Deshalb läßt sich das absolute Maximum von $\hat{\mu}(u)$ sehr einfach analytisch bestimmen, meist sogar ohne Ziehen einer Wurzel, denn der Fall $g_{\max} = 3$ tritt nur in den Fällen (a) und (c) in Verbindung mit dem Produkt-Veto auf.

Für $\mu^-(u) \equiv 0$ arbeitet diese stark vereinfachte Variante eines zweisträngigen Fuzzy-Reglers wie ein herkömmlicher Fuzzy-Regler mit den Optionen zur Defuzzifizierung nach der Maximum- und der Schwerpunktmethode. Für $\mu^{-}(u) \neq 0$ wird abgewogen, ob nach wie vor der aus der Maximum- bzw. Schwerpunktmethode resultierende Wert u_M bzw. u_{COG} angemessen ist oder ob ein geeignet verschobener Wert als Ausgangsgrößenwert sinnvoller ist.

Zur Festlegung der freien Parameter von $\hat{\mu}^{+}(u)$ ist zu beachten, daß der resultierende Ausgangsgrößenwert u_D um so empfindlicher auf geringe Variationen der Warnungen reagiert, je flacher der Verlauf von $\hat{\mu}^{+}(u)$ in der Umgebung der Stelle u_{COG} ist. Eine zu große Empfindlichkeit ist unerwünscht, weil sie zu einer großen Unruhe des Ausgangsgrößenwertes u_D führt. Das in Abschnitt 10.8 behandelte Problem der Positionsregelung unter Berücksichtigung der Haftreibung läßt sich auch mit dieser einfachen Variante eines zweisträngigen Fuzzy-Reglers vergleichbar gut lösen.

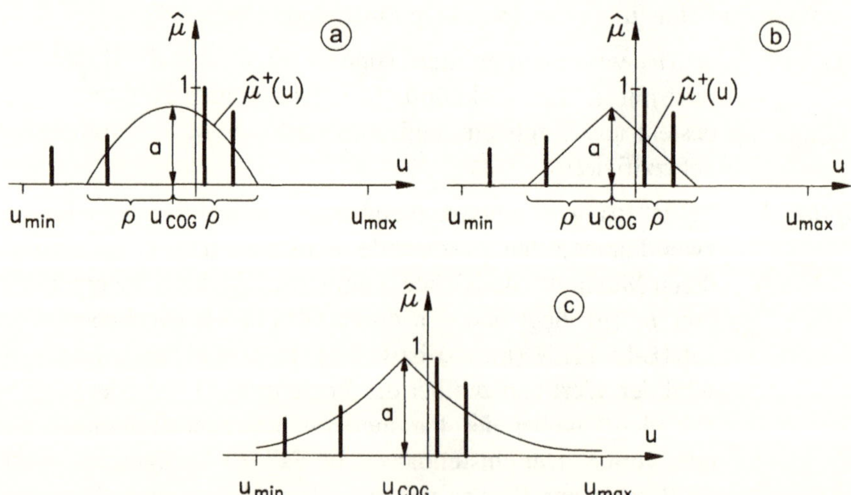

Bild 11.19 Konstruktion von $\hat{\mu}^{+}(u)$ zu einer aus Singletons bestehenden Funktion $\mu^{+}(u)$ für einen stark vereinfachten zweisträngigen Fuzzy-Regler für hohe Echtzeitanforderungen: parabelförmige (a), dreieckförmige (b) und aus zwei Parabelstücken (c) zusammengesetzte Funktion $\hat{\mu}^{+}(u)$.

11.8 Verzicht auf die Translationsinvarianz

Nach Abschnitt 11.4 lassen sich Filtervorschriften danach beurteilen, welchen Invarianzforderungen sie genügen. Dabei kann es vom Anwendungsfall abhängen, ob die Erfüllung einer bestimmten Invarianzforderung erwünscht oder unerwünscht ist. Im folgenden wird gezeigt, daß die Translationsinvarianz nachteilig sein kann. Hierzu wird von einem Fuzzy-Regler ausgegangen, der so auf eine Regelstrecke einwirkt, daß positive und negative Ausgangsgrößenwerte u *gegensätzliche* Auswirkungen haben (Beispiel: Heizen bzw. Kühlen oder Kurskorrektur nach links bzw. rechts). Die Regelbasis enthalte die Regeln

$$\begin{array}{llll} R_1: & \text{WENN } (\ldots) & \text{DANN } & u = NK, \\ R_2: & \text{WENN } (\ldots) & \text{DANN } & u = PK \end{array} \qquad (11.35)$$

und die Regeln

$$\begin{array}{llll} R_3: & \text{WENN } (\ldots) & \text{DANN } & u = PG, \\ R_4: & \text{WENN } (\ldots) & \text{DANN } & u = PK, \end{array} \qquad (11.36)$$

und es wird zunächst vorausgesetzt, daß die Defuzzifizierungsvorschrift bzw. Filtervorschrift translationsinvariant ist. Bei voller Aktivierung der Regeln (11.35) entsteht die ausgangsseitige Zugehörigkeitsfunktion $\mu_1(u)$ (Bild 11.20 links). Mit den beschriebenen Defuzzifizierungsverfahren bzw. Filtervorschriften erhält man hieraus einen Ausgangsgrößenwert $-1 \leq u_D \leq 1$. Diese Verarbeitung der Regeln ist sinnvoll, denn hierdurch werden die *gegensätzlichen* Empfehlungen der beiden Regeln (11.35) einander *kompensierend* überlagert.

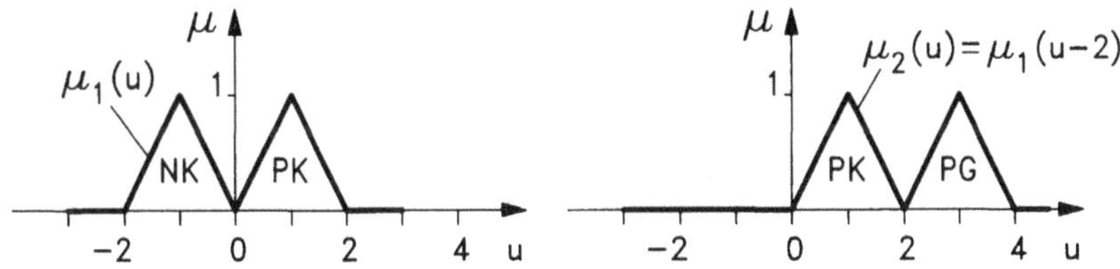

Bild 11.20 Prinzipielle Eigenschaften einer translationsinvarianten Filtervorschrift.

Bei voller Aktivierung der Regeln (11.36) entsteht die Zugehörigkeitsfunktion $\mu_2(u)$, die aus $\mu_1(u)$ durch eine Translation hervorgeht (Bild 11.20 rechts). Wegen der vorausgesetzten Translationsinvarianz ergibt sich hieraus ein Ausgangsgrößenwert $1 \leq u_D \leq 3$. Diese Verarbeitung der Regeln ist in der vorliegenden Anwendungssituation nicht sinnvoll, denn hierdurch werden die *gleichsinnigen* Empfehlungen der Regeln (11.36) im Sinne einer *Kompromißbildung* überlagert. Statt dessen wäre eine einander *verstärkende* Überlagerung angemessener: Wenn beispielsweise für R_3 und R_4 die Regeln

R_3: WENN Außentemperatur niedrig
DANN Heizleistung stark vergrößern,

R_4: WENN Windstärke groß
DANN Heizleistung etwas vergrößern

angesetzt werden, ist die Heizleistung *stark* bzw. *etwas* zu vergrößern, wenn die Regel R_3 bzw. die Regel R_4 voll aktiviert ist. Sind beide Regeln voll aktiviert, weil die Außentemperatur niedrig und die Windstärke groß ist, ist es angemessen, die Heizleistung *mehr als stark* zu vergrößern. Mit translationsinvarianten Vorschriften vergrößert aber die zusätzliche Aktivierung der Regel R_4 den Ausgangsgrößenwert im Vergleich zu der Situation, daß nur die Regel R_3 voll aktiviert ist, nicht. Bei Verwendung der Schwerpunktmethode zur Defuzzifizierung führt die zusätzliche Aktivierung der Regel R_4 sogar zu einer widersinnigen Verringerung des Ausgangsgrößenwertes. Es gibt also Erfahrungswissen, für dessen Verarbeitung folgende – bei Gültigkeit der Translationsinvarianz nicht erfüllbare – Forderungen sinnvoll sind: *Gegensätzliche* Empfehlungen gleichzeitig aktivierter Regeln sollen sich einander *kompensierend*, *gleichsinnige* Empfehlungen sollen sich dagegen *verstärkend* überlagern.

Zur Erfüllung dieser Forderungen wird hier die nicht translationsinvariante (und auch nicht amplitudeninvariante) Vorschrift

$$u_D = \frac{c}{u_{\max}} \int_{-u_{\max}}^{u_{\max}} \mu(u) u \, du \tag{11.37}$$

zur Defuzzifizierung vorgeschlagen. Sie wird im folgenden *Drehmomentmethode* (abgekürzt TOR-Methode von *torque* (Drehmoment)) genannt. Darin ist $[-u_{\max}, u_{\max}]$ das Definitionsintervall von $\mu(u)$, und c ist ein Normierungsfaktor. Der Nenner $u_{\max}$ im Vorfaktor sorgt dafür, daß diese Vorschrift maßstabsinvariant ist.

Zur Veranschaulichung dieser Vorschrift zeigt Bild 11.21 einen Waagebalken, der im Punkt $u = 0$ drehbar gelagert ist und mit den ortsabhängigen Kräften $\mu(u)$ beaufschlagt wird. Das resultierende, auf den Punkt $u = 0$ bezogene Drehmoment (*Flächendrehmoment*) ist dann proportional zu dem Wert u_D nach Gl. (11.37). Dies zeigt, daß diese Vorschrift bei Aktivierung der beiden Regeln (11.36) einen größeren Ausgangsgrößenwert als bei Aktivierung nur der Regel R_3 liefert. Mit dieser Vorschrift werden also die gleichsinnigen Empfehlungen der beiden Regeln R_3 und R_4 einander verstärkend überlagert. Andererseits werden damit die gegensätzlichen Empfehlungen der Regeln R_1 und R_2 einander kompensierend überlagert.

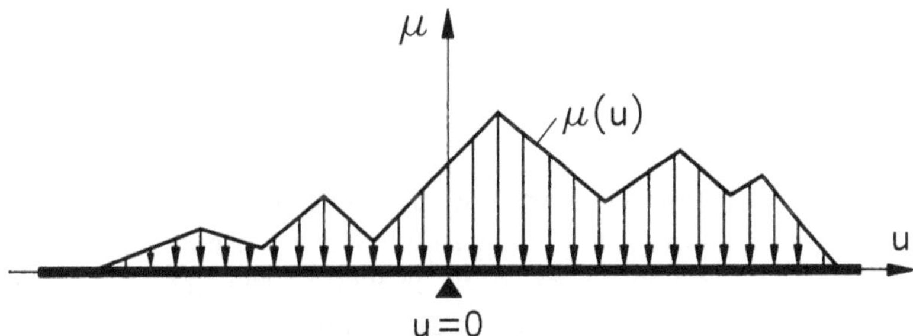

Bild 11.21 Veranschaulichung einer Defuzzifizierung, nach der gleichsinnige bzw. gegensätzliche Empfehlungen der einzelnen Regeln einander verstärkend bzw. einander kompensierend überlagert werden. Der resultierende Ausgangsgrößenwert ist proportional zu dem im Text erläuterten Flächendrehmoment bezüglich des Punktes $u = 0$.

Ein Anhaltspunkt für die Wahl des Normierungsfaktors c ergibt sich hieraus: Mit einem Fuzzy-ODER-Operator für die Akkumulation gilt $\mu(u) \leq 1$. Für $c = 2$ ergibt sich damit aus Gl. (11.37)

$$|u_D| \leq u_{\max} . \qquad (11.38)$$

Die Vorschrift (11.37) entspricht bis auf den Vorfaktor und den fehlenden Nenner der COG-Defuzzifizierung (6.49), läßt sich also leicht realisieren.

Die Drehmomentmethode läßt sich durch den maßstabsinvarianten Ansatz

$$u_D = c \sum_{k=1}^{r} \mu_k u_k \ , \qquad (11.39)$$

auf den Fall übertragen, daß ausgangsseitig Singletons verwendet werden (*Drehmomentmethode für Singletons,* abgekürzt TOS-Methode). Dabei ist μ_k der Aktivierungsgrad der k-ten Regel, und u_k gibt die Stelle an, an der das ausgangsseitige Singleton liegt, das in der Konklusion der Regel R_k auftritt.

Zur Einhaltung der Beschränkungsbedingung (11.38) kann man zunächst die Summe (11.39) bilden und, falls sie außerhalb des Intervalls $[-u_{\max}, u_{\max}]$ liegt, als Ausgangsgrößenwert u_D den nähergelegenen der beiden Werte $-u_{\max}$ und $u_{\max}$ festlegen. Alternativ kann man $c = 1$ wählen und die Summation (11.39) mit der auf den Maximalbetrag $u_{\max} + \varepsilon$ normierten Einstein-Summe

$$v_1 \oplus v_2 = \frac{v_1 + v_2}{1 + \dfrac{v_1 \cdot v_2}{(u_{\max} + \varepsilon)^2}} \tag{11.40}$$

durchführen und analog wie oben beschrieben verfahren, falls das Ergebnis außerhalb des Intervalls $[-u_{\max}, u_{\max}]$ liegt. Diese Methode führt für große Ausgangsgrößenwerte zu einem vergleichsweise geringeren Verstärkungseffekt bei der Überlagerung gleichsinniger Empfehlungen. Die Größe $\varepsilon > 0$ von der Größe beispielsweise $\varepsilon = 0.05 u_{\max}$ sorgt dafür, daß in der Summe (11.39) auch Terme mit $\mu_k = 1$ und $u_k = \pm u_{\max}$ durch andere Terme mit entgegengesetztem Vorzeichen kompensiert werden können. Die Bilder 11.22 und 11.23 veranschaulichen die Wirkung der TOR- und der TOS-Defuzzifizierung anhand einfacher Beispiele.

Die TOR-Defuzzifizierung läßt sich auch in das Konzept des Inferenzfilters einbetten: Durch quadratische Filterung der Funktion

$$\mu_T(u) = \mu\left(\frac{u_{\max}}{cF} u\right) , \tag{11.41}$$

die durch eine Maßstabstransformation aus $\mu(u)$ hervorgeht, entsteht eine Funktion $\hat{\mu}_T(u)$. Ihr Maximum liegt an der Stelle u_{TOR}, die sich durch Defuzzifizierung der ursprünglichen Funktion $\mu(u)$ nach Gl. (11.37) ergibt (F ist die Fläche unter dem Funktionsgraphen von $\mu(u)$.). Daher repräsentiert $\hat{\mu}_T(u)$ die Attraktivitätsfunktion, die der Defuzzifizierungsvorschrift (11.37) zugeordnet ist. Somit läßt sich die TOR-Defuzzifizierung auch in zweisträngige Fuzzy-Regler mit Inferenzfilter integrieren.

Die Defuzzifizierung nach der Drehmomentmethode bzw. ihre Verallgemeinerung durch Einbettung in das Konzept des Inferenzfilters kommt in Betracht, wenn der Prozeßexperte, der die Regeln formuliert, *keine absolute Skala* für die Ausgangsgrößenwerte im Sinn hat, sondern zum Ausdruck bringen will, daß unter bestimmten Bedingungen der gerade eingestellte Ausgangsgrößenwert *zu vergrößern* bzw. *zu verkleinern* ist. Dieser Fall kann insbesondere dann eintreten, wenn sich die Prämissen der Regeln auf unterschiedliche Eingangsgrößen beziehen. Dann erscheint es angemessen, gleichsinnige Empfehlungen gleichzeitig aktivierter Regeln einander verstärkend zu überlagern, statt sie herkömmlich zu verrechnen. Diese Argumentation wird durch die folgenden beiden Beispiele unterstrichen:

> Wenn zwei Testinstitute ein Produkt jeweils mit dem Prädikat "empfehlenswert" bewertet haben, gibt es zwei Möglichkeiten, diese

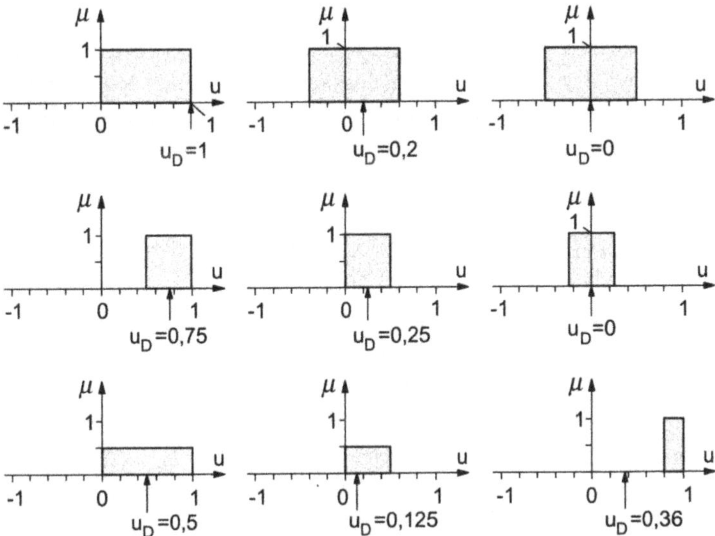

Bild 11.22 Ergebnis u_D der Defuzzifizierung von Zugehörigkeitsfunktionen $\mu(u)$ (grau unterlegt dargestellt) nach der Drehmomentmethode (11.37) für $u_{\max} = 1$ und $c = 2$.

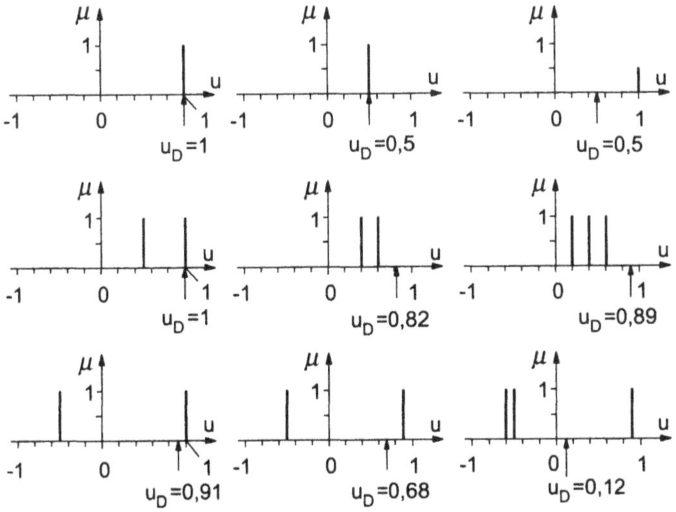

Bild 11.23 Ergebnis u_D der Defuzzifizierung von Zugehörigkeitsfunktionen $\mu(u)$ in Form von Singletons nach der Drehmomentmethode für Singletons für $u_{\max} = 1$, $c = 1$ und $\varepsilon = 0{,}05$ mit Begrenzung des Ausgangsgrößenwertes.

Einzelbewertungen zu einer Gesamtbewertung zu verrechnen. Falls beide Institute alle wesentlichen Gesichtspunkte berücksichtigen und damit aus denselben Erkenntnisquellen geschöpft haben, ist es sinnvoll, das Prädikat "empfehlenswert" auch für die Gesamtbewertung vorzusehen. Wenn die Institute aber über unterschiedliche Erkenntnisquellen verfügen, kann eine verstärkende Überlagerung der Einzelbewertungen zu dem Gesamtprädikat "sehr empfehlenswert" angemessen sein.

Zum Schätzen des Preises eines Gebrauchtwagens sind in erster Linie der Wagentyp, das Baujahr und der Kilometerstand maßgebend. Hieraus ergibt sich ein Basispreis. Zusätzlich kann man Regeln formulieren, die sich auf den Zustand des Wagens beziehen (Rost, Unfallwagen, Austauschmotor etc.), aus denen sich Ab- oder Zuschläge relativ zum Basispreis ergeben. Jede Regel berücksichtigt jeweils nur einen Teilaspekt und kann deshalb keinen Absolutwert des Preises, sondern nur einen Ab- oder Zuschlag empfehlen.

Im Einzelfall ist zu entscheiden, ob die Regeln herkömmlich oder im Sinne einer verstärkenden Überlagerung gleichsinniger Empfehlungen gleichzeitig aktivierter Regeln zu interpretieren sind. Zwischen beiden Möglichkeiten lassen sich einstellbare Kompromisse schließen, indem man jede Regel R_k mit einem Faktor λ_k versieht. Er ist so zu verstehen, daß die Regel R_k für $\lambda_k = 1$ herkömmlich und für $\lambda_k = 0$ im Sinne der verstärkenden Überlagerung zu verarbeiten ist. Bei ausgangsseitigen Singletons entspricht die Vorschrift

$$u_D = \frac{\sum_{k=1}^{r} \mu_k u_k}{\left(1 - \frac{1}{r}\sum_{k=1}^{r} \lambda_k\right) + \frac{1}{r}\sum_{k=1}^{r} \lambda_k \sum_{k=1}^{r} \mu_k} \tag{11.42}$$

in den Grenzfällen, daß alle λ_k den Wert 1 bzw. 0 haben, der Schwerpunktmethode (6.50) bzw. der TOS-Methode (11.39). Im Zwischenbereich $0 < \lambda_k < 1$ erhält man Kompromisse zwischen diesen Methoden, wobei jede Regel R_k individuell nach Maßgabe ihres Faktors λ_k berücksichtigt wird.

12 Datenbasierte Fuzzy-Modellierung und Regelgenerierung

Die Praxistauglichkeit eines Fuzzy-Reglers bzw. eines Fuzzy-Moduls hängt entscheidend von der Qualität der Regeln ab. Erfahrungswissen, das Prozeßbedienern bewußt ist, kann man durch Interviews erschließen und in Regeln überführen. Das Verhalten von Prozeßbedienern wird aber häufig auch durch unbewußtes Erfahrungswissen mitbestimmt: Es schlägt sich in ihrem Fingerspitzengefühl nieder, kann jedoch von ihnen nicht artikuliert werden. Um auch solches Wissen zu erschließen und in Regeln zu überführen, ist die folgende Grundaufgabe zu lösen.

12.1 Grundaufgabe der datenbasierten Fuzzy-Modellierung

Einem Prozeßbediener werden gewisse Prozeßmeßgrößen x_i zugeführt, beispielsweise Meßwerte für Druck, Temperatur und pH-Wert (Bild 12.1). Daraufhin reagiert er mit einer Aktion u, beispielsweise mit der Einstellung einer Dosierrate bei einem chemischen Reaktor. Die Zeitverläufe $x_i(t)$ und $u(t)$ der Eingangs- und Ausgangsgrößen des Prozeßbedieners werden zu bestimmten Zeitpunkten t_0, t_1, t_2, ..., t_M abgetastet und als Wertefolgen $x_i(t_h)$, $u(t_h)$ aufgezeichnet. Diese Werte werden im folgenden als *Beobachtungsdaten* oder auch als *Lernbeispiele* bezeichnet.

Gesucht ist ein Fuzzy-Modell in Form eines Fuzzy-Moduls mit den Eingangsgrößen x_i und der Ausgangsgröße $\hat{u}$, das das Verhalten des Prozeßbedieners möglichst gut nachbildet: Die Reaktion $\hat{u}(t)$ des Fuzzy-Modells soll für die Lernbeispiele aber auch für Situationen, die nicht durch die Beobachtungsdaten erfaßt werden, mit der Reaktion $u(t)$ des Prozeßbedieners übereinstimmen.

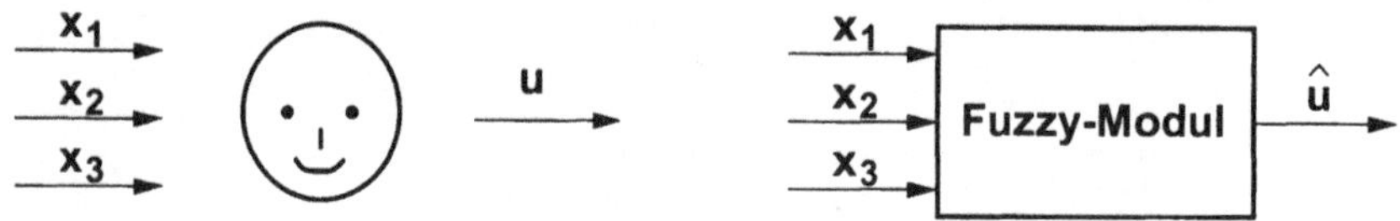

Bild 12.1 Grundaufgabe der datenbasierten Fuzzy-Modellierung eines Prozeßbedieners: Es ist ein Fuzzy-Modul (rechts) zu entwerfen, dessen Ausgangsgrößenverlauf $\hat{u}(t)$ – bei gleichen Eingangsgrößenverläufen $x_i(t)$ – möglichst gut dem Verhalten $u(t)$ eines Prozeßbedieners entspricht.

Die Lösung dieser Grundaufgabe wird meist dadurch erschwert, daß die aufgezeichneten Lernbeispiele aus unterschiedlichen Gründen *widersprüchlich* sind:

- Menschliche Prozeßbediener verhalten sich in gleichen Situationen nicht immer gleich.
- Das Verhalten von Prozeßbedienern kann noch von anderen als den aufgezeichneten Größen abhängen, beispielsweise von der Tageszeit, dem Geräusch einer laufenden Maschine oder der Farbe eines Reaktionsproduktes.
- Ungenauigkeiten der Meßapparatur können zu Widersprüchen führen.
- Auch wenn ein Prozeßbediener sich in gleichen Situationen immer gleich verhält, kann die Fuzzifizierung der reellwertigen Eingangs- und Ausgangsgrößen des Prozeßbedieners zu Widersprüchen auf der linguistischen Ebene führen: Unterschiedliche reelle Werte können durch die Fuzzifizierung auf dieselben linguistischen Werte mit denselben Zugehörigkeitsgraden abgebildet werden.
- Widersprüchlichkeit auf der linguistischen Ebene kann auch dadurch entstehen, daß man nicht weiß, auf welche *Merkmale* der Eingangsgrößenverläufe $x_i(t)$ der Prozeßbediener sein Verhalten abstellt. Beispielsweise kann er bei der Festlegung seiner Reaktion darauf achten, ob der Verlauf einer der Größen $x_i(t)$ in den zurückliegenden fünf Minuten oszilliert hat. Wird zur Modellierung dieses Verhaltens ein Fuzzy-Modul angesetzt, dessen eingangsseitige linguistischen Werte sich nur auf die *Momentanwerte* der Größen $x_i(t)$ beziehen, so führt dies auf der linguistischen Ebene zu Widersprüchen.

Eine weitere Schwierigkeit bei der datenbasierten Fuzzy-Modellierung besteht darin, daß die verfügbaren Lernbeispiele häufig in folgendem Sinne *unvollständig* sind: Sie decken nicht alle Situationen ab, die bei einem längeren Betrieb vorkommen können.

Verfahren zur Lösung dieser Grundaufgabe können nicht nur zur Modellierung des Verhaltens von Prozeßbedienern dienen, sondern auch auf Daten anderen Ursprungs angewendet werden. Beispiele hierfür sind

- Fuzzy-Modellierung eines Zusammenhangs $u = f(x_1, x_2, ..., x_m)$, der als mathematische Funktion oder als Algorithmus gegeben ist. Speziell kann man damit herkömmliche Regler in einen Fuzzy-Regler überführen und anschließend durch Hinzufügen zusätzlicher Regeln *Erfahrungswissen integrieren*.
- Fuzzy-Modellierung eines technischen Prozesses, wie einer Regelstrecke, beispielsweise als Grundlage für einen späteren modellgestützten Reglerentwurf.
- Signal- oder Bildanalyse, beispielsweise für die optische Qualitätskontrolle eines Gewebes: Durch eine vorgeschaltete Prozedur (die ihrerseits durch ein Fuzzy-Modul oder klassisch etwa durch eine Fourier-Analyse oder eine statistische Analyse der Grauwertverteilung erfolgt) wird das Bild auf gewisse Merkmale hin analysiert: Es wird festgestellt, wie stark die Ausprägungen x_i dieser Merkmale sind. Wenn ein Zusammenhang zwischen diesen Merkmalen und der Gewebequalität u besteht, so kann man durch datenbasierte Modellierung entsprechender Beobachtungsdaten ein Fuzzy-Modul erzeugen, das die Gewebequalität u in Abhängigkeit von den Ausprägungen x_i dieser Merkmale feststellt.
- Prognose: Zukünftige Werte einer nicht rein zufälligen Zeitreihe hängen von gegenwärtigen und in der Vergangenheit liegenden Werten ab. Dieser Zusammenhang läßt sich datenbasiert modellieren.

Verfahren zur datenbasierten Fuzzy-Modellierung sind über den engeren Bereich der Regelungstechnik hinaus sehr universell einsetzbar. Im folgenden wird der zu modellierende Prozeßbediener bzw. der Prozeß, gleich welcher Art, abkürzend als *Vorbild* bezeichnet. Dabei werden zur Vereinfachung der Darstellung Vorbilder mit nur zwei Eingangsgrößen x_1 und x_2 betrachtet. Hierdurch wird die Allgemeinheit aber nicht eingeschränkt.

12.2 Fuzzy-Modellierung durch vollständige Regeln

Das in Abschnitt 10.1 beschriebene Verfahren zur Fuzzy-Modellierung basiert auf lokal wirksamen, vollständigen Regeln der Form

$$\text{WENN } (x_1 = PK) \wedge (x_2 = PM)$$
$$\text{DANN } \hat{u} = PG\,, \qquad (12.1)$$

denen jeweils ein Paar linguistischer Werte zugeordnet ist (Bild 12.2). Es ist leicht anwendbar, wenn man an dem Vorbild für alle Wertepaare (x_1, x_2), die den Punkten eines regelmäßigen Gitters entsprechen, Beobachtungsdaten $u(x_1, x_2)$ erheben kann (Bild 12.3 (a)). Das resultierende Fuzzy-Modell liefert in den Gitterpunkten *exakt* die vorgegebenen Ausgangsgrößenwerte $u(x_1, x_2)$. Im Inneren einer Gitterzelle (schraffiert) liefert es Werte $\hat{u}(x_1, x_2)$, die sich bei Verwendung der Sum-Prod-Inferenz und der COS-Defuzzifizierung durch eine *bilineare* Interpolation aus den benachbarten Gitterpunkten ergeben. Hieraus ergibt sich speziell, daß man ein *lineares Steuergesetz* $u = -k_1 x_1 - k_2 x_2$ durch ein Fuzzy-Modell nachbilden kann, dessen Verhalten nicht nur in den Gitterpunkten, sondern *überall* exakt mit dem linearen Steuergesetz übereinstimmt.

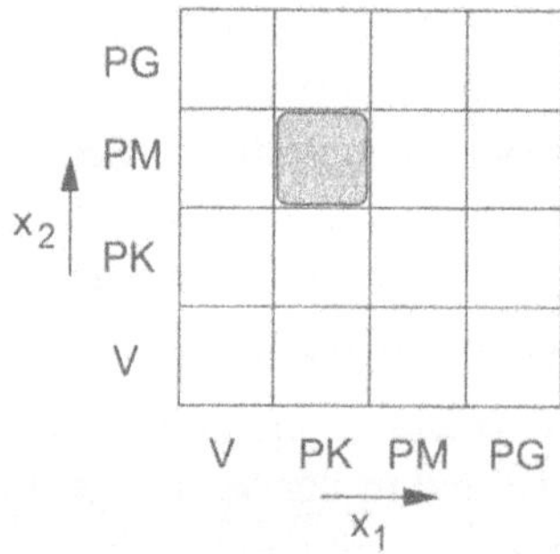

Bild 12.2 Zur Modellierung mit vollständigen Regeln: Jede Regel läßt sich durch ein Paar linguistischer Werte veranschaulichen (schraffiert).

Meistens muß man aber von unregelmäßig verteilten Beobachtungsdaten ausgehen. Bei nur schwach ausgeprägten Unregelmäßigkeiten (Teilbild (b)) kann man daraus mit einem *mehrdimensionalen Interpolationsverfahren* Funktionswerte $u(x_1, x_2)$ für die Punkte eines regelmäßigen Gitters ermitteln und dann, wie oben beschrieben, vorgehen [48]. Solche Interpolationsverfahren bestimmen den Funktionswert in einem Punkt (x_1, x_2), beispielsweise als Mittelwert der gewichteten Funktionswerte, die zu benachbarten Gitterpunkten gehören. Dabei werden die Funktionswerte mit um so kleinerem Gewicht berücksichtigt, je größer der Abstand zwischen dem Punkt (x_1, x_2) und dem Gitterpunkt ist. Bei größeren Unregelmäßigkeiten wählt man die eingangsseitigen Fuzzy-Informationssysteme zweckmäßiger so, daß die resultierenden Gitterpunkte bevorzugt in der Nähe der Punkte (x_1,x_2) liegen, für die Beobachtungen vorliegen (Teilbild (c)).

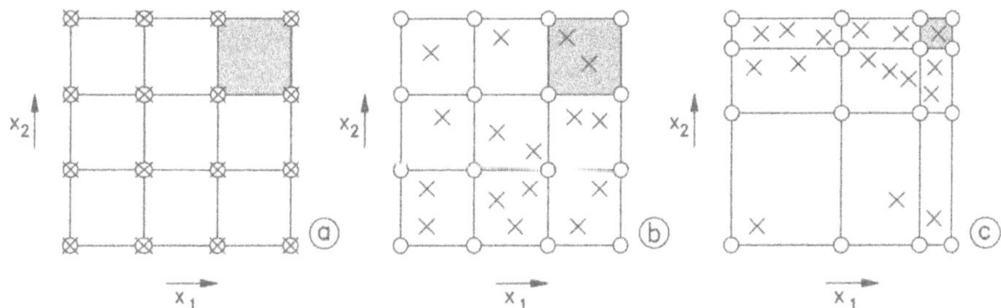

Bild 12.3 Varianten zur datenbasierten Modellierung durch vollständige Regeln bei regelmäßigen, unregelmäßigen und stark unregelmäßigen Beobachtungsdaten (Kreuze in (a), (b) bzw. (c)). Die Punkte des Gitters, auf dem die Konstruktion der Regelbasis basiert, sind durch Kreise markiert. Eine Gitterzelle ist jeweils durch Schraffur herausgehoben.

Ein herausragender Vorzug einer solchen Modellierung durch vollständige Regeln besteht darin, daß man den Regelsatz direkt angeben kann. Allerdings hat diese Modellierung folgende Nachteile: Erstens wird die Regelbasis bei einer größeren Anzahl von Eingangsgrößen und linguistischen Werten schnell unakzeptabel groß. (Auch bei nur wenigen Eingangsgrößen des Vorbildes kann das Fuzzy-Modul sehr viele Eingangsgrößen haben, denn wenn man das *dynamische Verhalten* des Vorbildes modellieren will, muß man dem Fuzzy-Modul neben den Momentanwerten $x_i(t)$ zusätzlich ausreichend viele *Vergangenheitswerte* $x_i(t-\tau)$, $x_i(t-2\tau),\ldots$ zuführen.) Zweitens beschreibt ein solches Fuzzy-Modell wie eine Wertetabelle nur das Eingangs-Ausgangsverhalten des Vorbildes und liefert keinen Aufschluß über seine inneren Wirkungsmechanismen.

12.3 Fuzzy-Modellierung durch globale Regeln

Um Fuzzy-Modelle mit nicht zu umfangreichen Regelsätzen zu erhalten, verwendet man globaler wirkende Regeln (vgl. Bild 12.4) mit Prämissen, wie

$$\big((x_1=V)\vee(x_1=PK)\big)\wedge\big((x_2=V)\vee(x_2=PK)\big) \qquad (12.2)$$

oder

$$(x_1 = V) \vee (x_1 = PK) \vee (x_1 = PM) \quad . \tag{12.3}$$

Die Fuzzy-Modellierung kann in folgenden Schritten erfolgen:

- Spezifikation der eingangs- und ausgangsseitigen linguistischen Werte und Zugehörigkeitsfunktionen
- Strukturvorgaben für die Regelprämissen zur Einschränkung des Raumes aller zugelassenen Regeln
- Spezifikation von Nebenbedingungen für die Regelbasis, wie die Forderung nach struktureller Eindeutigkeit (Bild 12.4 (a)) oder daß nie mehr Regeln als eine vorgewählte Maximalzahl gleichzeitig aktiviert sein können
- Auswahl eines Regelsatzes, Bewertung der damit erreichten Modellierungsgüte und zielgerichtete Variation des Regelsatzes zur schrittweisen Verbesserung der Modellierungsgüte.

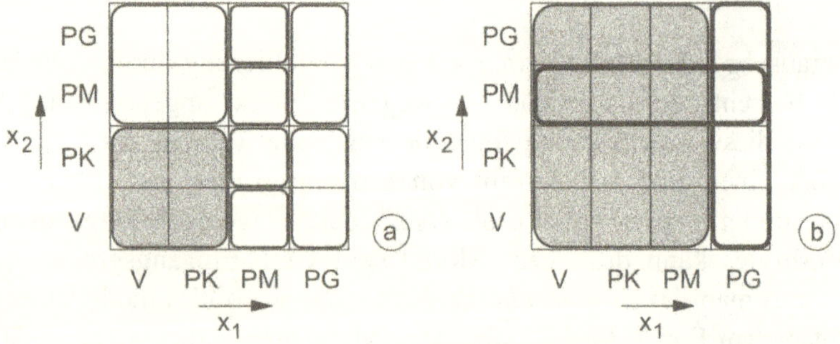

Bild 12.4 Zur Modellierung mit globalen Regeln ohne und mit struktureller Mehrdeutigkeit ((a) bzw. (b)). Die Schraffur veranschaulicht die Globalität der im Text beschriebenen Regeln (12.2) und (12.3).

Der entscheidende Vorzug einer Modellierung durch globale Regeln liegt darin, daß man damit im Vergleich zu vollständigen Regeln wesentlich kleinere Regelsätze erhalten kann. Allerdings ergeben sich folgende Nachteile: Erstens gibt es – trotz vorgenommener Struktureinschränkungen und Nebenbedingungen – meist eine große Anzahl von möglichen Regeln und damit eine immense Anzahl von daraus aufgebauten konkurrierenden Regelsätzen. Dies erschwert die Suche nach einem günstigen Regelsatz enorm. Zweitens kann der aufgefundene Regelsatz Regeln wie

WENN etwas zu kalt DANN sehr stark heizen,
WENN etwas zu kalt DANN etwas kühlen (12.4)

enthalten, die zusammengenommen eine vernünftige Reaktion ergeben, die aber isoliert gesehen unvernünftig sind. Dies bedeutet, daß der Regelsatz nur das Gesamtverhalten des Vorbildes beschreibt und ebenfalls – wie Regelsätze aus vollständigen Regeln – keinen Aufschluß über die inneren Wirkungsmechanismen liefert.

12.4 Fuzzy-Modellierung durch relevante Regeln

12.4.1 Motivierung des Relevanzbegriffes

Den genannten Problemen bei der datenbasierten Fuzzy-Modellierung mit globalen Regeln kann man durch die Zusatzforderung entgegenwirken, daß jede Regel in folgendem Sinne *relevant* ist: Sie soll nicht nur im *Zusammenwirken* mit den anderen Regeln, sondern auch *isoliert* gesehen sinnvoll sein und damit einen wesentlichen und interpretierbaren Teilaspekt des Verhaltens des Vorbildes beschreiben [49, 50]. Dies gilt beispielsweise nicht für die Regeln (12.4), aber für die damit gleichwertige Regel

$$\text{WENN etwas zu kalt DANN etwas heizen}\,. \tag{12.5}$$

Ist man in der Lage, die Relevanz einzelner Regeln zu bewerten, ergeben sich für die datenbasierte Fuzzy-Modellierung folgende Vorteile:

- Man kann damit die aufwendige Suche nach einem günstigen kompletten Regelsatz auf die Suche nach einzelnen relevanten Regeln zurückführen. Dies vereinfacht den Suchaufwand drastisch.
- Fuzzy-Module mit relevanten Regeln lassen sich gezielt an veränderte Bedingungen anpassen. Beispielsweise kann man einen auf relevanten Regeln basierenden Fuzzy-Regler häufig ohne Änderung der Regelbasis allein durch Veränderungen der Zugehörigkeitsfunktionen an eine veränderte Regelstrecke anpassen.
- Relevante Regeln erhöhen die Akzeptanz eines Fuzzy-Moduls für den praktischen Einsatz: Wenn man die Regeln versteht, vertraut man eher darauf, daß sich das Fuzzy-Modul auch in Situationen, die nur schlecht von den Lernbeispielen abgedeckt werden, wunschgemäß verhält.
- Relevante Regeln können aus einer Regelbasis herausgelöst und in einem anderen Zusammenhang verwendet werden.

12.4.2 Ein Relevanzmaß

Das folgende Beispiel veranschaulicht das dem Fuzzy-ROSA-Verfahren (**R**egel**O**rientierte **S**tatistische **A**nalyse) zugrunde liegende Konzept zur Bewertung der Relevanz einer Regel [38, 51]. Es werde die Vermutung (*Hypothese*) aufgestellt, daß das Auftreten von allergischem Hautausschlag mit dem Verzehr von Spinat zusammenhängt. Um festzustellen, ob die entsprechende *positive* Regel

$$\text{WENN Spinat verzehrt DANN Allergie} \tag{12.6}$$

relevant ist, ermittelt man die *relative Häufigkeit* $\hat{p}(A)$ für das generelle Auftreten von Allergie und die relative Häufigkeit $\hat{p}(A\,/\,S)$ für das Auftreten von Allergie bezüglich aller Tage, an denen Spinat verzehrt wurde. Ergeben sich die Werte

$$\begin{aligned} \hat{p}(A) \quad &= 0{,}3\,, \\ \hat{p}(A|S) &= 0{,}75\,, \end{aligned} \tag{12.7}$$

d. h., tritt an 30 % aller untersuchten Tage Allergie auf, dagegen an 75 % aller untersuchten "Spinat-Tage", so scheint dies auf die Relevanz der Regel (12.6) hinzudeuten. Diese Einschätzung relativiert sich aber, wenn sich der Wert von 30 % auf eine Stichprobe von 200 Tagen und von 75 % auf eine Stichprobe von nur vier Spinat-Tagen bezieht. Ein großer Unterschied zwischen den beiden relativen Häufigkeiten $\hat{p}(A)$ und $\hat{p}(A|S)$ hat eine um so größere Aussagekraft für die Relevanz der Regel, je größer die untersuchten Stichproben sind. Dies legt ein Relevanzkonzept nahe, nach dem nicht der Unterschied zwischen den relativen Häufigkeiten, sondern zwischen den *Wahrscheinlichkeiten* $p(A)$ und $p(A|S)$ für das Auftreten von Allergie generell und für das Auftreten von Allergie an Spinat-Tagen für die Relevanz einer Regel maßgebend ist [52]. Diese Wahrscheinlichkeiten lassen sich empirisch nicht ermitteln, da man immer nur endliche Stichproben untersuchen kann. Bei Vorgabe einer *Irrtumswahrscheinlichkeit* α kann man aber unter geeigneten Voraussetzungen über statistische Charakteristika der Beobachtungsdaten mit statistischen Methoden zu der empirisch ermittelten relativen Häufigkeit $\hat{p}(A)$ ein *Konfidenzintervall* $V(A)$ ermitteln, das die unbekannte Größe $p(A)$ mit der Wahrscheinlichkeit 1-α einschließt. Dieses Intervall wird um so kleiner, je umfangreicher die untersuchte Stichprobe ist. Entsprechend kann man zu $\hat{p}(A|S)$ ein Konfidenzintervall $V(A|S)$ bestimmen, das die unbekannte Größe $p(A|S)$ mit der Wahrscheinlichkeit 1-α einschließt (Bild 12.5).

Gilt $\hat{p}(A|S) > \hat{p}(A)$ und überlappen sich die beiden Konfidenzintervalle nicht (Teilbild (a)), ist die Regel (12.6) als relevant anzusehen, und zwar um so mehr, je größer der Abstand *d* der beiden Intervalle ist. Bei einer Überlappung der Konfidenzintervalle spricht nichts für die Relevanz der Regel (Teilbild (b)). Gilt $\hat{p}(A|S) < \hat{p}(A)$ und überlappen sich die Konfidenzintervalle nicht, ist nicht die Regel (12.6), sondern die *negative* Regel

WENN Spinat verzehrt DANN KEINE Allergie (12.8)

als relevant anzusehen.

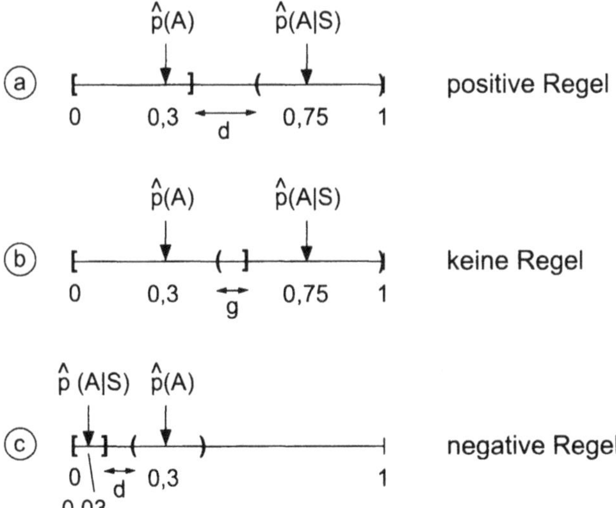

Bild 12.5 Motivierung des im Fuzzy-ROSA-Verfahren verwendeten Relevanzkonzeptes.

Zur quantitativen Ausgestaltung dieses Konzeptes werden zunächst Regeln

WENN p DANN c (12.9)

betrachtet, deren Prämissen p und Konklusionen c nur die Booleschen Wahrheitswerte 0 und 1 annehmen können. Zur Relevanzbewertung einer solchen Regel werden anhand der Beobachtungsdaten die relativen Häufigkeiten $\hat{p}(c)$ und $\hat{p}(c|p)$ für die Erfüllung der Konklusion bzw. für die Erfüllung der Konklusion bei gleichzeitiger Erfüllung der Prämisse und die dazugehörigen *einseitigen* Konfidenzintervalle $V(c)$ und $V(c|p)$ ermittelt (Bild 12.6). Gilt $\hat{p}(c|p) > \hat{p}(c)$ und sind die Konfidenzintervalle disjunkt, gilt die Regel (12.9) als relevant und wird mit dem auf den Wertebereich $0 < J < 1$ normierten Relevanzindex

$$J = \frac{d}{1 - \hat{p}(c)} \tag{12.10}$$

versehen (Teilbild (a)). Bei überlappenden Intervallen gilt die Regel (12.9) als nicht relevant, und es wird die Überlappungsweite g als *Maß für die Irrelevanz* der Regel angesehen (Teilbild (b)). (Die Größe g kann bei der Regelsuche dazu dienen, eine irrelevante Regel schrittweise so zu variieren, bis schließlich eine relevante Regel entsteht.) Im Falle $\hat{p}(c|p) < \hat{p}(c)$ gilt die negative Regel

$$\text{WENN } p \quad \text{DANN NICHT } c \tag{12.11}$$

als relevant und wird mit dem normierten Relevanzindex

$$J = \frac{d}{\hat{p}(c)} \tag{12.12}$$

versehen.

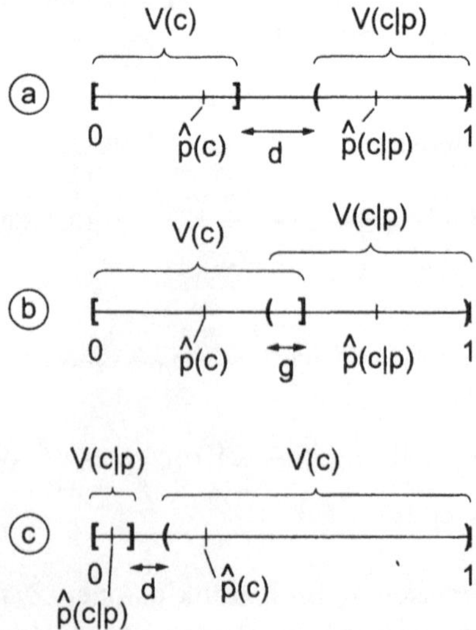

Bild 12.6 Zur quantitativen Ausgestaltung des im Fuzzy-ROSA-Verfahren verwendeten Relevanzkonzeptes.

Zur Übertragung dieses Relevanzkonzeptes auf Fuzzy-Regeln werden die oben für Nicht-Fuzzy-Regeln verwendeten relativen Häufigkeiten in der Form

$$\hat{p}(c) = \frac{1}{M} \sum_{j=1}^{M} \mu_j(c) \tag{12.13}$$

und

$$\hat{p}(c|p) = \frac{\sum_{j=1}^{M} \mu_j(p) \wedge \mu_j(c)}{\sum_{j=1}^{M} \mu_j(p)} \tag{12.14}$$

geschrieben. Dabei erstreckt sich die Summation über insgesamt M Lernbeispiele. Diese Beziehungen (12.13) und (12.14) und die Vorschriften zur Bestimmung der Konfidenzintervalle können auf Fuzzy-Regeln übertragen werden.

12.4.3 Regelgenerierung mit dem Fuzzy-ROSA-Verfahren

Das oben beschriebene Relevanzmaß bildet den Kern des Fuzzy-ROSA-Verfahrens zur Generierung relevanter positiver und negativer Regeln. Bild 12.7 zeigt das Ablaufschema.

Die reellwertigen Eingangsgrößenverläufe $x_i(t)$ und der Ausgangsgrößenverlauf $u(t)$ des Vorbildes werden zu bestimmten Zeitpunkten abgetastet und als Beobachtungsdaten abgelegt. Unter Berücksichtigung des Vorwissens werden linguistische Werte spezifiziert, die zur Modellierung des Vorbildes geeignet erscheinen. Vielfach bietet es sich an, für jede Eingangsgröße x_i linguistische Werte wie *NG*, *NK*, *V*, *PK* und *PG* zu wählen und sie durch dreieckförmige Zugehörigkeitsfunktionen in Form eines Fuzzy-Informationssystems zu modellieren. Durch Fuzzifizierung der Beobachtungsdaten entstehen die eingangs- und ausgangsseitigen Wertefolgen e_k bzw. a_j. Jede solche Wertefolge enthält die Wahrheitswerte einer eingangs- bzw. ausgangsseitigen Elementaraussage. Die Anzahl der ausgangsseitigen Wertefolgen entspricht daher der Anzahl der ausgangsseitig vorgesehenen linguistischen Werte. Für die Anzahl der eingangsseitigen Wertefolgen gilt das Entsprechende für *jede* Eingangsgröße.

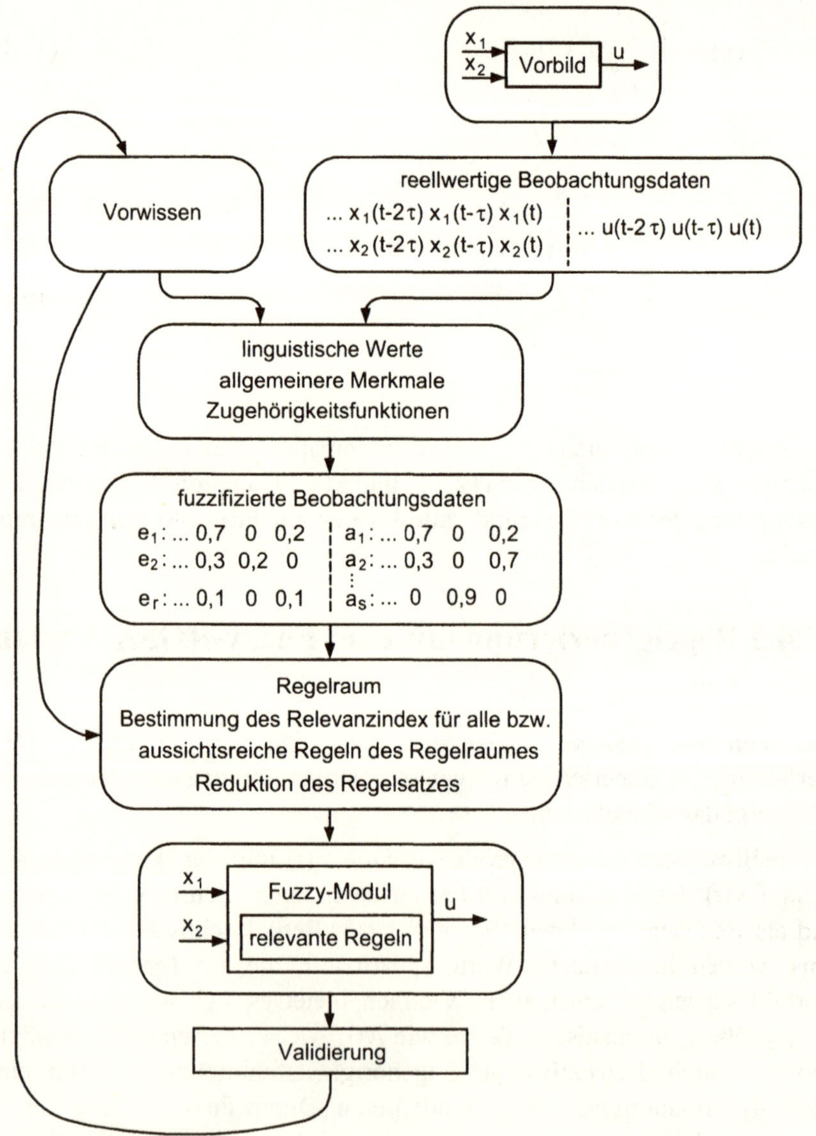

Bild 12.7 Ablauf des Fuzzy-ROSA-Verfahrens zur Generierung relevanter Regeln.

Unter Ausnutzung des Vorwissens wird ein Raum von positiven Regeln spezifiziert, die für die Modellierung des Vorbildes *relevant sein könnten*. Die Konklusionen dieser Regeln sind Elementaraussagen, während die Prämissen aus mehreren verknüpften Elementaraussagen bestehen können. Die *Komplexität* des Regelraumes wird dadurch bestimmt, welche *Typen von Prämissen* zugelassen werden. Liegt beispielsweise ein Vorbild vor, bei dem unterstellt werden kann, daß der momentane Ausgangsgrößenwert $u(t)$ nur von den Momentanwerten $x_i(t)$ der Eingangsgrößen abhängt, so werden in den Prämissen nur Elementaraussagen verknüpft, die sich auf die Momentanwerte der Eingangsgrößen beziehen. Andernfalls werden auch Elementaraussagen in die Prämissen mit aufgenommen, die sich auf Vergangenheitswerte beziehen.

Ist der Regelraum nicht zu umfangreich, so wird für jede darin enthaltene Regel auf der Grundlage der fuzzifizierten Beobachtungsdaten der Relevanzindex ermittelt (*vollständige Suche*). Bei größeren Regelräumen werden nur solche Regeln untersucht, die – aufgrund anderweitiger Überlegungen – besonders aussichtsreich erscheinen (*unvollständige Suche*) [53]. So entsteht ein primärer Satz von positiven und negativen relevanten Regeln, von denen jede mit einem Relevanzindex J aus dem Wertebereich $0 < J < 1$ bewertet wird. Im Anschluß wird die Anzahl der Regeln durch geeignete *Reduktionsverfahren* verringert. Aus dem reduzierten Regelsatz und den vorgewählten eingangs- und ausgangsseitigen Zugehörigkeitsfunktionen wird schließlich ein Fuzzy-Modul aufgebaut, wobei der *Relevanzindex* als Glaubensgrad ρ verwendet wird (vgl. Abschnitt 6.4). Schließlich wird das Fuzzy-Modell *validiert*, d. h., es wird überprüft, wie gut sein Verhalten mit den Beobachtungsdaten übereinstimmt. Darüber hinaus wird anhand weiterer, nicht für die Regelgenerierung verwendeter Beobachtungsdaten überprüft, ob das Verhalten des Fuzzy-Moduls auch hiermit ausreichend gut übereinstimmt. Ist dies nicht der Fall, wird das durch diesen Validierungsschritt verbesserte Vorwissen genutzt, um ggf. die linguistischen Werte und Zugehörigkeitsfunktionen oder den Regelraum zu modifizieren und hiermit den Prozeß der Regelgenerierung zu wiederholen.

Das Verfahren entscheidet mit Hilfe des Relevanzindex organisch darüber, ob im Einzelfall eine durch viele Lernbeispiele gestützte, teilweise aber nicht mit den Lernbeispielen übereinstimmende globalere Regel oder statt dessen mehrere lokale Regeln in den Regelsatz aufgenommen werden. Insbesondere können sich mit dem Verfahren auch bei sehr unregelmäßig verteilten Beobachtungsdaten strukturell vollständige Regelsätze ergeben. Ist dies nicht der Fall, kann man die Analyse mit einem größeren Wert der Irrtumswahrscheinlichkeit α wiederholen oder neue Beobachtungsdaten erheben, die bevorzugt zur Generierung der fehlenden Regeln führen. Widersprüchliche Beobachtungsdaten können zur Stützung unterschiedlicher globaler Regeln, die gleichzeitig aktiviert werden können, nützlich sein. Das

Verfahren läßt sich also auch bei unvollständigen und widersprüchlichen Lerndaten sinnvoll einsetzen [54].

12.4.4 Reduktionsstrategien

Bei großen Suchräumen findet das Fuzzy-ROSA-Verfahren u. U. eine sehr große Anzahl relevanter Regeln. Deshalb ist man an Reduktionsverfahren interessiert, mit denen sich der Regelsatz verkleinern läßt. Dabei ist die an sich naheliegende Forderung, daß das Entfernen einer Regel die ausgangsseitige Zugehörigkeitsfunktion *nicht ändern* soll, zu weitgehend: Enthält beispielsweise eine Regelbasis zwei identische, mit demselben Relevanzindex versehene Regeln, kann das Entfernen einer dieser beiden Regeln die Zugehörigkeitsfunktion $\mu(u)$ durchaus verändern, wenn die Akkumulation nicht mit dem Maximum durchgeführt wird. Deshalb gibt man sich zweckmäßiger mit der weicheren Forderung zufrieden, daß sich der reduzierte Regelsatz zumindest *näherungsweise* wie der ursprüngliche Regelsatz verhalten soll. In Ausgestaltung dieses Konzeptes sind unterschiedliche Heuristiken entwickelt worden [38, 55].

Das Konzept der *logischen* Reduktion besteht darin, den Regelsatz zunächst in Gruppen von Regeln mit jeweils gleicher Konklusion zu zerlegen. Jede Gruppe wird durch schrittweises Entfernen von Regeln reduziert, die bei Interpretation dieser Regeln als Nicht-Fuzzy-Regeln im Sinne von Abschnitt 5.10 redundant sind.

Das Konzept der *situationsbasierten* Reduktion geht von einer Charakterisierung aller möglichen *Eingangssituationen* durch die Menge der Prämissen aller möglichen vollständigen Regeln aus. (In Bild 12.2 entspricht jedes der 16 Kästchen einer möglichen Eingangssituation.) Für jede Eingangssituation wird die Menge aller Regeln bestimmt, die bei Vorliegen dieser Eingangssituation aktiviert werden. Davon wird diejenige mit dem größten Relevanzindex als beste ausgewählt. Der reduzierte Regelsatz besteht aus allen Regeln, von denen jede für mindestens eine Eingangssituation die beste ist.

Das Konzept der *datenbasierten* Reduktion besteht darin, alle Regeln des ursprünglich gefundenen Regelsatzes in absteigender Reihenfolge des Relevanzindex einer erneuten schärferen Relevanzbewertung zu unterziehen. Hierzu wird jedes Lernbeispiel mit einem *Kreditfaktor* versehen, der immer dann schrittweise verringert wird, wenn dieses Lernbeispiel eine gerade untersuchte Regel stützt. Bei der Neubewertung der nachfolgenden Regel wird der Einfluß aller Lernbeispiele nach Maßgabe ihres Kreditfaktors abgeschwächt. Hiermit wird verhindert, daß aus Beobachtungsdaten, die bereits zur Generierung von Regeln herangezogen worden sind, nochmals ähnlich wirkende, aber statistisch schlechter abgesicherte Regeln hervorgehen.

Durch Überprüfung aller Eingangssituationen läßt sich feststellen, ob ein primär gegebener bzw. der durch Reduktion verkleinerte Regelsatz (noch) strukturell vollständig ist.

12.5 Anwendungen des Fuzzy-ROSA-Verfahrens und des Relevanzindex

Im folgenden wird ein typisches Anwendungsbeispiel für das Fuzzy-ROSA-Verfahren skizziert [39]: Ein Semi-Batch-Reaktor kann bisher nicht automatisch, sondern nur von einem Prozeßbediener von Hand angefahren werden. Er achtet auf die Größen

x_1: Reaktordruck,

x_2: Stellgröße des Temperaturreglers,

x_3: eindosierte Masse,

x_4: Reaktortemperatur,

x_5: Abweichung der Reaktortemperatur vom Sollwert.

In Abhängigkeit hiervon wählt er die Dosierrate u (Bild 12.8). Für die Fuzzy-Modellierung werden neben diesen fünf Eingangsgrößen die weiteren zwei Größen

x_6: zeitliche Ableitung des Reaktordruckes,

x_7: zeitliche Ableitung der Reaktortemperatur

herangezogen. Für die Größen x_i und u werden (in dieser Reihenfolge) sieben, fünf, sieben, fünf, fünf, vier, fünf bzw. acht linguistische Werte gewählt. Der angesetzte Regelraum besteht aus 9656 Regeln: Er enthält alle Regeln mit Prämissen, in denen maximal zwei Elementaraussagen, wie $(x_i = PG)$, oder negierte Elementaraussagen, wie $\neg\, (x_i = PG)$, die sich auf Momentanwerte beziehen, miteinander verknüpft werden. (Bei Verwendung vollständiger Regeln würde der Regelsatz aus 122500 Regeln bestehen.)

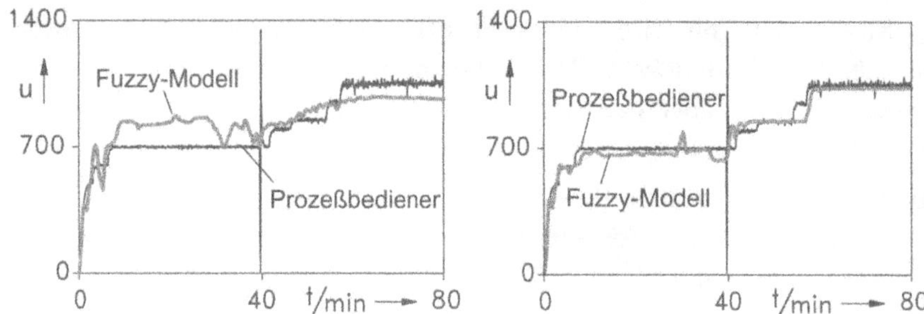

Bild 12.8 Verhalten eines Prozeßbedieners beim Anfahren eines Semi-Batch-Reaktors im Vergleich zum Verhalten eines mit dem Fuzzy-ROSA-Verfahren generierten Fuzzy-Modells bei Verwendung von nur positiven bzw. positiven und negativen Regeln (links bzw. rechts). Die Größe u ist die Dosierrate.

Durch vollständige Suche mit dem Fuzzy-ROSA-Verfahren ergeben sich 2100 relevante (positive und negative) Regeln. Durch logische und datenbasierte Reduktion verkleinert sich der Regelsatz auf 67 positive und 61 negative Regeln. Verwendet man davon nur die positiven Regeln, ergibt sich eine nur mäßige Modellierungsgüte (Bild 12.8 links). Verwendet man die positiven und negativen Regeln (in einem zweisträngigen Fuzzy-Modul), verbessert sich die Modellierungsgüte deutlich (Bild 12.8 rechts). Der so entworfene zweisträngige Fuzzy-Regler kann den Semi-Batch-Reaktor selbsttätig anfahren.

Das Fuzzy-ROSA-Verfahren liefert auf organische Weise positive und negative Regeln, die dann mit einem zweisträngigen Fuzzy-Regler verarbeitet werden können. Damit werden in den Beobachtungsdaten steckende Informationen, verglichen mit Verfahren, die nur positive Regeln verwenden, besser aufgeschlossen und nutzbar gemacht.

Weiterführende Anmerkungen zum Fuzzy-ROSA-Verfahren und zum Relevanzindex sind:

- Die statistischen Voraussetzungen für die Bestimmung der Konfidenzintervalle lassen sich selten vorab überprüfen. Im konkreten Anwendungsfall läßt sich daher meist nicht vorab entscheiden, ob die mit dem Fuzzy-ROSA-Verfahren generierte Regelbasis den gestellten Anforderungen entspricht.
- Die Reaktion eines Prozeßbedieners hängt u. U. in komplizierterer Weise, als oben angesetzt, vom Verlauf seiner Eingangsgrößen $x_i(t)$ ab. Beispielsweise reagiert er u. U. auf das Vorliegen bestimmter *Ereignisse*, wie auf wiederholtes Auftreten von Oszillation einer Eingangs-

größe, die nur dann erkannt werden können, wenn *weit in die Vergangenheit zurückreichende* Eingangsgrößenverläufe berücksichtigt werden. Dann führt eine schrittweise Einbeziehung von immer mehr Vergangenheitswerten sehr schnell zur kombinatorischen Explosion des Regelraumes. Deshalb benötigt man Hinweise darauf, auf welche Ereignisse der Prozeßbediener reagiert. Hiermit kann man dann ein *Vorverarbeitungsmodul* aufbauen, das aus den Eingangsgrößenverläufen $x_i(t)$ extrahiert, in welchem Grade diese Ereignisse vorliegen. Dafür kommen klassische Verfahren, wie beispielsweise die Fourier-Analyse, aber auch Fuzzy-Module, in Betracht.

- Mit dem Relevanzindex kann man auch Regeln bewerten, die von Experten formuliert worden sind. Der resultierende Index kann dann bei der Abarbeitung der Regeln als Glaubensgrad berücksichtigt werden.
- Die Glaubensgrade der Fuzzy-Regeln sind als Parameter eines Fuzzy-Reglers anzusehen. Durch On-line-Berechnung der Relevanz der Regeln kann man einen Fuzzy-Regler – ohne die Regeln selbst zu ändern – an veränderte Situationen anpassen.

13 Realisierung von Fuzzy-Reglern und Entwurfsstrategien

13.1 Realisierung von Fuzzy-Reglern

Für den praktischen Entwurf von Fuzzy-Reglern sind inzwischen zahlreiche, meist grafikunterstützte und auf einem PC lauffähige Entwicklungssysteme verfügbar. Darin ist die gesamte Struktur von Fuzzy-Reglern vorinstalliert, so daß sich die Arbeit des Anwenders auf die textliche, tabellarische oder grafische Eingabe der Regeln (ggf. mit Glaubensgraden) und der Zugehörigkeitsfunktionen sowie auf die Auswahl der Fuzzy-Operatoren, der Inferenz- und Defuzzifizierungsstrategie aus angebotenen Optionen beschränkt. Solche Programmsysteme können meistens über Schnittstellen mit der realen Regelstrecke verbunden und daher on line zur Regelung und interaktiven Regleroptimierung eingesetzt werden. Oft läßt sich mit dem Entwicklungssystem auch das Verhalten der Regelstrecke – sofern dafür ein entsprechendes Modell verfügbar ist – simulieren und damit die Regleroptimierung off line durchführen.

Für den On-line-Einsatz von Fuzzy-Reglern wird heute ein breites Spektrum von Hardware-Plattformen angeboten. Darin wird der Fuzzy-Regler als Programm, das meist von einem Standard-Mikroprozessor abgearbeitet wird, realisiert. So verfügen die meisten handelsüblichen Automatisierungssysteme über Softwaremodule zur Realisierung von Fuzzy-Reglern. Aber auch als Einzelregler sind Fuzzy-Regler verfügbar. Der mit einem Entwicklungssystem entworfene Fuzzy-Regler kann auf die für den Online-Einsatz vorgesehene Plattform portiert werden, und zwar in einer Hochsprache (z. B. als C-Code), als lauffähiges Programm (in Maschinencode) oder als Anweisungsliste (AWL), über die der Fuzzy-Regler im Zielsystem konfiguriert und parametrisiert wird. Welche Möglichkeit vorzuziehen ist, hängt von der Anzahl der Eingangsgrößen und vor allem davon ab, welche Eingriffsmöglichkeiten vor Ort noch erforderlich sind. Reicht es aus, ggf. vor Ort nur noch die Verstärkungsfaktoren an den Eingängen und am Ausgang des Fuzzy-Reglers zu variieren, lassen sich Fuzzy-Regler auch ohne On-line-Abarbeitung der Regeln realisieren.

Bei einer nicht zu großen Anzahl der Eingangsgrößen kann man für Gitterpunkte $\boldsymbol{x}_i$ des Raumes der Eingangsgrößenwerte $x_1, x_2, \ldots, x_n$ eine *Wertetabelle* $u(\boldsymbol{x}_i)$ anlegen und die Werte $u(\boldsymbol{x})$ in den Zwischenräumen on line durch multilineare Interpolation bestimmen. Das hierdurch erzeugte zellenweise multilineare (bzw. multiaffine) Steuergesetz $\hat{u}(\boldsymbol{x}_i)$ stimmt in den Gitterpunkten $\boldsymbol{x}_i$ exakt und in den Zwischenräumen näherungsweise bzw. bei Fuzzy-Reglern mit vollständigen Regeln nach Abschnitt 10.1 überall exakt mit dem Verhalten des Fuzzy-Reglers überein (vgl. [32]).

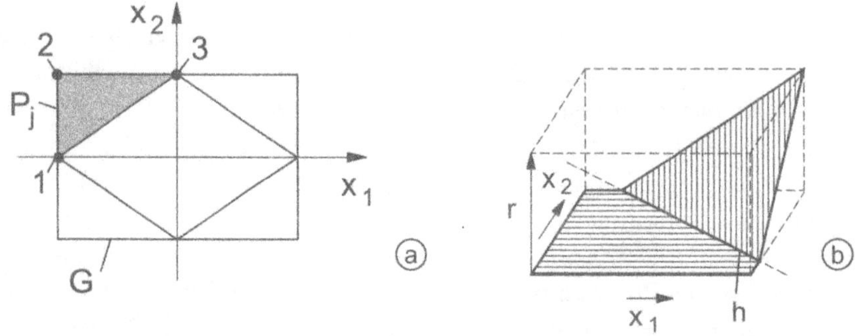

Bild 13.1 Zur Definition einer zellenweise affinen Facettenfunktion (a) und einer Rampenfunktion (b).

Alternativ hierzu kann man das Steuergesetz $u(\boldsymbol{x})$ des Fuzzy-Reglers durch einen mathematischen Funktionsansatz approximieren: Hierzu werden die darin noch freien Parameter im Sinne einer Minimierung des Unterschiedes zwischen dem Verhalten des Funktionsansatzes und dem des Fuzzy-Reglers optimiert. Besonders geeignet hierfür sind *polyederweise affine Facettenfunktionen*

$$\hat{u}(\boldsymbol{x}) = a_j + \boldsymbol{k}_j^T \boldsymbol{x} \quad \text{für } \boldsymbol{x} \in P_j \ . \tag{13.1}$$

Sie sind in lückenlos aneinanderschließenden konvexen Polyedern P_j *stückweise* durch affine Teilfunktionen definiert (Bild 13.1 (a)). Besonders einfach zu handhaben sind die in [56] eingeführten zellenweise affinen Steuergesetze der Form

$$\hat{u}(\boldsymbol{x}) = u_{\max} \ \text{sat}\left(\sum_{i=1}^{M} r_i(\boldsymbol{x})\right). \tag{13.2}$$

Die darin auftretende Sättigungsfunktion ist durch

$$\text{sat}(y) = \begin{cases} 1, & \text{falls} \quad y > 1, \\ y, & \text{falls} \quad |y| \le 1, \\ -1, & \text{falls} \quad y < -1 \end{cases}$$

definiert. Ferner ist die Funktion $r_i(\boldsymbol{x})$ eine durch

$$r_i(\mathbf{x}) = \begin{cases} b_i + \mathbf{k}_i^T \mathbf{x}, & \text{falls } b_i + \mathbf{k}_i^T \mathbf{x} \ge 0 \text{ (bzw. } b_i + \mathbf{k}_i^T \mathbf{x} \le 0), \\ 0 & \text{sonst} \end{cases} \tag{13.3}$$

erklärte *ansteigende* (bzw. *abfallende)* Rampenfunktion, deren Funktionswert $r_i(\boldsymbol{x})$ in einem Halbraum des Eingangsgrößenraumes Null ist und im anderen Halbraum linear mit dem Abstand des Aufpunktes $\boldsymbol{x}$ von der Hyperebene h_i, die beide Halbräume voneinander trennt, ansteigt bzw. abfällt (Bild 13.1 (b)). Trotz ihres einfachen Aufbaus lassen sich mit Facettenfunktionen der Form (13.2) auch komplizierte stetige Steuergesetze sehr genau nachbilden. Ein Beispiel hierfür ist in Bild 13.2 dargestellt [57]. Für sehr schnelle Echtzeitanwendungen ist interessant, daß man Steuergesetze der Form (13.2) durch eine einfache analoge Schaltung mit Hilfe von Operationsverstärkern, Widerständen und Dioden realisieren kann [56] (Bild 13.3). (Diese Schaltung läßt sich im übrigen als künstliches neuronales Netz interpretieren, in dem als Aktivierungsfunktion Rampenfunktionen verwendet werden.)

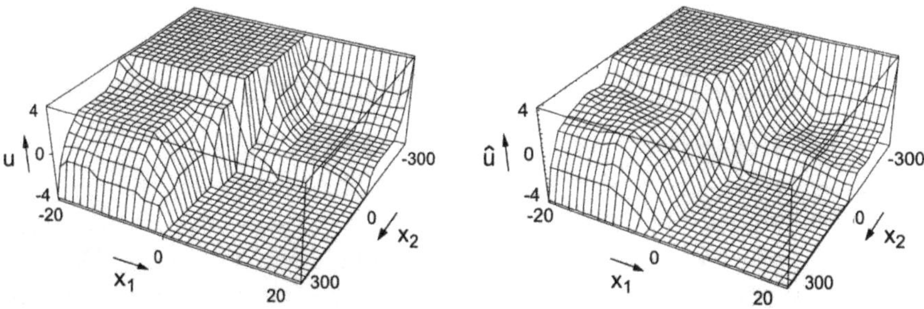

Bild 13.2 Steuergesetz $u(x_1, x_2)$ eines Fuzzy-Reglers (links) und Nachbildung $\hat{u}(x_1, x_2)$ dieses Steuergesetzes durch eine zellenweise affine Facettenfunktion, die aus 10 Rampenfunktionen aufgebaut ist (rechts).

Die beschriebenen Möglichkeiten unterstreichen, daß die Methoden von Fuzzy Control in erster Linie zum erfahrungsbasierten Auffinden günstiger Reglerkennfelder dienen. Die spätere On-line-Realisierung kann mit, aber auch ohne die Methoden von Fuzzy Control erfolgen.

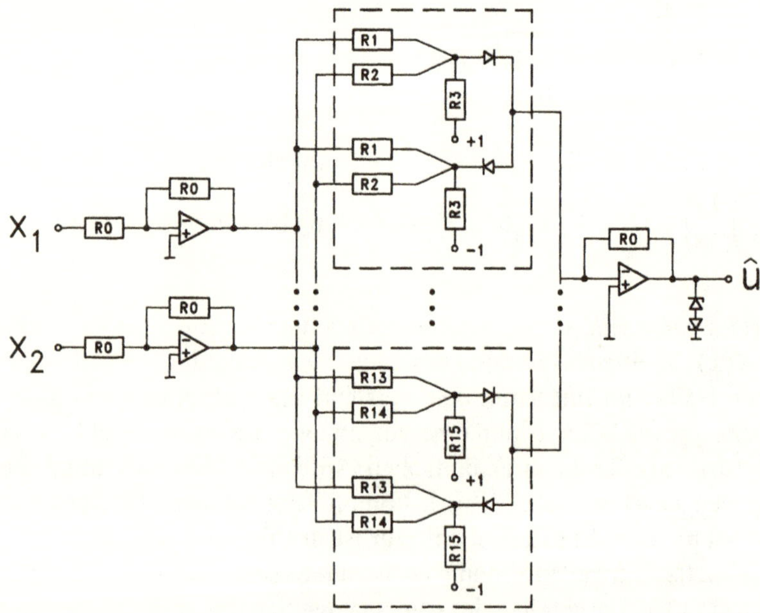

Bild 13.3 Realisierung einer zellenweise affinen Facettenfunktion mit zwei Eingangsgrößen, die aus fünf Paaren zueinander symmetrischer Rampenfunktionen aufgebaut ist. Jede durch gestrichelte Linien umschlossene Baugruppe legt ein Paar von zueinander symmetrischen Rampenfunktionen fest.

13.2 Modellfreie und modellbasierte Entwurfsstrategien

Die ursprüngliche Intention von Fuzzy Control besteht darin, Erfahrungswissen in Form von Regeln direkt in den Regler einzubringen. Dadurch wird die generelle Wirkungsstruktur des Reglers als Grundlage für eine nachfolgende interaktive Regleroptimierung vor Ort festgelegt. Diese Entwurfsstrategie eignet sich insbesondere für Regelstrecken, die sehr komplex sind oder deren innere Wirkungsmechanismen teilweise unbekannt sind, so daß für sie kein ausreichend genaues Prozeßmodell aufgestellt werden kann.

Alternativ dazu kann man versuchen, Erfahrungswissen und Prozeßdaten zu nutzen, um ein Fuzzy-Modell der Regelstrecke aufzustellen, das dann als Grundlage für einen modellbasierten Reglerentwurf dient (vgl. z. B. [58, 59]). Beispielsweise kann man auch das gewünschte Verhalten des Regelungssystems durch ein Fuzzy-Modell beschreiben und daraus unter Verwendung des Fuzzy-Modells für die Regelstrecke den gesuchten Regler ermitteln [60, 61].

Der Einsatz eines Fuzzy-Reglers kann auch vorteilhaft sein, wenn ein mathematisches Prozeßmodell verfügbar ist und damit auch klassische Entwurfsverfahren konkurrierend anwendbar sind. Eine häufig angewandte Strategie besteht in solchen Fällen darin, zunächst einen herkömmlichen Regler zu entwerfen, ihn durch einen Fuzzy-Regler nachzubilden und diesen schließlich durch interaktive Modifikation der Zugehörigkeitsfunktionen oder durch Hinzufügen weiterer Regeln unter Nutzung des Erfahrungswissens systematisch zu verbessern. Oft wird dabei von einem linearen Regler ausgegangen. Bild 13.4 zeigt eine Fuzzy-Reglerstruktur, die bei entsprechender Parametrisierung einem PI-Regler entspricht. Ebenso kann aber ein komplizierterer nichtlinearer Regler wie ein zeitoptimaler Regler der Regler sein, von dem ausgegangen wird [62, 63].

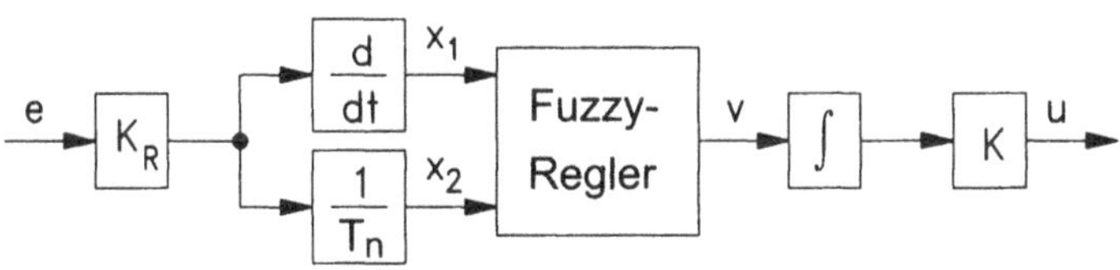

Bild 13.4 Struktur eines Fuzzy-PI-Reglers.

Häufig werden Fuzzy-Regler in der Weise mit herkömmlichen Reglern kombiniert, daß sie die Reglerparameter situationsabhängig modifizieren. Dabei kommt dem Fuzzy-Modul die Aufgabe zu, Prozeßsituationen zu erkennen, bei deren Vorliegen entsprechende Eingriffe in den herkömmlichen Regler vorgenommen werden.

14 Stabilitätsanalyse

14.1 Modellbasierte Stabilitätsanalyse

Nach Abschnitt 13.2 kommt der Einsatz von Fuzzy-Reglern auch dann in Betracht, wenn ein Modell der Regelstrecke verfügbar ist. Ihre Vorteile ergeben sich aus ihrer hohen Flexibilität und Transparenz. Dem steht der Nachteil gegenüber, daß ein strikter Stabilitätsnachweis für Regelungssysteme mit Fuzzy-Regler oft unmöglich oder zumindest wesentlich aufwendiger als für herkömmliche, insbesondere für lineare Regelungssysteme ist.

Übersichten über Methoden zum Stabilitätsnachweis für Fuzzy-Regelungssysteme finden sich in [11, 64, 65]. Die meisten Methoden liefern keinen strikten Stabilitätsnachweis oder sind sehr konservativ, d. h., sie ermöglichen u. U. keinen Stabilitätsnachweis, obwohl Stabilität vorliegt.

14.1.1 Methode der konvexen Zerlegung

Mit der in [66] eingeführten und in [67] zur praktischen Anwendungsreife weiterentwickelten *Methode der konvexen Zerlegung* läßt sich für spezielle Fuzzy-Regelungssysteme auf rechnergestütztem Wege ein exakter Stabilitätsnachweis führen. Zudem ist diese Methode nicht konservativ.

Formulierung des Problems

Es wird ein Abtastregelungssystem

$$\boldsymbol{x}_{k+1} = \tilde{\boldsymbol{f}}(\boldsymbol{x}_k, r_k) \tag{14.1}$$

mit dem n-dimensionalen Zustandsvektor $\boldsymbol{x}$ und den Eingangsgrößenwerten $r_k = 0,\ k = 0,1,2,\ldots$ betrachtet. Für das mit

$$\boldsymbol{x}_{k+1} = \boldsymbol{f}(\boldsymbol{x}_k) \tag{14.2}$$

bezeichnete freie System gelte $f(\mathbf{0}) = \mathbf{0}$. Der Ursprung $\boldsymbol{x} = \mathbf{0}$ des Zustandsraumes ist dann eine Ruhelage des Systems, d. h., der Zustandsvektor verharrt für alle Zeiten in diesem Zustand.

In den Anwendungen stellt sich häufig die Frage, ob alle Anfangszustände $\boldsymbol{x}_0$, aus einem vorgegebenen *Startgebiet* G, zu einer Zustandsfolge $\boldsymbol{x}_0, \boldsymbol{x}_1, \boldsymbol{x}_2, \ldots$ führen, die asymptotisch in die Ruhelage $\boldsymbol{x} = \mathbf{0}$ strebt oder nach endlich vielen Schritten eine ausreichend kleine Umgebung dieser Ruhelage erreicht und fortan darin verbleibt. Ferner interessiert, wie weit sich die Zustandsfolge zwischenzeitlich von der Ruhelage entfernt (Bild 14.1).

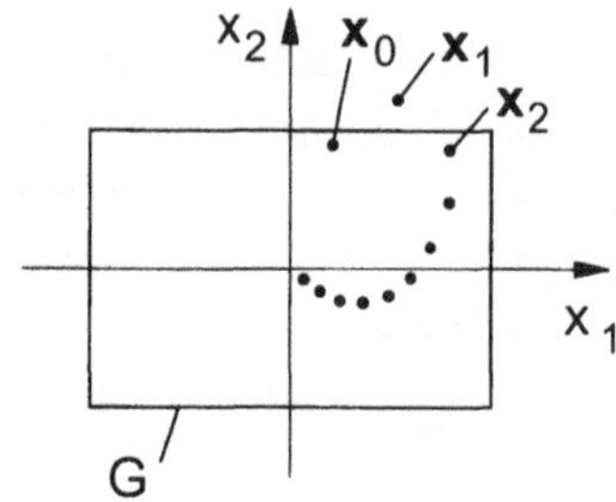

Bild 14.1 Startgebiet G und Zustandstrajektorie, die in G startet und asymptotisch in die Ruhelage $\boldsymbol{x} = \mathbf{0}$ einläuft.

Elemente der Methode der konvexen Zerlegung

(i) *Interpretation der Systemgleichung als Abbildung*

Die Systemgleichung (14.2) läßt sich als *Abbildung*

$$\boldsymbol{x}_k \xrightarrow{f} \boldsymbol{x}_{k+1}$$

interpretieren. Damit ist das Bild $F(G)$ irgendeiner Menge G durch

$$F(G) = \left\{ \boldsymbol{f}(\boldsymbol{x}) \middle| \, \boldsymbol{x} \in G \right\} \tag{14.3}$$

erklärt. Entsprechend ist $F^2(G)$ durch $F\big(F(G)\big)$ definiert usw.

(ii) *Definition der $G_{H,N}$-Stabilität*

Das System (14.1) wird $G_{H,N}$-stabil genannt, wenn für ein vorgegebenes Startgebiet G, das die möglichen Anfangsauslenkungen beschreibt, und ein vorgegebenes *Zielgebiet* H, das die tolerablen Endabweichungen beschreibt,

$$F^M(G) \subseteq H \text{ für alle } M \geq N \tag{14.4}$$

gilt (Bild 14.2 (a)). Aus dieser Definition folgt unmittelbar

(iii) *Stabilitätssatz* 1:

Das System (14.1) ist $G_{H,N}$-stabil, wenn H ein *Ljapunov-Gebiet* ist, d. h. die Eigenschaft

$$F(H) \subseteq H \tag{14.5}$$

hat, und wenn

$$F^N(G) \subseteq H \tag{14.6}$$

gilt (Bild 14.2 (a)).

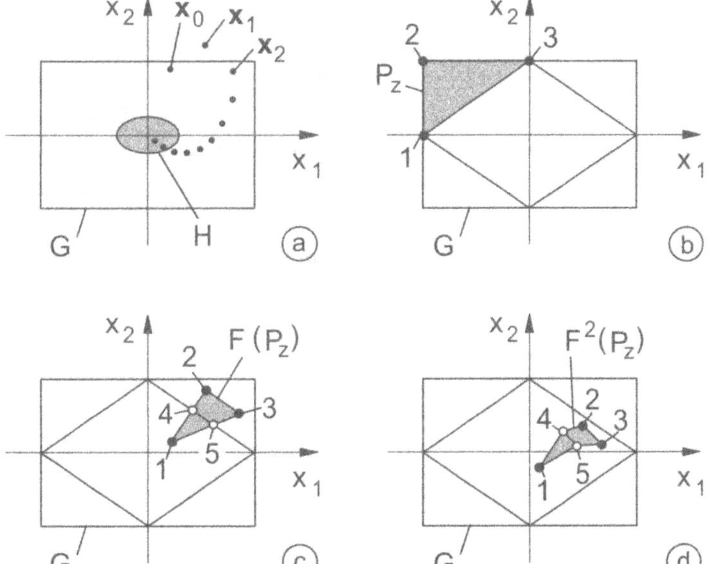

Bild 14.2 Zur Definition der $G_{H,N}$-Stabilität (a), Konstruktion der Gebietstrajektorie $P_z \to F(P_z) \to F^2(P_z) \ldots$ mit Hilfe der Methode der konvexen Zerlegung (b), (c) und (d).

(iv) *Konstruktion der Gebietstrajektorie*

Die (nicht notwendigerweise stetige) Systemgleichung (14.1) sei in jeder Komponente polyederweise affin. Dies gilt beispielsweise für Regelungssysteme,

$$\boldsymbol{x}_{k+1} = \boldsymbol{\phi}\,\boldsymbol{x}_k + \boldsymbol{h}u(\boldsymbol{x}_k)\,, \tag{14.7}$$

die aus einer linearen Regelstrecke und einem polyederweise affinen Steuergesetz $u(\boldsymbol{x})$ bestehen. Ein in Form eines n-dimensionalen Quaders angesetztes Startgebiet G sowie jedes quaderförmige größere Arbeitsgebiet lassen sich dann in *Zellen* in Form von konvexen Polyedern P_z zerlegen, in denen $\boldsymbol{f}$ jeweils durch eine einheitliche affine Abbildung $\boldsymbol{x} \to \boldsymbol{f}(\boldsymbol{x})$ beschrieben wird (Bild 14.2 (b)). Für konvexe Polyeder P_z läßt sich deshalb die Punktmenge $F(P_z)$ durch affine Abbildung der Ecken von P_z konstruieren (Bild 14.2 (c)). Entsprechend kann man für alle anderen Polyeder, aus denen G besteht, die daraus nach einem Abtastschritt hervorgehenden Punktmengen ermitteln. So erhält man $F(G)$. Zur Konstruktion von $F(F(G))$ wird jedes Bildpolyeder $F(P_z)$ in Teilpolyeder, die jeweils ganz in einer Zelle liegen, zerlegt und die in einer Zelle gültige einheitliche affine Abbildung auf alle Ecken des darin liegenden Teilpolyeders angewendet (Bild 14.2 (d)). Durch affine Abbildung der Ecken von Polyedern entsteht damit schrittweise die *Gebietstrajektorie*

$$G \to F(G) \to F^2(G) \to \ldots \quad , \tag{14.8}$$

wobei jede Menge $F^M(G)$ aus einer Familie von konvexen Polyedern besteht.

(v) *Prüfung der Abbruchbedingung*

Bei einem konvexen Zielgebiet H und Mengen $F^M(G)$, die aus Familien von konvexen Polyedern bestehen, läßt sich die Gültigkeit der Bedingung (14.6) durch Untersuchung aller Eckpunkte dieser Polyeder überprüfen.

Ist H ein Ljapunov-Gebiet, braucht man die bei der Konstruktion der Gebietstrajektorie (14.8) entstehenden Teilpolyeder nicht mehr weiterzuverfolgen, wenn sie erstmals ganz in das Gebiet H eingetreten sind. Wird festgestellt, daß spätestens nach N Abbildungsschritten sämtliche Teilpolyeder in dem Zielgebiet H liegen, ist der Nachweis der $G_{H,N}$-Stabilität erbracht.

Mit diesem Verfahren wird der Nachweis der $G_{H,N}$-Stabilität, die ein Kontinuum von möglichen Anfangszuständen $\boldsymbol{x}_0$ betrifft, auf die Untersuchung endlich vieler Zustandspunkte zurückgeführt. Daher kann man diese Stabilitätsanalyse rechnergestützt durchführen. Das Verfahren stellt ein *hinreichendes* und - abgesehen von dem erforderlichen Rechenaufwand - im Prinzip auch ein *notwendiges* Stabilitätskriterium für Regelungssysteme (14.7) mit einem Fuzzy-Regler dar, dessen Steuergesetz durch eine polyederweise affine Facettenfunktion realisiert werden kann. Darüber hinaus liefert das Verfahren die Gebietstrajektorie (14.8) als Familie konvexer Polyeder. Daraus läßt sich ermitteln, welche größtmöglichen Beträge $|x_i|$ die Komponenten der Zustandsvektoren aller Trajektorien, die in G starten, annehmen.

Die praktische Leistungsfähigkeit des Verfahrens für Systeme mit niedriger Dimension (Größenordnung fünf) ergibt sich aus [67, 68]. Die folgenden Modifikationen des Verfahrens verringern den Realisierungsaufwand bzw. erweitern den Anwendungsbereich.

(vi) *Beliebig wählbares Zielgebiet H*

Es kann schwierig sein, ein Gebiet H mit der Ljapunov-Eigenschaft (14.5) zu finden. Abhilfe schafft folgender

Stabilitätssatz 2:

Das System (14.2) ist $G_{H,N}$-stabil, wenn K ein Gebiet mit der Eigenschaft

$$F^M(K) \subseteq K \quad , \tag{14.9}$$

H ein achsenparalleler n-dimensionaler Quader ist, der die Menge

$$K \cup F(K) \cup \ldots F^{M-1}(K) \tag{14.10}$$

einschließt und wenn

$$F^N(G) \subseteq K \tag{14.11}$$

gilt (Bild 14.3 (a)). Der Beweis liegt auf der Hand.

Die Nützlichkeit des Stabilitätssatzes 2 liegt darin, daß die Bedingung (14.9) im Vergleich zur Ljapunov-Eigenschaft (14.5) viel leichter überprüfbar ist: Wenn die Zustandsfolgen $\boldsymbol{x}_0, \boldsymbol{x}_1, \boldsymbol{x}_2, \ldots$ gleichmäßig gegen den Ursprung $\boldsymbol{x} = \boldsymbol{0}$ konvergieren, ist die Bedingung (14.9) für jede Wahl von K mit einem hinreichend großen Wert von M erfüllt. Wenn für K ein konvexes Polyeder (beispielsweise ein n-dimensionaler Quader) gewählt wird, läßt sich die Menge (14.10) mit der Vorschrift (iv) rechnergestützt konstruieren. Hierzu kann man das Gebiet H dann leicht als kleinsten n-dimensionalen Quader bestimmen, der die Menge (14.10) einschließt. Umgekehrt wird K bei vorgegebenem Zielgebiet H, sofern dies möglich ist, schrittweise verkleinert, bis H die Menge (14.10) einschließt.

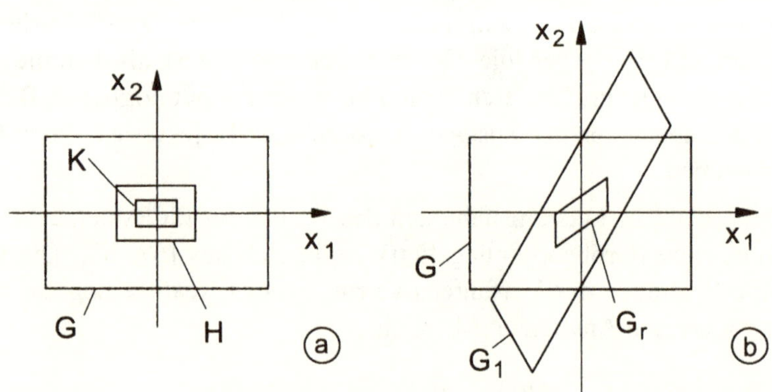

Bild 14.3 Nachweis der $G_{H,N}$-Stabilität mit einem Zielgebiet H, das kein Ljapunov-Gebiet ist (a), Eindämmung der kombinatorischen Explosion durch stufenweises Abbilden (b).

(vii) *Stufenweises Abbilden*

Die Konstruktionsvorschrift (iv) kann bei vielen Abbildungsschritten zur kombinatorischen Explosion führen. Dem kann man entgegenwirken mit folgendem, unmittelbar einsichtigen

Satz über stufenweises Abbilden:

Es sei eine Familie von konvexen Polyedern $G_0, G_1, \ldots, G_r$ mit $G_0 = G$ so gewählt, daß für alle $i = 1,2,\ldots,r$

$$F^{M_i}(G_{i-1}) \subseteq G_i \cup G_{i+1} \cup \ldots \cup G_r \tag{14.12}$$

gilt (Bild 14.3 (b)). Für $M = M_1 + M_2 + \ldots + M_r$ gilt dann

$$F^M(G_0) \subseteq G_r \ . \tag{14.13}$$

Wählt man in dem obigen Stabilitätssatz 1 $H = G_r$ bzw. in dem Stabilitätssatz 2 $K = G_r$, so kann man die stabilitätssichernde Eigenschaft (14.13) nachweisen, indem nicht M Abbildungsschritte hintereinander, sondern stufenweise jeweils nur $M_1, M_2, \ldots, M_r$

Abbildungsschritte hintereinander ausgeführt werden. Um mit möglichst kleinen Schrittzahlen M_i auszukommen, kann man die Familie der Polyeder so wählen, daß die Punkte $\boldsymbol{f}^{M_i}(\boldsymbol{x})$, die aus den Eckpunkten $\boldsymbol{x}$ von G_{i-1} hervorgehen, eine minimale Abstandsquadratsumme bezüglich der Oberfläche des jeweils nächsten Polyeders G_i aufweisen. (Der obige Satz ist mit den in [67] entwickelten Stabilitätssätzen verwandt, modifiziert das Grundverfahren [66] jedoch unter Beibehaltung des Begriffs der $G_{H,N}$-Stabilität.)

(viii) *Konvexe Einschließung*

Ein weiteres in [69, 70] eingeführtes Strategieelement zur Eindämmung der kombinatorischen Explosion besteht darin, die Mengen $F(G), F^2(G), \ldots$ der Gebietstrajektorie (14.8) nicht exakt zu bestimmen, sondern durch geometrisch einfachere Mengen $G_I, G_{II}, \ldots$ einzuschließen. Hierzu wird das Startgebiet G ohne Rücksicht auf die Struktur der Systemgleichung (14.2) in hinreichend kleine n-dimensionale Quader Q_z zerlegt, und es wird zu jedem Quader eine Folge

$$Q_z \to F_{e,z}(Q_z) \to F'_{e,z}(F_{e,z}(Q_z)) \to \ldots \tag{14.14}$$

von n-dimensionalen Spaten mit der Eigenschaft

$$F(Q_z) \subseteq F_{e,z}(Q_z),\; F^2(Q_z) \subseteq F'_{e,z}(F_{e,z}(Q_z)),\; \ldots \tag{14.15}$$

konstruiert. Die Menge G_I bzw. G_{II} ist die Vereinigung aller Mengen $F_{e,z}(Q_z)$ bzw. aller Mengen $F'_{e,z}(F_{e,z}(Q))$ usw. Die Vorgehensweise wird am Beispiel des Systems (14.7) illustriert. Zur Konstruktion von $F_{e,z}(Q_z)$ wird das Steuergesetz $u(\boldsymbol{x})$ für alle $\boldsymbol{x} \in Q_z$ durch eine einheitliche affine Funktion $u_{a,z}(\boldsymbol{x})$ angenähert, und es wird eine obere Schranke $u_{s,z}$ für den maximalen Approximationsfehler bestimmt, so daß für alle $\boldsymbol{x} \in Q_z$

$$u_{a,z}(\boldsymbol{x}) - u_{s,z} \le u(\boldsymbol{x}) \le u_{a,z}(\boldsymbol{x}) + u_{s,z} \tag{14.16}$$

gilt. Die Systemgleichung (14.7) läßt sich damit komponentenweise in der Form

$$\boldsymbol{f}_{a,z}(\boldsymbol{x}) - \boldsymbol{h}u_{s,z} \le \boldsymbol{f}(\boldsymbol{x}) \le \boldsymbol{f}_{a,z}(\boldsymbol{x}) + \boldsymbol{h}u_{s,z} \tag{14.17}$$

abschätzen, worin $\boldsymbol{f}_{a,z}(\boldsymbol{x})$ komponentenweise affin ist. Deshalb kann man $F_{e,z}(Q_z)$ wie folgt konstruieren: Durch Anwendung der affinen Abbildung $\boldsymbol{f}_{a,z}(\boldsymbol{x})$ auf die Ecken von Q_z erzeugt man das

Spat $F_{a,z}(Q_z)$ (Bild 14.4, rechts). Durch Antragen der beiden Vektoren $-\boldsymbol{h}u_{s,z}$ und $+\boldsymbol{h}u_{s,z}$ an alle Ecken dieses Spates erhält man Hilfspunkte (in Bild 14.4 durch offene Kreise markiert). Das gesuchte n-dimensionale Spat $F_{e,z}(Q_z)$ entsteht, indem man die Hyperebenen, die die Oberfläche von $F_{a,z}(Q_z)$ definieren, so lange parallel verschiebt, bis gerade alle Hilfspunkte eingeschlossen sind (Bild 14.4 rechts).

Entsprechend konstruiert man, ausgehend von dem Spat $F_{e,z}(Q_z)$, das Spat $F'_{e,z}(F_{e,z}(Q_z))$. Diese Vorgehensweise arbeitet ohne Zerlegung der abzubildenden Mengen und führt daher nicht zur Verzweigung der Abbildungspfade. Dieser Vorteil wird allerdings damit erkauft, daß die Einschlußbedingungen (14.15) bei großen Spaten Q_z und vielen Abbildungsschritten u. U. unakzeptabel konservativ sind. Deshalb muß man G in hinreichend kleine Quader Q_z zerlegen.

Es hängt vom Einzelfall ab, ob die exakte Konstruktion der Gebietstrajektorie mit anfänglich wenigen sich aber immer weiter verzweigenden Abbildungspfaden oder die durch konvexe Einschließung gewonnene Annäherung der Gebietstrajektorie mit von Anfang an vielen sich aber nicht verzweigenden Abbildungspfaden den geringeren Rechenaufwand erfordert.

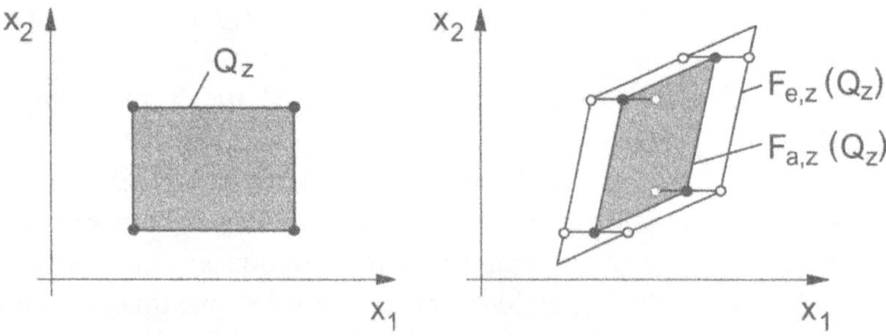

Bild 14.4 Zum Konzept der konvexen Einschließung. Das nicht eingezeichnete Bild $F(Q_z)$ des Quaders Q_z wird durch das Spat $F_{e,z}(Q_z)$ eingeschlossen.

Die Konstruktion einer angenäherten Gebietstrajektorie durch konvexe Einschließung ist nur auf stetige Funktionen, dafür aber allgemeinere als polyederweise affine Facettenfunktionen f anwendbar. Da jede multilineare Funktion ihr absolutes Maximum bzw. Minimum bezüglich aller Punkte eines achsenparallelen Quaders in einem Quadereckpunkt annimmt [71], läßt sich die Abschätzung (14.17) beispielsweise auch für Funktionen f durchführen, die in achsenparallelen Quadern stückweise multilinear sind.

Dies gilt für Fuzzy-Regelungssysteme (14.7) mit einem stückweise multilinearen Steuergesetz nach Abschnitt 10.1.

14.1.2 Direkte Methode von Ljapunov

Zur Stabilitätsanalyse nichtlinearer Systeme wird sehr häufig die *Direkte Methode von Ljapunov* angewendet. Sie läßt sich mit der in Abschnitt 14.1.1 beschriebenen Vorgehensweise in Verbindung bringen, indem man für die durch Bild 14.3 (b) veranschaulichten Gebiete G_i *Ljapunov-Gebiete* wählt, die gemäß

$$G_0 \supseteq G_1 \supseteq G_2 \supseteq \ldots \supseteq G_r \tag{14.18}$$

ineinandergeschachtelt sind und für die

$$F(G_{i-1}) \subseteq G_i\,, \quad i = 1,2,\ldots,r \tag{14.19}$$

gilt. Dann ist klar, daß jede Trajektorie, die in G_0 startet, nach spätestens r Schritten das Gebiet G_r erreicht. Diese spezielle Vorgehensweise hat Vor- und Nachteile. Einerseits ist jeweils immer nur ein Abbildungsschritt durchzuführen. Andererseits ist es meist viel schwieriger, *Ljapunov-Gebiete* G_i mit den Eigenschaften (14.18) und (14.19) als *Gebiete* G_i mit der Eigenschaft (14.12) zu finden.

Die Ljapunov-Methode läuft im Kern darauf hinaus, *kontinuierlich* ineinandergeschachtelte Ljapunov-Gebiete $G(c)$ mit Hilfe einer geeigneten *Ljapunov-Funktion* $V(\boldsymbol{x})$ durch die Vorschrift

$$G(c) = \left\{\boldsymbol{x} \,\middle|\, V(\boldsymbol{x}) \leq c\right\} \tag{14.20}$$

zu erzeugen. ($V(\boldsymbol{x})$ wird so gewählt, daß $V(\mathbf{0}) = 0$ und sonst $V(\boldsymbol{x}) > 0$ gilt. Dann werden diese Gebiete um so kleiner, je kleiner der Wert des Parameters c ist.) Beispielsweise werden ineinandergeschachtelte konzentrische Kugeln $G(c)$ durch

$$G(c) = \left\{\boldsymbol{x} \,\middle|\, \boldsymbol{x}^T\boldsymbol{x} \leq c\right\}$$

definiert, wobei c das Quadrat des Kugelradius ist. Für zeitdiskrete Systeme (14.2) basiert der Stabilitätsnachweis im wesentlichen auf dem Nachweis, daß für alle Punkte $\boldsymbol{x} \in G(c_0)$ die *Abstiegsbedingung*

$$V(\boldsymbol{x}_{k+1}) < V(\boldsymbol{x}_k) \tag{14.21}$$

erfüllt ist. Für zeitkontinuierliche Systeme

$$\dot{x} = f(x) \tag{14.22}$$

tritt an die Stelle von Gl. (14.21) die Forderung

$$\frac{d}{dt}V(x) < 0 \quad , \tag{14.23}$$

wobei die zeitliche Ableitung der vom Punkt x ausgehenden Systemtrajektorie zu bilden ist. Unter geeigneten Voraussetzungen hinsichtlich $V(x)$ ist bei Erfüllung der Abstiegsbedingung gesichert, daß jede Zustandsfolge bzw. Zustandstrajektorie asymptotisch in die Ruhelage $x = \mathbf{0}$ strebt. Läßt sich nachweisen, daß für alle x, die in dem Gebiet $G(c_0)$, aber außerhalb eines Zielgebiets $H \subset G(c_0)$, liegen, die verschärfte Abstiegsbedingung $V(x_{k+1}) - V(x_k) \leq -\varepsilon$ bzw. $d/dt(V(\mathbf{x})) < -\varepsilon$ mit $\varepsilon > 0$ gilt, dann läßt sich auch darauf schließen, wann alle Trajektorien, die in $G(c_0)$ starten, spätestens das Zielgebiet H erreicht haben und dort auf Dauer bleiben. Der Vorteil dieser Ljapunov-Methode liegt darin, daß der Nachweis der stabilitätssichernden Eigenschaft (14.21) bzw. (14.23) bei bekannten Funktionen $V(x)$ häufig vergleichsweise einfach erbracht werden kann. Der Nachteil liegt in der oft erheblichen Schwierigkeit, eine stabilitätssichernde Ljapunov-Funktion zu finden.

Speziell für Systeme (14.2) bzw. (14.22) mit einer polyederweise affinen Funktion $f(x)$ in Verbindung mit einer polyederweise affinen Ljapunov-Funktion läßt sich der für alle Punkte $x \in G$ erforderliche Nachweis (14.21) bzw. (14.23) auf die Untersuchung der Eckpunkte gewisser konvexer Polyeder zurückführen und deshalb rechnergestützt erbringen. Zur Konstruktion einer stabilitätssichernden Ljapunov-Funktion kann man eine polyederweise affine Facettenfunktion $V(x)$ ansetzen und die darin noch freien Parameter im Sinne einer Erfüllung der Bedingung (14.21) bzw. (14.23) optimieren. Dies erfordert allerdings einen u. U. erheblichen Aufwand [72-75], [65].

Die Frage nach der Existenz einer stabilitätssichernden Ljapunov-Funktion ist davon zu trennen, wie schwer es ist, eine solche zu finden: Ist ein System (14.2) $G_{H,N}$-stabil, so erfüllt beispielsweise die Funktion $S(x)$, die angibt, nach wieviel Schritten ein Anfangswert $x \in G$ das Zielgebiet H erreicht, die Abstiegsbedingung (14.21). Ist also der Stabilitätsnachweis durch Konstruktion der Gebietstrajektorie nach Abschnitt 14.1.1 bereits geführt, läßt sich im nachhinein eine stabilitätssichernde Ljapunov-Funktion angeben. Das eigentliche Problem liegt darin, eine solche Funktion zu finden, ohne sich auf einen bereits anderweitig durchgeführten Stabilitätsnachweis zu stützen. Eine rechnergestützte Methode hierzu, die mit einer nur teilweisen Konstruktion der Gebietstrajektorie auskommt, wird in [69, 70] vorgestellt.

Bei der Anwendung der Ljapunov-Methode müssen die Ljapunov-Gebiete im Gegensatz zu den Gebieten G_i beim stufenweisen Abbilden ineinandergeschachtelt sein. Hier wird vorgeschlagen, diese Nebenbedingung durch Verwendung *mehrdeutiger* Ljapunov-Funktionen, die für jeden ihrer Funktionszweige die Abstiegsbedingung (14.21) bzw. (14.23) erfüllen, zu beseitigen. Zur Konstruktion solcher mehrdeutigen Funktionen $V(\boldsymbol{x})$ kann man beispielsweise eine implizite Beziehung der Form

$$\boldsymbol{x}^T \boldsymbol{R}(V)\boldsymbol{x} = 1 \qquad (14.24)$$

mit parameterabhängiger, stets positiv definiter Matrix $\boldsymbol{R}(V)$ verwenden und, abweichend von [76], zulassen, daß diese Beziehung bei gegebenem $\boldsymbol{x}$ u. U. nicht eindeutig nach V auflösbar ist. Hierdurch gewinnt man eine viel größere Freiheit für die Wahl von $\boldsymbol{R}(V)$ (Bild 14.5). Die Überprüfung der Abstiegsbedingung (14.21) bzw. (14.23) kann direkt anhand der impliziten Beziehung (14.24) erfolgen (vgl. [76]). Wie weit dieses Konzept mehrdeutiger Ljapunov-Funktionen trägt, wird derzeit untersucht.

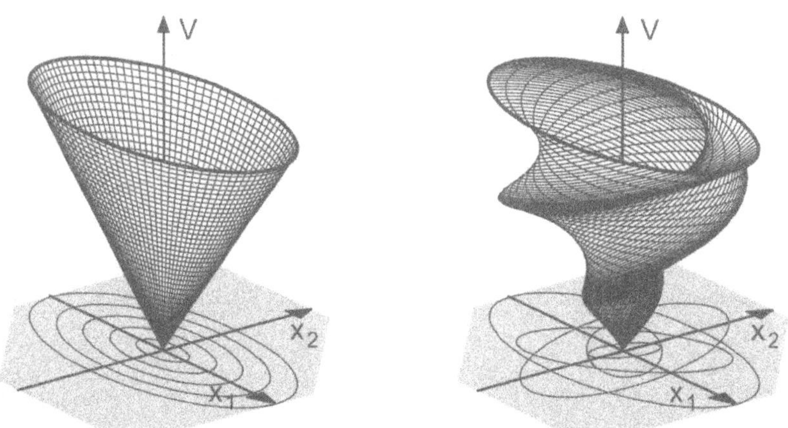

Bild 14.5 Eindeutige und mehrdeutige Ljapunov-Funktionen $V(x_1,x_2)$ zum Stabilitätsnachweis (links bzw. rechts). Diese Funktionen führen zu ineinandergeschachtelten bzw. nicht ineinandergeschachtelten Gebieten $G = \{\boldsymbol{x} | V(\boldsymbol{x}) \leq c\}$.

14.2 Stabilitätsanalyse ohne Prozeßmodell

Ist kein Prozeßmodell verfügbar, kann kein exakter Stabilitätsnachweis geführt werden. Dennoch ist man in diesem Fall zumindest an *Hinweisen* auf das Stabilitätsverhalten interessiert.

Hierzu kann das in [77] vorgeschlagene *Vektorfeldverfahren* – eine Verallgemeinerung der klassischen *Methode der Harmonischen Balance* – dienen (vgl. auch [73,78]). Zur Erläuterung des Verfahrens wird ein Regelungssystem betrachtet, das aus einer stabilen linearen Regelstrecke mit ausgeprägtem Tiefpaßverhalten und einem Fuzzy-Regler mit mehreren Eingangsgrößen und einer Ausgangsgröße, für den $u(-\boldsymbol{x}) = -u(\boldsymbol{x})$ gilt, besteht (Bild 14.6 oben).

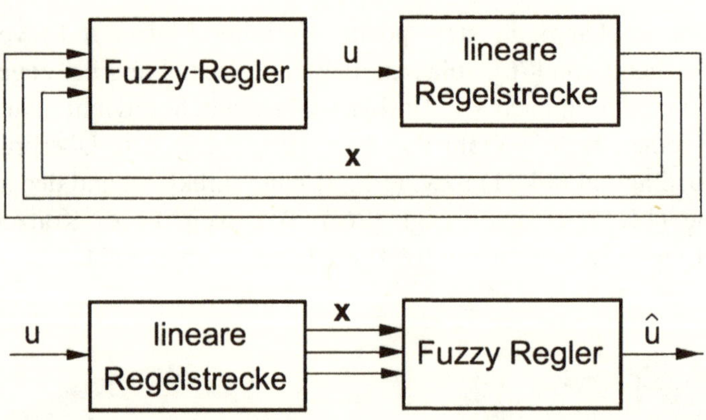

Bild 14.6 Mehrschleifiges Fuzzy-Regelungssystem (oben) und offenes System mit je einer Eingangs- und Ausgangsgröße, das daraus durch Auftrennen entsteht (unten).

Unter diesen Voraussetzungen gehört zu einer harmonischen Eingangsfunktion

$$u(t) = a\,e^{j\omega t} \tag{14.25}$$

des gemäß Bild 14.6 aufgetrennten Systems bei Vernachlässigung der höherfrequenten Signalanteile ein harmonischer Ausgangsgrößenverlauf

$$\hat{u}(t) \approx \hat{a}\,e^{j(\omega t + \varphi)} \quad . \tag{14.26}$$

(Die Realteile der komplexwertigen Funktionen (14.25) und (14.26) beschreiben die hier interessierenden reellwertigen harmonischen Funktionen.) Damit läßt sich das Verhalten des offenen Kreises für harmonische Eingangsfunktionen durch die im allgemeinen komplexwertige Funktion

$$V(\omega, a) = \frac{\hat{a}}{a} e^{j\varphi} \tag{14.27}$$

charakterisieren. Wenn für eine Amplitude a und Frequenz ω die Bedingung

$$V(\omega, a) = 1 \tag{14.28}$$

erfüllt ist, kann im geschlossenen Kreis u. U. eine Dauerschwingung dieser Frequenz und Amplitude existieren, da eine solche harmonische Funktion den Kreis ohne Änderung der Amplitude und Phase durchläuft.

In konkreten Anwendungsfällen wird sich die Funktion $V(\omega, a)$ nur selten analytisch berechnen lassen. Statt dessen kann man ihre Funktionswerte auf experimentellem Wege punktweise für diskrete Wertepaare (ω_i, a_i) bestimmen. Hierzu wird dem offenen Kreis nach Bild 14.6 eine harmonische Eingangsfunktion

$$u(t) = a\, e^{j\omega t} \tag{14.29}$$

mit der Amplitude a und der Frequenz ω aufgeprägt. Nach Abklingen der Einschwingvorgänge wird das periodische Ausgangssignal $\hat{u}(t)$ aufgezeichnet und daraus mit Hilfe der Methode der kleinsten Quadrate auf analytischem Weg eine Funktion

$$\widetilde{u}(t) = c_1 \cos(\omega t) + c_2 \sin(\omega t) \tag{14.30}$$

bestimmt, die bestmöglich zu dem aufgezeichneten Verlauf $\hat{u}(t)$ paßt. Stellt man diese Funktion (14.30) als komplexwertige Funktion $\hat{a}\, e^{j(\omega t + \varphi)}$ dar, so findet man über die Beziehung (14.27) für jedes Wertepaar (ω_i, a_i) den zugehörigen Wert $V(\omega_i, a_i)$. Dies wird für gewisse Wertepaare (ω_i, a_i) durchgeführt, die in der ω - a - Ebene ein ausreichend feines Gitter bilden. Um Punkte (ω, a) zu finden, die der Bedingung der harmonischen Balance (14.28) genügen, wird die komplexwertige Funktion $V(\omega, a)$ als ein *Vektorfeld* interpretiert und in der ω - a - Ebene wie folgt veranschaulicht: Ausgehend von den Funktionswerten in den Gitterpunkten (ω_i, a_i) werden mit Hilfe eines Interpolationsverfahrens die Höhenlinien der Funktion

$$|V(\omega, a) - 1| \tag{14.31}$$

bzw. alternativ oder unterstützend der beiden Funktionen

$$|V(\omega,a)|-1 \tag{14.32}$$

und

$$Arc\{V(\omega,a)\} \tag{14.33}$$

berechnet und in der ω - a - Ebene grafisch dargestellt. Die Bedingung (14.28) der harmonischen Balance ist für solche Punkte (ω, a) erfüllt, in denen die Werte der Funktion (14.31) bzw. der beiden Funktionen (14.32) und (14.33) verschwinden (Bild 14.7).

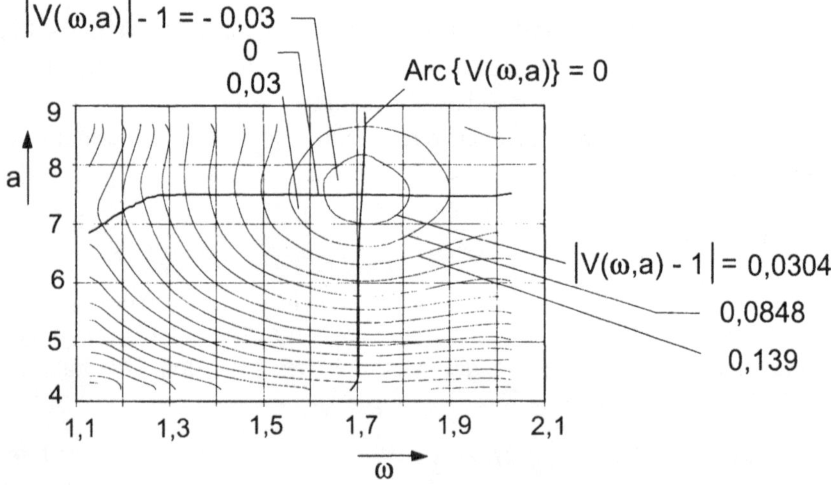

Bild 14.7 Veranschaulichung des Vektorfeldes $V(\omega,a)$ durch Höhenlinien der Funktionen $|V(\omega,a)-1|$, $|V(\omega,a)|-1$ und $Arc\{V(\omega,a)\}$ für ein offenes System, das durch Auftrennen eines mehrschleifigen Fuzzy-Regelungssystems gemäß Bild 14.6 (unten) entsteht. Die Bedingung der harmonischen Balance ist in dem Schnittpunkt der stark ausgezogen gezeichneten Höhenlinien erfüllt. Hieraus läßt sich schließen, daß im geschlossenen Kreis eine Dauerschwingung mit der Frequenz $\omega = 1{,}7$ und der Amplitude $a = 7{,}5$ zu erwarten ist.

Im übrigen ist das Verfahren auch anwendbar, wenn der linearen Regelstrecke nichtlineare Kennlinienglieder vor- oder nachgeschaltet sind.

Ausdehnungen des Verfahrens auf unsymmetrische Steuergesetze und für konstante Eingangsgrößen werden in [79-81] beschrieben.

15 Anwendungspotential von Fuzzy Control

Fuzzy Control wird inzwischen in weiten Anwendungsfeldern erfolgreich eingesetzt. Wesentliche Anwendungsbereiche sind die Chemie- und Verfahrenstechnik [83-93], speziell auch die Umwelttechnik [94-96], die Robotik und mechatronischen Systeme [97-106], die Antriebs- und Energietechnik [107-115], die Verkehrstechnik [116-121].

Die Hoechst AG beispielsweise setzt Fuzzy-Regler zur Regelung der O_2-Konzentration in einer Kläranlage ein. Der Fuzzy-Regler dient hier zur Sollwertvorgabe für konventionelle PI-Regler. Er basiert auf 15 Regeln, die durch Befragung von Prozeßexperten gewonnen wurden. Ein ähnliches Problem, das durch den Einsatz eines Fuzzy-Reglers gelöst werden konnte, ist die Stickstoffeliminierung aus Abwässern [83]. Die Siemens AG hat in einer portugiesischen Cellulose-Fabrik die Zellstoffherstellung wesentlich verbessert. Durch den Einsatz eines Fuzzy-Reglers sind der Holzverbrauch (-8%), der Energieverbrauch (-14%) und der Ausschußanteil (-74%) erheblich gesenkt worden [84]. Eine weitere Fuzzy-Anwendung ist ein fuzzygeregeltes Ladegerät von NiCd-Akkumulatoren. Der entsprechende Regler besitzt vier Eingangsgrößen und eine Regelbasis aus zehn Regeln [92].

Im Bereich der Robotik und der mechatronischen Systeme verbessern Fuzzy-Regler die Positioniergenauigkeit von Robotern [97] und ermöglichen die Ausführung schwieriger Aufgaben wie beispielsweise das Entgraten von Werkstücken [98]. In Automobilen wird Fuzzy Control im automatischen Getriebe [117], für aktive Fahrwerke [118, 120] und für Kupplungen [119] eingesetzt, um den Fahrkomfort zu erhöhen. Fuzzy-Regelungskonzepte werden in der Energieerzeugung mit konventionellen Anlagen sowie zur Nutzung regenerativer Energien eingesetzt. Beispiele sind Regelungen von Windkraftwerken [107] und H_2/O_2-Dampfgeneratoren [112]. In der Umwelttechnik wird Fuzzy Control zur Staustufenregelung eingesetzt, um Überschwemmungen zu vermeiden [94].

Die meisten dieser Fuzzy-Anwendungen wurden mit Hilfe eines Simulationsmodells der Regelstrecke entwickelt und getestet. In vielen Fällen wurde das Modell schon vorher für den Entwurf eines konventionellen Reglers aufgestellt. Deshalb war es möglich, mit wenig Aufwand ein Fuzzy-Regelungskonzept zu untersuchen und das Verbesserungspotential abzuschätzen. Dennoch wird die eigentliche Domäne von Fuzzy Control meist darin gesehen, daß bei geeigneter Regelstrecke eine Reglereinstellung auch ohne Prozeßmodell möglich ist. Kann jedoch ein Modell der Regelstrecke beschafft werden, und sei es auch nur ein sehr grobes, so ist dieses zumindest zur Voreinstellung der Regeln und Zugehörigkeitsfunktionen von großem Nutzen. Handelt es sich bei der Regelstrecke um einen sicherheitskritischen oder einen sehr langsamen Prozeß, so ist ein Modell unverzichtbar. Im ersten Fall ist ein Experimentieren an der Regelstrecke ausgeschlossen. Im zweiten Fall wäre die Reglereinstellung sehr langwierig.

Die Vorteile beim Einsatz von Fuzzy Control können in einer verbesserten Funktionalität (durch die beispielsweise ein bereits existierendes Produkt „veredelt" wird) oder in der Schaffung einer neuen bisher nicht vorhandenen Funktionalität liegen. Die durch Fuzzy Control ermöglichte Nutzung vorhandenen Erfahrungswissens kann zu einem schnelleren oder kostengünstigeren Entwurf führen, insbesondere wenn dadurch die aufwendige Erstellung eines Prozeßmodells entfällt. Der Einsatz von Fuzzy Control kann dazu führen, daß vorhandenes Erfahrungswissen geordnet dementiert und damit objektiviert wird. Mit den Methoden von Fuzzy Control können Fachvertreter unterschiedlicher Disziplinen - beispielsweise Chemiker und Regelungstechniker - ihr Erfahrungswissen in einer einheitlichen Sprache ausdrücken. Dies setzt Synergieeffekte frei und fördert die Akzeptanz der gefundenen Lösungen.

Fuzzy Control gewinnt über den Bereich der Regelung hinaus zunehmend auch für den Einsatz auf höherer Prozeßleitebene an Bedeutung. Hierzu zählen die Integration von Regelung und Steuerung [123], die Signal- und Bildanalyse (Mustererkennung) zur Prozeßdiagnose [122, 124] (Fehlererkennung, Gütebewertung und Prognose) und zur Entscheidungsunterstützung [125-127]. Gerade für die Lösung von Problemen, die das Erkennen von Ereignissen, Situationen oder Mustern erfordern, erscheinen die Methoden von Fuzzy Control besonders geeignet. Solche Probleme treten weit verbreitet und in Anwendungsfeldern auf, die bisher nicht im Interessenbereich der Regelungstechniken lagen. Fuzzy Control dürfte daher neue Anwendungsfelder für die Regelungstechnik erschließen.

Anhang

A Aussagen, Eigenschaften und Teilmengen

Die klassische Logik befaßt sich mit *Aussagen* W, die entweder wahr oder falsch sind [128, 129]. Beispiele für solche Aussagen sind

W_1: 7 ist eine Primzahl.
W_2: Der Aktienindex ist heute gefallen.
W_3: Es hat heute geregnet. (A.1)

Ein häufig vorkommender Aussagentyp geht von einer Grundmenge G mit Elementen x und einer *Eigenschaft* a aus, die jedem Element $x \in G$ entweder zukommt oder nicht zukommt. Wird für G die Menge $\mathbb{R}$ der reellen Zahlen gewählt, so sind

a_1: ganzzahlig,
a_2: größer als fünf (A.2)

Beispiele für solche Eigenschaften. Zu jeder Eigenschaft a gehört dann die *Elementaraussage*

W_a: x hat die Eigenschaft a (A.3)

bzw. abgekürzt

$$W_a\colon \quad x = a\ . \tag{A.4}$$

Trifft eine solche Aussage zu, so hat sie den *Wahrheitswert* "wahr" bzw. "1". Trifft sie nicht zu, so ist ihr Wahrheitswert "falsch" bzw. "0". Mit der Abkürzung w für den Wahrheitswert gilt daher

$$w(x = a) = \begin{cases} 1, \text{falls } x \text{ die Eigenschaft } a \text{ hat,} \\ 0 \text{ sonst.} \end{cases} \tag{A.5}$$

Jeder Aussage der Form (A.4) läßt sich die Teilmenge

$$A = \{x \in G \mid w(x = a) = 1\} \tag{A.6}$$

aller Elemente $x \in G$ zuordnen, für die diese Aussage wahr ist. Umgekehrt kann man aber auch – beispielsweise durch Aufzählung aller dazugehörigen Elemente – zunächst eine Teilmenge $A \subseteq G$ festlegen und danach die dazugehörige Eigenschaft

$$a: \qquad x \in A \tag{A.7}$$

definieren.

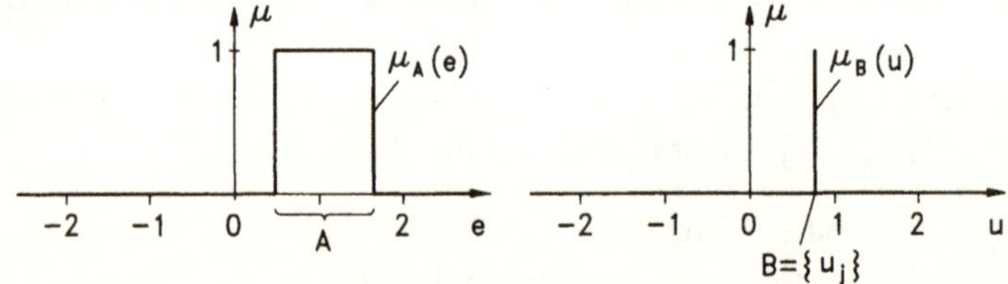

Bild A.1 Teilmengen A (links) und B (rechts) reeller Zahlen und zugehörige charakteristische Funktionen $\mu_A(e)$ und $\mu_B(u)$. Die charakteristische Funktion ist auch für den Sonderfall erklärt, daß eine Teilmenge nur aus einem einzigen Element besteht (rechts).

Eine weitere Möglichkeit zur Einführung von Eigenschaften und Teilmengen geht von dem Begriff der *Abbildung* aus. Zu einer Grundmenge G wird eine Abbildung R in die Menge {wahr, falsch} definiert.

$$G \xrightarrow{R} \{\text{wahr, falsch}\}. \tag{A.8}$$

R bildet jedes Element x von G entweder auf das Element *wahr* oder *falsch* ab. Jede solche Abbildung erzeugt die *Teilmenge*

$$A = \{x \in G \mid R(x) = \text{wahr}\} \tag{A.9}$$

aller Elemente $x \in G$, die auf das Element *wahr* abgebildet werden, und damit definiert sie auch eine Eigenschaft. Verwendet man die Wahrheitswerte 1 und 0, so stimmt $R(x)$ mit der *charakteristischen Funktion* $\mu_A(x)$ überein, die zu einer Menge A durch

$$\mu_A(x) = \begin{cases} 1, & \text{falls } x \in A, \\ 0, & \text{falls } x \notin A \end{cases} \tag{A.10}$$

definiert ist (Bild A.1).

B Aussagenlogik

In der klassischen Aussagenlogik werden mit Hilfe von *logischen (Booleschen) Operatoren* aus Elementaraussagen W_i kompliziertere Aussagen W aufgebaut, deren Wahrheitswert $w(W)$ sich aus den Wahrheitswerten $w(W_i)$ der Elementaraussagen ergibt [128, 129]. Die wichtigsten Operatoren sind

$$
\begin{array}{ll}
\neg & \text{NICHT-Operator,} \\
\wedge & \text{UND-Operator,} \\
\vee & \text{ODER-Operator,} \\
\Rightarrow & \text{Implikationsoperator.}
\end{array}
\tag{B.1}
$$

Die Anwendung dieser Operatoren wird auch als *Negation*, *Konjunktion*, *Disjunktion* und *Implikation* bezeichnet. Für das logische Schließen ist daneben auch der mit $\Leftrightarrow$ bezeichnete *Äquivalenzoperator* von Bedeutung.

W	¬W
1	0
0	1

Bild B.1 Wahrheitstafel für die Negation.

Der NICHT-Operator wirkt auf eine einzelne Aussage W und ist durch

$$w(\neg W) = \begin{cases} 1, & \text{falls } w(W) = 0, \\ 0 & \text{sonst} \end{cases} \tag{B.2}$$

erklärt (Bild B.1). Die übrigen Operatoren verknüpfen jeweils zwei Elementaraussagen W_1 und W_2. Der UND-Operator ist durch

$$w(W_1 \wedge W_2) = \begin{cases} 1, & \text{falls } w(W_1) = 1 \text{ und } w(W_2) = 1, \\ 0 & \text{sonst,} \end{cases} \tag{B.3}$$

der ODER-Operator durch

$$w(W_1 \vee W_2) = \begin{cases} 0, & \text{falls } w(W_1) = 0 \text{ und } w(W_2) = 0, \\ 1 & \text{sonst} \end{cases} \tag{B.4}$$

und der Implikationsoperator durch

$$w(W_1 \Rightarrow W_2) = \begin{cases} 0, & \text{falls}\, w(W_1) = 1\,\text{und}\, w(W_2) = 0, \\ 1 & \text{sonst} \end{cases} \tag{B.5}$$

erklärt (Bild B.2). Die Definitionen des UND- und ODER-Operators entsprechen dem üblichen Gebrauch des Wortes *und* bzw. *oder* im Sinne von "oder auch" (nicht "entweder oder"). Demgegenüber entspricht die oft vorgenommene Übersetzung der Implikation

$$W_1 \Rightarrow W_2 \tag{B.6}$$

in die sprachliche Form

Aus W_1 folgt W_2 (B.7)

oder

WENN W_1 DANN W_2 (B.8)

nicht dem üblichen Sprachgebrauch. Die Aussage (B.6) wird nämlich nach Gl. (B.5) stets für wahr erklärt, wenn die Aussage W_1 falsch ist.

W_1 \ W_2	1	0
1	1	0
0	0	0

$W_1 \wedge W_2$

W_1 \ W_2	1	0
1	1	1
0	1	0

$W_1 \vee W_2$

W_1 \ W_2	1	0
1	1	0
0	1	1

$W_1 \Rightarrow W_2$

W_1 \ W_2	1	0
1	1	0
0	0	1

$W_1 \Leftrightarrow W_2$

Bild B.2 Wahrheitstafeln für die Konjunktion, Diskunktion, Implikation und Äquivalenz

Der Äquivalenzoperator ist durch

$$w(W_1 \Leftrightarrow W_2) = \begin{cases} 1, & \text{falls} \quad w(W_1) = w(W_2) = 1 \;\text{oder} \\ & \phantom{\text{falls}} \quad w(W_1) = w(W_2) = 0, \\ 0 & \text{sonst} \end{cases} \tag{B.9}$$

erklärt (Bild B.2 rechts). Die Aussage $W_1 \Leftrightarrow W_2$ ist also genau dann wahr, wenn W_1 und W_2 beide wahr oder beide falsch, also wenn W_1 und W_2 wahrheitsgleich sind.

Der Wahrheitswert einer komplexeren Aussage, die mit Hilfe der logischen Operatoren aus r Elementaraussagen W_i aufgebaut ist, ist durch die Wahrheitswerte w_1, w_2, ..., w_r dieser Elementaraussagen bestimmt. Er läßt sich ermitteln, indem man die Aussage termweise auswertet. Beispielsweise ergibt sich für die Aussage

$$\big((W_1 \wedge W_2) \vee (\neg W_1 \vee \neg W_2)\big) \wedge W_2 \tag{B.10}$$

mit $w_1 = 1$ und $w_2 = 1$

$$\begin{array}{l} \big((1 \wedge 1) \vee (\neg 1 \vee \neg 1)\big) \wedge 1 \\ \underbrace{(1 \wedge 1)}_{1} \quad \underbrace{\neg 1}_{0} \; \underbrace{\neg 1}_{0} \\ \qquad\quad \underbrace{(\neg 1 \vee \neg 1)}_{0} \\ \underbrace{(1 \wedge 1) \vee (\neg 1 \vee \neg 1)}_{1} \\ \underbrace{\big((1 \wedge 1) \vee (\neg 1 \vee \neg 1)\big) \wedge 1}_{1} \end{array} \tag{B.11}$$

Der resultierende Wahrheitswert ist also 1.

Der Wahrheitswert der Aussage (B.10) hängt von den Wahrheitswerten w_1 und w_2 der Elementaraussagen W_1 und W_2 ab, aus denen diese Aussage aufgebaut ist. Gilt beispielsweise $w_1 = 1$ und $w_2 = 0$, so ist der resultierende Wahrheitswert 0. In strengerer Terminologie ist deshalb zwischen einer *Aussage* und einer *Aussageform* zu unterscheiden: Eine Aussageform wird erst durch Einsetzen der Wahrheitswerte der darin auftretenden Elementaraussagen zu einer Aussage. Hiernach ist der Ausdruck (B.10) eine Aussageform. Wo keine Verwechslungen möglich sind, werden Aussageformen aber auch als Aussagen angesprochen.

Es gibt spezielle Aussageformen, deren Wahrheitswerte man ermitteln kann, ohne die Wahrheitswerte der darin auftretenden Elementaraussagen zu kennen. Beispielsweise rechnet man durch Einsetzen aller vier möglichen Kombinationen

$$\begin{array}{ll} w_1 = 0 & w_2 = 0\,, \\ w_1 = 0 & w_2 = 1\,, \\ w_1 = 1 & w_2 = 0\,, \\ w_1 = 1 & w_2 = 1 \end{array} \tag{B.12}$$

der Wahrheitswerte nach, daß die Aussageform

$$(W_1 \wedge \neg W_1) \Rightarrow W_2 \tag{B.13}$$

stets auf eine wahre Aussage führt. Eine derartige Aussageform wird als *formal wahr* oder auch als *Identität* bezeichnet. Sie wird auch mit "1" abgekürzt. Entsprechend ist

$$(W_1 \wedge W_2) \wedge (\neg W_1 \vee \neg W_2) \tag{B.14}$$

ein Beispiel für eine Aussageform, die für jede Einsetzung der darin auftretenden Wahrheitswerte falsch ist. Eine solche Aussageform wird als *formal falsch* oder auch als *Kontradiktion* bezeichnet. Sie wird auch mit "0" abgekürzt.

Ist die aus zwei Aussageformen W und W' aufgebaute Aussageform

$$W \Leftrightarrow W' \tag{B.15}$$

eine Identität, so ist dies gleichbedeutend damit, daß die Aussagen, die aus W und W' durch Einsetzen der darin auftretenden Elementaraussagen hervorgehen, stets wahrheitsgleich sind. Die Aussageformen W und W' werden dann als *äquivalent* bezeichnet, und dies wird mit

$$W \equiv W' \tag{B.16}$$

abgekürzt. Tritt eine Aussageform W als Bestandteil einer komplexeren Aussageform auf, so kann man darin die Aussageform W durch die äquivalente Aussageform W' ersetzen, ohne den Wahrheitswert der komplexeren Aussageform für irgendeine Einsetzung von Wahrheitswerten zu verändern. Eine solche Umformung einer komplexeren Aussage wird *Äquivalenzumformung* genannt. Um den Wahrheitswert einer komplexeren Aussageform zu ermitteln, ist es häufig nützlich, sie zunächst durch geeignete Äquivalenzumformungen zu vereinfachen, bevor die Wahrheitswerte der Elementaraussagen eingesetzt werden.

Durch Einsetzen aller möglichen Kombinationen der Wahrheitswerte der auftretenden Elementaraussagen kann man die Gültigkeit der folgenden Äquivalenzen nachprüfen:

Kommutativgesetze

$$W_1 \wedge W_2 \equiv W_2 \wedge W_1 \,, \tag{B.17}$$

$$W_1 \vee W_2 \equiv W_2 \vee W_1 \,. \tag{B.18}$$

Assoziativgesetze

$$(W_1 \wedge W_2) \wedge W_3 \equiv W_1 \wedge (W_2 \wedge W_3) \,, \tag{B.19}$$

$$(W_1 \vee W_2) \vee W_3 \equiv W_1 \vee (W_2 \vee W_3) . \tag{B.20}$$

Absorptionsgesetze

$$W_1 \wedge (W_1 \vee W_2) \equiv W_1 , \tag{B.21}$$

$$W_1 \vee (W_1 \wedge W_2) \equiv W_1 . \tag{B.22}$$

Distributivgesetze

$$W_1 \wedge (W_2 \vee W_3) \equiv (W_1 \wedge W_2) \vee (W_1 \wedge W_3) , \tag{B.23}$$

$$W_1 \vee (W_2 \wedge W_3) \equiv (W_1 \vee W_2) \wedge (W_1 \vee W_3) . \tag{B.24}$$

Schließlich gelten die Äquivalenzen

$$\begin{aligned} W \wedge 1 &\equiv W, & W \vee 0 &\equiv W , \\ W \wedge 0 &\equiv 0 , & W \vee 1 &\equiv 1 , \\ W \wedge \neg W &\equiv 0 , & W \vee \neg W &\equiv 1 . \end{aligned} \tag{B.25}$$

Weitere Äquivalenzen wie

$$W \wedge W \equiv W, \qquad W \vee W \equiv W \tag{B.26}$$

(Idempotenz der Operatoren $\wedge$ und $\vee$) sowie die *de Morganschen Gesetze*

$$\neg (W_1 \wedge W_2) \equiv \neg W_1 \vee \neg W_2 , \tag{B.27}$$

$$\neg (W_1 \vee W_2) \equiv \neg W_1 \wedge \neg W_2 \tag{B.28}$$

kann man ebenfalls durch Einsetzen bestätigen. Es läßt sich aber zeigen, daß alle weiteren Äquivalenzen aus den Äquivalenzen (B.17) bis (B.25) ableitbar sind. Man kann die Beziehungen (B.17) bis (B.25) daher auch als *Axiome* ansehen, die die Booleschen Operatoren $\wedge$, $\vee$ und $\neg$ und damit eine Algebra definieren (*Boolesche Algebra*). Aus diesen Axiomen liest man folgende Dualität ab: Ersetzt man in einem Axiom $\vee$ durch $\wedge$, $\wedge$ durch $\vee$ und 0 durch 1 sowie 1 durch 0, so erhält man wiederum eines dieser Axiome. Führt man daher diese Ersetzung (Dualisierung) in einer als wahr nachgewiesenen Aussage oder Äquivalenz durch, so entsteht wieder eine wahre Aussage bzw. Äquivalenz (*Dualitätsprinzip*). Hat man beispielsweise die Äquivalenz (B.27) nachgewiesen, so ergibt sich daraus durch Dualisierung die Äquivalenz (B.28).

Aufgrund der Assoziativgesetze sind die klammerfreien Ausdrücke

$$W_1 \wedge W_2 \wedge W_3 \wedge \ldots \wedge W_r \tag{B.29}$$

und

$$W_1 \vee W_2 \vee W_3 \vee \ldots \vee W_r \tag{B.30}$$

wohldefinierte Aussagen, denn es hat keinen Einfluß auf den resultierenden Wahrheitswert, wie man in diesen Ausdrücken Klammern setzt. Deshalb kann man anstelle der obigen Ausdrücke auch kürzer

$$\bigwedge_{i=1}^{r} W_i \tag{B.31}$$

bzw.

$$\bigvee_{i=1}^{r} W_i \tag{B.32}$$

schreiben.

Am Beispiel der oben als Gl. (B.10) behandelten Aussageform

$$\big((W_1 \wedge W_2) \vee (\neg W_1 \vee \neg W_2)\big) \wedge W_2 \tag{B.33}$$

wird jetzt gezeigt, wie man die Ermittlung des Wahrheitswertes durch Äquivalenzumformungen vereinfachen kann: Wegen des de Morganschen Gesetzes (B.28) kann der Ausdruck $\neg W_1 \vee \neg W_2$ durch den Ausdruck $\neg(W_1 \wedge W_2)$ ersetzt werden. Dadurch entsteht die zu Gl. (B.33) äquivalente Aussageform

$$\big((W_1 \wedge W_2) \vee \neg(W_1 \wedge W_2)\big) \wedge W_2 \ . \tag{B.34}$$

Mit der letzten Beziehung unter den Äquivalenzen (B.25) ist diese Aussageform mit

$$1 \wedge W_2 \tag{B.35}$$

äquivalent. Mit dem Kommutativgesetz und den unter (B.25) aufgeführten Äquivalenzen ergibt sich schließlich die Äquivalenz der Aussageformen (B.35) und W_2.

Ist eine Aussageform aus r voneinander verschiedenen Elementaraussagen W_1, W_2, ..., W_r aufgebaut, so gibt es 2^r mögliche Wertekombinationen für die zugehörigen Wahrheitswerte w_1, w_2, ..., w_r. Jede solche Aussageform läßt sich daher durch eine Tabelle, die den Wahrheitswert für jede mögliche Wertekombination der Wahrheitswerte w_i liefert, darstellen. Beispielsweise wird die Aussageform

$$W_1 \vee (W_2 \wedge \neg W_3) \tag{B.36}$$

durch die Wahrheitswerttabelle

W_1	W_2	W_3	$W_1 \vee (W_2 \wedge \neg W_3)$
1	1	1	1
1	1	0	1
1	0	1	1
1	0	0	1
0	1	1	0
0	1	0	1
0	0	1	0
0	0	0	0

Bild B.3 Wahrheitswerttabelle zur Aussageform $W_1 \vee (W_2 \wedge \neg W_3)$.

charakterisiert. Sie zeigt, daß die Aussageform (B.36) mit der Aussageform

$$\begin{aligned}&(W_1 \wedge W_2 \wedge W_3) \vee (W_1 \wedge W_2 \wedge \neg W_3) \vee \\ &\vee (W_1 \wedge \neg W_2 \wedge W_3) \vee (W_1 \wedge \neg W_2 \wedge \neg W_3) \vee \\ &\vee (\neg W_1 \wedge W_2 \wedge \neg W_3)\end{aligned} \tag{B.37}$$

äquivalent ist, denn jede Tabellenzeile, die auf den Wahrheitswert 1 führt, entspricht einem der durch den ODER-Operator verbundenen Terme. Diese Aussageform besteht aus einer Disjunktion von Konjunktionen, in denen jede Elementaraussage W_i oder ihre Negation $\neg W_i$ genau einmal vorkommt. Eine solche Aussageform wird *kanonisch disjunktive Normalform* genannt. Die obige Herleitung zeigt, daß sich jede Aussageform, die aus verknüpften Elementaraussagen besteht, in eine solche Normalform überführen läßt. Damit kann jede Aussageform so geschrieben werden, daß darin nur die Operatoren $\neg$, $\wedge$ und $\vee$ auftreten. Beispielsweise ist die Implikation $W_1 \Rightarrow W_2$ zu ihrer kanonisch disjunktiven Normalform

$$(W_1 \wedge W_2) \vee (\neg W_1 \wedge W_2) \vee (\neg W_1 \wedge \neg W_2) \tag{B.38}$$

äquivalent. Mit dem Distributivgesetz und der Äquivalenz $W_2 \vee \neg W_2 \equiv 1$ ergibt sich hieraus die äquivalente Aussageform

$$(W_1 \wedge W_2) \vee \neg W_1 \,. \tag{B.39}$$

Um festzustellen, ob zwei Aussageformen äquivalent sind, kann man die dazugehörigen Wahrheitswerttabellen aufstellen und diese miteinander vergleichen.

Durch Berücksichtigung aller Tabellenzeilen (Bild B.3), die auf den Wahrheitswert 0 führen, findet man, daß die zugrundeliegende Aussageform auch mit

$$\begin{aligned}&\neg\big((\neg W_1 \wedge W_2 \wedge W_3) \vee (\neg W_1 \wedge \neg W_2 \wedge W_3) \vee \\ &\vee (\neg W_1 \wedge \neg W_2 \wedge \neg W_3)\big)\end{aligned} \tag{B.40}$$

und damit wegen der de Morganschen Gesetze auch mit

$$\begin{aligned}&\neg(\neg W_1 \wedge W_2 \wedge W_3) \wedge \neg(\neg W_1 \wedge \neg W_2 \wedge W_3) \wedge \\ &\wedge \neg(\neg W_1 \wedge \neg W_2 \wedge \neg W_3)\end{aligned} \tag{B.41}$$

und schließlich mit

$$(W_1 \vee \neg W_2 \vee \neg W_3) \wedge (W_1 \vee W_2 \vee \neg W_3) \wedge (W_1 \vee W_2 \vee W_3) \tag{B.42}$$

äquivalent ist. Eine derartige Aussageform, die aus einer Konjunktion von Disjunktionen besteht, wobei in jeder Disjunktion jede Elementaraussage W_i oder ihre Negation $\neg W_i$ genau einmal vorkommt, wird *kanonisch konjunktive Normalform* genannt. Zu jeder Aussageform gibt es also sowohl eine äquivalente kanonisch disjunktive als auch eine äquivalente kanonisch konjunktive Normalform. Dabei ist die konjunktive Normalform einfacher als die disjunktive, wenn in der zugehörigen Wahrheitswerttabelle weniger Zeilen auf den Wahrheitswert 0 führen und umgekehrt. Beispielsweise ist die konjunktive Normalform

$$\neg W_1 \vee W_2 \,, \tag{B.43}$$

die man für die Implikation $W_1 \Rightarrow W_2$ durch Anwendung des de Morganschen Gesetzes (B.28) auf $\neg(W_1 \wedge \neg W_2)$ erhält, viel einfacher als die disjunktive Normalform (B.38).

Mit der Aussagenlogik kann man aus Aussagen W_k, die als wahre Axiome vorausgesetzt oder bereits durch Schlußfolgerung aus den Axiomen als wahr erkannt worden sind, weitere wahre Aussagen ableiten. Häufig wird hierfür die als *modus ponens* bekannte Schlußregel

$$\text{Voraussetzungen:} \begin{cases} W_1 \ \text{ist wahr}, \\ W_1 \Rightarrow W_2 \ \text{ist wahr} \end{cases}$$

$$\text{Schlußfolgerung:} \quad W_2 \ \text{ist wahr} \tag{B.44}$$

angewendet, deren Rechtfertigung sich aus der Wahrheitstafel der Implikation ergibt.

Die Schlußfolgerung mit dem *modus ponens* wird in der Mathematik in axiomatischen Systemen angewandt, um aus gegebenen Axiomen wahre Aussagen abzuleiten. Sind die Axiome so beschaffen, daß man sowohl eine Aussage W_1 als auch ihre Negation $\neg W_1$ als wahr ableiten kann, so sagt man, daß in diesem System ein *Widerspruch* besteht. Er wirkt sich deshalb fatal aus, weil dann mit dem *modus ponens* (B.44) jede beliebige Aussage W_2 als wahr nachgewiesen werden kann. Deshalb wird für axiomatische Systeme gefordert, daß sie *widerspruchsfrei* sind.

Mit dem modus ponens wird auch in den empirischen Wissenschaften aus bekannten Fakten und als wahr erkannten Implikationen auf die Wahrheit zuvor nicht bekannter Fakten geschlossen.

Im Unterschied zu axiomatischen Systemen ist dabei allerdings nicht immer klar, ob die als wahr vorausgesetzten Fakten und Implikationen tatsächlich wahr sind. Man kann sich hinsichtlich des Vorliegens von Fakten z. B. aufgrund von Beobachtungs- oder Meßfehlern irren. Ferner kann die Wahrheit von Implikationen nicht auf empirischem Weg bewiesen, sondern nur als mehr oder minder gut abgesicherte Hypothese nahegelegt werden. Sie wird solange akzeptiert, wie es keine Gegenbeispiele gibt.

C Korrespondenzen zwischen Aussagen und Mengen

Nach Anhang A entspricht jeder Elementaraussage

$$W: \quad x = a \tag{C.1}$$

die Teilmenge

$$A: \{x \in G \mid w(W) = 1\} \tag{C.2}$$

und umgekehrt. Dieser Zusammenhang, für den hier die *Korrespondenz*

$$W \leftrightarrow A \tag{C.3}$$

geschrieben werden soll, läßt sich auf kompliziertere Aussagen übertragen, die aus mehreren Elementaraussagen bestehen [128, 129].

Beispielsweise korrespondiert die Aussage $\neg W$ zur Menge aller Elemente $x \in G$, die nicht zur Menge A gehören. Diese Menge wird *Komplement* von A bezüglich G genannt und mit $C_G(A)$ bezeichnet. Es gilt also die Korrespondenz

$$\neg W \leftrightarrow C_G(A) \tag{C.4}$$

zwischen negierter Aussage und Komplement einer Menge bzw. zwischen Negation und Komplementbildung (Bild C.1).

Seien ferner A_1 und A_2 die den Aussagen W_1 und W_2 zugeordneten Mengen

$$\begin{aligned} W_1 &\leftrightarrow A_1, \\ W_2 &\leftrightarrow A_2. \end{aligned} \tag{C.5}$$

Dann gelten die Korrespondenzen

$$W_1 \wedge W_2 \leftrightarrow A_1 \cap A_2 \tag{C.6}$$

und

$$W_1 \vee W_2 \leftrightarrow A_1 \cup A_2 \quad . \tag{C.7}$$

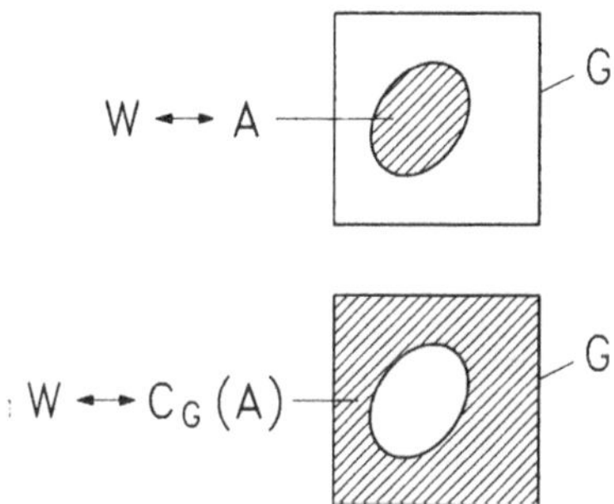

Bild C.1 Korrespondenz zwischen Negation und Komplementbildung.

Die Menge $A_1 \cap A_2$ besteht aus den Elementen $x \in G$, die sowohl zu A_1 als auch zu A_2 gehören, und wird *Durchschnitt* von A_1 und A_2 genannt. Die Menge $A_1 \cup A_2$ besteht aus allen Elementen $x \in G$, die mindestens zu einer der beiden Mengen A_1 und A_2 gehören, und wird *Vereinigung* von A_1 und A_2 genannt.

Gelegentlich interessiert auch die Menge, die aus allen Elementen $x \in G$ besteht, die in A_1, aber nicht in A_2 liegen. Diese Menge wird *Differenz* genannt und mit $A_1 \setminus A_2$ bezeichnet. Offensichtlich gilt die Korrespondenz

$$W_1 \wedge \neg W_2 \quad \leftrightarrow \quad A_1 \setminus A_2 \ . \tag{C.8}$$

Die Korrespondenzen (C 6), (C 7) und (C 8) zwischen Aussagen und Mengen lassen sich auch als *Korrespondenzen zwischen logischen Operatoren und Mengenoperatoren* interpretieren (Bild C.2).

Die Korrespondenz zwischen noch komplizierteren Aussagen und Teilmengen ergibt sich durch wiederholte Anwendung der obigen einfachen Korrespondenzen. So findet man beispielsweise die Korrespondenz

$$\neg(W_1 \vee W_2) \quad \leftrightarrow \quad C_G(A_1 \cup A_2) \quad . \tag{C.9}$$

Solche Korrespondenzen können die Konstruktion der einer komplexen Aussage W zugeordneten Teilmenge A erheblich vereinfachen. So arbeitet die Konstruktion nach der Beziehung (C.2) *elementweise* und ist bei komplexeren Aussagen – wie etwa $W = \neg(W_1 \vee W_2)$ – aufwendig: Man hat für jedes $x \in G$ zu prüfen, ob die Aussage $\neg(W_1 \vee W_2)$ wahr ist. Wenn ja, gehört das betreffende Element zur gesuchten Teilmenge A. Mit der Korrespondenz (C.9) kann man die Teilmenge dagegen mit viel weniger Aufwand *stückweise* konstruieren: Man bestimmt zunächst die Teilmengen A_1 und A_2, die der Elementaraussage W_1 und W_2 zugeordnet sind, und erzeugt daraus die gesuchte Menge durch Anwendung der Mengenoperationen $\cup$ und C_G.

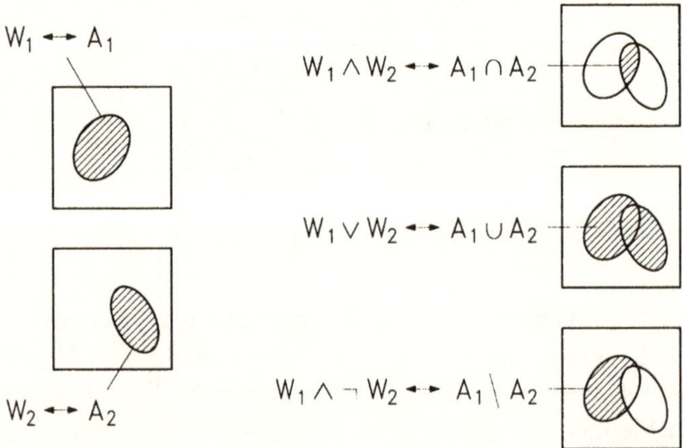

Bild C.2 Logische Operatoren und korrespondierende Mengenoperationen.

Die stückweise Konstruktion ist besonders vorteilhaft, wenn man die Teilmengen A_i bereits kennt. Dies ist beispielsweise der Fall, wenn man die Wahrheitswerte der Elementaraussagen durch Teilmengen A_i festgelegt hat.

Sei für zwei Aussagen W_1 und W_2, die nach Gl. (C.5) den Teilmengen A_1 und A_2 zugeordnet sind, die Implikation

$$W_1 \quad \Rightarrow \quad W_2 \tag{C.10}$$

erfüllt. Diese Implikation läßt sich auch in der Form

$$x \in A_1 \quad \Rightarrow \quad x \in A_2 \tag{C.11}$$

schreiben. Sie besagt, daß A_1 eine Teilmenge von A_2 ist. Dieser Sachverhalt wird formal durch die als *Inklusion* bezeichnete Beziehung

$$A_1 \subseteq A_2 \tag{C.12}$$

beschrieben. Wird umgekehrt die Inklusion (C.12) vorausgesetzt, so folgt daraus die Implikation (C.10). Somit gilt die Korrespondenz

$$W_1 \Rightarrow W_2 \quad \leftrightarrow \quad A_1 \subseteq A_2 \quad . \tag{C.13}$$

D Analytische Berechnung der gefilterten Zugehörigkeitsfunktion

Das Faltungsintegral (11.2) kann man für jede darin gewählte Filterfunktion numerisch berechnen. Hierzu wird die u-Achse in hinreichend kleine Intervalle unterteilt und die Integration näherungsweise, beispielsweise mit Hilfe der Trapezregel, durchgeführt. Die resultierende Genauigkeit und der erforderliche Rechenaufwand sind um so größer, je feiner man die Unterteilung wählt.

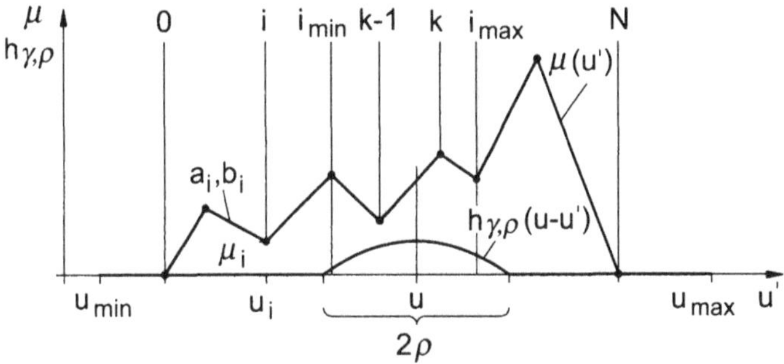

Bild D.1 Kenngrößen einer polygonzugförmigen Zugehörigkeitsfunktion $\mu(u')$ für die analytische Berechnung von $\hat{\mu}(u)$ bei Verwendung einer Filterfunktion mit der Reichweite ρ.

Für die Anwendungen ist interessant, daß sich das Faltungsintegral (11.2) für die Filterfunktion (11.17) und polygonzugförmige Zugehörigkeitsfunktionen *analytisch* bestimmen läßt [44, 130]. Hierzu werden für die Zugehörigkeitsfunktion $\mu(u')$ für jeden Wert u mit den Knickstellen u_i und den zugehörigen Funktionswerten μ_i die Kenngrößen

$$\begin{aligned} a_i &= \frac{\mu_i - \mu_{i-1}}{u_i - u_{i-1}}, \quad b_i = \frac{\mu_{i-1} u_i - \mu_i u_{i-1}}{u_i - u_{i-1}}, \\ \Delta a_i &= a_i - a_{i+1}, \quad \Delta b_i = b_i - b_{i+1}, \\ \sigma_i &= \operatorname{sgn}\left(k - i - \frac{1}{2}\right), \quad L = i_{\min}, \quad R = i_{\max} + 1 \end{aligned} \tag{D.1}$$

eingeführt (Bild D.1). Die Knickstellen sind von 0 bis N durchnumeriert, und die Indizes $i_{\min}$ und $i_{\max}$ gehören zur kleinsten und größten Knickstelle, die noch innerhalb der Reichweite der Filterfunktion links und rechts von der Stelle u liegen. Die Indizes $k-1$ und k kennzeichnen die beiden benachbarten Knickstellen, zwischen denen die Stelle u liegt, und a_i ist die Steigung der Strecke, deren rechter Endpunkt die Koordinate u_i hat. Die Größe σ_i bezeichnet ein Vorzeichen.

Mit diesen Abkürzungen findet man nach umfangreicherer Rechnung für den Bereich $0 < \gamma < 1$

$$\hat{\mu}(u) = a_k u + b_k + \frac{\gamma+1}{2\gamma} \sum_{i=i_{\min}}^{i_{\max}} \left[\frac{\gamma\sigma_i \Delta b_i}{\gamma+1} \left(1 - \left|\frac{u-u_i}{\rho}\right|\right)^{\frac{\gamma+1}{\gamma}} + \right.$$
$$\left. + \Delta a_i \left(\frac{\gamma\rho}{2\gamma+1} \left(1 - \left|\frac{u-u_i}{\rho}\right|\right)^{\frac{2\gamma+1}{\gamma}} - \frac{\gamma(\rho - \sigma_i u)}{\gamma+1} \left(1 - \left|\frac{u-u_i}{\rho}\right|\right)^{\frac{\gamma+1}{\gamma}} \right) \right] \tag{D.2}$$

und für den Bereich $1 \le \gamma < \infty$

$$\hat{\mu}(u) = \frac{\gamma+1}{2\gamma} \left\{ \sum_{i=i_{\min}}^{i_{\max}} \left[\Delta b_i \left(\frac{u_i}{2\rho} + \frac{\sigma_i}{\gamma+1} \left|\frac{u-u_i}{\rho}\right|^{\gamma+1} \right) + \right. \right.$$
$$\left. - \Delta a_i \left(\frac{\rho}{\gamma+2} \left|\frac{u-u_i}{\rho}\right|^{\gamma+2} - \frac{\sigma_i u}{\gamma+1} \left|\frac{u-u_i}{\rho}\right|^{\gamma+1} \right) \right] +$$
$$- b_L \frac{u-\rho}{\rho} + b_R \frac{u+\rho}{\rho} - a_L \frac{(u-\rho)^2}{2\rho} + a_R \frac{(u+\rho)^2}{2\rho} + \tag{D.3}$$
$$\left. - \frac{b_L + b_R + (a_L + a_R)u}{\gamma+1} + \frac{(a_L - a_R)\rho}{\gamma+2} \right\}$$

Bei voller Reichweite und ganzzahligen Werten von γ kann man $\hat{\mu}(u)$ geradliniger berechnen. Man erhält ein Polynom mit dem Maximalgrad $1/\gamma + 2$ bzw. $\gamma + 2$. Für geradzahlige Werte von γ hat das Polynom sogar nur den Maximalgrad γ. Bei begrenzter Reichweite und ganzzahligen Werten von $1/\gamma$ bzw. γ erhält man $\hat{\mu}(u)$ in Form einer stückweisen Beschreibung durch Polynome mit dem Maximalgrad $1/\gamma + 2$ bzw. $\gamma + 2$.

Literaturverzeichnis

Klassische Regelungstechnik: Lehrbücher

[1] Böttiger, A.: Regelungstechnik. Oldenbourg-Verlag, München 1988.

[2] Föllinger, O.: Regelungstechnik. Hüthig-Verlag, Heidelberg 1994.

[3] Föllinger, O.: Optimierung dynamischer Systeme. Oldenbourg-Verlag, München 1985.

[4] Fraunberger, F.: Regelungstechnik. Teubner-Verlag, Stuttgart 1967.

[5] Geering, H. P.: Meß- und Regelungstechnik. Springer-Verlag, Berlin 1990.

[6] Samal, E.: Grundriß der praktischen Regelungstechnik. Oldenbourg-Verlag, München 1974.

[7] Unbehauen, H.: Regelungstechnik. Vieweg-Verlag, Braunschweig 1982.

[8] Weinmann, A.: Regelungen. Springer-Verlag, Wien 1994.

Fuzzy Control: Grundlagen, Lehrbücher

[9] Abel, D.: Fuzzy Control – eine Einführung ins Unscharfe. Automatisierungstechnik 39 (1991) 12, S. 433 - 438.

[10] Altrock, C.: Über den Daumen gepeilt. ct – Zeitschrift für Computertechnik, Heise-Verlag, Hannover 1991, Heft 3.

[11] Driankov, D., Hellendoorn, H., Reinfrank, M.: An Introduction to Fuzzy Control. Springer-Verlag, Berlin 1993.

[12] Kahlert, J., Frank, H.: Fuzzy-Logik und Fuzzy Control. Vieweg-Verlag, Braunschweig 1993.

[13] Preuß, H.-P.: Fuzzy Control – heuristische Regelung mittels unscharfer Logik. Automatisierungstechnische Praxis 34 (1992) 4, Teil 1: S. 176 - 184, Teil 2: S. 239 - 246.

[14] Tilli, T.: Fuzzy-Logik: Grundlagen, Anwendungen, Hard- und Software. Franzis-Verlag, München 1991.

[15] Zimmermann, H.-J.: Fuzzy set theory – and its applications. Kluver-Verlag, Boston 1991.

Reihe „Theorie für Anwender: Fuzzy Control.", Automatisierungstechnik 41 (1993), S. A1 - A40

[16] Kiendl, H.: Beurteilung der Methoden der klassischen Regelungstechnik. S. A1 - A4.

[17] Kiendl, H., Fritsch, M.: Grundideen von Fuzzy Control. S. A5 - A8.

[18] Frenck, Ch.: Fuzzy-Logik als Grundlage für Fuzzy Control. S. A9 - A12.

[19] Meyer-Gramann, K. D., Cuno, B.: Übertragungsverhalten und Realisierungen von Fuzzy-Reglern. S. A13 - A16.

[20] Frenck, Ch., Kiendl, H.: Entwurf eines Fuzzy-Reglers am Beispiel eines Mischventils. S. A17 - A20.

[21] Opitz, H.-P.: Stabilität von Fuzzy-Regelungen. S. A21 - A24.

[22] Klöden, W., Böhlmann, S., Seyfarth, R.: Lernen von Fuzzy-Regeln. S. A25 - A28.

[23] Linzenkirchner, E., Bork, P.: Industrieller Einsatz – Erfahrungen mit FUZZY TM und SIFLOC TM an verfahrenstechnischen Prozessen. S. A29 - A32.

[24] Kiendl, H.: Hyperinferenz und Hyperdefuzzifizierung. S. A33 - A36.

[25] Lieven, K.: Potential, Entwicklungen und Anwendungen der Fuzzy-Technologien. S. A37 - A40.

Workshops des GMA-Unterausschusses 1.4.2 „Fuzzy Control"

[26] Kiendl, H., Frenck, Ch. (Hrsg.): Berichtsband 2. GMA-Workshop „Fuzzy Control". Forschungsbericht 0392 der Fakultät für Elektrotechnik der Universität Dortmund, 1992, ISSN 0941-4169.

[27] Kiendl, H., Frenck, Ch. (Hrsg.): Berichtsband 3. GMA-Workshop „Fuzzy Control". Forschungsbericht 0293 der Fakultät für Elektrotechnik der Universität Dortmund, 1993, ISSN 0941-4169.

[28] Kiendl, H., Frenck, Ch. (Hrsg.): Berichtsband 4. GMA-Workshop „Fuzzy Control". Forschungsbericht 0194 der Fakultät für Elektrotechnik der Universität Dortmund, 1994, ISSN 0941-4169.

[29] Kiendl, H., Frenck, Ch. (Hrsg.): Berichtsband 5. GMA-Workshop „Fuzzy Control". Forschungsbericht 0295 der Fakultät für Elektrotechnik der Universität Dortmund, 1995, ISSN 0941-4169.

[30] Kiendl, H., Frenck, Ch. (Hrsg.): Berichtsband 6. GMA-Workshop „Fuzzy Control". Forschungsbericht 0796 der Fakultät für Elektrotechnik der Universität Dortmund, 1996, ISSN 0941-4169.

Zu Kapitel 10: Zweisträngige Fuzzy-Regler

[31] König, H.: Die IMPLIKATION-UND-Inferenz – echte Attraktivitätsfunktionen als Ergebnis des Schließens mit echten Implikationsoperatoren. In [29], S. 28 - 41.

[32] Jüngst, E.-W., Meyer-Gramann K. D.: Fuzzy Control – Schnell und kostengünstig implementiert mit Standard-Hardware. In [26], S. 10 - 23.

[33] Kiendl, H.: Verfahren zur Erzeugung von Stellgrößen am Ausgang eines Fuzzy-Reglers und Fuzzy-Regler hierfür. Patent DE 43 08 083, angemeldet 1993, erteilt 1994.

[34] Kiendl, H.: Erweiterter Anwendungsbereich von Fuzzy Control durch Hyperinferenz und Hyperdefuzzifizierung. In: VDI (Hrsg.): Fuzzy Control: GMA-Aussprachetag Langen 22./23. März 1994. VDI-Berichte 1113, VDI-Verlag, Düsseldorf 1994, S. 319 - 328.

[35] Kiendl, H., Scheel, Th.: Regelungstechnische Anwendungen zweisträngiger Fuzzy-Regler. In Reusch, B. (Hrsg.): Fuzzy Logic, Theorie und Praxis, Reihe Informatik aktuell, Springer-Verlag, Berlin 1994, S. 413 - 421.

[36] Sommer, H.: Zur einfachen Darstellung eines allgemeinen Ansatzes der Wissensverarbeitung mittels Fuzzy-Logik. In [29], S. 1 - 13.

[37] Kiendl, H.: Hyperinferenz, Hyperdefuzzifizierung und erste Anwendungen. In [27], S. 82 - 93.

[38] Krone, A., Kiendl, H.: Automatic generation of positive and negative rules for two-way fuzzy controllers. In: ELITE (Hrsg.): Proceedings EUFIT'94, Verlag der Augustinus-Buchhandlung, Aachen 1994, S. 438 - 447.

[39] Krone, A., Frenck, Ch., Russak, O.: Design of a fuzzy controller for an alkoxylation process using the ROSA-method for automatic rule generation. In: ELITE (Hrsg.): Proceedings EUFIT'95, Verlag der Augustinus-Buchhandlung, Aachen 1995, S. 760 - 764.

[40] Seyfarth, R., Krone, A., Schwane, U.: Fuzzy-Datenanalyse zur regelbasierten Modellierung der Achsregelgüte eines sechsachsigen Industrieroboters. In [29], S. 71 - 84.

[41] Lakewand, H.: Erkennen handgeschriebener Ziffern mit Hilfe der Fuzzy-Logik, Diplomarbeit, Fachhochschule der Deutschen Bundespost Telekom, Berlin 1994.

Zu Kapitel 11: Fuzzy-Regler mit Inferenzfiltern

[42] Kiendl, H.: Verfahren zur Defuzzifizierung für signalverarbeitende Fuzzy-Baueinheiten und Filtereinrichtungen hierfür. Patent DE 44 16 465, angemeldet 1994, erteilt 1995.

[43] Kiendl, H.: The inference filter. In: ELITE (Hrsg.): Proceedings EUFIT'94, Verlag der Augustinus-Buchhandlung, Aachen 1994, S. 438 - 447.

[44] Kiendl, H., Knicker, R., Niewels, F.: Two-way fuzzy controllers based on hyperinference and inference filter. In: Proceedings 2nd World Automation Congress, TSI Press, Montpellier 1996.

[45] Kiendl, H.: Invarianzforderungen für Inferenzfilter. In [28], S. 1 - 12.

[46] Jessen, H.: Regelungstechnische Anwendung von Inferenzfiltern. In [28], S. 71 - 84.

[47] Reil, G., Jessen, H.: Fuzzy contour modelling of roll bent components using inference filter. In: ELITE (Hrsg.): Proceedings EUFIT'95, Verlag der Augustinus-Buchhandlung, Aachen 1995, S. 771 - 774.

Zu Kapitel 12: Datenbasierte Fuzzy-Modellierung und Regelgenerierung

[48] Drechsel, D.: Regelbasierte Interpolation und Fuzzy Control. Vieweg-Verlag, Braunschweig, Wiesbaden 1996.

[49] Kiendl, H., Krabs, M.: Ein Verfahren zur Generierung regelbasierter Modelle für dynamische Systeme. Automatisierungstechnik 37 (1989) 11, S. 423 - 430.

[50] Kiendl, H., Krabs, M., Fritsch, M.: Regelbasierte Modellierung dynamischer Systeme und Anwendungen in der Regelungstechnik. VDI-Berichte 897, VDI-Verlag, Düsseldorf 1991, S. 175 - 184.

[51] Krone, A., Kiendl, H.: Rule-based decision analysis with fuzzy-ROSA method. In: Proceedings EFDAN '96, Fuzzy Demonstrations-Zentrum Dortmund, 1996, S. 109 - 114

[52] Krabs, M., Kiendl, H.: Anwendungsfelder der automatischen Regelgenerierung mit dem ROSA-Verfahren. Automatisierungstechnik 43 (1995) 6, S. 269 - 276.

[53] Krone, A., Bäck, Th., Teuber, P.: Evolutionäres Suchkonzept zum Aufstellen signifikanter Fuzzy-Regeln. Automatisierungstechnik 44 (1996) 8, S. 405 - 411.

[54] Krone, A., Schwane, U.: Generating fuzzy rules form contradictory data of different control strategies and control performances. In: Proceedings Fifth IEEE International Conference on Fuzzy Systems, New Orleans 1996, S. 492 - 497.

[55] Krone, A.: Advanced rule reduction concepts for optimizing efficiency of knowledge extraction. In: ELITE (Hrsg.): Proceedings EUFIT'96, Verlag der Augustinus-Buchhandlung, Aachen 1996, S. 919 - 923.

Zu Kapitel 13: Realisierung von Fuzzy-Reglern und Entwurfsstrategien

[56] Kiendl, H.: Suboptimale Regler mit abschnittsweise linearer Struktur. Monographie in der Reihe „Lecture Notes in Economics and Mathematical Systems", Band 73, Springer-Verlag, Berlin, Heidelberg, New York 1972, S. 133 - 143.

[57] Kiendl, H., Rüger, J.-J.: Verfahren zum Entwurf und Stabilitätsnachweis von Regelungssystemen mit Fuzzy-Reglern. Automatisierungstechnik 41 (1993) 5, S. 138 - 145.

[58] Jäkel, J., Ehrlich, H.: Die Nutzung von Fuzzy-Modellen zum Entwurf von strukturierten MISO-Fuzzy-Reglern. In [28], S. 272 - 286.

[59] Frenck, Ch.: Entwurf von Fuzzy-Regelungen durch näherungsweise E/A-Linearisierung mit Fuzzy-Modellen. In [28], S. 223 - 231.

[60] Böhm, R.: Fuzzy-Regelungen: Relationen und Stabilitätsanalyse. Fortschrittberichte VDI, Reihe 8, Nr. 501, VDI-Verlag, Düsseldorf 1995.

[61] Krebs, V., Böhm, R.: Logical design of relational Fuzzy controllers. In: Proceedings 2nd World Automation Congress, Montpellier 1996.

[62] Engell, S., Heckenthaler, Th.: Fast-zeitoptimale robuste Fuzzy-Regelung. In [26], S. 163 - 174.

[63] Heckenthaler, Th., Engell, S.: Integration von modellbasiertem Wissen und Heuristik zum Entwurf robuster fast-zeitoptimaler Regelungen mit Hilfe eines Fuzzy-Reglers. In [27], S. 37 - 45.

Zu Kapitel 14: Stabilitätsanalyse

[64] Bretthauer, G., Mikut, R., Opitz, H.-P.: Stabilität von Fuzzy-Regelungen - Eine Übersicht. In: VDI (Hrsg.): Fuzzy Control: GMA-Aussprachetag Langen 22./23. März 1994. VDI-Berichte 1113, VDI-Verlag, Düsseldorf 1994, S. 287 - 298.

[65] Rüger, J.-J.: Anwendung des Konzeptes der Facettenfunktionen zum Entwurf und zur Stabilitätsanalyse nichtlinearer Regelungssysteme. Fortschrittberichte VDI, Reihe 8, Nr. 552, VDI-Verlag, Düsseldorf 1996.

[66] Kiendl, H.: Robustheitsanalyse von Regelungssystemen mit der Methode der konvexen Zerlegung. Automatisierungstechnik 35 (1987) 5, S. 192 - 202.

[67] Karweina, D.: Rechnergestützte Stabilitätsanalyse für nichtlineare zeitdiskrete Regelungssysteme basierend auf der Methode der konvexen Zerlegung. Fortschritt-Berichte VDI, Reihe 8, Nr. 181, VDI-Verlag, Düsseldorf 1989.

[68] Rumpf, O.: Anwendung der Methode der konvexen Zerlegung zur Stabilitätsanalyse dynamischer Systeme mit neuronalen Komponenten. Automatisierungstechnik 44 (1996) 3, S. 101 - 107.

[69] Scheel, Th., Kiendl, H.: Stability analysis of Fuzzy and other nonlinear systems using Integral Lypunov Functions. In: ELITE (Hrsg.): Proceedings EUFIT '95, Verlag der Augustinus-Buchhandlung, Aachen 1995, S. 765 - 770.

[70] Scheel, Th.: Verallgemeinerte Integrale Ljapunov-Funktionen und ihre Anwendung zur Stabilitätsanalyse von Fuzzy-Systemen. In [29], S. 99 - 113.

[71] Kiendl, H., Michalske, A.: Robustness analysis of linear control systems with uncertain parameters by the method of convex decomposition. International Workshop on Robust Control, Ascona 1992. In:

Mansour, M., Balemi, S., Truöl, W. (Hrsg.): Robustness of Dynamic Systems with Parameter Uncertainties. Birkhäuser-Verlag, Basel, Boston, Berlin 1992, S. 189 - 198.

[72] Kiendl, H., Rüger, J.-J.: The design of nonlinear controllers and proof of stability using facet functions. In: Proceedings 2nd European Control Conference, Groningen 1993, S. 1459 - 1465.

[73] Kiendl, H., Rüger, J.-J.: Verfahren zum Entwurf und Stabilitätsnachweis von Regelungssystemen mit Fuzzy-Reglern. Automatisierungstechnik 41 (1993) 5, S. 138 - 144.

[74] Kiendl, H., Rüger, J.-J.: Reglerentwurf und Stabilitätsnachweis mit Facettenfunktionen. In: Engell, S. (Hrsg.): Entwurf nichtlinearer Regelungen. Oldenbourg-Verlag 1995, S. 286 - 306.

[75] Kiendl, H., Rüger, J.-J.: Stability analysis of Fuzzy control systems using facet functions. Fuzzy Sets and Systems 70 (1995), S. 275 - 285.

[76] Adamy, J.: Strukturvariable Regelungen mittels impliziter Ljapunov-Funktionen. Fortschritt-Berichte VDI, Reihe 8, Nr. 271, VDI-Verlag, Düsseldorf 1991.

[77] Kiendl, H.: Stabilitätsanalyse von mehrschleifigen Fuzzy-Regelungssystemen mit Hilfe der Methode der Harmonischen Balance. In [26], S. 315 - 321.

[78] Rüger, J.-J., Frenck, Ch., Michalske, A., Kiendl, H.: The vector field method for stability analysis: a case study. In: ELITE (Hrsg.): Proceedings EUFIT '94, Verlag der Augustinus-Buchhandlung, Aachen 1995, S. 291 - 296.

[79] Boll, M., Bornemann, J., Dörrscheidt, F.: Anwendung der harmonischen Balance auf Regelkreise mit unsymmetrischen Fuzzy-Komponenten und konstanten Eingangsgrößen. In [28], S. 70 - 84.

[80] Bindel, T., Mikut, R.: Entwurf, Stabilitätsanalyse und Erprobung von Fuzzy-Reglern am Beispiel einer Durchflußregelung. Automatisierungstechnik 43 (1995) 5, S. 249 - 255.

[81] Bindel, T., Mikut, R.: Entwurf und Stabilitätsanalyse von Fuzzy-Reglern am Beispiel einer Durchflußregelung. In: VDI (Hrsg.): Fuzzy Control: GMA-Aussprachetag Langen 22./23. März 1994. VDI-Berichte 1113, VDI-Verlag, Düsseldorf 1994, S. 375 - 384.

Zu Kapitel 15: Anwendungspotential von Fuzzy Control

[82] Goser, K. (Ed.): VDE-Fachtagung "Technische Anwendungen von Fuzzy-Systemen", 12.-13.11.1992 in Dortmund, Universität Dortmund, Fakultät für Elektrotechnik.

Chemie- und Verfahrenstechnik

[83] Müller-Nehler, U., Bruns, M., Fromme, K. P., Lorenz, O., Schloßer, G.: Erfahrungen in der HOECHST AG beim Einsatz von Fuzzy-Control. In [26], S. 73 - 82.

[84] Schaffranietz, U., Röck, H.: Fuzzy-Regler für die biologische Stickstoffeliminierung aus hochbelasteten Abwässern. In [26], S. 135 - 148.

[85] Wochnik, J., Perkuhn, M., Frank, P.M., Isopescu, L., Kiupel, N.: Verbesserung konventioneller Gießspiegelregelungen durch den Einsatz von Fuzzy Control. In [27], S. 297 - 310.

[86] Adamy, J.: Adaption der Flächengewichts-Querprofilregelung bei Papiermaschinen mittels einer Fuzzy-Entscheidungslogik. In [28], S. 108 - 119.

[87] Heckenthaler, T., Chen, M.: Fuzzy-Regelung einer Neutralisationsanlage. In [28], S. 159 - 171.

[88] Boll, M., Bünning, G., Dörrscheidt, F., Hempel, D.C.: Anwendung eines Fuzzy-Hybrid-Systems zur Regelung der Ozonkonzentration in einem Rohrreaktor. In [29], S. 239 - 252.

[89] Schmidt, F., Pandit, M., Christmann, R.: Wissensbasierte Automatisierung eines Verdampfers für die Herstellung von Fruchtsaftkonzentraten. Automatisierungstechnische Praxis 36 (1994) 12, S. 35 - 40.

[90] Fieg, G., Jäckel, J., Wozny, G., Jeromin, L.: Prozeßführung von Rektifikationskolonnen mittels Fuzzy Control. Automatisierungstechnische Praxis 36 (1994) 5, S. 36 - 46.

[91] Pfannstiel, D.: Einsatz adaptiver und fuzzy-basierter Regelungsstrategien in der Heizungstechnik. Automatisierungstechnische Praxis 37 (1995) 1, S. 42 - 49.

[92] Linzenkirchner, E., Bork, P.: Fuzzy Control: Industrieller Einsatz-Erfahrungen mit FUZZY TM und SIFLOC TM an verfahrenstechnischen Prozessen. Automatisierungstechnik 41 (1993) 10, S. A29 - A32.

[93] Kroll, A., Gerke, W.: Modellierung eines pneumatischen Feststoffördersystems mit relationalen Fuzzy-Modellen. Automatisierungstechnik 43 (1995) 11, S. 525 - 530.

Umwelttechnik

[94] Koch, M., Kuhn, Th., Wernstedt, J.: Einsatz wissensbasierter Methoden zur Talsperrensteuerung in Hochwassersituationen. In [27], S. 311 - 327.

[95] Kühne, M., Jäkel, J.: Einsatz von Fuzzy-Logik in einem Gewächshausleitsystem. In [29], S. 276 - 289.

[96] Koch, M., Otto, P., Wernstedt, J.: Entwurf von Talsperrensteuerungen auf der Grundlage von Lernverfahren. Automatisierungstechnik 43 (1995) 6, S. 305 - 315.

Robotik

[97] Sajidman, M., Kuntze, H.-B., Schill, W.: Positionsregelung von Robotern nach dem Fuzzy-Logic-Prinzip. In [27], S. 171 - 185.

[98] Liu, M.-H.: Fuzzy-Modellbildung für automatisiertes Roboterentgraten. In [27], S. 141 - 156.

[99] Schilling, K., Roth, H.: Steuerung mobiler Roboter mittels Fuzzy-Sensordatenfusion. In [28], S. 131 - 140.

[100] Janocha, H., Karner, K.: Hybrider PID-Regler zur adaptiven Achslageregelung von Industrierobotern. In [28], S. 141 - 147.

[101] Seyfarth, R., Krone, A., Schwane, U.: Fuzzy-Datenanalyse zur regelbasierten Modellierung der Achsregelgüte eines sechsachsigen Industrieroboters. In [29], S. 71 - 84.

[102] Schmidt, P., Kuhn, T., Wernstedt, J.: Steuerung eines autonomen low cost Roboters mittels Fuzzy-Logik. In [29], S. 176 - 188.

[103] Demel, P., McCormac, S.E.: Echtzeit-Fuzzy-Kollisionsvermeidung für Industrieroboter. In [29], S. 189 - 197.

[104] Gerke, M., Hoyer, H.: Fuzzy Strategie zur Kollisionsvermeidung für Industrieroboter. In [29], S. 198 - 211.

[105] Liu, M.-H.: Entwicklung eines kraftgeregelten Roboterentgratsystems mit Hilfe von Fuzzy-Logik. Automatisierungstechnik 42 (1994) 5, S. 218 - 224.

[106] Fabritz, N., Buch, G., Kortmann, P.: Fuzzy-Regelungsstrategien zur Schwingungsdämpfung eines elastischen Manipulators. Automatisierungstechnik 43 (1995) 8, S. 379 - 384.

Antriebs- Energietechnik

[107] Rehfeldt, K., Lukas, P., Schöne, A.: Adaptionsverfahren bei Fuzzy-Reglern und deren Anwendung bei der Regelung von Windkraftanlagen. In [27], S. 283 - 296.

[108] Ding, Y.: Fuzzy-Entscheidungsbaumtechnik zur Schwingungsüberwachung von rotierenden Maschinen in Kraftwerken. In [28], S. 200 - 208.

[109] Mentzel, L.: Kaskadierter Fuzzy Controller zur Regelung von Stromrichtern. In [28], S. 302 - 315.

[110] Koch, M., Wernstedt, J., Schmand, H.: Fuzzy Leistungssteuerung einer Unterschubfeuerungsanlage. In [29], S. 266 - 275.

[111] Surmann, H., Flinspach, G.: Fuzzy-Controller gesteuertes Schnell-Ladeverfahren für NiCd-Akkumulatoren. In [1], S. 159 - 168.

[112] Eppler, W.: Neuronaler Fuzzy-Controller zur Regelung eines H_2/O_2-Sofortdampferzeugers. In [1], S. 191 - 200.

[113] von Döllen, U., Knof, R., Murmann, C.: Übergeordnete Regelung eines Hochdruck-Gasverteilungsnetzes mit Hilfe der Fuzzy-Logik. Automatisierungstechnische Praxis 36 (1994) 7, S. 42 - 49.

[114] Hampel, R., Chaker, N.: Dampfturbinenregelung mit Fuzzy-Logik. Automatisierungstechnische Praxis 37 (1995) 6, S. 32 - 41.

[115] Hillemann, Th., Hopermann, H.: Wissensbasierte Sensorfehlerdetektion an Gasturbinen unter Verwendung unscharfer Verfahren. Automatisierungstechnik 42 (1994) 5, S. 212 - 217.

Fahrzeugtechnik

[116] Weber, M., Pandit, M., Oueslati, Z.: Fuzzy-selbsteinstellende Kennfeldregelung einer Drosselklappe. In [29], S. 254 - 265.

[117] Maron, Ch.: Automatische Gangwahl bei Pkw-Automatikgetrieben mit Hilfe von Fuzzy-Logik. In [1], S. 278 - 287.

[118] Peters, L., Beck, K., Camposano, R.: Fuzzy Dämpfereinstellung am Viertelfahrzeug. In [1], S. 111 - 119.

[119] Runkler, T. A., Herpel, J., Glesner, M.: Einsatz von Fuzzy Logic in einer intelligenten Kupplung. In [1], S. 120 - 126.

[120] Heinrich, A., Kreft, J., Dörrscheidt, F., Boll, M.: Fuzzy-Regelung eines semiaktiven Pkw-Fahrwerks. Automatisierungstechnische Praxis 36 (1994) 1, S. 23 - 30.

[121] Voit, F., Voß, H.-J., Schnieder, E., Priebe, O.: Fuzzy Control versus konventionelle Regelung am Beispiel der Metro Mailand. Automatisierungstechnik 42 (1994) 9, S. 400 - 410.

Signal- und Bildanalyse

[122] Felix, R.: Fuzzy Bildverarbeitung. In [29], S. 290 - 295.

Prozeßdiagnose

[123] Litz, L., König, H.: Fuzzy Control als gemeinsames Entwurfmittel für Regelung, Steuerung und Überwachung. In [28], S. 209 - 222.

[124] Frank, P.M.: Fuzzy Supervision – Einsatz der Fuzzy Logik in der Prozeßüberwachung. In: Tagungsband GMA-Ausspracheta „Fuzzy Control", Langen 1994, VDI-Berichte 1113, VDI-Verlag, Düsseldorf 1994, S. 181 - 204.

[125] Rommelfanger, H.: Entscheiden bei Unschärfe fuzzy decision Support-Systeme. Springer-Verlag, Berlin 1988.

[126] Zimmermann, H.-J.: Fuzzy-Sets, decision making, and expert systems. Kluwer-Verlag, Boston 1987.

[127] Felix, E.: EFDAN '96, European Workshop on Fuzzy Decision Analysis for Management, Planning and Optimization. Fuzzy Demonstrations-Zentrum Dortmund, 1996.

Zu den Anhängen A, B, C, D

[128] Hermes, H.: Einführung in die Verbandstheorie. Springer-Verlag, Berlin, Göttingen, Heidelberg 1955, S. 144 - 159.

[129] Bronstein, I. N.,Semendjajew, K. A., Musiol, G., Mühlig, H.: Taschenbuch der Mathematik. Verlag Harri Deutsch, Thun und Frankfurt a. M. 1995, S. 270 - 275.

[130] Niewels F.: Analytische Formeln für das Inferenzfilter zur Berechnung gefilterter Zugehörigkeitsfunktionen. Forschungsbericht 0896 der Fakultät für Elektrotechnik der Universität Dortmund, 1996, ISSN 0941-4169.

Sachregister

A

B

C

D

E

F

N

O

P

Q

R

S

T

U

V

W

Z

www.ingramcontent.com/pod-product-compliance
Lightning Source LLC
Chambersburg PA
CBHW031432180326
41458CB00002B/529

* 9 7 8 3 4 8 6 2 3 5 5 4 8 *